Petri 网并行化理论与并行算法

李文敬　元昌安　闭应洲　著

科 学 出 版 社

北 京

内 容 简 介

Petri 网是复杂系统运行过程中并发、互斥、同步最直接、自然和精确的表示，已成为描述物理世界的异步并发现象并揭示其可计算规律的重要理论和模型。由于 Petri 网系统具有并发、同步的特点，同时存在状态空间爆炸的问题，要借助 Petri 网模拟复杂系统的并行运行或动画演示，以实现对 Petri 网系统行为与功能的分析与验证，成为人们亟须解决的问题。以并行计算和 Petri 网系统并行化为核心的 Petri 网系统并行算法成为模拟复杂系统的并行运行和系统验证的研究热点，受到许多学科领域的关注。本书全面系统地介绍 Petri 网并行化的基本理论和方法，重点介绍 Petri 网并行化划分理论和并行算法、Petri 网的研究现状和国内外的新发展。

本书可供分布式并行计算、Petri 网、系统工程、柔性制造、最优化问题、演化计算、数据挖掘、工作流、交通网络、高性能计算等专业领域的研究人员阅读，也可供研究生及高年级本科生参考。

图书在版编目(CIP)数据

Petri 网并行化理论与并行算法/李文敬，元昌安，闭应洲著．—北京：科学出版社，2018．11

ISBN 978-7-03-057715-3

Ⅰ．①P…　Ⅱ．①李…②元…③闭…　Ⅲ．①Petri 网-研究　Ⅳ．①TP393

中国版本图书馆 CIP 数据核字(2018)第 122894 号

责任编辑：张艳芬　纪四稳／责任校对：郭瑞芝
责任印制：张　伟／封面设计：蓝　正

科学出版社出版
北京东黄城根北街 16 号
邮政编码：100717
http://www.sciencep.com
北京凌奇印刷有限责任公司印刷
科学出版社发行　各地新华书店经销
*
2018 年 11 月第　一　版　开本：720×1000　1/16
2020 年 3 月第三次印刷　印张：19 1/4
字数：373 000
定价：159.00 元
(如有印装质量问题，我社负责调换)

前　言

Petri 网是异步并发系统建模与分析的一种重要工具，于 1962 年由 Petri 在其博士论文中首先提出，后流传于欧美一些国家和地区，现已成为计算机和自动化领域的热门研究方向。Petri 网完全从过程的角度出发，为复杂系统的描述与分析设计提供一种有效的建模工具，用于描述有因果关系的并发系统，它具有严密的图论、代数学和形式化语言的数学理论基础，能够自然地描述并发、冲突、同步、资源竞争等复杂系统的特性和控制机制。Petri 网作为一种有完备自动化理论的形式描述语言，既有严格的数学表述方式，也有直观的图形表达方式。目前，Petri 网得到了长足发展，在理论上形成体系，在各领域也得到了广泛应用。

50 多年来，人们从 Petri 网并发行为的特性向纵深发展，创建了更为基础、抽象的条件/事件(C/E)网、库所/变迁(P/T)网、高级网(包括谓词/变迁网、颜色网等)等理论模型，建立了 Petri 网的并发公理系统。从 Petri 网的结构模型出发，运用拓扑学和代数学研究 Petri 网的分析方法，建立了基于可达树的图分析方法、基于状态方程的代数分析方法、归纳分析方法。从语义出发对 Petri 网并发行为特性进行研究，创建了 Petri 网语言。从网系统物理层参数出发对 Petri 网进行拓展性研究，建立了含时间、随机变量、受控、连续、持续等因素的多种 Petri 网拓展模型。同时，Petri 网在并行程序设计、协议验证、柔性制造系统、工作流等计算机以及自动化、机械制造等领域得到了广泛应用。

本书全面系统地介绍 Petri 网并行化的基本理论和方法，重点介绍 Petri 网并行化划分理论和并行算法、Petri 网的研究现状和国内外的新发展。全书共 10 章。第 1 章论述 Petri 网的产生与发展、Petri 网的国内外研究现状和应用领域，以及 Petri 网并行化问题的提出与研究思路。第 2 章论述并行计算模型、并行程序设计方法。第 3 章论述 Petri 网的图形结构模型和代数模型。第 4 章探讨 Petri 网系统并行化预处理问题。第 5 章讨论 Petri 网系统并行化子网的求解方法。第 6 章研究 Petri 网系统并行化子网划分理论。第 7 章研究多核机群的 Petri 网并行模型及其算法。第 8 章讨论工作流 Petri 网系统的并行算法。第 9 章研究基于 Petri 网的变数交通网络建模及其最短路径加权 S-图算法。第 10 章探讨 Petri 网并行算法在多个领域的应用。附录提供 Petri 网并行算法仿真系统的部分代码。

本书是作者在近年来潜心学习和研究国内外并行计算、Petri 网理论的基础上，融合两者特点和各自在处理复杂系统方面的优势，所开展的基于多核机群的 Petri 网并行化及其并行算法与应用研究成果的一个总结。本书得到了广西师范学院学术著作出版基金、广西高校重点实验室——科学计算与智能信息处理重点实验室、国家自然科学基金项目(编号:61741203;61163012;61363037;61650102)、广西自然科学基金项目(编号:2016GXNSFAA380243)、广西创新驱动发展专项资金项目(编号:桂科AA17204091)、广西科学研究与技术开发计划项目(合同编号:1598010-3;1599005-2-13)、广西壮族自治区教育厅中青年教师基础能力提升项目(编号:KY2016YB278)的资助。另外,在撰写本书过程中,参考了大量的相关文献,在此向文献的作者致以诚挚的谢意。

本书涉及的研究内容和范围很广,近年的研究成果不断涌现。限于作者的学识和水平,书中难免存在不妥之处,敬请读者批评指正。

作　者

2018 年 4 月于南宁

目　录

第 1 章　Petri 网并行化的研究背景

本章从五个方面对 Petri 网的研究现状进行分析，提出 Petri 网并行化的问题、多核机群和功能并行与 Petri 网并行化的关系，研究 Petri 网与并行计算的结合，并给出基于多核机群 Petri 网并行算法的研究思路。

1.1　Petri 网的研究现状

1962 年，德国学者 Petri 在其博士论文中提出了 Petri 网模型的概念[1]。Petri 网基于系统各部件采取异步和并行操作，并用图或网来表示各部件之间的关系。它也是一种构造模型的工具，用于模拟一些特殊类型的问题，即同时事件或并行事件的离散事件系统。正因为如此，他的论文成为 Petri 网理论发展与应用研究的奠基石。

Petri 网的思想引起了 ADRI 公司（Applied Data Research Inc.）研究小组的注意，他们在 Holt 的领导下，对多部件系统及其并行、冲突等行为的分析和表示方法进行研究，提出了 Petri 网的早期理论、符号及表示方法，并将 Petri 网应用于并行过程的系统模拟及分析。Holt 在与 Dennis 领导的麻省理工学院（Massachusetts Institute of Technology，MIT）计算结构小组合作时，将Petri 网模型概念介绍给该小组。MIT 计算结构小组主要对与自动机理论紧密相关的 Petri 网的数学理论进行研究，在 Petri 网拓扑结构、标记和执行，计算机系统软硬件故障模型描述，Petri 网的可达树、可判定性和复杂性，Petri 网语言，Petri 网代数模型，Petri 网模型的扩充及子类等方面取得了重要的理论成果。基于 ADRI 公司和 MIT 对 Petri 网并行系统结构和信息流的基本性质及其控制的研究，学术界建立了以拓扑学、自动机为基础的系统理论，称为“网理论”，Petri 网的基本理论、性质与应用得以广泛传播[2]。Petri 网先流传于欧美一些国家和地区，现已成为计算机、自动化等很多领域的热门研究方向。

50 多年来，人们主要从如下方面对 Petri 网进行研究[3]。

(1) 从 Petri 网并发行为的特性向纵深发展，创建了更为基础、抽象的网模型：条件/事件(C/E)网、位置/变迁(P/T)网、高级网（包括谓词/变迁网、颜色网等）等理论模型，建立了 Petri 网的并发公理系统[4,5]。在此基础上，Devillers[6] 对并发语义刻画，Janicki[7] 对系统并发行为、序列行为的等价关系，Reisig[8] 对并发与冲突行为的关系，Lauer[9] 对并发系统的构造，Peteka 等[10] 对 Petri 网的并发系统与 CSP、

CCS 在语义上的关系等进行了深入的研究，取得了诸多重要成果。

(2) 从 Petri 网的结构模型出发，运用拓扑学和代数学研究 Petri 网的分析方法，建立了基于可达树的图分析方法、基于状态方程的代数分析方法、基于化简分解的归纳分析方法[3,11-17]，以及 Petri 网模型自动生成算法与工具。Karp 等[13]首先提出了可达树的图分析方法，该方法类似于一个状态机，用一个有限的有向树，直接展现一个网系统的运行机制。它能准确刻画一个有界 Petri 网的动态行为和一些特征，且对应一个有限状态机。但是，仅能部分刻画无界 Petri 网。可达性是 Petri 网最基本的性质之一，其分析的方法有状态方程、库所不变量及可达树等。Petri 网的有界性、覆盖性、可逆性、活性、死锁等性质都可以通过可达性来分析。文献[18]提出一个通项可达森林的工具，以一组通项化的可达树准确刻画一个网系统；文献[19]和[20]提出极小可达树、可达树化简，给出加权 T-图的几种化简运算，证明几种运算对于网的某些结构性质保持不变，从而为加权 T-图的化简及综合提供了有效途径。基于状态方程的代数分析方法由 Peterson[11] 提出，Murata[12]做了出色贡献。该方法通过关联矩阵来刻画 Petri 网的结构，展现 Petri 网的结构性质，建立状态可达的线性系统关系。但是，在刻画 Petri 网的动态特征方面显得不足。基于化简分解的归纳分析方法则是通过化简和分解两种不同的思路对状态复杂难以分析的 Petri 网进行简化分解，将一个较复杂的 Petri 网在保留一些性质不变的情况下，简化成一个比较简单的 Petri 网或者分解成若干个较为简单子网的过程。Murata 针对加权 T-图提出了若干简化方法，讨论了 Petri 网的活性和安全性的保持条件。Willson 等[21]提出了加权 T-图的化简方法和结构性质的保持条件。许安国等[22]研究了加权 T-图的保性变换，提出对加权 T-图的另一类保性化简，这些化简运算可以保持网的结构活性和公平性。Lee 等[23]研究了 Petri 网的递阶化简；Berthelor 等[17]将并行程序化简规则移植到Petri 网。与分解方法相反的是合成方法，合成方法是以建立满足一定性质(活性、有界性、安全性、可逆性等)的小型 Petri 网开始，通过一组子网的某些共享库所、某些共享变迁或公共子网按合成规则综合成复杂网系统，且保持子网系统的某些性质不变的过程，形成了共享合成、同步合成和分享合成三种方法。蒋昌俊等[18]教授针对 P/T 网提出一系列合成方法。曾庆田等[24]提出了 Petri 网分解的保性条件分析。Souissi[25]研究了共享合成 Petri 网系统的活性保持问题。庞善臣等[26]研究了共享合成 Petri 网的性质。Ferrarini 等[27-30]提出了逻辑控制系统Petri 网模型的三种连接操作，即同步合成、自环连接和抑制弧连接，并讨论了它们的不变量、可达性、回归性及活性保持问题。文献[31]通过引入 Fork 算子，建立分享合成，其子网中任何与分享库所无关的变迁序列在合成后保持不变，子网内由分享库所引发的变迁序列也保持不变。Carmona 等[32]提出了一个基于一般域(general region)理论的从变迁系统生成有界 Petri 网的算法。van der Werf 等[33]给出了一种基于域理论的流程发掘算法，由系统的执行日志生成 Petri 网模型。文献[34]和[35]展示了一个由场景合成 Petri 网的工具。

(3) 从语义出发对 Petri 网并发行为特性进行研究，创建了 Petri 网语言。Hack 和 Peterson 最早从事这方面的研究，Peterson 研究 Petri 网语言的封闭性以及与经典形式语言的关系；Hack[36]研究了网模型的计算能力，指出带抑制弧的增广 Petri 网与图灵机在计算能力上是等价的，充分显示出 Petri 网模型的表达能力。文献[37]给出了 Petri 网语言与形式语言关系的一个清楚刻画，分别从各个角度研究了 Petri 网语言的性质。Mazurkiewicz[38]和 Grabowski[39]分别提出迹语言和偏序语言作为系统行为的新的表示工具。袁崇义[40,41]研究了 Petri 网和代数并发语义、并行程序与状态序列——交叉语义约定的研究。Petri 网的步语义(step semantics)是一种有效的建模方法，它与顺序语义(sequence semantics)相比对实际行为的描述更为详尽，而与偏序技术相比更贴近实际。由于步语义可能引起状态爆炸以及缺乏对行为协调的有效支持，Darondeau 等[42]引入了步触发策略，限制 Petri 网并发行为，以改进步语义的执行和建模特征。Jantzen 等[43]定义了 Petri 网通过步、最大步、多步和最大多步语义生成的语言，构建了一个在多步中多次使用变迁的语言体系。曾庆田等[44]和吴哲辉等[45]对 Petri 网的进程网系统进行研究，提出了 Petri 网进程网系统的概念，讨论了求取任意 Petri 网的基本进程段的算法。吴哲辉等研究了 Petri 网的进程文法和进程语言，提出了 Petri 网进程文法的概念，证明了当 Σ 为一个有界 Petri 网或无界公平 Petri 网时，Σ 的进程语言 PL(Σ)都可以表示出 Σ 的全部进程的集合等，在基于规则推理的 Petri 网语义检索若干关键技术研究方面取得了丰富的成果。

(4) 从网系统物理层参数出发对 Petri 网进行拓展性研究，建立了含时间因素、随机变量、受控、连续、持续等多种 Petri 网拓展模型。Janssens 等[46]提出了时延 Petri 网模型，规定每个变迁都按照引发规则具有有限的引发时延。Merlin 等[47]提出了时间 Petri 网模型，规定每个变迁都对应着一个时间区间$[a,b]$，任何一个变迁，当它使能之后，在时间区间$[a,b]$内便具有连续使能权。翟正利等[48]对时间 Petri 网模拟能力进行研究，首次证明了时间 Petri 网与计算科学的最高模型——图灵机有相等的模拟能力，给出了另外一种含时间因素的时延 Petri 网向时间 Petri 网的转换方法，这说明时间 Petri 网虽然形式上较为简单，但其模拟能力却并不比其他含时间因素的 Petri 网逊色。Molloy[49]首次提出了随机Petri 网模型，证明了如果时延 Petri 网中的时延值是一个随机变量，那么此网便是随机 Petri 网模型。文献[50]提出了有界随机 Petri 网模型，其随机变量服从负指数分布，从而证明了 Petri 网状态可达图同构于一个马氏链。Marsan 等[51]提出了某些变迁为立即变迁的广义随机 Petri 网模型。Dugan 等[52]提出了包含抑制弧的增广随机 Petri 网模型。文献[53]和[54]通过研究在控变迁上引入控制位置及其令牌数来影响系统的行为，从而研究序列及状态控制问题等受控 Petri 网模型。张继军等[55]对时序逻辑电路设计的 Petri 网方法进行研究，利用 Petri 网的模拟能力和性质，提出了一种新的时序电路设计方法。宋爱波等[56]讨论了一类受控 Petri 网的反馈控制，对受控 Petri 网的一个子类(非受控变迁子集的外延子网为 TC 网)讨论控制综合问题，给出求这类受控网中实现禁止状态避免的最大允许反馈控制的一个算法。David 等[57]首先提出了在库所的标识数中引入实数概念的连续 Petri 网(continuous Petri net，CPN)。Balduzzi 等[58]提出了基于一阶混杂 Petri 网的混杂系统优化与控制方法，正确构造演变图是最优解求解的基础和关键，而正确判定改变 Macro 状态事件是正确构造演变图的核心问题。廖伟志等[59]定义了一种新的混杂 Petri 网模型——广义混杂 Petri 网，增强了混杂 Petri 网模型的描述能力，并克服了一阶混杂 Petri 网模型语义错误的问题。文献[60]的研究对象是持续 Petri 网(persistent Petri net，PPN)，得出了对于有界可逆的持续 Petri 网，可达图中的环能够分解为更小的、不相交的环的结论。Hiraishi[61]基于连续 Petri 模型提出了一种新的连续 Petri 网——路由时间连续 Petri 网(routing time continuous Petri net，RTCPN)。RTCPN 用于近似一般化随机 Petri 网(generalized stochastic Petri net，GSPN)的离散状态空间，并将这个新的网模型用于工作流数量性能的分析上，结果显示新模型不受工作流实例个数的限制，扩展性更强。Janicki 等[62]提出了使用商半群进行并发的一种新的建模理论。

(5) 将 Petri 网理论应用于各领域，形成了 Petri 网的应用研究，产生了若干新型 Petri 网及相关验证理论。Petri 网最先应用在计算机领域，例如，应用Petri网描述操作系统和分布式数据库系统以及对通信网络的协议进行验证与分析，利用 Petri 网研究并发程序的描述与验证、知识的 Petri 网表示以及面向对象的 Petri 网模型等。人们在应用 Petri 网解决实际问题的同时，还创建了 Petri 网模型检测理论，它提供了一个完整的系统属性的验证框架，采用状态空间搜索的方法来检测一个给定的计算模型是否满足某个用时序逻辑公式表示的特定属性。模型检测的 Büchi 自动机算法是 ω 有限自动机的一种，它包含若干初始状态和若干接收状态，每条弧上都标记有命题 p。Bouroulet 等[63]介绍了一个构架，用于描述和验证安全协议的属性。Lay 等[64]利用 CPN 建模分析了一个面向事务的用于在 Internet 上初始化、修改和终止多媒体会话的会话初始协议(session initiation protocol，SIP)。Kristian 等[65]应用 CPN 模型和分析工具建模和验证了一个路由协议 DYMO(dynamic MANET on-demand)。赵文等[66]提出了一种 P/T 网系统的工作流过程模型过程网，给出了一组化简规则，用于验证过程模型中的死锁和同步两种结构冲突。此外，Petri 网还广泛应用于自动化、机械制造、军事指挥等学科领域，开展了基于 Petri 网的系统控制、自动化车间的建模与调度控制、自动制造系统的 Petri 网建模与分析、柔性制造系统、安全系统、商业流程、物流系统、Web 服务应用和其他各种软件系统等方面的研究。

1.2 Petri 网并行化理论与关键技术问题

Petri 网是一种可用图形表示的组合模型,具有直观、易懂的优点,对描述和分析并发现象具有独到之处。它是一种适用于多种系统的图形化、数学化建模工具,为描述和研究具有并行、异步、分布式和随机性等特征的信息加工系统提供了强有力的手段[67-70]。由于 Petri 网是复杂系统运行过程中并发、互斥、同步最直接、自然和精确的表示,已成为描述物理世界的异步并发现象并揭示其可计算规律的重要理论和模型。但是,目前所建立的基本 Petri 网、高级 Petri 网、随机 Petri 网、时间 Petri 网等各种网系统及其理论,都着重对其结构、行为、功能、性质的静态分析与描述;而能够体现 Petri 网系统行为与功能的系统运行、模拟实现、动画演示等理论、算法与工具甚少。因此,对 Petri 网并行化进行研究,并创建其并行算法以模拟网系统的运行,具有重要的科学意义和实用价值。同时,在各领域应用 Petri 网对复杂系统进行建模日益广泛,如何应用计算机借助 Petri 网模拟复杂系统的运行或动画演示,以实现对网系统的行为与功能进行分析与验证,成为亟须解决的问题。

Petri 网系统具有并发、同步的特点,同时存在状态空间爆炸的问题,要模拟网系统的快速运行,需要解决如下关键理论与技术问题:①Petri 网系统并发过程中各部件的并行化理论;②采用哪种计算机体系结构能满足快速模拟 Petri 网系统的并行运行;③创建新的功能并行计算模型,构建 Petri 网的并行算法。随着多核计算机的发展,多核机群成为高性能计算平台及研究的重要方向,其体系结构更适合于 Petri 网系统的并发运行与仿真。对多核技术、多线程、多进程与多线程混合编程方法及其应用也是目前研究的热点。所以,对多核机群的 Petri 网系统并行算法进行研究,并将其应用到实际的 Petri 网的并行编程与实现,是本书重点研究的内容。

1.3 基于多核机群的功能并行算法

多核处理器的出现,对并行计算领域的发展带来了新的机遇和挑战。现在,当人们把程序拿到多核 CPU 上运行时,性能得不到应有的提高,甚至还有个别性能下降情况出现,多核计算机的性能没有得到真正的发挥。首先,如何有效地利用多核技术,成为多核计算机平台上程序设计人员的一个重要问题,尤其在多核机群系统上,为了使其并行程序性能达到比较理想的效果,并行编程模型和性能优化技术成为重点研究的内容;其次,多核体系结构具有多级缓存存储模型,可在并行程序编程中实现核与核之间高效的通信和计算;再次,多核计算机的多线程编程方法、多核机群系统的多进程和多线程混合编程方法不同于单核计算机的多线程、多进程编程方法，原有的并行算法不是简单地改进或移植就能够解决问题；最后，能否直接引用原来单核计算机并行算法的性能指标对多核计算机及多核机群并行算法的性能进行分析与评价，有待进一步的研究。然而，对多核计算机及其机群并行算法的理论研究，必须通过各领域的应用加以检验和验证[71-75]。

并行计算分为数值并行和功能并行两种划分方法。数值并行已经广泛应用于并行排序、矩阵求解、图像处理、演化计算等数值问题的求解。国内外学者对多核机群系统的并行排序与选择算法进行研究，取得了不俗的成果。文献[76]和[77]研究计算机多核体系结构对机群并行计算能力的影响因素、对多核机群系统应用程序设计的特点、潜在的问题以及是否能可扩展等问题进行了比较全面的分析。文献[78]对多核处理器机群 Memory 层次化并行计算模型进行研究，提出了一种新的 Memory 层次化并行计算模型，对多核处理器机群 Memory 横向、纵向层次化特征进行了统一的抽象。文献[79]研究了多核机群下信息传递接口(message passing interface，MPI)程序优化技术，测试了 3 个不同多核机群的通信性能，并分别在 Intel 与 AMD 多核机群下实验评估了几种具有普遍意义的优化技术，即混合 MPI/OpenMP、优化 MPI 运行时参数以及优化 MPI 进程摆放，同时对实验结果和优化性能进行了分析。文献[80]对多核多线程处理器二级 Cache 预取结构进行设计，合理地设计了二级 Cache，其是有效地减少多核多线程处理器存储器访问延迟的方法。文献[81] 针对多核、多线程体系结构，从系统级、结构级和电路级等不同抽象层次对典型的功耗优化技术做了讨论，提出了多核、多线程处理器的低功耗设计的相关技术。文献[74]首先介绍了当前常见的几种多核、多线程处理器的结构，然后介绍了目前多线程处理器存储系统的研究现状，讨论了多核、多线程处理器存储系统研究的热点，并对多核、多线程处理器存储系统技术的发展趋势进行了展望[82-86]。但是，功能并行主要应用于具有并发性软件系统功能的处理、网络搜索功能的处理等非数值问题，这方面的研究成果缺乏。其划分的方法是否可以直接采用数值数据的并行划分方法，并行计算的模型是否与数值并行模型一致，编程模式是否可以直接采用现有的并行编程模式等问题，都需要通过进一步的研究来确定。为此，对 Petri 网系统的并行功能划分、划分技术与方法，并行模型的构建，并行编程模式的设计也成为本书重点研究的内容。

1.4 Petri 网的并行计算

目前，并行算法被广泛应用于大量数值问题的求解。但是，对存在并发功能问题的并行算法研究成果缺乏。为此，本书根据 Petri 网系统具有并发性、异步性、分布式、非确定性、并行性的特点，对 Petri 网并行算法进行研究，使其成为 Petri

网建模、分析与验证的有力工具。但是，目前应用 Petri 网对动态系统的建模与验证大多采用静态的描述，其静态模型是否正确，可以通过并行编程执行、模拟或生成动画来仿真，但其仿真结果是否和用户的期望相一致，与 Petri 网系统功能的划分、并行算法的设计和代码的生成是否正确有着密切的关系。

大量研究表明[87-89]，库所不变量技术对 Petri 网的功能划分与并行算法的研究具有密切的关系。因此，库所不变量技术一直是 Petri 网研究的热点之一。在 Petri 网系统的运行和并行性研究中，对网系统的每个变迁进行扫描，以检查变迁的可触发性，提出了 P/T 网的集中化方法，但该方法不能保持 Petri 网模型的并行性。文献[90]对每一个库所和变迁都通过进程来实现，使 Petri 网系统分布式地执行，提出了颜色 Petri 网的分散化方法。分散化方法虽然保证了网系统的并行性，但当 Petri 网的规模变大、颜色集合元素数量很大时，它的效率变得很低[90,91]。因此，本书应用库所不变量技术对 Petri 网的规模变大、颜色集合元素数量很大时的情况进行研究，对其进行并行化设计与实现。

不同的应用领域或解决不同的实际问题，使用不同的 Petri 网模型来描述系统的结构和行为，所以 Petri 网模型种类繁多，但各类模型之间又可以相互转换。对哪类 Petri 网模型进行功能划分最理想，是必须考虑的一个问题。由于基本 Petri 网过于简单，不能有效地模拟实际系统运行过程中变迁发生时系统的行为、状态库所标识量的变化；而在 P/T 网基础上扩展的其他高级 Petri 网、时间 Petri 网等复杂的网系统，由于包含了变量、颜色等功能划分过程中冗余的信息，都不是 Petri 网功能划分的理想模型。P/T 模型是在原型 Petri 网的基础上增加库所的容量函数和有向边集的权函数，它能够形象地描述系统的结构、行为、状态库所标识量的变化，其他网模型向它转换也比较容易。所以，将 P/T 网作为功能划分的研究对象，是比较理想的选择。Petri 网的库所不变量是分析 Petri 网结构特性的重要参量，可以提供 Petri 网结构方面的许多有用信息。通过它可以求出 Petri 网的库所不变量集合和最小支撑集。最小支撑集中的元素满足功能划分条件，则可以成为 Petri 网的一个子网(进程)。所以，Petri 网系统功能划分条件、划分的基本原则、划分方法的完备性等理论还没有相关研究成果，这也是本书重要内容之一。

Petri 网系统的并行模拟运行的效果，是原型系统用户满意度的关键性指标。该环节处理的好坏将直接影响客户的需求、客户的满意度以及建立系统的成本。随着 Petri 网在各个领域的广泛应用，Petri 网系统的模拟运行已成为研究热点。国外学者对 Petri 网系统的模拟运行问题开展了大量的研究工作，取得了许多研究成果[90-92]。国内学者也开始关注 Petri 网系统的模拟运行问题的研究，取得了一些研究成果[93-99]。

Petri 网系统按功能划分成相互独立的进程，将每一个进程分别映射到并行平台的处理器中，并对其进程并行编程。但是，在并行算法设计时，必须对划分出来的进程自身以及进程之间变迁的行为和库所的状态进行并行性分析。把进程包含的库所看成进程执行的状态或资源的状态，变迁是进程的执行动作或操作行为。变迁的行为发生在同一个进程内部，存在着顺序、并发、冲突三种情况，可分别由进程所在的处理机串行、并行、构建回路并行实现。进程间的并发与建立 Petri 网的实际问题有直接的关系。有些系统的进程之间并发执行，有些系统的进程顺序执行，这需要具体问题具体分析。在消息传递系统中，对并发进程的执行，在并行实现时，采用同步方式或异步方式来实现[100]。

综合分析，Petri 网系统功能划分和并行算法的现有研究，可以发现大都是面向单处理器的，采用集中化的、分散化的或二者兼而有之的方法对 Petri 网进行划分和模拟实现。这些方法只能满足较小规模的 Petri 网系统的模拟，不能满足大规模 Petri 网系统的并行化和运行。而基于多核 PC(个人计算机)和多核机群的 Petri 网系统的并行化研究还没有相关的报道。因此，在多核机群环境下，应用库所不变量技术对大规模 Petri 网系统进行并行化及算法的研究，建立 Petri 网系统动画模拟运行系统，具有重要的现实意义。

1.5　基于多核机群的 Petri 网并行算法的研究思路

根据前几节的研究与分析，得出本书研究基于多核机群的 Petri 网并行算法的思路是：通过对 Petri 网模型的静态和动态可达性、并发性、冲突、稳定性、活性、安全性、有界性、公平性等性质的研究，提出多种 Petri 网模型转换成 P/T 网的方法和转换方法的数学表示、形式化过程。通过多核 PC 和单机机群并行理论的研究，提出多核 PC、多核机群新的并行模型和并行编程模式。通过对库所不变量技术的研究，提出大规模 P/T 网系统并行化的方法以及形式化过程，提出 Petri 网系统并行化过程的功能划分策略、划分条件、基本原则以及完备性性质等基本理论，并对相应的数学表示和性质进行论证与实例验证。通过对 P/T 网系统并行化功能划分后得到各进程(子网)的可达性、并发性、冲突、稳定性、活性、安全性、有界性、公平性等性质的研究，提出 Petri 网模型分解后，子网与原网之间的关系、性质及影响。分析进程(子网)变迁行为及行为之间的并行机理，进程内部和进程之间变迁的并发、同步、冲突的行为及其并行性问题，提出 P/T 网系统并行模型。将多核机群新的并行模型应用于 P/T 网系统的并行算法设计，提出多核 PC 和多核机群的 Petri 网并行算法。以自动物料处理车间的 Petri 网柔性制造系统为例，运用 Java、MPI、OpenMP 等并行编程工具，对提出的多核 PC 和多核机群的 Petri 网并行算法进行编程实现，模拟自动物料处理系统的实际运行过程，验证算法的可行性和有效性，为推广应用奠定基础。研究的具体内容如下：

(1) 根据各种 Petri 网模型的特点，对其静态和动态的可达性、并发性、冲突、稳定性、活性、安全性、有界性、公平性等性质进行分析；研究各种 Petri 网模型转换成 P/T 网的方法，给出转换方法的数学表示及形式化过程。

(2) 以多核 PC 和单机机群的并行理论为基础，从多线程、多进程以及主从式、粗粒度、细粒度和分层的并行程序设计方式，研究多核 PC 和多核机群的新型并行模型与并行编程模式。

(3) 研究用库所不变量技术对大规模 P/T 网系统进行并行化的数学表示及其形式化过程；研究 P/T 网系统并行化过程的功能划分策略、划分条件、基本原则以及完备性性质等基本理论，对相应的数学表示和性质进行论证与实例验证。

(4) 研究 P/T 网系统并行化功能划分后，得到的系统进程(子网)的可达性、并发性、冲突、稳定性、活性、安全性、有界性、公平性等性质与原 P/T 网性质的一致性问题；研究进程(子网)内部和进程(子网)之间变迁的并发、同步、冲突的行为及其并行性问题，提出 P/T 网系统并行模型。

(5) 将多核机群的新型并行模型应用于 P/T 网系统的并行算法设计，分别设计出多核 PC 和多核机群的 Petri 网并行算法。

(6) 以自动物料处理车间的 Petri 网柔性制造系统为例，运用 Java、MPI、OpenMP 等并行编程工具，对提出的多核 PC 和多核机群的 Petri 网并行算法进行验证，模拟自动物料处理系统的实际运行过程，验证算法的可行性和有效性。

为了验证理论分析结果和并行算法的有效性，在多核 PC、Linux 9.0＋OpenMP、C/C＋＋或 Java 实验平台，多核机群 Linux 9.0＋MPI、OpenMP＋C/C＋＋实验平台上，设计如下六个实验：①编程实现各种 Petri 网转换成 P/T 网形式化过程的有效性；②编程实现多核 PC 和多核机群的新型并行模型和并行编程模式的正确性和有效性；③编程实现 P/T 网并行化功能划分算法，验证并行化策略、划分条件、原则及完备性性质的正确性和有效性；④基于进程变迁行为分解算法，求解并行算法所必需的进程数和每个进程的具体功能；⑤在多核 PC 上编程实现自动物料处理 Petri 网系统并行算法，模拟自动物料处理系统的实际运行过程，验证并行算法的有效性；⑥在多核机群上编程实现自动物料处理 Petri 网系统并行算法，模拟自动物料处理系统的实际运行过程，验证并行算法的可行性和有效性。

本书采用的研究方法是：在研究目标和研究内容的指引下，采用理论分析、理论验证、算法设计、编程实现与实例验证相结合的研究方法，从理论上证明各种 Petri 网转换成 P/T 网方法的正确性，以及 P/T 网的数学表示及形式化过程的有效性。根据现有线程技术和单机机群并行模型，提出多核 PC 和多核机群新的并行模型和并行编程模式，并进行算法设计与编程实现，验证并行模型及编程模式的正确性。对库所不变量技术进行分析，提出大规模 P/T 网的并行化方法功能划分策略、划分条件、基本原则、完备性性质等基本理论及其数学表示，从理论上证明基于库所不变量技术的并行化功能划分策略、划分条件、基本原则及完备性质量的正确性，并给出实例验证，归纳出具有并发性的功能系统的并行算法的功能划分策略、条件、原则及完备性等基本理论。分析进程(子网)变迁行为及行为之间的并行机理，进程内部和进程之间变迁的并发、同步、冲突的行为及其并行性问题，提出P/T 网系统并行模型。将新的并行模型和并行编程模式应用于 Petri 网的并行算法设计，并通过自动物料处理系统的具体应用以及编程实现，模拟自动物料处理系统的实际运行过程。

本书的技术路线是：①对各种类型的 Petri 网模型的特点进行研究。基本的 Petri 网、颜色 Petri 网、混杂 Petri 网、微分 Petri 网、间歇 Petri 网等高级的网模型与 P/T 网之间可以相互转换，P/T 网是理想的研究对象，找出各种类型 Petri 网转换成 P/T 网的一般方法。②Petri 网模型的形式化过程的研究。Petri 网是图形表示的组合模型，要使计算机能够模拟 Petri 网的运行，必须将其图形用数学方式表示和形式化，以便对 P/T 网系统的并行化以及计算机对 Petri 网模型的自动处理与模拟运行。③在多核 PC 和单机机群的并行理论基础上，从多线程、多进程以及主从式、粗粒度、细粒度和分层的并行程序设计方式，研究多核 PC 和多核机群的新型并行模型和并行编程模式。④基于库所不变量技术和 P/T 网并行化方法的研究。应用库所不变量技术对大规模 P/T 网进行并行化功能划分，并行化方法功能划分的策略、划分条件、基本原则、完备性性质等基本理论及其数学表示，从理论上证明基于库所不变量技术的并行化功能划分策略、划分条件、原则及完备性质量的正确性，并给出实例的验证，归纳出具有并发性功能系统的并行算法的功能划分策略、条件、原则及完备性等基本理论。⑤对 Petri 网并行化功能划分后各进程(子网)的性质与原网性质之间的关系及影响进行研究。分析进程(子网)变迁行为及行为之间的并行机理，进程内部和进程之间变迁的并发、同步、冲突的行为及其并行性问题，提出 P/T 网系统并行模型。⑥对多核机群新的并行模型应用于 P/T 网系统的并行算法设计进行研究，设计多核 PC 和多核机群的 Petri 网并行算法，并编程验证。⑦分别在多核 PC 和多核机群上编程实现自动物料处理系统的 Petri 网并行算法，模拟自动物料处理 Petri 网系统的实际运行过程，验证算法的可行性和有效性。

本书要解决如下关键技术：

(1) 各种 Petri 网转换成 P/T 网的数学表示及形式化过程。

(2) 多核 PC 和多核机群的新型并行模型和并行编程模式的设计与验证。

(3) P/T 网系统并行化功能划分策略、划分条件、基本原则、完备性性质证明与验证。

(4) P/T 网进程中变迁行为及行为之间的并行工作机理与分析，设计 P/T 网系统并行模型。

(5) 将新型并行模型和并行编程模式与 P/T 网系统的并行化结果相结合，设计出多核 PC 和多核机群的并行算法。

参考文献

[1] Petri C A. Kommunikation mit automaten[D]. Bonn: Institute fur Insturmentelle Mathematik, 1962.

[2] Peterso J L. Petri net[J]. ACM Computing Surveys, 1977, 9(3): 233—252.

[3] 蒋昌俊. Petri 网理论与方法研究综述[J]. 控制与决策, 1997, 12(6): 631—636.

[4] Petri C A. Introduction to general net theory[J]. Lecture Notes in Computer Science, 1980, 84: 1—19.

[5] Petri C A. Concurrency theory[J]. Lecture Notes in Computer Science, 1986, 254(1): 4-24.

[6] Devillers E B R. Sequential and concurrent behavior in Petri net theory[J]. Theoretical Computer Science, 1987, 55: 87—136.

[7] Janicki R. Nets, sequential components and concurrency relation[J]. Theoretical Computer Science, 1984, 29: 87—121.

[8] Reisig W. D-continuous causal nets: A model of non-sequential processes[J]. Theoretical Computer Science, 1984, 28: 171—196.

[9] Lauer P E. Cosy—A system specification language base on paths and processes[J]. Acta Informatica, 1979, 12: 109—158.

[10] Peteka G, Murata T. Proof procedure and answer extraction in Petri net model of logical programs[J]. IEEE Transactions on Software Engineering, 1989, 15: 209—217.

[11] Peterson J. Petri Net Theory and the Modelling of Systems[M]. Englewood Cliffs: Prentice-Hall, 1981.

[12] Murata T. Petri nets: Properties analysis and applications[C]//Proceedings of the IEEE, 1989, 77(4): 541—580.

[13] Karp R M, Miller R E. Parallel program schemata[J]. Journal of Computer and System Sciences, 1969, 3(4): 147—195.

[14] Finkel A. The minimal cover ability graph for Petri nets[J]. Lecture Notes in Computer Science, 1993, 674: 210—243.

[15] Cheung S C, Kramer J. Enhancing compositional reachability analysis is with context constraints[J]. ACMS of Software Engineering Notes, 1993, 18(5): 115—125.

[16] Agerwala T, Choed A Y. A synthesis rule for concurrent systems[C]//Proceedings of the 5th Design Automation Conference, Las Vegas, 1978: 305—311.

[17] Berthelor G, Roucairol G, Valk R. Reductions of net and parallel programs[J]. Lecture Notes in Computer Science, 1980, 84: 277—290.

[18] 蒋昌俊, 吴哲辉. Petri 网的通项可达森林[C]//第四届全国 Petri 网会议, 北京, 1993: 13-20.

[19] Jiang C J, Wu Z H. Net operations[J]. Journal of Computer Science and Technology, 1992,

(4):333—344.

[20] 蒋昌俊. 加权 T 图的几种化简运算[J]. 通信学报,1994,(2):97—103.

[21] Willson R G,Krogh B H. Petri net tools for the specification and analysis of discrete controllers[J]. IEEE Transactions on Software Engineering,1990,16(1):39—50.

[22] 许安国,吴哲辉. 加权 T 图的保性变换[J]. 计算机学报,1997,20(11):1038.

[23] Lee K H,Favrel J,Baptiste P. Generalized Petri nets,reduction method[J]. IEEE Transactions on Systems,Man,and Cybernetics,1987,17:297—303.

[24] 曾庆田,吴哲辉. Petri 网分解的保性条件分析[J]. 小型微型计算机系统,2004,25(9):1671.

[25] Souissi Y. On liveness preservation by composition of nets via a set of places[J]. Lecture Notes in Computer Sciences,1991,524:277—295.

[26] 庞善臣,蒋昌俊,孙萍. 共享合成 Petri 网的性质分析[J]. 自动化学报,2004,30(6):944—948.

[27] Ferrarini L,Narduzzi M,Tsolet M. A new approach to modular liveness analysis conceived for large controllers' design[J]. IEEE Transactions on Robotics and Automation,1994,10(2):169—183.

[28] Ferrarini L. An incremental approach to logic controller design with Petri nets[J]. IEEE Transactions on Systems,Man,and Cybernetics,1992,22(3):461—472.

[29] Ferrarini L. On the reach ability and reversibility problems in a class of Petri nets[J]. IEEE Transactions on Systems,Man,and Cybernetics,1994,24(10):1474—1482.

[30] Ferrarini L,Trioni M. Modeling shared resources with generalized synchronization with in a Petri net bottom-up approach[J]. IEEE Transactions on Systems,Man,and Cybernetics,1996,26(45):653—659.

[31] 刘培顺,何大可. Petri 网的分享合成操作[J]. 系统仿真学报,2006,11(21):3313—3315.

[32] Carmona J,Cortadella J,Kishinevsky M. A symbolic algorithm for the synthesis of bounded Petri nets[C]//Proceedings of the 29th Petri Nets,Xi'an,2008:92—111.

[33] van der Werf J M E M,van Dongen B F,van Hee K M,et al. Process discovery using integer linear programming[C]//Proceedings of the 29th Petri Nets,Xi'an,2008:368—387.

[34] Bergenthum R,Desel J,Lorenz J. Synthesis of Petri nets from Scenarios with VipTool[C]//Proceedings of the 29th Petri Nets,Xi'an,2008:388—398.

[35] 张曼,单志广. 国际 Petri 网理论与应用最新研究进展[J]. 系统仿真学报,2009,20(s):51—54.

[36] Hack M. Petri Net Languages[R]. Cambridge: Massachusetts Institute of Technology,1975,64:506—515.

[37] 吴哲辉. Pumping 引理的 Petri 网描述——Petri 网语言属型的一组判定条件[J]. 计算机学报,1994,(11):852—858.

[38] Mazurkiewicz A. Traces,histories,graphs:Instances of a process monoid[J]. Lecture Notes in Computer Sciences,1984,176:115—133.

[39] Grabowski J. On partial languages[D]. Berlin: Humboldt-Universitat, 1979.
[40] 袁崇义. Petri 网和代数并发语义[J]. 计算机学报, 1998, 21(S1): 29—34.
[41] 袁崇义. 并行程序与状态序列——交叉语义约定的研究[J]. 系统仿真学报, 2003, 15(S1): 29—31.
[42] Darondeau P, Koutny M, Pietkiewiczkoutny M, et al. Synthesis of nets with step firing policies[C]//Proceedings of the 29th Petri Nets, Xi'an, 2008: 112—131.
[43] Jantzen M, Zetzsche G. Labeled step sequences in Petri nets[C]//Proceedings of the 29th Petri Nets, Xi'an, 2008: 270—287.
[44] 曾庆田, 吴哲辉. Petri 网的进程网系统[J]. 计算机学报, 2002, 25(12): 1308.
[45] 吴哲辉, 张继军. Petri 网的进程文法和进程语言[J]. 计算机科学, 2002, 29(12): 31.
[46] Janssens D, Rozenberg G. A characterization of context-free string languages by directed node-label controlled graph grammars[J]. Acta Informatics, 1981, 16: 63—85.
[47] Merlin P, Faber D J. Recoverability of communication protocols[J]. IEEE Transactions on Communications, 1976, 24(9): 1036—1043.
[48] 翟正利, 吴哲辉. 时间 Petri 网模拟能力的研究[J]. 计算机科学, 2006, 33(4): 234—235.
[49] Molloy M K. Performance analysis using stochastic Petri nets[J]. IEEE Transactions on Computers, 1982, 31(9): 913—917.
[50] Pratt V R. Modelling concurrency with partial orders[J]. International Journal of Parallel Programming, 1986, 15(1): 33—71.
[51] Marsan M A, Conte G, Balbo G. A class of generalized stochastic Petri nets for performance analysis of multiprocessor systems[J]. ACM Transactions on Computer Systems, 1984, 2: 92—122.
[52] Dugan J B, Trivedi K S, Geist R, et al. Extended stochastic Petri nets: Application and analysis[C]// Proceedings of Performance, 1984, 84: 507—519.
[53] Krogh B H. Controlled Petri nets and maximally permissive feedback logic[C]//Proceedings of the 25th Annual Allerton Conference, Chicago, 1987: 317—326.
[54] Ichikawa A, Hiraishi K. Analysis and control of discrete event systems represented by Petri nets. In discrete event systems: Models and applications[J]. Lecture Notes in Computer Sciences, 1988, 103(1): 115—134.
[55] 张继军, 吴哲辉. 时序逻辑电路设计的 Petri 网方法[J]. 计算机科学, 2002, 29(12): 186—189.
[56] 宋爱波, 吴哲辉. 一类受控 Petri 网的反馈控制[J]. 自动化学报, 2002, 28(5): 832—833.
[57] David R, Alla H. Continuous Petri nets[C]//Proceedings of the 8th European Workshop on Applications and Theory of Petri Nets, Zaragoza, 1987: 275—294.
[58] Balduzzi F, Giua A, Menga G. First-order hybrid Petri nets: A model for optimization and control[J]. IEEE Transactions on Robotics and Automation, 2000, 16(14): 382—399.
[59] 廖伟志, 古天龙. 基于一种新型混杂 Petri 网的混杂系统与控制[J]. 控制与决策, 2007, 4: 366—372.

[60] Best E, Darondeau P. Decomposition theorems for bounded persistent Petri nets[C]//Proceedings of the 29th Petri Nets, Xi'an, 2008: 33—51.

[61] Hiraishi K. Performance evaluation of workflows using continuous Petri nets with interval firing speeds[C]//Proceedings of the 29th Petri Nets, Xi'an, 2008: 231—250.

[62] Janicki R, Tri D, Man L. Modeling concurrency with quotient monoids[C]//Proceedings of the 29th Petri Nets, Xi'an, 2008: 251—269.

[63] Bouroulet R, Devillers R, Klaudel H, et al. Modeling and analysis of security protocols using role based specifications and Petri nets[C]//Proceedings of the 29th Petri Nets, Xi'an, 2008: 72—91.

[64] Lay G D, Lin L. Modelling and analysis of the invite transaction of the session initiation protocol using colored Petri nets[C]//Proceedings of the 29th Petri Nets, Xi'an, 2008: 132—151.

[65] Kristian L E, Kieldsen M K, Kristensen L M. Modelling and initial validation of the DYMO routing protocol for mobile ad-hoc networks[C]//Proceedings of the 29th Petri Nets, Xi'an, 2008: 152—170.

[66] 赵文，袁崇义. 基于 P/T 系统化简方法的工作流过程模型验证[J]. 软件学报，2004，15(10)：1423—1430.

[67] Cheung K S. Use-case-driven system design: A synthesis methodology based on labeled Petri nets[D]. Hong Kong: City University of Hong Kong, 2002.

[68] Huan H J, Jiao L, Cheung T Y. Porperty-persevrnig composition of augmented marked graphs that share common resource[C]//IEEE International Conference on Robotics and Automation, Swiss, 2003: 1446—1451.

[69] Huang H J, Cheung T Y, Mak W M. Preserving of nineteen properties under place and transition reductions[C]//Proceedings of the 9th Bellman Continuum, 2002, 1(2): 328—336.

[70] 李文敬，王汝凉，廖伟志. 基于 *P*-不变量的 Petri 网并行化方法的研究[J]. 计算机工程与设计，2009，30(16)：3758—3770.

[71] Chai L, Gao Q, Panda D K. Understanding the impact of multi-core architecture in cluster computing: A case study with intel dual-core system[C]//IEEE International Symposium on Cluster Computing and the Grid, Washington D. C., 2007: 471—478.

[72] Chaparro P, Gonzalez J, Magklis G, et al. Understanding the thermal implications of multi-core architectures[J]. IEEE Transactions on Parallel and Distributed Systems, 2007, 18(8): 1055—1065.

[73] 屈文新，樊晓桠，张盛兵. 多核多线程处理器存储技术研究进展[J]. 计算机科学，2007，34(4)：13—16.

[74] 何军，王飙. 多核处理器的结构设计研究[J]. 计算机工程，2007，33(16)：208—210.

[75] 颜颖. 异步分层并行演化算法及其在模糊聚类分析中的应用[D]. 厦门：厦门大学，2006.

[76] 罗俊，雷咏梅. 基于集群 SPMD 算法及演化计算并行研究[J]. 计算机工程与设计，2005，(26)：2610—2613.

[77] Pericas M, Gonzalez R, Cazorla F J, et al. A flexible heterogeneous multi-core architecture[C]//Proceedings of the 16th International Conference on Parallel Architecture & Compilation, Brasov, 2007: 13—24.

[78] 涂碧波,邹铭,詹剑锋. 多核处理器机群 Memory 层次化并行计算模型研究[J]. 计算机学报,2008,31(11):1948.

[79] 王洁,衷璐洁,曾宇. 多核机群下 MPI 程序优化技术的研究[J]. 计算机科学,2011,38(10):281.

[80] 杨可,樊晓桠,王党辉. 多核多线程处理器二级 Cache 预取结构的设计[J]. 计算机工程与应用,2009,45(10):69—72.

[81] 张骏,樊晓桠,刘松鹤. 多核多线程处理器的低功耗设计技术研究[J]. 计算机科学,2007,34(10):301—305.

[82] Adhianto L, Champman B. Performance modeling of communication and computation in hybrid MPI and OpenMP applications[J]. Simulation Modelling Practice and Theory, 2007, 15: 481—491.

[83] Alba E, Tomassini M. Parallelism and evolutionary algorithms[J]. IEEE Transactions on Evolutionary Computation, 2002, 6(5): 443—460.

[84] Wolfgang G. Grid computing: A vendor's vision[C]//IEEE/ACM International Symposium on Cluster Computer, Berlin, 2002: 37—46.

[85] 李文敬,王汝凉,廖伟志. 无约束最优化问题的 BFGS 并行算法与实现[J]. 计算机工程,2009,35(15):58-60.

[86] 李文敬,廖伟志,王汝凉. Petri 网系统的功能划分及其并行算法[J]. 计算机工程,2009,35(21):48—50,53.

[87] Girault C, Valk R. 系统工程 Petri 网-建模、验证与应用指南[M]. 王生原,等译. 北京:电子工业出版社,2005:293—337.

[88] 吴哲辉. Petri 网导论[M]. 北京:机械工业出版社,2006:144—155.

[89] 焦莉,陆维明. 基于共享位置的 Petri 网系统综合与保性[J]. 计算机学报,2007,(3):353—853.

[90] Paludetto M. Sur la commande de procedes industriels: Unemethodologie basee objets et reseaux de Petri[D]. Toulouse: Universite Paul Sabatier, 1991.

[91] Kaim W E, Kordon F. An integrated framework for rapid system prototyping and automatic code distribution[C]//Proceedings of the 5th IEEE International Workshop on Rapid System Prototyping, Grenoble, 1994: 52—61.

[92] Colom J M, Silva M. Convex geometry and semiflows in P/T nets. A comparative study of algorithms for computation of minimal *P*-semiflows [C]//Proceedings of Rozenberg, Advances in Petri Nets of Lecture Notes in Computer Science, Berlin, 1991: 79—112.

[93] 崔焕庆. 基于 Petri 网的 MPI 并行程序建模与正确性验证[D]. 青岛:山东科技大学,2004.

[94] 刘荣峰,李引珍,吴桂华. 基于 Petri 网的分布式系统并发进程的死锁检测[J]. 计算机工程与设计,2007,28(22):5353—5355.

[95] 李强,刘亚军. 基于 Petri 网模型的工作流实例迁移算法[J]. 计算机工程与设计,2007,28(21):5087—5099.

[96] 宁亮,张志鸿. 基于有色 Petri 网的 SPIN 协议建模与分析[J]. 计算机工程与设计,2007,28(14):3391—3393.

[97] 夏传良,鞠彦兵,李盛恩. Petri 网共享 P 型子网合成及其在系统设计中的应用[J]. 系统仿真学报,2007,19(2):355—356.

[98] 崔焕庆,吴哲辉. 并行程序 Petri 网模型的结构性质[J]. 计算机研究与发展,2007,44(12):2130—2135.

[99] 曾庆田. 一种基于同步合成构造 Petri 网进程表达式的方法[J]. 计算机学报,2008,31(3):381—390.

[100] 钟诚,陈国良. PRAM 和 LARPBS 模型上的近似串匹配并行算法[J]. 软件学报,2004,15(2):159—169.

第 2 章　MPI＋OpenMP＋STM 并行编程模型

随着计算量的增大，高性能计算得到广泛研究。为使运算速度加快，除了提高PC自身的性能，进行并行处理也是一个有效方法。本章的主要内容包括 Petri 网系统并行化所必须掌握的并行计算机体系结构、并行计算的编程模型、并行程序设计方法等。本章提出多核机群的 MPI＋OpenMP＋STM 并行编程模型，并结合人工蜂群、人工鱼群等演化计算，给出基于多核 PC 和多核机群的并行算法，为 Petri 网系统并行化及并行算法设计提供参考。

2.1　并行计算机的分类

当今许多规模庞大、复杂而富有巨大挑战性的问题无法用串行计算机在合理的时间内完成求解，不论当前处理器运行达到什么样的速度，总会有应用需要更高的计算要求。因此，人类对计算机速度的需求总是不断增长，在解决问题时要求计算必须在合理的时间内完成。而提高计算速度的有效方法是在一台计算机中用多个处理器协同求解一个问题或者用多台计算机组成机群协同求解同一问题，这种联合求解问题的方法和步骤称为并行计算。

从 20 世纪 70 年代世界第一台并行计算机 ILLIAC Ⅳ在美国诞生开始，到 2016 年世界第一台运行速度超过 10 亿亿次/s 的超级计算机——我国生产的“神威・太湖之光”问世，并行计算机的计算速度从 2000 万次/s 提高到了 10 亿亿次/s。“神威・太湖之光”的峰值性能高达 12.54 亿亿次/s，持续性能达到 9.3 亿亿次/s；包含的处理器芯片从 32 个发展到 40960 个。超级并行计算机将在航空航天、石油勘探、车船设计、动漫制作、新药研发、气候模拟等诸多领域发挥其巨大的计算能力。不管是早期的并行计算机还是现在的超级计算机，如果按照在同一时间内执行多条指令或处理多个数据的并行计算机来分类，那么可以分为单指令单数据(single instruction single datastream，SISD)计算机和多指令多数据(multiple instruction multiple datastream，MIMD)计算机两大类。如果按照并行计算机的体系结构来分类，那么可以将其分为共享存储并行计算机、分布式存储并行计算机和分布式共享存储并行计算机三类。

2.1.1　按指令流和数据流分类

按照指令流和数据流的不同方式，可将计算机系统的结构分为四类：单指令单数据计算机、单指令多数据(single instruction multiple datastream,SIMD)计算机、多指令单数据(multiple instruction single datastream,MISD)计算机、多指令多数据计算机。并行计算机是指计算机在同一时刻能够同时处理多个数据的系统。因此,对于并行计算机,用单指令或多指令去处理多数据是人们设计并行计算机的初衷,也是解决复杂大数据的目的。为此,可以将并行计算机分为单指令多数据并行计算机和多指令多数据并行计算机两类。

2.1.2 按数据的存储方式分类

按照数据的存储方式进行分类,可将并行计算机体系结构分为三类:共享存储结构、分布式存储结构、分布式共享存储结构[1,2]。

1. 共享存储结构

共享存储结构是指一台计算机的多个处理器或多台计算机的处理器共同享有同一个存储系统,实现系统资源的高度共享。因此,该体系结构也称为一种紧耦合的系统。该类系统通过总线、网络等方式实现连接。处理器之间的地位不同,体系结构也有差别,可将共享存储并行计算机分为并行向量机、对称/非对称多处理器、同构/异构多核处理器。

(1) 并行向量机。并行向量机由多个向量处理机组合而成,这些向量处理机通过交叉开关或者总线来连接共同的存储器,从而能够实现对向量处理的并行化和高效率。

(2) 对称/非对称多处理器。对称多处理器是指多个通用处理器采用总线,多级网络或者总线等相连接组成多处理器。之所以称为对称,是因为处理器的访问方式是对称的,即这些处理器在访问系统的软硬件时可以同等地同时进行访问。非对称多处理器和对称多处理器在结构上基本一致。两者的区别在于非对称多处理器各个处理器并不拥有相同的地位和性能,每个处理器都有相应的分工。整个系统通过各个处理器掌控不同的资源,实现不同的功能来协调完成整个工作。

(3) 同构/异构多核处理器。多核处理器是将两个以上的内核完整封装在一起的处理器,这些内核之间功能相互独立。多核处理器按照结构的不同又可分为同构多核处理器和异构多核处理器两种。前者处理器所具有的各个结构相同,且每个处理器的一级缓存都是独立封装的。但是,在外层的二级以上缓存却是被多个处理器所共享。后者处理器在功能上和体系结构上都不相同,因此又称为非对称多核处理器。和同构多核处理器不同,异构多核处理器同时集成了多种类型的处理器内核。

2. 分布式存储结构

分布式存储结构是指计算机或处理器可以访问的存储器是独立的,存储器之间采用分布式的形式通过网络进行连接，各部分之间一般采用消息传递的机制进行通信，使系统的耦合性降低，各计算机或存储器具有相对的独立性。分布式存储结构可以分为两种：一种是大规模并行处理(massively parallel processing，MPP)系统；另一种是机群系统[1]。

(1) MPP 系统是一种超大型计算机系统。系统中存储器采用分布式存储结构，该系统的处理节点一般采用商业化微处理器，系统的通信为专门设计和定制的高通信带宽和低延迟的高速网络，其具有很强的扩展性。

(2) 机群系统。机群是由若干独立的 PC 通过网线连接而成的，节点间采用网络互通，各节点既可单独运行，也可协同工作实现并行。早期的 PC 为单核计算机，其构建的机群有同构机群和异构机群两种。机群系统同样易于扩展，可根据任务需要增减计算机的数量，机群系统构建成本低且易于实现。

3. 分布式共享存储结构

分布式共享存储结构是将第一类和第二类并行体系结构相结合[2-5]，同时也把两类并行体系结构的优点综合在一起，既实现了整体结构的低通信性，又实现了体系结构的可扩展性，而且还实现了多层并行模式，在很大程度上提高了任务的并行执行效率。

多核机群并行计算机系统就是一种分布式共享存储系统，同时，多核机群也是一种用于并行运算的层次体系结构。其层次性表现为：在节点层次上采用分布式存储结构，而每个节点的内部采用共享存储系统，节点之间的通信采用消息传递，节点内部多处理器实行内存直接访问。因此，这种机群体系结构具有节点之间松耦合、节点内部紧耦合的优点，如图 2.1 所示。

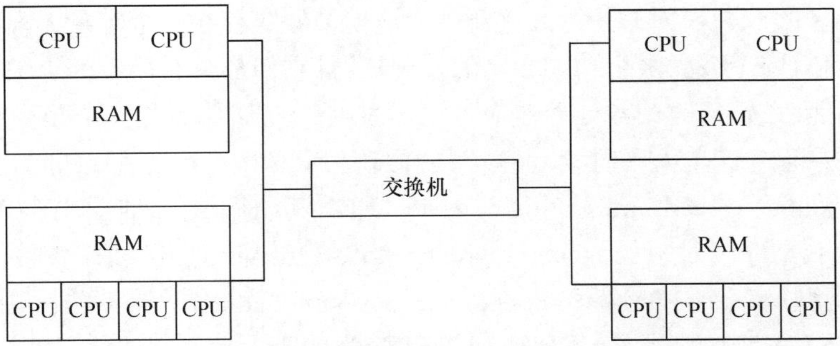

图 2.1　多核机群体系结构

图 2.1 是多核机群体系结构的逻辑图，该体系结构采用星形拓扑，优点为便于增大或减少机群的规模，节点之间采用交换机连接，其中，选择一台计算机作为主节点，机群的其他节点称为从节点，形成主从结构。依照各个节点配置不同型号、不同规格的处理器，将多核机群分为同构多核机群和异构多核机群两种。

2.2 并行计算模型

2.2.1 并行计算模型的要素

并行计算模型是算法设计者与体系结构之间的桥梁，是设计与分析并行算法的基础。它屏蔽了不同并行计算机的硬件结构，抽取若干个能够反映计算特性的参数，定义计算行为的成本函数，形成一个抽象的计算模型。从更广的意义上说，并行计算模型为并行计算提供了硬件和软件界面，在该界面的约定下，并行系统硬件设计者和软件设计者可以开发对并行性的支持机制，从而提高系统的性能。并行计算模型包括三个要素：一是反映计算性能的参数(CPU、存储器、I/O 网络等)；二是计算行为(同步或异步等)；三是计算算法复杂度的成本函数。这些要素反映了并行计算模型的性能，人们常常用它们对构建的各种并行模型进行对比验证与评价。随着并行计算机体系结构的发展，并行计算模型也不断演变。按照它们不同的体系结构及不同的发展阶段，可以将并行计算模型分为共享存储并行计算模型、分布式存储并行计算模型、存储层次并行计算模型三类，具体描述如下。

2.2.2 共享存储并行计算模型

共享存储并行计算模型分为随机存取并行机器(parallel random access machine，PRAM)模型和异步随机存取并行机器(asynchronous parallel random access machine，APRAM)模型两种。

(1) PRAM 模型也称为共享存储的 SIMD 模型，它是从串行的 RAM 模型直接发展起来的一种抽象的并行计算模型。该模型假定存在一个容量无限大的共享存储器，有有限个或无限个功能相同的处理器，且它们都具有简单的算术运算和逻辑判断功能，在任何时刻各处理器都可以通过共享存储单元相互交换数据。根据处理器对共享存储单元同时读、同时写的限制，PRAM 模型又可以分为不允许同时读写(exclusive-read and exclusive-write，EREW)的 PRAM-EREW 模型、允许同时读但不允许同时写(concurrent-read and exclusive-write，CREW)的 PRAM-CREW 模型、允许同时读写(concurrent-read and concurrent-write，CRCW)的 PRAM-CRCW 模型。其中，PRAM-EREW 模型是一种功能最弱的计算模型，PRAM-CRCW 模型是功能最强的计算模型。PRAM 模型的优点是适合并行算法的表达、分析、比较，使用简单，易于设计算法与移植；缺点是仅为一个同步模型，很不实际，适合理论研究，不适合分布存储结构的 MIMD 计算机[3,6]。

(2) APRAM 模型是一种异步共享存储的 MIMD 模型，它最重要的特点是每个处理器有各自的本地存储器、局部时钟和局部程序；无全局时钟，各处理器异步独立执行各自指令，处理器之间的同步问题通过添加同步障栅(synchronization barrier)来实现。而每一个局部程序的最后一条指令一定是同步障栅指令，当各处理器执行到障栅指令时，就会暂停向下执行，等待执行最慢的那个处理器一起完成障栅指令的执行。整个并行程序的执行时间由最后一个到达同步障栅指令的处理器所需要的时间决定。APRAM 模型的优点是易于编程和分析算法的复杂度；其缺点是离现实较远，相关的并行算法有限，不适合于多指令多数据-分布式存储(MIMD-DM)模型。

2.2.3　分布式存储并行计算模型

分布式存储并行计算模型是第二代并行计算模型，其主要特点是以数据通信为中心，计算任务与通信任务分开，分布式存储，整体大同步和个体异步计算。具有代表性的模型有整体同步并行计算(bulk synchronous parallel，BSP)模型、LogP 模型、块分布存储模型(block distributed model，BDM)等。

(1) BSP 模型是一个分布式存储的 MIMD 计算模型[7-9]，它是计算机语言与体系结构之间的桥梁，是分布式的、整体同步的多计算机模型。BSP 模型将并行计算机特性抽象为 3 个定量参数：p、g 和 L。p 表示处理器个数，g 表示路由器的吞吐率，L 表示全局同步的时间间隔。它的特点是将处理器和路由器分开，强调了计算任务和通信任务分开，路由器仅仅完成点到点的消息传递，而不提供组合、复制和广播等功能，既掩盖了具体的互联网络拓扑，又简化了通信协议。采用障栅同步实现可控的粗粒度级全局同步方式，提供执行紧耦合同步并行算法，而程序员并无过多的负担。

(2) LogP 模型是一种异步的、分布存储、点到点通信的多处理机模型。其通信网络由 4 个主要参数来描述。①L(latency)表示源处理机与目的处理机进行消息(一个字或几个字)通信所需要的等待或延迟时间的上限，表示网络中消息的延迟。②o(overhead)表示处理机准备发送或接收每个消息的时间开销(包括操作系统核心开销和网络软件开销)，在这段时间里处理机不能执行其他操作。③g(gap)表示一个处理机连续两次发送或接收消息时的最小时间间隔，其倒数即为处理机的通信带宽。④P(processor)表示处理机/存储器模块的个数。LogP 模型具有如下特点：处理机之间异步计算，同步计算通过处理机间的消息传递完成；可采用多进程与多线程混合编程；消息延迟不确定，但延迟不大于 L；可以预估算法的实际运行时间等。其不足之处在于：对网络的通信模式描述不够深入，如缺乏对重发消息可能占满带宽、中间路由器缓存饱和等指标的描述；主要适用于消息传递算法设计，未考虑流水线预取技术、Cache 引起的数据不一致性以及 Cache 命中率对计算的影响，未考虑多线程上下文开销等[3-5,7]。

(3) BDM 是由 JaJa 等[7]提出的一种块分布存储模型。它是共享存储编程模式与基于消息传递的分布存储系统之间的桥梁，主要有 4 个参数：P 表示系统的处理器个数；M 表示局部存储器中连续的 M 个字；τ 表示处理机从发出访问请求到得到远程数据的最大延迟时间（包括准备请求时间、请求包在网络中路由的时间、目的处理机接收请求的时间以及将包中 M 个连续字返回给源处理机的时间）；σ 表示处理机发送数据到网络或从网络接收数据的时间。BDM 的特点包括用 M 反映出空间局部性，提供一种评价共享主存算法性能的方法和度量远程访问引起的通信，可适用于并行流水线技术以及网络路由状态分析。其不足是未考虑网络中处理机的本地性、网络拥挤等影响延迟的因素以及系统开销等。此外，分布式存储并行计算模型还有许多模型，如 C3 模型、NHBL 模型等，在此不再赘述。

2.2.4　存储层次并行计算模型

存储层次并行计算模型（hierarchy memory model，HMM）是以存储访问为核心的第三代并行计算机模型，其特点是以数据访问为中心，分布式共享存储，计算任务与通信任务分开，寄存器、高速缓存、主存和辅存等分层存储。代表性的模型有：均匀层次存储（uniform memory hierarchy，UMH）模型、分布式 DRAM(h,k)模型、基于 LogP 的层次存储（hierarchy memory-LogP）模型、层次存储与层次并行模型（hierarchy parallel memory，HPM）[3-5]。它们的优点是可以实现多级并行计算，缺点是算法设计与分析复杂，难以操作使用。

(1) UMH 模型是 Alpern 等提出的，主要用于概括计算机层次访问技术中与性能有关的特征，是对存储层次结构的一个抽象。其基本原理是将一个串行计算机的存储器视为存储容量逐渐增大的一组存储模块（M_0，M_1，…），计算在 M_0 进行，则 M_0 可表示一个计算机的 CPU，M_1 可表示为 Cache，M_2 可表示为主存储器，M_3 可表示为磁盘等，构成多级访问与并行计算。模型的性能可以通过 3 个参数进行评价。纵横比参数 α 用于表示一个层次存储模块 M_i 包含的块数 N_i 与其块大小 B_i 之比，UMH 模型假设任何一个模块 M_i 的参数 α 值都相等。任何一个模块 M_i 的参数压缩因子 ρ 值由

$$\rho=\frac{B_i}{B_{i-1}}$$

计算。传输代价函数 $f(i)$ 给出 UMH 模型总线传输的代价。

(2) 分布式 DRAM(h,k)模型由张云泉[5]提出。该模型把传统的基于单位访存开销假定的 RAM 模型转换成访存开销随数据在存储层次中的位置、所访问的时间和访问模式而变化的 RAM 模型。远地内存访问在 DRAM(h)被看成存储层次的另一层，但其开销用 LogP 模型的方法进行建模并根据消息的长短看成连续或不连续访问。参数 h 表示存储层次的深度，k 表示存储层次中处于不同的状态。此模型的具体实现与验证请参见文献[5]。

(3) hierarchy memory-LogP 模型是一种异步分层存储以及点到点通信的多处理机模型，其性能通过 LogP 模型与 UMH 模型的相关参数来描述。该模型关注分布存储体系向以共享存储对称多处理（symmetrical multi-processing，SMP）为节点的机群系统过渡的趋势，在可测量系统参数的基础上预测算法的性能，把存储层次嵌入通信模型，将层次存储与网络通信开销结合起来[4,5,7]。

(4) HPM 模型将并行存储计算机描述为由模块组成的树，树的每个孩子通过唯一的通道连到它的父辈。树的模块保存数据，树叶模块还执行算术运算、比较、分枝等计算。模型的每一个模块 i 都有 4 个参数：块长度 L_i、块数 N_i、模块 i 所有的孩子数 M_i 和传输时间 T_i（表示模块 i 和它的父辈之间传送一块数据所需的时钟周期数）。一般情况下，一棵树的同一级上的所有模块有同样的参数。HPM 模型可用来同时描述同质并行系统的层次存储特性和层次并行性，能精确地描述 MPP 系统、SMP 系统、SMP 机群系统的存储和通信特性。通过树形结构反映处理器之间、处理器和存储器之间的传输带宽，用块长来描述模型的通信延迟，用块数定义存储器容量[7]。

2.3　并行程序设计

2.3.1　并行编程模型

并行编程模型一直是并行计算领域重点研究的内容，它和并行计算机体系结构紧密相关，并随着并行计算机体系结构的发展而不断创新。按照并行计算机体系结构的不同，并行编程模型可以分为以下几类：①共享存储体系结构下的共享变量编程模型，它具有单地址空间、编程容易、可移植性差等特点，其实现有 OpenMP 和 Pthreads 等；②分布式存储体系结构下的消息传递编程模型和分布式共享编程模型，消息传递编程模型的特点是多地址空间、编程困难、可移植性好，其实现有 MPI、并行虚拟机等；③分布式共享编程模型，是指有硬件或软件的支持，在分布式体系结构下实现的具有共享变量和消息传递混合的编程模型。任何一种并行计算机体系结构都需要适应相应的并行编程模型，例如，适应 SIMD 的并行计算机的编程模型为数据并行模型，适应多计算机的编程模型为消息传递模型，适应共享存储多处理机的编程模型为共享变量和消息传递混合编程模型。各种模型因其适应对象不同有其各自的特点[1-3]。不管是哪一种编程模型，按照程序员设计的并行程序结构和并行系统执行程序的方式，把并行程序分为单程序多数据（single program multiple data，SPMD）并行模式和多程序多数据（multiple programs multiple data，MPMD）并行模式。SPMD 并行模式对计算任务仅须编写一个并行程序，然后由并行系统中不同的处理机同时执行该程序或其拷贝，每个处理机计算同一任务的不同数据。MPMD 并行模式对计算任务需要编写多个程序，每个程序由不同的处理机并行执行，计算不同的数据。在进行并行程序设计时，可以根据不同的计算任务选择 SPMD 并行模式或 MPMD 并行模式，但目前采用比较多的是 SPMD 并行模式。因此，以下采用 SPMD 并行模式，对共享变量编程模型和消息传递编程模型的编程方法、编程语言进行分析。

2.3.2 共享变量编程模型

共享变量编程模型主要应用于具有共享存储体系结构的并行计算机的编程，这种体系结构的处理机共用同一地址空间，编程相对容易，可以采用多线程或多进程实现。但是，存在着多处理机可能同时读写同一存储单元而造成数据不一致的问题，即同步问题。在解决实际问题时，如果存在进程或线程同步问题，那么必须对共享变量采取互斥方式进行访问，以保持数据的一致性。

1. 共享变量编程模型编程方法的简要描述

(1) 利用锁机制实现互斥。当共享存储单元(变量)被多个线程并发访问时，为了确保存储单元中数据的一致性，可以采用锁机制构建一个临界区(critical section)，假设某一变量 mutex 代表锁，其初值为 0，且当 mutex＝0 时，表示锁是开的，线程可以被允许进入临界区，当 mutex＝1 时，表示锁是锁住的，线程不允许进入临界区。当多个线程竞争访问临界区时，假设第 i 个线程首先检测到锁变量 mutex 的值为 0，它即被允许进入临界区，并且将 mutex 的值变为 1。此时，其他想要进入临界区的线程因为临界区被锁住而产生阻塞，但它们会不停地对 mutex 进行检测，直到能够进入临界区。当第 i 个线程执行完临界区中的指令时，即退出临界区，并将 mutex 的值置为 0。这样其他线程才有机会进入临界区。锁机制的结构如下：

```
……………………
Lock(mutex)
临界区代码;
unLock(mutex)
……………………
```

(2) 利用信号量实现互斥。由于互斥锁机制需要线程不断地对锁进行检测，会浪费许多资源，因此可以引入信号量机制构建临界区，以避免多线程频繁对临界区的检测。为此，假设用公用信号量(mutex)代表共享资源(存储单元)，mutex 的值代表共享资源的个数；P、V 是信号量的两个原子操作，P(mutex)表示请求使用资源(访问存储单元)，相当于作 mutex＝mutex－1 操作；V(mutex)表示释放资源，相当于作 mutex＝mutex＋1 操作。当某一线程执行 P(mutex)操作时，若

mutex>0,则该线程可以进入临界区,并作 mutex=mutex−1 操作。当它执行完临界区内的所有指令后,执行 V(mutex)操作,退出临界区并作 mutex=mutex+1 操作;若 mutex≤0,则该线程不被允许进入临界区,转为等待状态。信号量机制的结构如下:

```
……………………………
P(mutex)
临界区代码;
V(mutex)
……………………………
```

(3) 利用条件变量实现同步。条件变量(condition variable)与互斥锁机制不同,互斥锁是防止多线程同时访问共享的互斥变量来保护临界区。多线程间可以通过条件变量来告知其他线程某个状态发生了改变,让等待这个条件变量的线程继续执行。例如,如果设置一个条件变量让线程 i 等待在一个临界区的前面,那么当其他线程给这个变量执行通知操作时,线程 i 才会被唤醒,继续向下执行。条件变量总是和互斥锁一起使用,保护着条件变量,以防止多个线程对条件变量产生竞争[10]。条件变量的检测是在互斥锁的保护下进行的。如果一个条件为假,那么一个线程自动阻塞,并释放等待状态改变的互斥锁。如果另一个线程改变了条件,那么它发信号给关联的条件变量,唤醒一个或多个等待它的线程,重新获得互斥锁,重新评价条件。条件变量同步的结构如下:

```
pthread_mutex_t mutex;//互斥锁
pthread_cond_t cond;//条件变量
pthread_mutex_lock(&mutex);
while(条件){//条件是真
    pthread_cond_wait(&cond,&mutex);//线程等待
        }
…
pthread_cond_broadcast(&cond);// 唤醒所有线程
pthread_mutex_unlock(&mutex);
```

(4) 利用软件事务内存(software transactional memory,STM)实现互斥。软件事务内存将内存共享变量或临界区的访问封装为事务操作,它要么完全执行并提交,要么异常中断而撤销。其对内存的访问具有以下特性:①原子性,是指在事务内存系统中事务的操作序列具有原子性,即事务的操作要么在提交时所有内存操作全部生效,要么撤销时所有操作都不执行;②一致性,是指不同事务间的共享数据必须保持一致;③隔离性,是指事务操作互不干扰,其结果是与其他事务隔离执行的结果。软件事务内存编程模型如下:

atomic{body;}//atomic 为原子之意，body 是被封装的原子事务操作

2. 共享变量编程模型的编程语言

(1) 可移植性 UNIX 操作系统接口（portable operating system interface of UNIX，POSIX）。POSIX 线程是操作系统级的应用程序接口（API）规范，主要用来定义线程及线程间同步的相关操作，采用 C 语言定义。具有的编程方法请参考 POSIX 线程编程指南。

(2) Java 线程。Java 提供了线程类 Thread 来创建多线程的程序。其创建一个线程有两种方式：①继承 Thread 类，重写 run()方法，然后直接新建这个对象的实例，创建一个线程的实例，再调用 start()方法启动线程；②实现 Runnable 接口，重写 run()方法，调用 new Thread(runnable)创建一个线程，再调用 start()方法启动线程。

(3) OpenMP 程序接口。它是共享内存并行系统的多处理器程序设计的一套指导性的编译处理方案，应用对象为共享存储并行模型，兼容性强，具有使用方便、简洁实用、可移植性强等优点。OpenMP 支持的编程语言包括 C、C＋＋和 Fortran；支持的编译器包括 Sun Compiler、GNU Compiler 和 Intel Compiler 等。该模式下 OpenMP 不是从程序的开始便并行，其工作过程主要分为两个步骤[1]。

第一步：因为其应用对象是多线程，所以 OpenMP 会从一个主线程开始工作。主线程的执行按照串行进行，当在执行期间遇到并行域时，程序开始并行执行，这时主线程会创建若干并行的线程使得要并行的程序分别在刚创建的线程中并行执行。该过程又称创建多线程(Fork)过程，如图 2.2 所示。

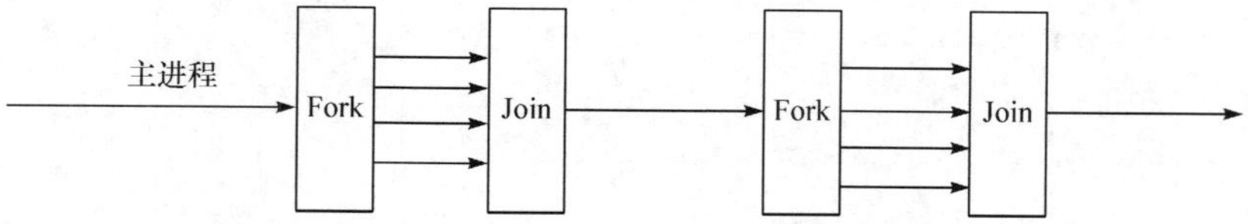

图 2.2　OpenMP 并行步骤

第二步：当并行线程执行结束后，这些线程可能被执行两种操作。一种是被中断；另一种是被同步。程序回归到并行前的状态，即仅剩下主线程在运行，继续串行执行有且仅当碰到下一个并行域重复此过程进行，这一过程称为线程合并(Join)过程，如图 2.2 所示。

(4) Intel 线程构件模块（threading building block，TBB）。Intel TBB 是使用最广泛的 C/C＋＋并行编程方式，它可以使用户将串行代码快速并行化，并利用 Intel 多核处理器进行并行编程。TBB 3.0 版本可支持 Microsoft Visual Studio 2010，还带来了多项性能及功能优化，让开发者在并行编程中能够实现跨平台功能。

2.3.3 消息传递编程模型

分布式存储体系结构的并行计算机由于各处理器之间没有共同的存储器，它们的存储器是各自独立的，不能直接读写对方的存储器。另外，当前的串行程序设计语言中，也没有在不同处理器之间进行数据传输或交换的语句或函数。因此，各处理器之间的数据交换，只能借助扩展函数库（如 PVM、MPI）的发送、接收等信息传递函数进行交换。

消息传递编程模型的编程方法主要是使用现有一种顺序高级语言（如 C、C＋＋、Java 等），为它配备一个能进行消息传递的外部过程库（如 PVM、MPI）。通过创建独立进程使它们能在不同的计算机上执行，然后通过发送消息和接收消息的方法进行数据交换。下面以 MPI 为例进行介绍。

MPI 是一种接口的标准。其基于消息传递，具有很强的兼容性，能适应个人计算机、工作站和机群系统，并且适应 Windows 系统和 Linux 系统，因此现在广为采用。

MPI 编程模式主要有两种：一种是对等模式；另一种是主从模式。对等模式下，各节点的地位和完成的任务是平等的，各进程并行完成任务，只是在处理的数据上有所差别。主从模式下各进程的地位和执行的任务区别于对等模式下的平等关系，而是采取了一种主进程和从进程之间的主从关系。主进程负责任务和数据的分配以及处理结果的汇总，从进程负责执行自己所分到的任务并提交结果，并且各进程完成的任务也不尽相同。

MPI 由各种基本的函数组成，这些函数实现了 MPI 的消息传递功能，如初始化、消息传递。

(1) MPI 初始化。MPI 初始化函数是程序进入环境的入口。一些初始化工作的完成也需要调用该函数。其格式如下：

```
MPI_Init(&argc,&argv);
```

(2) MPI 结束。每个程序的执行都需要结束语句，MPI 也一样，其通过结束语句退出 MPI 环境。函数的格式如下：

```
MPI_Finalize();
```

(3) 获取进程的编号。并行程序中，每个进程为了区分彼此并有序地实现并行和合作，都设置有相应的进程编号。MPI 获取该编号就可以对进程进行有效控制。获取进程编号的格式如下：

```
MPI_Comm_rank(MPI_COMM_WORLD,&myid);
```

(4) 获取指定通信域的进程数。并行程序很重要的一点是各进程需要完成的任务量要均衡，为了确认自己需完成的任务比例，进程需要知道总的进程个数。MPI 获取指定通信域进程个数的函数格式如下：

```
MPI_Comm_size(MPI_COMM_WORLD,&numprocs);//获取进程总数
MPI_Get_processor_name(processor_name,&namelen);//获取进程名
```

(5) 消息发送/接收。MPI 是基于消息传递模式的，因此需要消息的发送函数和接收函数，格式依次如下：

消息发送函数为

```
MPI_Send(&x,1,MPI_INT,1,msgtag,MPI_COMM_WORLD);
```

消息接收函数为

```
MPI_Recv(&x,1,MPI_INT,0,msgtag,MPI_COMM_WORLD,status);
```

分布式存储系统各节点之间的进程需要数据交换和通信。因此，消息传递编程模型可使各节点通过互联网络传递指令、数据等一些同步或中断数据。同时，该模型还要求指明各节点所需要的数据以及分配的任务，同时保证整个任务的有序执行。

消息传递编程模型具有以下特征：

(1) 多线程。该编程模式下的并行程序不是单一的进程，而是由多个进程组成的。每个进程都是独立控制，也可以执行不同的程序语句。

(2) 异步并行。该编程模式下的各进程内具有不同的线程，进程内的线程要求同步执行。但是，进程之间的各个线程在执行时可以异步。

(3) 离散的地址空间。该编程模式下并行进程具有分布式的存储结构。因此，各进程的变量存储在不同的地址中。若非同一进程，则这些数据是不可访问的，但可以通过消息传递来实现信息的共享。

(4) 进程任务的分配与映射。该编程模式下需要清楚地显示指派给各进程的任务和数据，编程人员要将划分的数据映射到相应的处理器(进程)，并且给各个进程分配相应的任务。同时，进程之间的通信通过 MPI 等函数库来完成，通过障栅来实现同步。

2.3.4 多线程编程和多进程编程

1. 多线程编程

在单 CPU 系统中，进程是系统分配资源的基本单位，一个进程包含一个或多个线程。一个进程在 CPU 里执行时，它可以动态地创建多个线程，这些线程共享该进程的所有资源。在 Java、C++等编程语言中，也可以通过创建线程函数建立

多个线程，系统调度在某一时刻只能让一个线程运行，多线程之间通过优先级或时间片轮回等调度算法以不同的顺序进入 CPU，这样不断通过线程之间的切换获得 CPU 的执行权，把多线程的这种运行方式称为并发。在多 CPU 系统中，可以让两个以上的线程同时在不同的 CPU 上运行，这种两个以上线程同时在不同的 CPU 上运行的方式称为多线程并行。

2. 多进程编程

在单 CPU 系统中，由早期的单进程单任务操作系统，发展到多进程多任务操作系统，进程在系统内并发执行，这就是宏观上并行、微观上串行的执行方式。要真正实现并行计算，人们组建了分布式存储计算机，用多台单 CPU 计算机组成一个机群。把每台计算机的处理器看成一个进程，则机群系统就形成了由多个进程组成的系统。然后，将待处理的计算任务分割成多个子任务，并分配给各个进程进行并行处理。在多 CPU 系统中，由于它们共享存储器，往往使用多线程的编程方式来实现。把若干多核 PC 组建成机群，正是本书的并行算法的环境——多核机群。多核机群也是 2.3.1 节所提到的分布式共享编程模型，这种编程模型可以采用进程与线程的混合编程，具体见 2.4 节。

2.4　多核机群的并行计算

多核机群的体系结构在前面章节已经提到，它的并行编程主要有三种模式：MPI 的多进程消息传递模式、MPI＋OpenMP 混合编程模式、MPI＋OpenMP＋STM 三级混合编程模式。MPI 多进程消息传递模式在 2.3.3 节已经介绍，下面主要介绍另外两种混合编程模式。

2.4.1　MPI＋OpenMP 混合编程模式

目前，并行编程主要有消息传递、共享存储器、消息传递与共享存储器混合三种并行编程模式。其中，MPI 是一个函数库，并行程序通过其函数与 Fortran 和 C/C＋＋语言绑定以实现机群进程之间的数据传输，它是分布式存储系统(集群)上的主流编程模型，是进程间消息传递并行编程模型的实现标准。该并行编程模型适用于分布式存储的多进程并行计算环境，也可在共享存储器系统中运行。OpenMP 是对 Fortran、C/C＋＋等串行语言的扩展，是通过添加制导语句、例程库以及系统变量等方法实现共享存储器的一种多线程并行编程机制。其并行编程模型适用于单核或多核共享存储器的多线程并行计算环境，但 OpenMP 并不适合于复杂的线程间同步和互斥场合的处理。

SMP 集群中常用的并行编程模式主要有 MPI＋OpenMP 混合编程模式，该模式的实质是两级并行，上层 MPI，即节点(进程)间并行；下层 OpenMP，即节点(线程间)内并行。该模式具有以下优点：①MPI 能够解决多核处理机(节点)之间的进程通信，而 OpenMP 创建的多线程可以很好地处理每个多核处理机(节点)内部处理器之间的数据交换；②数据的加工处理主要由各多核处理机(节点)内部处理器的多线程完成，可减少进程(节点)之间的数据传输，降低通信的开销；③在处理器数量不变的情况下 MPI 进程数大大降低[11-21]。该模式存在以下不足：①节点内多线程共享内存；②其通过互斥锁或信号量来实现数据共享；③多线程之间因竞争锁和临界区而导致运行速度变慢，或容易造成死锁、优先级反转等错误。

MPI 可实现分布式存储体系结构的进程级并行，OpenMP 可实现共享存储系统的线程级并行。但是，两者的并行都有各自的局限性，且只能实现单层次的并行。多核机群的体系结构是一种分布式共享存储体系结构，该结构将两种并行计算机系统结合在一起，综合了两者的特点，实现了并行的多层次化。对这种体系结构编程，单一的 MPI 或者单一的 OpenMP 编程模型均不能体现多核机群系统的优势及用户的期望。把两者结合起来，使用 MPI＋OpenMP 的编程模式，更能体现该系统的结构优势。图 2.3 为 MPI＋OpenMP 的编程模型图。

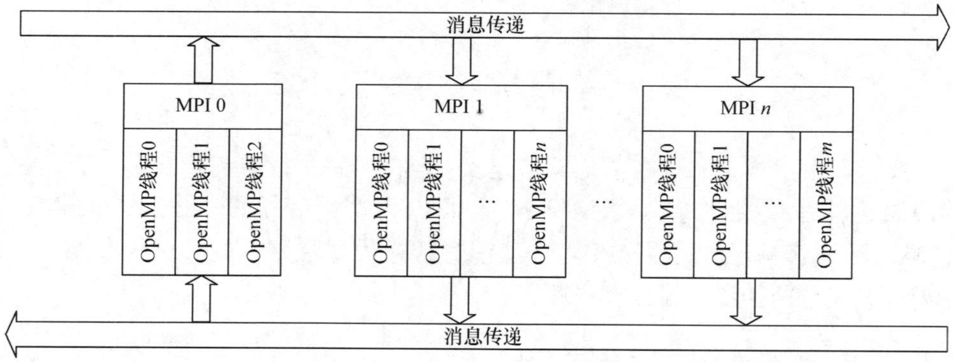

图 2.3　MPI＋OpenMP 编程模型

MPI＋OpenMP 的混合编程模型可以将分布式存储和共享存储的并行结构结合，巧妙地贴合多核机群体系结构的特点，分层并行，提高并行系统的效率。模型中各节点的任务分配和节点之间的通信均由 MPI 控制，通信采用消息传递机制，进程内部则采用多线程共享存储并行机制。并行程序一般采用 SPMD 模式的主从结构，形成一个主进程和多个从进程的协同计算。这种结构方便对程序的控制，可使各进程更加有序地并行，且 MPI 函数只能由主进程调配。节点内的线程由 OpenMP 分配，共享内存。

MPI＋OpenMP 的编程模式具有很多优点。首先，MPI 能使各进程之间相互通信，实现了数据交换；其次，OpenMP 为共享存储结构，减少了通信带来的时间消耗；再次，相较于单一的 MPI，可以在保证进程数量的前提下减少 PC 的数目。但在程序的执行过程中还是会遇到很多问题影响其性能的发挥。

在 MPI＋OpenMP 混合编程模式下，存在共享内存和消息传递，多线程之间会出现资源的争用。因此，线程间会出现争用锁和临界区的问题，这会导致资源得不到很好的利用而出现运行速度缓慢、优先级改变等问题，严重时会出现死锁使程序无法正常运行。针对这个问题，2.4.2 节提出 MPI＋OpenMP＋STM 三级混合编程模式，利用事务内存机制可以很好地解决该问题。

2.4.2　MPI＋OpenMP＋STM 三级混合编程模式

1. STM 的基本原理

事务内存(transactional memory，TM)的出现为并发访问控制提供了新的渠道，Larus 和 Kozyrakis 将数据库中的并发控制机制引入编程语言中形成事务内存系统[22]。事务内存系统主要分为两层。在高层，它提供了一种比较简单的类似串行语义形式的语法结构，如下述事务原子块所示。

事务原子块

```
atomic{
    C;// some statements
      }
```

事务原子块使得编程相对容易。在低层，通过使用互斥锁等同步机制设计各种不同的细粒度并发系统将高层的程序自动地翻译到低层系统中并发地执行。

事务原子块中展示的是事务内存系统在高层给程序员并行编程使用的语法结构，称为事务原子块，其对应在低层可执行的代码。一个事务原子块使用关键字“atomic”作标记，C 表示一串内存原子操作指令。从非形式语义上来说，它表示代码 C 是原子执行的，即代码 C 是在一个指令周期内完成的，不受环境(其他事务或线程)的干扰。事务的原子性是指一个事务要么全做，要么全不做。一个事务的提交将意味着它所做的内存操作会即刻生效，并对其他线程可见。

2. STM 的特点与优势

事务内存机制较锁机制具有四种优势[13]：①锁机制可能导致死锁，事务内存机制则不会死锁；②锁机制以强制操作的顺序执行，同步线程相互等待，事务内存能够检测出并发读与并发写，允许事务并发执行；③粗粒度的锁机制限制并发性，细粒度的锁机制可能造成死锁，事务内存对粗细粒度的并发性具有更好的调节功能;④锁机制不能很好地复合或嵌套,事务内存的复合或嵌套能更好地实现复合或嵌套。因此,基于事务内存比基于锁机制的多线程并行程序更能发挥多核 PC 的潜能,事务内存的并行编程模型可以避免 MPI+OpenMP 并行模型锁机制存在的死锁、优先级反转和同步造成速度慢的问题。

3. STM 在多核机群中的作用

目前,多核 PC 主要采用的是同构的多核处理器,其层级存储结构包括核内寄存器、核内 L1 级独占指令与数据缓存、核间 L2 级共享缓存、共享 RAM。由多核 PC 组成的多核机群体系结构可以是同构的,也可以是异构的。

为了充分利用多核机群体系结构的优势,可以把每一台多核 PC 节点看成一个进程,机群平台的多个节点构成多个进程。进程之间的数据传递通过 MPI 函数库实现,MPI 并行表示节点间的并行;机群每一个节点内由 OpenMP 创建多线程并映射到多核处理器,线程间并发共享存储器则通过 STM 实现,节点内的并行主要是对 STM 的并发执行,从而形成了多个进程之间和进程内部多个线程并发执行的 MPI+OpenMP+STM 三级并行编程模式,称为基于多核机群的事务内存并行编程模型,该模型如图 2.4 所示。

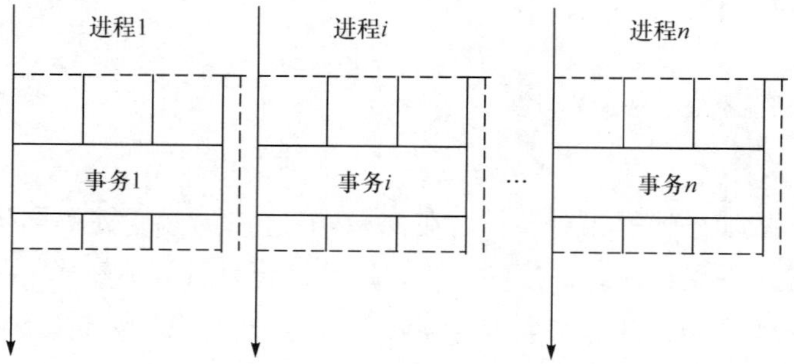

图 2.4 多核机群 STM 模型

在 MPI+OpenMP+STM 三级并行编程模式中,当每一个节点内部不同的线程访问同一个存储单元或临界区时,用事务内存替代锁机制,并由多个线程并发执行。而事务内存系统必须完成两个基本操作:①冲突检测,即检测事务间的读-写或写-写冲突;②竞争管理,即当检测到冲突时,采用恰当的线程竞争管理算法,让某一线程事务正常地向前推进,或异常中止而回滚。STM 系统模型如图 2.5 所示。

4. STM 的模型实现

1) STM 的形式化

要实现 STM 编程,首先要给事务内存建立相应的数据结构[8]——事务日志 log。每个共享单元都有一个对应的事务日志 log,该日志主要包括日志版本号

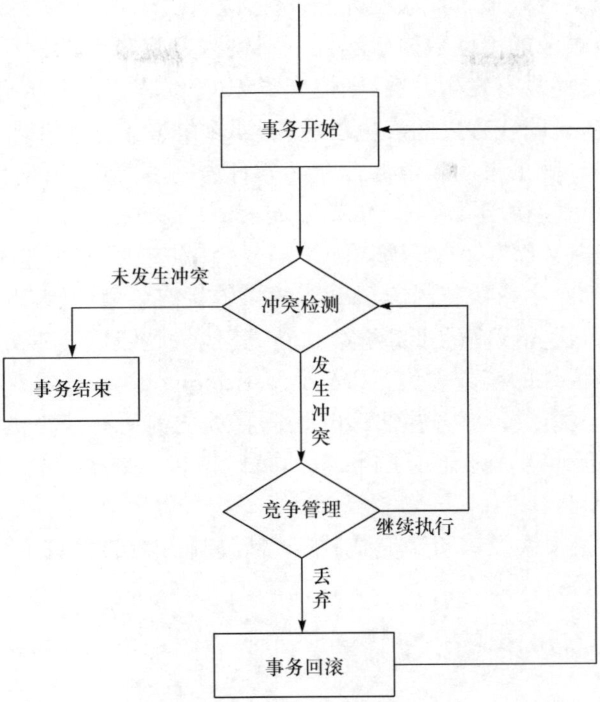

图 2.5　STM 系统模型

(vid)、数据的读版本号(rv)与写版本号(wv)、读集(rset)与写集(west)等字段。其中,日志版本号由所有事务计数器统一分配,在事务提交时日志版本号都会更新。数据的读版本号用于记录事务开始分配给该数据的版本号,以用于事务提交前的冲突检测。数据的写版本号用于记录事务中更新后的数据版本,用作事务提交时更新共享单元的初始数据版本号。数据的读集用于记录事务中所有读访问共享单元地址与返回值,以便在事务提交前的冲突检查阶段了解需要检查哪些共享单元。数据的写集用于存放事务执行过程中共享单元写操作的新值,并当事务未发生冲突提交时,将写集中的新值更新,对应共享单元中的旧值。然后按照图 2.5 的 STM 模型建立事务开始、冲突检测、竞争管理、事务回滚、事务结束模块函数。

2) STM 模块功能及函数

(1) 事务开始模块。当线程启动事务时,初始化日志 log,保存当前系统环境,以便事务被中止回滚时能够恢复到事务开始时的状态。其模块函数名为 STM-start(log,var),限于篇幅,函数的具体描述从略,下同。

(2) 冲突检测包括乐观冲突检测和悲观冲突检测两种方式[10]。乐观冲突检测方法是假设冲突很少发生,延迟直到一个事务将要结束时才进行冲突检测。乐观冲突检测可以更有效地增加系统的并发性，故采用乐观冲突检测方法，该模块的主要功能是通过事务的惰性数据版本控制机制来判定事务的读/写操作是否存在冲突，如果事务之间没有发生冲突，则提交事务，该线程完成对事务的处理；如果事务之间发生冲突，说明线程之间产生了冲突，那么由事务竞争管理模块处理。惰性数据版本是指将计算出来的新值保存在事务日志的写集中，旧的值仍然保留在内存中没有变化。该模块函数名为 STMdetection(log，var)。

(3) 竞争管理又称竞争管理策略。对于发生冲突的线程，选择哪一个线程继续执行，其他线程则中止执行回滚到事务的初始状态。竞争管理模块采取优先级线程优先的算法，优先级高的事务继续执行，其他优先级低的事务中止执行，回滚到初始状态。该模块的函数名为 STMcompetition(log，var)。

(4) 事务回滚模块。事务在回滚时只需释放之前所有获得的日志，然后将当前系统环境恢复到事务开始时的状态即可。该模块的函数名为 STMrollback(log，var)。

(5) 事务结束模块。该事务完成执行，释放其占用的所有资源。该模块的函数名为 STMend(log，var)。

2.4.3　MPI＋OpenMP＋STM 并行算法

在应用多核机群解决实际问题时，首先对问题进行任务分解，将每一个任务分配到机群的每一个节点，节点就是一个进程，进程之间的并行与消息传递由 MPI 实现。然后，将每个进程的任务划分成若干个子任务，分配给节点内多核处理器或多线程来处理。节点内的若干子任务则由 OpenMP 创建的一组线程进行计算。最后，对每个子任务执行计算过程，其共享变量或临界区等同步问题则用 STM 模型替代锁机制，并由节点内的多处理器或多线程并发执行 STM 模块程序。该编程模型的实现采用 SPMD 编程模式。

它的运行过程如下：

(1) 对机群中每个节点上的进程进行 MPI 初始化；

(2) 主进程进行任务划分和局部计算，并将任务和数据发送或广播给各从进程，进程之间通过 MPI 函数进行节点间的通信；

(3) 各节点进程接收到任务和数据后，再将其分解成若干子任务和数据，然后启动 OpenMP 创建一组线程；

(4) 节点内的多线程，在求解各子任务和数据过程中，启动且并发执行 STM，实现对共享数据的计算；

(5) 问题的求解过程主要由多核节点内的多线程进行，其间进程之间需要进行数据传输，则由 MPI 在 single 或 master 区域内进行消息传递；

(6) 当每一个多核节点内的多线程计算结束后，OpenMP 多线程结束，MPI 进程将部分结果发送给主进程，主进程计算并显示运行结果后，MPI进程结束[23-25]。

该并行程序主要由MPI初始化，主从式的进程数据划分、传送与接收，OpenMP多个线程的创建，多线程并发执行事务内存，多线程结束，结果输出，进程结束部分组成。下面是其多线程并发执行的OpenMP+STM核心部分伪代码，其进程编号可由MPI_Rank()生成，线程号由omp_get_thread_num()函数获得。采用主从式进行编程，STM函数则由C++语言实现[1,2]。该编程模式采用SPMD方式，故并行程序只需一份，机群中的每一节点都执行该程序的同一拷贝。其部分代码如下：

```
…
# pragma omp parallel private(var1,var2)shared(var3)
{
    num_thrds=omp_get_num_threads()
    thrd_id=omp_get_thread_num()
    start=n*thrd_id/num_thrds+1
    end=n*(thrd_num+1)/num_thrds
    # pragma omp sections
      {
          STMstart(log,var3);//事务内存开始
          If(STMdetection(log,var3)= = True)
             STMsummit(log,var3);
          Else
          If(STMcompetition(log,var3));
             STMdetection(log,var3);
          Else
          STMrollback(log,var3);
          }//end of sections,事务内存结束
}// end of parallel
…
```

2.5 基于多核PC的人工蜂群并行算法

Karaboga于2005年提出了基于Seeley的蜂群自组织模型的人工蜂群(artificial bee colony,ABC)算法[21]，该算法是一种模拟蜜蜂采蜜行为的群体智能优化算法，通过蜂群的分工实现目标搜索，具有参数设置简单、易于实现等特点。文献[26]和[27]对ABC算法进行了改进，在一定程度上提高了算法的搜索性能，但是现有的ABC算法很多都是串行的，对于大规模复杂工程优化问题，要用到大量的

种群和较高的维度来增加进化代数，这需要发挥 ABC 算法本身的并行性，多核 PC 的普及为 ABC 算法的并行化提供了实现途径。

2.5.1 ABC 算法

ABC 算法的基本思想：ABC 算法由引领蜂（employ bee）、观望蜂（onlooker bee）和侦察蜂（scout bee）三部分组成，一般食物源的数量（SN）＝引领蜂数量（BN）＝观望蜂数量（BN），侦察蜂个数为 1，解的群体由 SN 个 D 维向量表示，第 i 个解可以表示为 x_i，$x_i=(x_{i1},x_{i2},\cdots,x_{iD})$，$i=1,2,\cdots,\mathrm{SN}$，食物源花粉量对应解的质量（适应度值）。引领蜂专门负责采蜜，通过摇摆舞与同伴分享食物源信息，观望蜂按照一定概率选择跟随的引领蜂。如果一个食物源经过预先设定的最大循环次数 limit 后还没有更新，则该处引领蜂放弃该食物源成为侦察蜂。搜索的流程如下。

第一步：蜂群随机生成 SN 个食物源，引领蜂根据式(2.1)对其记忆中的食物源生成一个新食物源进行比较选取。

$$v_{ij}=x_{ij}+\varnothing_{ij}(x_{ij}-x_{kj}) \tag{2.1}$$

式中，v_{ij} 是新位置；k 随机选取，$k\in\{1,2,\cdots,\mathrm{BN}\}$（BN 是种群个数），且 $k\neq i$，$j\in\{1,2,\cdots,D\}$（D 为目标空间的维数）；$\varnothing_{ij}$ 是$[-1,1]$的随机数，控制 x 位置邻近食物源的产生[28]。

第二步：计算引领蜂所搜索食物源的概率值 p_i，观望蜂根据式(2.2)用轮盘赌方式选择一个食物源。

$$p_i=\frac{\mathrm{fit}}{\sum_{i=1}^{\mathrm{SN}}\mathrm{fit}_i} \tag{2.2}$$

式中，fit 为第 i 只引领蜂所对应食物源位置的适应度。

第三步：观望蜂对解 $x(i)$ 根据式(2.1)产生新解 $v(i)$，并进行评估。

第四步：食物源未更新次数达到限定次数后，引领蜂放弃食物源重新搜索，更新公式为

$$x_i=\min_j+\frac{\mathrm{rand}(0,1)}{\max_i-\min_j} \tag{2.3}$$

2.5.2 改进的 ABC 算法

1. 随机摄动因子策略

蜂群在搜索过程中容易陷入局部最优且搜索的随机性很强，从而导致搜索速

度变慢，尤其是搜索后期蜂群在局部最优点附近徘徊，蜂群搜索到更好个体的概率几乎是 0。借鉴文献[29]的思想在式(2.2)中引入随机摄动因子，提出了随机摄动因子人工蜂群(random perturbation artificial bee colony，RP-ABC)算法，其改进过程如下。

第一步：引入全局最优解参数 gbest，设立最优解公告牌，仅对观望蜂可见。

第二步：记录当前全局最优解位置。

第三步：引入随机摄动因子 η，食物源更新公式为

$$v_{ij}=x_{ij}+\eta\varnothing_{ij} \tag{2.4}$$

式中，η 为随机摄动因子；$\eta\varnothing_{ij}$ 项使蜜蜂产生一个围绕 x_{ij} 的随机波动，当前的位置 x_{ij} 与最优位置 gbest_{ij} 的间距以及蜂群规模决定 η 的取值：

$$\eta=\begin{cases}\dfrac{u_{\mathrm{b}}-l_{\mathrm{b}}}{N}, & \varepsilon>\dfrac{f_{\text{pbest}}-f_{\text{pbest}+t}}{f_{\text{pbest}}}\\ \dfrac{\text{gbest}_{ij}-x_{ij}}{N}, & \text{其他}\end{cases} \tag{2.5}$$

式中，$(u_{\mathrm{b}},l_{\mathrm{b}})$ 为搜索空间；N 为常数，随种群数而增加，当波动范围一定时，种群越少 N 越小，η 的波动步长越大，反之适当减小步长，使之更快地靠近最优食物源位置；ε 为预先设定的常数阈值；f_{pbest} 为目标函数的局部最优值；$f_{\text{pbest}+t}$ 为经过 t 次循环后目标函数的局部最优值；gbest_{ij} 为当前全局最优解位置。目标函数在规定循环次数 limit 后，其相对变化率仍小于 ε，表示该处蜜蜂停滞，则重新初始化该处食物源，使其摄动半径遍布定义区间$[u_{\mathrm{b}},l_{\mathrm{b}}]$。否则，蜜蜂在区间$(\text{gbest}_{ij}^{(t)},x_{ij}^{(t)})$做小范围摄动，减小算法的强随机性，加快收敛速度和效率。

2. RP-ABC 算法的步骤

RP-ABC 算法流程与 ABC 算法流程基本相同，只是在观望蜂对选取的食物源生成新解时引入了随机摄动因子使蜜蜂向最优食物源收敛，具体步骤如下。

第一步：解群体的初始化，一只工蜂对应一个食物源，根据目标函数计算该处食物源的花粉量(fit)。

第二步：每只引领蜂在其记忆中依赖局部信息(视觉信息)根据式(2.1)产生一个对位置(解)的修正 v_i，生成后的 v_i 和 x_i 之间通过贪婪选择策略保留适应度值优的解且将更新计数 t 置 0，否则保留当前食物源，t 加 1。

第三步：对引领蜂搜集到的食物源按适应度值进行排名，每只观望蜂采取轮盘赌的方式通过式(2.2)选取它要跟随的引领蜂，然后对其选取的食物源采用式(2.4)产生新食物源，并与当前食物源比较选取适应度值优的食物源，t 设置同上。

第四步：选取 t 最大的引领蜂，若 $t>\text{limit}$，则侦察蜂会按照式(2.3)随机生成

一个新的食物源取代 x_i，该处的引领蜂获得重生，继续寻找新食物源。

第五步：记录当前最优位置。

第六步：迭代次数 cycle 加 1。

第七步：若 cycle＜maxCycle(maxCycle 为最大迭代次数)，则转到第二步，循环加 1；否则输出最优解。

2.5.3 并行算法的分析与设计

1. 串行 RP-ABC 算法性能分析

从以上描述中分析专业工蜂与观望蜂选取食物源后要分别计算不同维度下食物源的适应度值，并对新旧食物源进行选择，所以预计在高维空间下引领蜂与观望蜂对邻域循环搜索选择耗时最多。使用 Intel Parallel Studio 的 Parallel Amplifier 组件对串行 RP-ABC 算法在 50 维下进行性能分析。通过查看算法的性能分析表 2.1 可以看出，程序热点是派送工蜂函数 SendEmployedBees()，以及派送观望蜂函数 SendOnlookerBees()。此时 CPU 未使用时间是 17.424s，处理器利用率是 Poor。两个函数内部循环独立运行，因此初步考虑利用 OpenMP 的编译指导语句实现循环的并行。

表 2.1 对串行 RP-ABC 算法的性能分析

函数	运行时间/s
SendOnlookerBees()	8.280
SendEmployedBees()	5.429
CalculateFitness()	0.132
main()	0.181
CalculateProbabilities()	0.179
MemorizeBestSource()	0.088
SendScoutBees()	0.032
init()	0.021

2. 并行 RP-ABC(PRP-ABC)算法的实现

主从式蜂群并行算法框架图不改变蜂群算法基本结构，保持只有一个种群，初始化种群，分派工蜂、观望蜂、侦察蜂等全局操作由主处理机串行执行，而具体到工蜂寻找食物源，观望蜂更新选择食物源就由从处理机并行执行。多核环境下主从式蜂群并行算法框架图如图 2.6 所示。

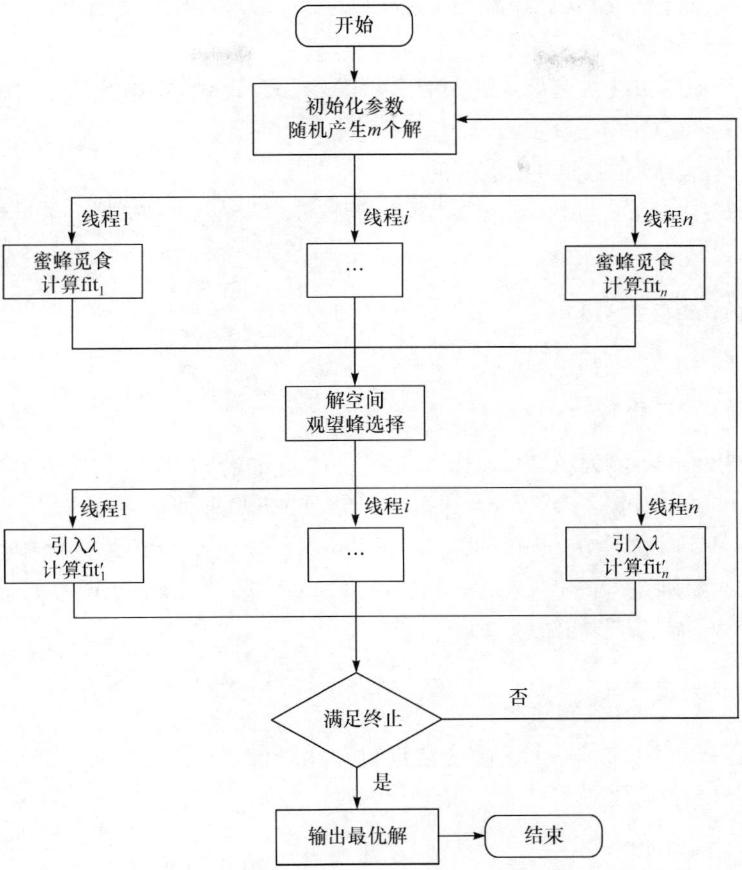

图 2.6　主从式蜂群并行算法框架图

算法开始随机产生初始种群串行运行，当程序由主线程运行到并行区时就由从线程来执行，为了防止进程间死锁，观望蜂在舞蹈区选取食物源时引入了操作系统中信号量机制，并行部分都由 n 个线程来执行，n 的大小借助 OpenMP 中的 num_threads 字句动态改变。并且用 OpenMP 中的 schedule 任务子句灵活调度任务，达到各个线程间的负载平衡，使用格式 schedule(type(size))，其中 type 表示调度类型。采用 dynamic 参数，从而达到线程间的负载平衡。蜂群多线程并行算法的主要实现步骤如下。

第一步：初始化参数，评估初始食物源的适应度值。

第二步：进入并行区，自动将引领蜂分配到从处理器上运行，每只引领蜂对解 x_i 产生新解 v_i，对每一个新解进行评估后，采用贪婪选择策略进行选择，生成解空间。

第三步：退出并行，按照 fit 值对食物源排名。

第四步：观望蜂选取食物源 x_i，进入并行区，每只观望蜂依式(2.4)对解 x_i 产生新解 v_i，进行评估。

第五步：退出并行，选取 t 最大的引领蜂，若 $t>$limit，则由式(2.3)随机产生的新解将 x_i 替换。

第六步：记录到目前为止最好的解。

第七步：将 cycle 与 maxCycle 比较，若 cycle>maxCycle，则输出最优解，否则转第二步。

2.5.4 实验结果与分析

1. 实验平台及参数

实验的硬件环境为 AMD Athlon(tm) 64 位酷睿双核 PC，内存 4GB；操作系统为 Microsoft Windows XP Professional(5.1，2600)；编译环境为 Visual Studio 2005(OpenMP)，性能测试工具为 Intel Parallel Studio。仿真实验中，SN＝20，BN＝SN/2，取维数 $D=50$ 和 $D=100$，maxCycle＝2500，limit＝100，测试函数分别独立执行 30 次求其平均值。

2. 实验测试函数

从文献[30]中选取三个基准函数进行对比测试。

(1) Sphere 函数

$$f(x)=\sum_{i=1}^{n}x_i^2,\quad -100\leqslant x_i\leqslant 100$$

是连续的单峰函数，在 $x_i=0(i=1,2,\cdots,n)$时达到最小值 0。

(2) Griewank 函数

$$f(x)=\frac{1}{400}\sum_{i=1}^{n}x_i^2-\prod_{i=1}^{n}\cos\left(\frac{x_i}{\sqrt{i}}\right)+1,\quad -600\leqslant x_i\leqslant 600$$

是复杂的非线性多峰值函数，在 $x_i=0(i=1,2,\cdots,n)$时达到最小值 0。

(3) Rastrigin 函数

$$f(x)=\sum_{i=1}^{n}\left[x_i^2-10\cos(2\pi x_i)+10\right],\quad -5.12\leqslant x_i\leqslant 5.12$$

是复杂的非线性多峰值函数，在 $x_i=0(i=1,2,\cdots,n)$时达到最小值 0。

分析一：由表 2.2 和表 2.3 可以看出，串行 RP-ABC 算法在求函数的方差、最大值、最小值方面均优于 ABC 算法，这充分说明改进的新算法具有良好的全局搜索性能。

表 2.2　测试函数优化结果比较(D=50)

函数	算法	方差	最大值	最小值
Sphere	ABC	6.09423×10^{-5}	1.73493×10^{-4}	2.4776×10^{-9}
	串行 RP-ABC	2.49364×10^{-15}	0.04632×10^{-12}	4.0781×10^{-13}
	PRP-ABC	2.501275×10^{-15}	0.09564×10^{-13}	4.65872×10^{-15}
Griewank	ABC	4.68713	27.06907	8.64776
	串行 RP-ABC	0.79112×10^{-8}	2.98234×10^{-5}	0.7422×10^{-15}
	PRP-ABC	0.54821×10^{-11}	4.24598×10^{-8}	0.5412×10^{-17}
Rastrigin	ABC	0.00772	0.02930	6.4765×10^{-7}
	串行 RP-ABC	7.01312×10^{-11}	0.00973×10^{-10}	0.0004×10^{-15}
	PRP-ABC	6.54897×10^{-16}	0.00034×10^{-10}	0.0001×10^{-20}

表 2.3　测试函数优化结果比较(D=100)

函数	算法	方差	最大值	最小值
Sphere	ABC	1.24973×10^{-13}	4.21825×10^{-13}	2.6308×10^{-15}
	串行 RP-ABC	2.83156×10^{-16}	2.09483×10^{-15}	1.0321×10^{-15}
	PRP-ABC	4.24732×10^{-17}	2.37654×10^{-15}	3.01425×10^{-16}
Griewank	ABC	1.73325×10^{-2}	9.26400×10^{-2}	6.2477×10^{-15}
	串行 RP-ABC	2.14697×10^{-9}	9.34008×10^{-6}	0.0073×10^{-16}
	PRP-ABC	3.45854×10^{-10}	5.48962×10^{-6}	0.0051×10^{-16}
Rastrigin	ABC	0.46074	1.76652	4.7125×10^{-12}
	串行 RP-ABC	8.74712×10^{-10}	4.09921×10^{-9}	6.1497×10^{-14}
	PRP-ABC	6.37524×10^{-12}	2.34528×10^{-9}	4.2548×10^{-11}

分析二:由图 2.7 可以看出,对于单模函数 Sphere,串行 RP-ABC 算法略好于 ABC 算法,串行 RP-ABC 算法在 50 维与 PRP-ABC 算法的收敛速度接近,体现不出并行效率,但在高维复杂空间下 PRP-ABC 算法的优势就显现出来了。

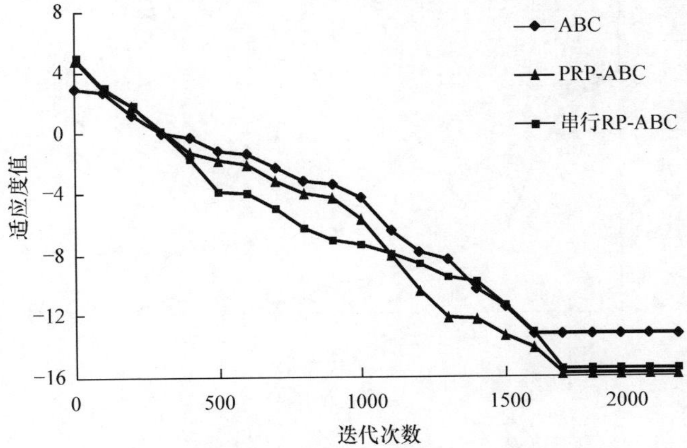

(a) D=50

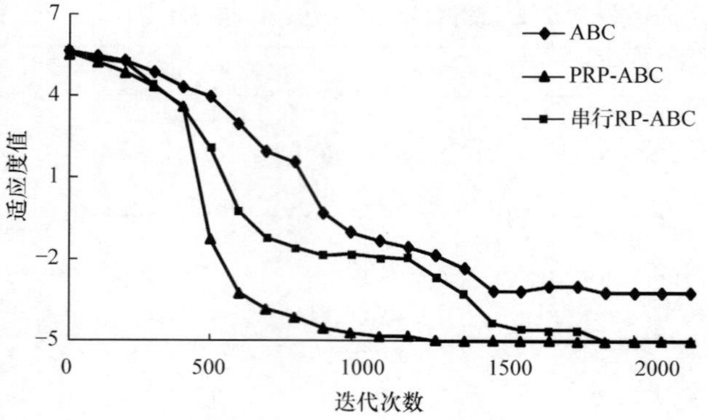

(b) D=100

图 2.7 Sphere 函数不同维度对比

分析三:由图 2.8(a)和图 2.9(a)可以得出,串行 RP-ABC 算法的收敛速度和精度均明显高于 ABC 算法,并且在后期趋于稳定。PRP-ABC 算法在进化初期收

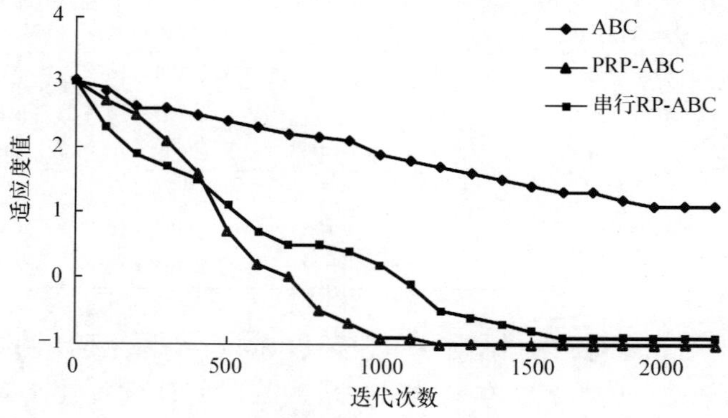

(a) D=50

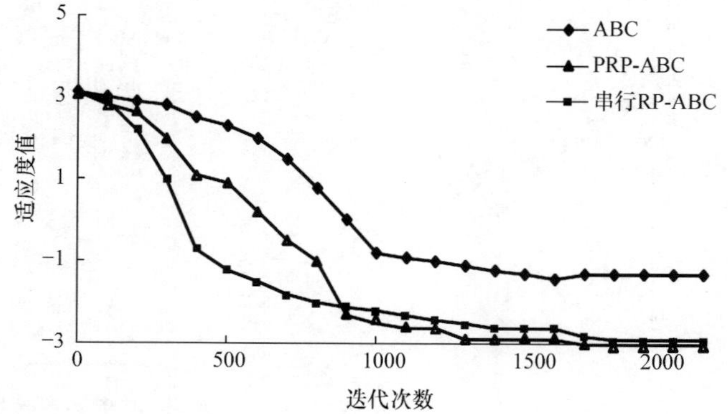

(b) D=100

图 2.8 Griewank 函数不同维度对比

敛速度略慢，但是在后期收敛速度明显优于前两种算法。由图 2.8(b)和图 2.9(b)得出：在高维复杂空间下，ABC 算法收敛非常慢，几乎没有太多的变化，而串行 RP-ABC 算法和 PRP-ABC 算法则可以快速搜索到最优值，其中 PRP-ABC 算法在后期进化中的寻优速度和稳定性明显提高，Rastrigin 函数尤为明显。

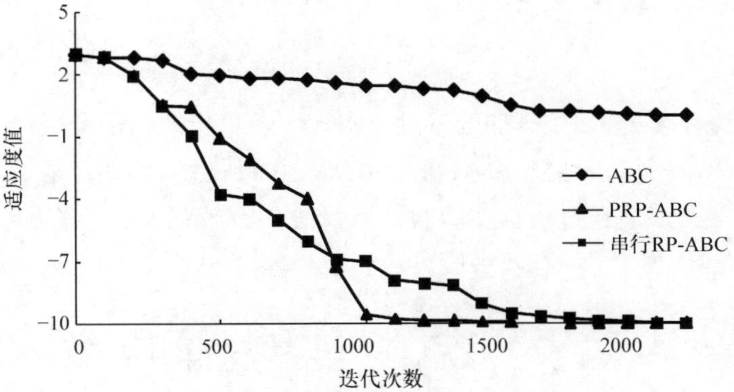

(a) D=50

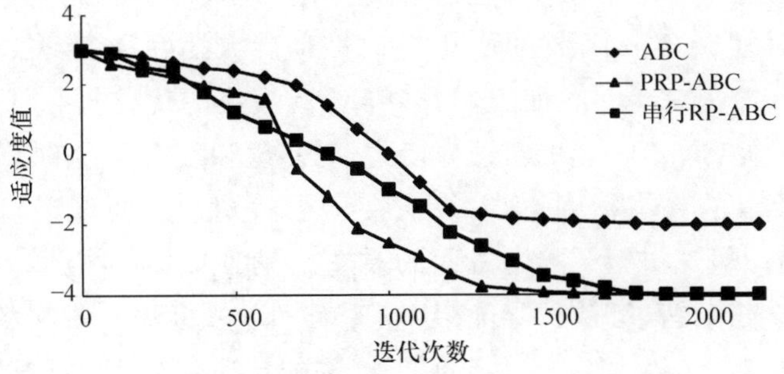

(b) D=100

图 2.9　Rastrigin 函数不同维度对比

分析四：若串行 RP-ABC 算法每次的平均运行时间为 T_s，PRP-ABC 算法的每次平均运行时间为 T_p，则加速比 S_p 为

$$S_p = \frac{T_s}{T_p}$$

表 2.4 是两种算法在单核 PC 与双核 PC 上的运行效率。由该表可以得出，采用多核 PC 下的并行算法有效提高了加速比，其中 Griewank 函数提高了约 80%，其他两个算法也提高了近 70%，这足以说明多核并行计算在求解搜索空间大的高维全局问题时的优越性。

表 2.4　两种算法在单核 PC 与双核 PC 上的运行效率

函数名称	运行时间(D=100)/s		加速比
	ABC	PRP-ABC	
Sphere	0.00355	0.0013	1.667
Griewank	0.00643	0.00348	1.847
Rastrigin	0.00721	0.00425	1.696

本节首先在传统 ABC 算法的基础上引入了随机摄动因子和全局最优解策略，一定程度上提高了算法性能；然后采用主从式并行模型，实现了在单机多核下的 PRP-ABC 算法；最后通过仿真实验验证该算法具有较强的鲁棒性，为高维复杂函数的优化问题提供了一种有效手段。

2.6　基于多核机群的人工鱼群并行算法

函数优化问题是工程中普遍存在的一类优化问题，传统的优化方法对目标函数要求苛刻且对复杂多峰函数的优化有效性低。人工鱼群算法(artificial fish swarm algorithm，AFSA)[31]的提出，为多峰复杂函数的优化提供了一种有效手段。该算法对搜索空间有一定的自适应能力，对初值和参数设置的要求不高，鲁棒性强。但是 AFSA 的寻优精度不高，算法在运行后期搜索速度慢，盲目性较大。近年来许多学者对算法进行了不同方面的改进，文献[32]通过自适应调整 AFSA 的视野范围和步长来提高算法的寻优精度及稳定性。文献[33]提出的多峰函数优化的生境 AFSA 融合小生境等技术实现了算法的自适应搜索。文献[34]将 AFSA 与粒子群算法相结合，克服了粒子群算法“早熟”的问题，并减少了迭代次数，证明了算法的可扩展性和可应用性。上述对基本 AFSA 的改进在一定程度上提高了算法的寻优能力和精度，但是对于大规模复杂多峰函数优化问题，AFSA 在获取问题的精确解上以及运行时间上的能力相对较差，制约了 AFSA 在工业、农业、交通、环保、国防、金融等诸多领域的应用。为此，本书提出的基于多核机群的人工鱼群并行算法对解决大规模复杂多峰函数优化问题具有重要意义。

2.6.1　相关工作

1. AFSA 基本思想

人工鱼个体状态表示为 $X=(x_1,x_2,\cdots,x_n)$，其中 $x_i(i=1,2,\cdots,n)$为预寻优变量；人工鱼个体之间的距离 $d_{ij}=\| x_i-x_j \|$；每次移动的步长用 step 表示；δ 表

示拥挤度因子；觅食行为中的最大重复尝试次数用 Try_number 表示。以求解多峰函数极大值问题为例描述鱼群行为如下。

1）觅食行为

设人工鱼当前状态为 x_i，在其视野范围内（d_{ij}＜visual）随机选择一个状态 x_j，若食物浓度 $Y_j > Y_i$（若求解最小值，则相反），则朝 x_i 方向移动一步；否则重新随机选择一个状态 x_j，若反复几次仍不满足前进条件，则在其视野范围内随机移动一步。

2）聚群行为

设人工鱼当前状态为 x_i，搜索其视野内（d_{ij}＜visual）的伙伴数目 n_f 及中心位置 x_c，若 $Y_c/n_f > \delta Y_i$，说明伙伴中心有较多的食物且不太拥挤，则朝该位置移动一步；否则执行觅食行为。

3）追尾行为

设人工鱼当前状态为 x_i，搜索当前邻域（d_{ij}＜visual）内食物源浓度 Y_j 最大的伙伴 x_j，若 $Y_j/n_f > \delta Y_i$，说明 x_j 的状态有较高的食物浓度且其周围不太拥挤，则朝 x_j 的方向前进一步；否则执行觅食行为。

4）行为选择

根据所要解决问题的性质，人工鱼探索其当前所处的环境状况并进行评价，从 1）～3）中选择一个合适的行为进行执行。

5）公告板

公告板记录人工鱼最优状态 g_{best}，各人工鱼每次寻优完成后就比较自身状态与公告板状态，若较优，则将自身状态取代公告板状态。

2. AFSA 优势与不足

1）人工鱼视野与步长对算法收敛性的影响

视野与步长对算法的收敛性能具有较大影响，较大的视野有利于人工鱼发现全局极值并收敛，较小的视野又可以使算法收敛到较好的结果。步长是 0 到 step 之间的随机值，这样虽然能够降低参数的敏感度，但是在算法运行前期可能产生的过小步长不利于算法的快速收敛，过大的步长又可能引起震荡[35]。因此在视野与步长参数设置上，可以根据实际情况在开始时使用较大的视野与步长使算法快速收敛，然后逐渐减小视野与步长的值来提高算法的收敛精度。

2）种群多样性对算法收敛性的影响

种群的多样性对 AFSA 寻优性能有明显影响，在算法运行前期，种群的多样性较高，收敛速度较快，但是随着算法的运行，大量鱼群聚集于局部最优点周围且不易跳出，造成种群多样性降低，从而导致求解数据精度变差。因此，通过保持种群的多样性来提高算法的收敛性能是一种有效手段。

3. 小生境技术

小生境[36-39]原指在生物界中，相同种类的生物生活在一起，从而形成一个小的生活环境，不同种类的个体则分离开。科学研究中，小生境技术表现为：在一个固定规模的群体中形成许多子种群，每个子种群对应问题的子任务，每个子任务即对应找出一个峰值。这样就避免大量数据聚集于局部最优点附近而造成种群多样性降低。因此，可以考虑在算法中适时地引入基于共享机制的小生境技术增加种群多样性。基于共享机制的选择策略如下：

(1) 计算个体之间的海明距离，生成小生境群体；

(2) 小生境内执行寻优运算；

(3) 利用共享机制更新个体的适应度值，对于适应度值低的个体施加罚函数来增加其淘汰率。

2.6.2 基于动态权衡与小生境技术的串行式 AFSA

根据前面对 AFSA 收敛性能的分析，引入动态权衡因子策略，对人工鱼搜索过程中的步长和视野范围进行动态调整，在算法运行后期，引入小生境技术，设计基于动态权衡与小生境技术的串行式 AFSA(dynamic weigh niches artificial fish swarm algorithm，DN-AFSA)，加速算法的个体寻优速度以及整体的负载平衡，具体如下。

1. 引入动态权衡因子策略

对于多峰复杂函数的优化，在算法运行前期，采用较大的步长和视野，使人工鱼在较大范围内粗略搜索，加强全局搜索能力和收敛速度，在算法运行后期，逐渐减小步长和视野范围，使算法定位在最优解附近进行局部精细搜索。步长 step 和视野 visual 按式(2.6)动态调整：

$$\begin{cases} \mathrm{step}_{\mathrm{iter}+1}=\mathrm{step}_{\mathrm{iter}}-\alpha\cdot\mathrm{step}_{\mathrm{iter}} \\ \mathrm{visual}_{\mathrm{iter}+1}=\mathrm{visual}_{\mathrm{iter}}-\alpha\cdot\mathrm{visual}_{\mathrm{iter}} \\ \alpha=\dfrac{\mathrm{iter}}{I_{\max}} \end{cases} \tag{2.6}$$

式中，$\alpha\in(0,1)$为动态权衡因子；iter 为当前迭代次数；$I_{\max}$为最大迭代次数。为使视野随迭代次数的增加逐渐变小，运行初期 α 很小，步长 step 和视野 visual 就相应最大，随着迭代次数变大，α 也逐渐变大，步长 step 和视野 visual 又逐渐减小，从而减小了算法的强随机性，较好地平衡全局搜索能力和加强局部搜索能力。

2. 小生境技术引入的时机

根据种群多样性对 AFSA 收敛性能影响的分析可得，算法的早期收敛速度较快，因此直接引入小生境技术不合适。当后期鱼群出现聚集现象时，引入小生境机制增加种群的多样性，聚集程度用式(2.7)表示：

$$\frac{\sum_{j=1}^{n} d_{cj}}{n-1} \leqslant \varepsilon \tag{2.7}$$

式中，d_{cj} 为鱼群中心位置的鱼个体与其他鱼个体之间的距离；n 为种群规模；ε 为预先设定的较小的常数阈值，当中心位置的鱼个体与其他鱼个体之间的平均距离小于 ε 时，说明大部分鱼群已经收敛到局部最优值或者全局最优值附近，此时引入小生境技术，生成新的人工鱼群体，利用小生境技术的共享机制，使人工鱼群保留群体最优个体，直到满足终止条件。

3. DN-AFSA 流程

DN-AFSA 流程与 AFSA 流程基本相同，但在以下方面做了改进：

(1) 计算人工鱼步长 step 和视野 visual 时引入了动态权衡因子策略以减少搜索的强随机性；

(2) 在鱼群搜索后期通过判断鱼群聚集程度引入小生境技术使鱼群跳出局部最优。

具体步骤如下。

第一步：初始化人工鱼群规模 n、视野 visual、步长 step、拥挤度因子 δ、最大尝试重复次数 Try_number、最大迭代次数 $I_{\max}$ 等参数。

第二步：计算每条人工鱼的适应度值，并与公告板状态比较，若优于公告板状态，则将其值赋予公告板。

第三步：按式(2.6)计算人工鱼的步长 step 和视野 visual。

第四步：判断当前视野中适应度值最大的个体和中心位置个体的适应度值以及拥挤度情况，试探性地执行追尾行为和聚群行为，否则执行觅食行为。

第五步：按式(2.7)判断鱼群的聚集程度，若成立，则转第三步，否则执行第六步。

第六步：判断是否满足终止条件，若满足，则输出最优值结果；否则转第二步继续执行。

2.6.3 基于 MPI+OpenMP 的人工鱼群并行算法实现

1. 人工鱼群并行算法的设计

在每一次迭代中，各个小鱼群在寻找最优解时是独立进行的，作为 MPI 进程分配到各个处理机上执行，具体到进程内，人工鱼个体的觅食、聚群、追尾等行为也是独立的，并且主要集中在 for 循环中实现，用 OpenMP 生成线程并行执行，整个寻优过程中相互间的通信共享在局部最优值与全局最优值之间，因此提出基于动态权衡与小生境技术的人工鱼群并行算法（parallel dynamic weigh niches AFSA，PDN-AFSA）。MPI＋OpenMP 混合模型下 PDN-AFSA 流程如图 2.10 所示。

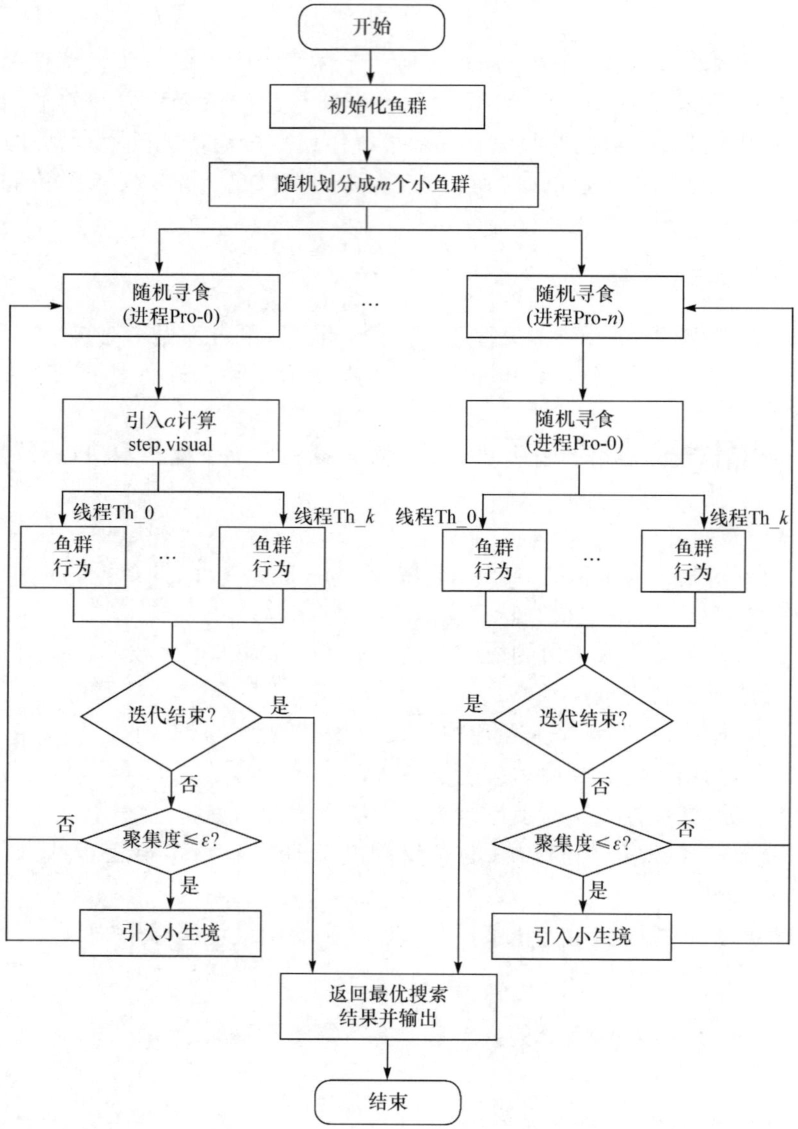

图 2.10　PDN-AFSA 流程图

2. PDN-AFSA具体实现

在集群机下，使用MPI_INIT初始化，将划分好的小鱼群作为一个进程分配到不同的处理机上，利用MPI实现并行，进程间通过消息传递交换信息，使用OpenMP编译指导语句在MPI进程内创建线程组来完成小鱼群内人工鱼的寻优部分(主要是觅食、聚群、追尾三个行为)，其中MPI进程中通过omp-set_num-threads()来确定OpenMP并行区域的线程数量；在结束OpenMP多线程并行区域之后，MPI可以进行节点间的通信，实现局部最优解与全局最优解之间的比较与替换，当所有任务完成以后，使用MPI_FINALIZE结束MPI进程。并行算法主要步骤如下。

第一步：初始化各项参数(n，visual，step，δ，Try_number)及迭代次数iter=0。

第二步：将随机划分成处理机个数的小鱼群作为进程，并将其分配到不同的处理机上。

第三步：在进程内计算每条人工鱼的适应度值，并与公告板状态比较，若较优，则将其值赋予公告板。

第四步：按式(2.6)计算人工鱼的步长step和视野visual。

第五步：人工鱼当前状态为x_i，在自己视野范围内随机游动寻找食物源。

第六步：进程内部，人工鱼的主要循环部分被随机分配到不同的线程上执行。

(1) 觅食行为。

① 设人工鱼当前状态为x_i，随机生成一个新状态$x_j=\text{random}(n(x_i,\text{visual}))$。

② 若$f(x_i)<f(x_j)$，则人工鱼状态修改为

$$x_i=x_i+\text{random}(\text{step})\frac{x_j-x_i}{\|x_j-x_i\|}$$

判断是否达到最大尝试次数Try_ number，若未达到，返回(1)执行；否则执行③。

③ 随机游动前进一步：$x_i=x_i+\text{random}(\text{step})$。

(2) 聚群行为。

① 探索其视野范围，并生成其同伴的集合$k=\{x_j|x_j-x_i\leqslant\text{visual}\}$。

② 若$k\neq\varnothing$，则取其中心位置：$x_c=\sum x_j/n_f, n_f\geqslant 1$。

③ 若$n_f/n<\delta(0<\delta<1)$且$f(x_i)<f(x_c)$，则人工鱼向中心位置x_c前进一步，生成新位置$x_{inext}x_{inext}=x_i+\text{random}(\text{step})(x_c-x_i)/\|x_c-x_i\|$，否则返回第五步。

(3) 追尾行为。

① 搜寻小鱼群内状态最优的人工鱼x_{max}，若没有返回第五步执行，则执行②。

② 若$f(x_i)<f(x_{max})$且x_{max}满足$n_f/n<\delta(0<\delta<1)$，则向x_{max}位置前进一步：

$x_i = x_i + \text{random}(\text{step})(x_{\max} - x_i)/\| x_{\max} - x_i \|$。

第七步：判断是否达到最大迭代次数，若满足，则退出 OpenMP 多线程并行区，MPI 进行节点间通信，对比得出各进程的最优解 x_{best}，与公告牌 g_{best} 比较，若 $x_{\text{best}} > g_{\text{best}}$，则赋值给公告牌，否则返回第四步。

第八步：结束 MPI 进程，输出最优解。

2.6.4 实验结果与分析

选取文献[33]提出的改进 AFSA(下面称改进 AFSA)和文献[34]提出的小生境 AFSA(NAFSA)与本书提出的 DN-AFSA、PDN-AFSA 进行性能对比分析。实验硬件环境为 4 台 AMD Athlon(tm) 64 位酷睿双核 PC，内存为 4GB；通信协议为 TCP/IP；操作系统为 Microsoft Windows XP Professional(5.1,2600)；编程语言为 C++；性能测试工具为 Visual Studio 2005(OpenMP)；MPI 为 mpich2-1.2-win-ia32。

1. 测试函数及相关参数

表 2.5 为实验选取的五个典型基准函数及其取值范围和最优解。其中，f_1 是一个变峰、多极值点函数，该函数峰值较密且函数值之间相差较大，算法中，取 visual=4，step=1。函数 f_2 的局部极大值点有无数个，此函数最大值的周围有一圈脊(局部极大值点)，值为 0.99028，一般算法极易停滞在该处，取 step=0.5，visual=6。f_3 的最佳点在端点(2.048，−2.048)取得，取 visual=6，step=0.5。f_4、f_5 分别是 Benchmark 函数中的 Sphere 函数和 Griewank 函数，f_4 是连续的单峰函数，最小值为 0，取 visual=1，step=0.05，f_5 是复杂的非线性多峰值函数，最小值为 0，取 visual=10，step=0.8。这五个函数可以有效测试算法的全局寻优能力以及对最优点位置的逼近能力。仿真实验中，本算法采用的其他运算参数为 $n=30$，Try_number=10，$\delta=0.6$，最大迭代次数设置为 1000，函数维数为 50。

表 2.5　测试函数基本表

函数	公式	变量范围	最优解
f_1	$x_1\sin(4\pi x_1) - x_2\sin(4\pi x_2 + \pi + 1)$	[−1,2]	3.3099
f_2	$0.5 - \dfrac{0.5(\sin^2 x_1^2 + x_2^2)}{[1+0.001(x_1^2+x_2^2)]^2}$	[−4,4]	1
f_3	$100(x_1^2 - x_2)^2 + (1-x_1)^2$	[−2.048,2.048]	3905.9262
f_4	$\sum_{i=1}^{n} x_i^2$	[−100,100]	0
f_5	$f(x) = \dfrac{1}{400}\sum_{i=1}^{n} x_i^2 - \prod_{i=1}^{n}\cos\dfrac{x_i}{\sqrt{i}} + 1$	[−600,600]	0

2. 实验结果及分析

实验结果采用每个函数独立运行 30 次的平均值。

(1) 固定迭代次数为 1000,算法的运算结果、寻优精度对比如表 2.6 所示。对于复杂函数 f_1、f_3,DN-AFSA 虽然表现出很好的寻优能力,但是它的收敛时间不太理想,这是因为改进后的算法在运行时存在小生境的重新生成以及人工鱼适应度值的更新等问题,PDN-AFSA 的寻优精度与文献[3]的改进 AFSA 相当;对于函数 f_2,一般算法在 0.99028 附近极易陷入该局部极值点,而无论改进后的串行算法还是并行算法都具有较好的突破局部最优的能力,且 PDN-AFSA 的寻优精度明显优于对比的三种算法。对于单峰函数 f_4,DN-AFSA 具有较好的全局搜索能力,而 PDN-AFSA 并没有体现出它的优势,但是对于非线性多峰 Griewank 函数,PDN-AFSA 就能快速搜索到最优解附近,搜索精度明显高于 NAFSA。

表 2.6 测试函数实验结果对照表

函数	算法	平均值	最优值	最小值
f_1	改进 AFSA	3.2989	3.3094	3.1733
	NAFSA	3.3098	3.3099	3.3096
	DN-AFSA	3.3099	3.3099	3.3096
	PDN-AFSA	3.3098	3.3099	3.3099
f_2	改进 AFSA	0.9937	0.9999	0.9901
	NAFSA	0.9998	1.0000	0.9994
	DN-AFSA	0.9999	1.0000	0.9996
	PDN-AFSA	0.9999	1.0000	0.9998
f_3	改进 AFSA	2997.0673	3905.9247	2174.925
	NAFSA	3905.9262	3905.9262	3905.9262
	DN-AFSA	3905.9260	3905.9262	3905.9260
	PDN-AFSA	3905.9262	3905.9262	3905.9262
f_4	改进 AFSA	6.546×10^{-36}	8.928×10^{-54}	8.928×10^{-54}
	NAFSA	4.096×10^{-158}	5.734×10^{-169}	5.734×10^{-169}
	DN-AFSA	2.49479×10^{-160}	0.04642×10^{-135}	4.0876×10^{-147}
	PDN-AFSA	2.50129×10^{-160}	0.0946×10^{-140}	4.6587×10^{-170}
f_5	改进 AFSA	8.861×10^{-2}	2.883×10^{-2}	2.883×10^{-2}
	NAFSA	6.091×10^{-6}	4.416×10^{-6}	4.416×10^{-6}
	DN-AFSA	0.79124×10^{-9}	2.98234×10^{-4}	0.7432×10^{-16}
	PDN-AFSA	0.54899×10^{-13}	4.24598×10^{-7}	0.5422×10^{-18}

(2) 函数 f_1、f_2、f_3、f_4、f_5 在集群机下独立运行 30 次，函数值优化曲线分别如图 2.11～图 2.15 所示，其中图 2.11～图 2.13 与文献[33]中改进 AFSA 对比，图 2.14 和图 2.15 与文献[34]的 NAFSA 对比，对于函数 f_1、f_2、f_3，DN-AFSA 在平均迭代 600 次后能找到函数最优值且趋于稳定，PDN-AFSA 在平均迭代次数为 400 时找到函数最优值，收敛速度略优于文献[3]中的改进 AFSA，而 AFSA 在达到迭代次数 1000 时仍没有准确搜索到全局最优点。对于函数 f_4，DN-AFSA 收敛的速度明显快于改进 AFSA，与 NAFSA 的寻优速度不相上下。由图 2.15 可知，在处理多峰函数时，DN-AFSA 和 PDN-AFSA 都能够进行比较全面的解空间的搜索，并且都优于 NAFSA。PDN-AFSA 在后期收敛的效率明显提高，这是因为并行程序运行时存在线程间的启动、切换、销毁等开销，随着寻优难度的增加，PDN-AFSA 的并行优势就开始体现出来。

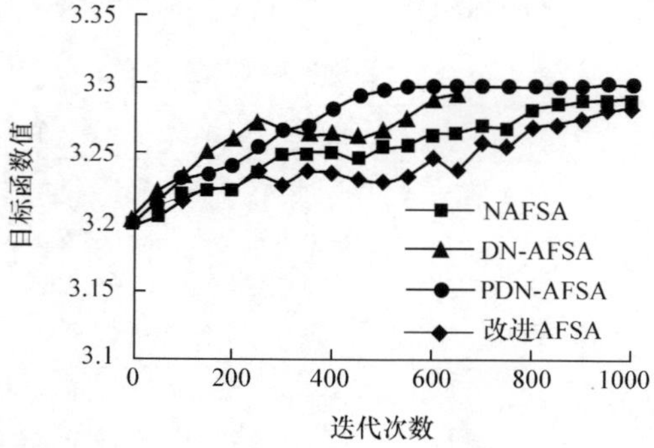

图 2.11　函数 f_1 目标函数值进化曲线

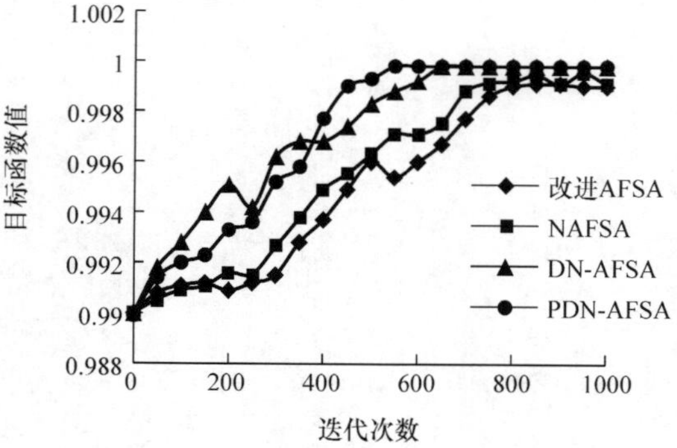

图 2.12　函数 f_2 目标函数值进化曲线

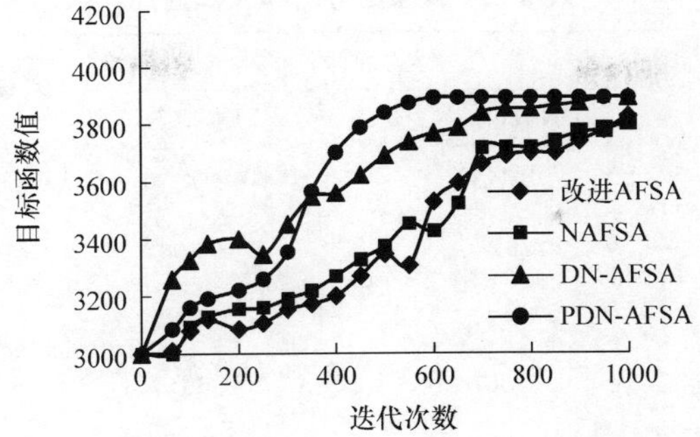

图 2.13　函数 f_3 目标函数值进化曲线

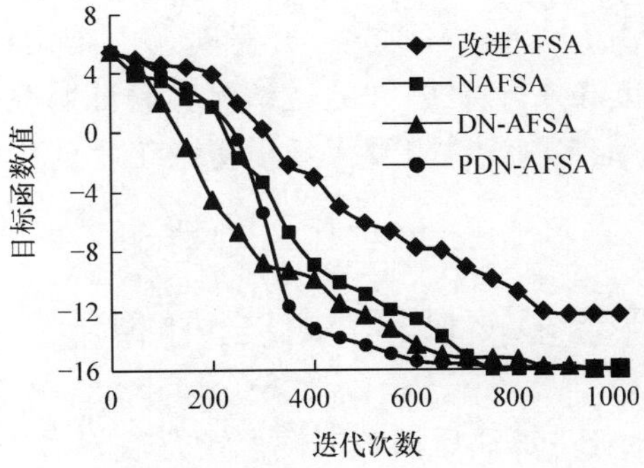

图 2.14　函数 f_4 目标函数值进化曲线

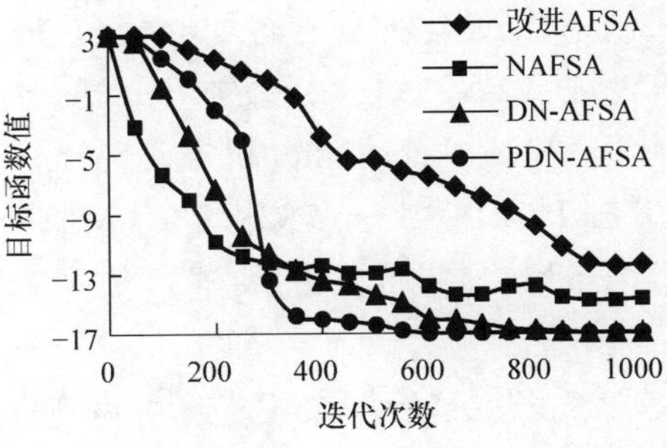

图 2.15　函数 f_5 目标函数值进化曲线

(3) 表 2.7 是 DN-AFSA 与 PDN-AFSA 在迭代 1000 次之后的加速比。由表可以看出，采用多核机群的并行算法有效提高了计算性能，不过并没有达到理论上的线性加速比，这是因为机群中进程的启动、进程间数据传递、进程内的线程启动等都会造成通信延时，影响机群总体运行效率。但是总体来说，PDN-AFSA 还是获得了较高的加速比和收敛效率。

表 2.7　算法运行时间及加速比

函数名称	运行时间/s		加速比
	DN-AFSA	PDN-AFSA	
f_1	0.00125	0.00107	1.168
f_2	2.2641	1.3882	1.630
f_3	2.38240	1.0082	2.363
f_4	0.00307	0.00164	1.872
f_5	0.00263	0.00128	2.055

通过在基本 AFSA 原有结构上引入动态权衡因子策略和小生境技术，提高了算法寻优精度；利用 MPI＋OpenMP 混合编程模式，实现了在多处理器计算机集群体系结构下的人工鱼群并行算法；并通过仿真实验证明改进后的算法的有效性和较强的鲁棒性，为高维多峰函数以及大规模复杂工程的优化问题提供了一种有效手段。

2.7　基于多核机群的混合群智能并行算法

为解决 AFSA 与 ABC 算法后期精细搜索能力较差、易陷入局部最优的不足，本节提出基于多核机群的混合群智能并行算法。首先，对两种算法的原理及其优缺点进行分析，提出混合群智能并行算法的融合点和两阶段处理方法。然后，在算法前期引入反向学习机制，对初始化种群进行均匀分布，将种群随机分为两组，使用交互学习策略加快算法收敛速度，并采用基本 AFSA 与基本 ABC 算法进行全局搜索。在算法后期采用小生境 AFSA 和随机摄动 ABC 算法对前期得到的解进行局部精细搜索；在此基础上，构建基于多核机群的 MPI＋OpenMP＋STM 并行编程模型，对算法进行并行设计与分析。最后，通过仿真实验表明，该算法寻优的效率高于单一的 AFSA 和 ABC 算法。

AFSA[40-43]和 ABC 算法[44-47]是近年来被提出的两种基于动物自治体群智能优化算法，因其都具有参数设置简单、易于实现等特点，目前已经成为研究的热点。Liu 等[48]提出 AFSA 和文化算法的混合寻优算法，将 AFSA 嵌入文化算法框架中，在增加人工鱼群多样性的同时提高了计算精确度和收敛速度。Huang 等[49]和 Ma 等[50]提出了混沌搜索的 AFSA，有效弥补了 AFSA 本身存在的不足，取得了更好的收敛性和稳定性。Dai 等[51]将混沌搜索的思想应用于 ABC 算法中，同时将进化算法思想引入其中，提出了混合 ABC 算法。虽然这些改进的算法在一定程度上提高了算法的寻优效率，但是当处理高维复杂函数优化问题时，算法仍存在运行时间长、后期搜索不够精细等问题。为此，本节提出基于多核机群的混合群智能并行算法，充分发挥机群的效率，实现寻优的快速性和精确性。

2.7.1 相关工作

1. AFSA 的研究现状

AFSA 由中国的李晓磊于 2003 年首先提出，该算法收敛速度快，鲁棒性较强，能够快速找到可行解，比较适合求解精度要求不高的寻优问题。此后，众多研究者主要从以下五个方面展开研究：①对 AFSA 的收敛性进行理论研究，例如，文献[41]～[43]用马尔可夫链理论、随机泛函理论对鱼群算法的收敛性进行了理论证明；②对算法的参数进行改进研究，文献[44]～[49]对算法的步长大小、拥挤因子等进行改进，文献[45]和[46]采用动态参数调整改进方法以提高算法的求解能力和精度；③对智能算法进行融合改进研究，文献[47]通过将其他优化算法与 AFSA 融合生成新的混合算法；④应用 AFSA 解决复杂和实际问题，文献[47]应用 AFSA 求解组合优化问题、多背包问题；⑤对算法及其应用进行并行求解，文献[48]加速了复杂问题的求解速度。

2. ABC 算法的研究现状

1946 年，德国生物学家 Frisch 首先破译了蜜蜂采蜜后回蜂巢跳舞所包含的信息，美国的 Seeley 由此最先提出了蜂群的自组织模拟模型。随后，美国的 Teodorovic 等[42]进一步提出了蜂群优化算法。2005 年，土耳其的 Karaboga[21]提出了较为完善的 ABC 算法，该算法具有很强的全局收敛性。此后，ABC 算法成为一个研究热点，研究的内容主要分为五类：①与其他优化算法的比较，例如，Karaboga 等[46]对 ABC 算法与遗传算法、微粒群算法进行了比较并评价其运行效果；②修改算法参数的改进研究，例如，文献[47]～[51]等通过实验研究参数的最优设置、食物源位置的离散、邻域移动法生成候选食物源、参数的自适应变化、外推技巧定义新的位置更新公式、摄动因子等方法，提高了 ABC 算法的求解精度和收敛速度；③将 ABC 算法与其他优化算法的融合，例如，文献[52]～[54]分别引入差分进化算法和 ABC 算法的融合、模拟退火算法与 ABC 算法的融合、混沌算子和逆向学习算子与 ABC 算法的融合，设计了新的混合智能算法；④应用研究，例如，Karaboga 等将此算法应用于多变量函数的优化、整数规划以及旅行商等问题的研究，文献[55]～[62]分别将算法应用于机器人路径规划以及无人机航路规划、电力系统燃料成本、功率损耗和电压稳定性优化、航空发动机 PID 控制器参数优化、供应链物流网络的车辆路径和选址分配等问题，取得了良好的应用效果；⑤在并行平台上建立人工蜂群的并行算法，文献[63]等就是在串行算法的基础上，对 ABC 算法进行并行化处理，以提高求解问题的速度。

3. 混合群智能并行算法的研究现状

在 ABC 算法和 AFSA 的研究中，许多学者将两种算法融合构建新的混合群智能算法，或者在并行环境下进行并行算法设计以构建群智能并行算法。融合算法的研究主要集中在粒子群算法与 ABC 算法的融合、粒子群算法与 AFSA 的融合、模拟退火算法与蚁群算法的融合等方面[64-68]。在并行环境下进行并行算法设计也主要是单个群并行算法的研究，例如，人工蜂群并行算法（artificial bee colony parallel algorithm，ABCPA）、人工鱼群并行算法（artificial fish swarm parallel algorithm，AFSPA）、粒子群并行算法（particle swarm parallel algorithm，PSPA）等[69,70]。目前还没有查找到关于 AFSA 与 ABC 算法的融合研究成果的报道，更没有基于多核机群的混合群智能并行算法的研究成果。因此，混合群智能并行算法研究成果匮乏，对开展该课题研究具有重要的现实意义。

4. AFSA 基本思想

AFSA 基本思想详见 2.6.1 节。

5. ABC 算法基本思想

解的群体由 SN 个 D 维向量表示，第 i 个解可以表示为 x_i，$x_i=(x_{i1},x_{i2},\cdots,x_{iD})$，$i=1,2,\cdots,\mathrm{SN}$，食物源花粉量对应解的质量。适应度用 $\mathrm{fit}_1,\mathrm{fit}_2,\cdots,\mathrm{fit}_{\mathrm{SN}}$ 表示。如果一个食物源经过预先设定的最大循环次数 limit 后还没有更新，那么该处引领蜂放弃该食物源成为侦察蜂。基本原理可描述如下。

1) 初始化食物源

ABC 算法的初始状态由侦察蜂随机搜索 SN 个食物源，依照式(2.8)生成：

$$x_{ij}=x_{\min}(j)+\mathrm{rand}(0,1)[x_{\max}(j)-x_{\min}(j)] \tag{2.8}$$

式中，x_{ij} 为食物源 x_i 的第 j 维坐标；$x_{\max}(j)$、$x_{\min}(j)$ 为搜索空间的两个边界值；$\mathrm{rand}(0,1)$ 为 0～1 的随机数。

2) 引领蜂搜索阶段

初始化食物源之后，每个引领蜂分得一个食物源，并去采蜜，在采蜜过程中，引领蜂根据实际观察信息和自身记忆的信息对食物源位置进行修正，也就是对旧的食物源进行邻域搜索。食物源更新用式(2.1)计算。

3) 观望蜂观望阶段

观望蜂根据轮盘赌策略选择它要跟随的引领蜂，轮盘扇区与食物源个数相同，扇区大小对应食物源适应度值，适应度值的计算公式见式(2.2)。

6. 两类算法融合的原理

AFSA 和 ABC 算法最明显的共同点是：两者都属于种群优化算法，都是模拟自然界种群所表现出来的一些行为。算法中的单个个体体现不出智能，只有在群体数目增大到一定数量规模后，才能体现出群体智能的行为。例如，鱼群总是聚集在食物源丰富的地方，蜂群也总是朝着花粉多的地方飞。就两种算法中的个体而言，它们的运动规律具有一定的相似性：

(1) ABC 算法在开始阶段没有引领蜂引导的情况下和 AFSA 的觅食行为类似；

(2) ABC 算法总是选择拥有食物源质量高的引领蜂与 AFSA 总是向着视野范围内最优伙伴的状态发生追尾行为和聚群行为类似；

(3) ABC 算法中引领蜂拥有的食物源适应度等同于 AFSA 的公告板状态。

两类算法寻优的最后结果都是在个体聚集的地方获得，同样体现了两类算法的正反馈机制。

1) ABC 算法与 AFSA 的优缺点分析

在群智能优化算法中，通常称算法的全局寻优能力为算法的探索能力，局部寻优能力为开发能力，这两者之间的平衡至关重要[42]。

ABC 算法的优点：在 ABC 算法中，xkj 是群体中随机给定的一个随机维度值，系数 $\varnothing_{ij}$ 也是一个随机数，因此 ABC 算法的随机性较强，探索能力也相应增强，即能够快速定位到全局最优解附近。

ABC 算法的缺点：新食物源的位置是由引领蜂通过食物源更新公式得来的，新食物源的适应度值高于旧食物源适应度值与低于旧食物源适应度值的概率相同，这样无法保证搜索到更精确的食物源。算法开发能力仅依靠观望蜂的贪婪选择机制来加强，即算法后期的局部搜索能力较差。

AFSA 的优点：AFSA 中引入了拥挤度这个参数，人工鱼个体下一步的游动方向取决于状态的最优值和该位置的拥挤度。拥挤度的引入，使得算法避免“早熟”，能够快速搜索到全局最优点附近，提高了算法的全局寻优能力。

AFSA 的缺点：正是拥挤度的引入，使得在算法后期，如果某食物源位置过于拥挤，即使该区域具有较优的食物浓度，人工鱼也可能不向该区域游动，因此很难找到最优解，局部搜索能力较差，开发能力不足。

2) RP-ABC 算法与 DN-AFSA 的优缺点分析

蜂群在搜索过程中容易陷入局部最优且搜索的随机性很强，导致搜索速度变慢。本书引入随机摄动因子[53]，提出 ABC 算法的改进算法——RP-ABC 算法，具体可参见文献[54]。同样，针对 AFSA 后期种群多样性减少、搜索能力减弱，分析人工鱼的步长和视野范围，引入动态权衡因子策略，对人工鱼整个搜索过程中的步长和视野范围进行动态调整，在算法运行后期，引入小生境技术，设计了 DN-AFSA，从而提高算法的整体寻优性能，具体可参见文献[55]。下面分析这两种改进的串行算法的优缺点。

RP-ABC 算法的优点：针对 ABC 算法的缺点，本算法改进了食物源更新公式，即舍弃随机维度值 x_{kj}，同时在随机数 $\varnothing_{ij}$ 前增加了随机摄动因子以减小其随机性，平衡了算法整个寻优过程。增加了 g_{best} 的概念，对算法起到指引作用，使得算法后期向全局最优位置移动，加强了开发能力。

RP-ABC 算法的缺点：正是减小了算法的强随机性，使 RP-ABC 算法在加强了局部精细搜索能力的同时也减小了算法较强的探索能力。

RP-AFSA 的优点：引入动态权衡因子后使算法的整体寻优趋于平衡，引入小生境技术后加强了算法后期的局部搜索能力，即开发能力。

RP-AFSA 的缺点：由于拥挤度因子只在算法后期判断是否引入小生境技术才起作用，因此 RP-AFSA 的探索能力也相应减弱。

3）混合群智能算法的融合

ABC 算法和 AFSA 拥有较强的前期探索能力，而参数的选取决定了这两种算法的寻优能力。由于参数有很大的随机性，因此为了保持算法在前期寻优过程的稳定性，本书采用 ABC 算法和 AFSA 混合的方式，使得算法在寻优过程有稳定性的表现。在算法后期，RP-ABC 算法和 RP-AFSA 拥有较强的开发能力，即局部搜索能力。和算法前期相似的是，同时运行 RP-ABC 算法和 RP-AFSA，以保持算法寻优速度的稳定性。

通过上述分析，将它们的优势结合起来。混合群智能算法融合的思想为[57,59]：把种群随机等分为两组，每组采用不同的优化策略，即在算法前期，两组分别采用 AFSA 和 ABC 算法进行寻优，具有较强的全局寻优能力；算法后期将前期得到的最优解区域分为两组执行，其中一组采用 DN-AFSA，另一组采用 RP-ABC 算法，具有较强的局部搜索能力，收敛速度快。两组同时进化，既保证了种群多样性，又增加了算法的寻优速度。

4）混合群智能融合算法的形式化

根据上述混合群智能算法融合的基本思路，将该形式化过程分为两部分。

第一部分为算法前期的局部寻优：把种群随机等分为两组，分别采用 AFSA 和 ABC 算法进行局部寻优，求出局部最优解。

第一步：假设初始种群$\{X_1, X_2, \cdots, X_i, \cdots, X_{\text{SN}}\}$为 SN 个 D 维向量，第 i 个个体 $X_i=(X_{i1}, X_{i2}, \cdots, X_{iD})$，$i=1,2,\cdots,\text{SN}$，且 $k\neq i, j\in\{1,2,\cdots,D\}$（$D$ 为目标空间的维数）。

第二步：把种群随机等分为两组 $X_{\text{F}}=\{X_1, X_2, \cdots, X_i, \cdots, X_{\text{SN}/2}\}$，$X_{\text{B}}=\{X_{(\text{SN}+1)/2}, X_{(\text{SN}+2)/2}, \cdots, X_{\text{SN}}\}$。

第三步：种群组 $X_F=\{X_1, X_2, \cdots, X_i, \cdots, X_{SN/2}\}$ 采用 AFSA 按式(2.8)、式(2.1)和式(2.2)寻优，$X_B=\{X_{(SN+1)/2}, X_{(SN+2)/2}, \cdots, X_{SN}\}$ 种群组采用 ABC 算法寻优，分别求出两组最优解 X_f 和 X_b。

第二部分为算法后期，将前期得到的最优解区域分为两组执行，其中，一组采用 DN-AFSA，另一组采用 RP-ABC 算法。

第一步：假设上述求出的两组最优解分别为 X_f 和 X_b。

第二步：X_f 由 DN-AFSA 求解。引入动态权衡因子和小生境技术对 AFSA 进行改进，提高整体寻优性能。

(1) 步长 step 和视野 visual 动态调整通过式(2.6)计算。

(2) 引入小生境机制增加种群的多样性，聚集程度用式(2.7)计算。

第三步：X_b 由 RP-ABC 算法求解。

(1) 引入随机摄动因子 η 和全局最优解 g_{best} 参数，其关系如式(2.5)所示。

(2) 食物源通过式(2.4)求解。

第四步：求出全局最优解 X。

2.7.2 混合群智能两阶段处理方法

1. 反向学习的种群初始化

初始群体是算法随机产生的，因此不能保证所产生的种群均匀分布在解空间内，一定程度上限制了算法的求解效率。为了使初始种群具有尽可能高的多样性，同时均匀地分布在搜索空间内，在初始化种群时采用反向学习机制。首先随机生成初始解，然后为每一个初始解产生相对应的反向解，最后对两类解排序选择，选择适应度较优的解作为初始种群，这样对解的质量与求解的效率有较好的改善。

另外，在新的混合群智能算法中，观望蜂选择食物源的策略采用锦标赛法，这是因为锦标赛式的选择策略只把适应度值的相对值作为选择的标准，且对适应度值的正负没有要求，在一定程度上避免了算法过早收敛和停滞现象的发生。

2. 交互学习

为了加快算法的收敛速度，让两个种群每隔一定的代数进行交互学习，通过设置进化代数 L 来控制两种群交互学习的时间，比较两个种群的最优适应度值，用较好的那个种群适应度值替换另一个种群的最差适应度值。这样，既维持了种群多样性，又提高了算法的全局寻优性能。L 的取值对算法的寻优也有很大影响，若 L 太小，则两个种群趋于相同，容易过早收敛；而 L 太大不利于两个种群的交互学习。经过反复测试，以迭代 1000 次为例，L 取值范围为[40,60]时能更好地发挥群体中较好个体的特性。

以求解最大化问题为例，交互学习的步骤如下。

第一步：分别找出两个种群的最小适应度值 fit_1 和 fit_2。

第二步：如果 $fit_1 < fit_2$，那么用种群 2 的最大适应度值代替种群 1 的最小适应度值；反之亦然。

第三步：交互学习操作结束，继续向下执行。

3. 混合群智能算法

混合群智能串行算法步骤描述如下。

第一步：采用反向学习机制初始化两个种群，为每个个体随机分配初始解。

第二步：计算每个个体的适应度值。

第三步：判断是否达到进化代数 L，若达到，则计算出两个种群中到目前为止适应度值最好的个体所在的位置，与另一组的最差解交换，否则继续执行；若种群个体在进行寻优行为之后最优值仍未改变，则执行随机行为。

第四步：算法终止，输出目前两组 AFSA 和 ABC 算法搜索到的局部最优解。

第五步：根据获取的初始解，再随机分成两组，一组执行 DN-AFSA，另一组执行 RP-ABC 算法。

第六步：计算每个个体的适应度值。

第七步：各组内种群个体计算新的适应度值是否优于当前位置的适应度值，若优于则替换；否则保留当前适应度值，经过一定的迭代次数进行两组之间的最优值比较交换。

第八步：记录到目前为止最好的解。

第九步：判断是否达到最大循环次数，若达到，则循环结束，输出最优解；否则返回第六步继续执行。

接下来构建 MPI+OpenMP+STM 并行编程模型，对算法进行并行设计，然后通过对复杂函数优化实验验证混合算法的寻优效率。

2.7.3 MPI+OpenMP+STM 并行模型

在 2.3 节可以看到，算法前期，AFSA 和 ABC 算法是并行执行的。算法后期，DN-AFSA 和 RP-ABC 算法也是并行执行的，为了满足算法对并行性的需求，即算法在并行执行的过程中稳定、快速，本节引入 MPI+OpenMP+STM 模型。

MPI+OpenMP 模型的优点有很多，但是存在一定的缺点，节点内多线程共享内存，主要通过锁机制或者信号量来实现数据共享，这样就容易因多线程之间竞争锁和临界区而造成死锁、优先级反转等错误[71-73]。因此，在接下来的工作中引入

STM 来完善编程模型。

1. STM

STM 是为了简化并行程序设计而提出的一种新的程序设计技术，用事务代替传统并行程序中的临界区，避免了并行程序设计中易发生的死锁现象，是一项极具发展潜力的技术，其模型如图 2.5 所示。它的优势包括：事务不会导致死锁，锁机制却可能导致死锁；事务允许并发执行，锁以强制操作的顺序执行，使得同步线程相互等待；事务对粗细粒度的并发性具有更好的调节能力，而粗粒度锁限制并发性，细粒度锁又可能造成死锁；事务能够更好地实现复合或者嵌套[74-77]。

2. MPI+OpenMP+STM 三级并行编程模型

1）多核机群 STM 模型

为了充分利用多核机群体系结构优势，引入 STM，对 MPI+OpenMP 模型进行改进与扩展，创建新的 MPI+OpenMP+STM 三级并行编程模型，其模型如图 2.4 所示。

该模型的工作原理是：把每一台多核 PC 节点看成一个进程，作为机群平台的多个节点，构成多个进程。进程之间的数据传递通过 MPI 函数库实现，MPI 并行表示节点间的并行；机群每一个节点内由 OpenMP 创建多线程并映射到多核处理器，线程间并发共享存储器则通过乐观检测冲突及竞争管理策略设计事务内存替代锁机制实现[78-80]，事务内存系统必须完成两个基本操作：①冲突检测，即检测事务间的读/写或写/写冲突；②竞争管理，即当检测到冲突时，采用恰当的线程竞争管理算法，让某一线程事务正常地向前推进或异常中止而回滚。当每一个节点内部不同的线程访问同一个存储单元或临界区时，用事务内存来替代锁机制，并由多个线程并发执行[81-90]。从而形成多个进程之间和进程内部多个线程并发执行的 MPI+OpenMP+STM 三级并行编程模型，运行过程描述如下。

第一步：MPI 初始化机群中每个节点上的进程。

第二步：主进程将划分的任务和数据发送或广播给各个从进程，进程间通过 MPI 函数实现通信。

第三步：各个节点将接收到的任务和数据分解为若干子任务和数据，之后启用 OpenMP 创建一组线程。

第四步：当节点内多线程求解各子任务和数据时，并发执行软件事务内存，对共享数据进行计算。

第五步：OpenMP 多线程计算结束，MPI 将部分结果发送给主进程，主进程计算并显示结果，结束 MPI。

2) STM 与混合群智能并行算法的结合

在算法的实现中，变量或临界区主要使用锁机制实现，其伪代码为

```
lock(m)
{body;}
Unlock(m)
```

多用户或多线程通过 m 的真假值互斥使用内存变量或临界区。而 STM 将内存共享变量或临界区的访问封装为事务操作，其编码模型为 atomic{body;}，atomic 为原子之意。混合群智能并行算法存在着多线程同时访问内存变量的问题。因此，采用 STM 替换锁机制，构建具有 STM 模型的多核机群混合群智能并行算法。具体结合如下：

(1) 在 DN-AFSA 节点内，由 OpenMP 创建多个线程，每个线程自动调度引领峰到其所在的处理器上运行，每只引领蜂对解 x_i 产生新解 v_i 进行评估，生成解空间；观望蜂选取食物源 x_i，多线程并发执行 STM 模块，每只观望蜂依公式 $v_{ij}=x_{ij}+\eta\varnothing_{ij}$ 对解 x_i 产生新解 v_i 进行评估。

(2) 在 RP-ABC 算法节点内，由 OpenMP 创建多线程，人工鱼觅食行为、聚群行为和追尾行为以并行方式执行 STM 模块。

① 觅食行为中，人工鱼 x_i 随机生成一个新状态 $x_j=\text{random}(n(x_i,\text{visual}))$，建立并发执行的 STM($x_j$)。

② 聚群行为中，人工鱼向中心位置 x_c 前进一步生成新位置 x_{inext}。

$$x_{\text{inext}}=x_i+\frac{\text{random}(\text{step})(x_c-x_i)}{\|x_c-x_i\|} \tag{2.9}$$

并发执行 STM(x_{inext})。

③ 若 $f(x_i)<f(x_{\max})$ 且 $x_{\max}$ 满足 $n_f/n<\delta(0<\delta<1)$，则向 $x_{\max}$ 位置前进一步。

$$x_i=x_i+\frac{\text{random}(\text{step})(x_{\max}-x_i)}{\|x_{\max}-x_i\|} \tag{2.10}$$

并发执行 STM(x_i)。

3) 模型中进程、线程与 STM 之间的关系

图 2.4 多核机群 STM 模型的工作环境是由多个多核 PC 组成的计算机机群，在这样的并行平台可以构建 MPI+OpenMP+STM 三级并行编程模型。其中，机群中的每台计算机可以看成一个进程，图中的 process_1，process_2，…，process_i，…，process_n 表示 n 个进程，若有 SN 个种群，则每个进程可以平均获得 SN/n 个种群；每一台计算机又由多个核组成，每个核可以看成一个线程。图中第 i 个进程 process_i 又包含了 Thread_1，Thread_2，…，Thread_j 共 j 个线程。每台计算机的多个核都共享内存，若存在多个线程并发访问同一个内存单元，则可以用 STM 替换锁机

制。因此，在多线程 Thread_1，Thread_2，…，Thread_j 中又包含 k 个事务，STM 原子性地访问共享内存。它们之间的关系用集合形式可以表示为

$$\{1\ 个进程\}\supseteq\{j\ 个线程\}\supseteq\{k\ 个\ \text{STM}\},\quad j,k\geqslant 1$$

2.7.4 混合群智能并行算法

1. 混合群智能并行算法设计

在多核机群下，使用 MPI_INIT()初始化，主进程随机产生两个子种群，每个子种群作为一个进程分配到不同处理机上，机群中每个节点都获得了一个进程执行，进程间通过消息传递进行通信，用 OpenMP 创建多核节点内的多线程，并行求解随机分配的初始解。线程间并发共享存储器，通过乐观检测冲突以及竞争管理策略来设计事务内存以代替锁机制，在各线程内，将观望蜂选择食物源设置成事务内存模块，将 AFSA 的主要循环部分(觅食、聚群、追尾)同样设置为事务内存模块，由 n 个线程并发执行，n 由 OpenMP 中的 num_threads 字句动态改变，并通过 schedule 任务子句灵活调度，达到负载平衡。这样，就构建了节点间的进程级并行，节点内通过 STM 并发执行混合群智能并行(PHAFB)算法。

2. 混合群智能并行算法实现

第一步：按照反向学习策略用 MPI 初始化种群的解，计算每个解的适应度值，从进程接收主进程发送的初始种群。

第二步：节点内用 OpenMP 创建多线程，分别在子种群中采用 ABC 算法和 AFSA 进行初期寻优，一组执行 ABC 算法，蜂群根据各自的寻优规则进行寻优，其中观望蜂采用锦标赛法选取它要跟随的引领蜂；另一组人工鱼根据规则定义追尾行为和聚群行为，默认状态为执行觅食行为。若执行追尾行为和聚群行为后最优值还没改变，则执行随机行为。

第三步：判断是否达到进化代数 L，若达到，则进行两组间最优解与最差解之间的互换，否则继续执行，若种群个体在进行寻优行为之后其最优值仍未改变，则执行随机行为。

第四步：算法终止，输出目前两组 AFSA 和 ABC 算法搜索到的局部最优解。

第五步：根据获取的初始解，再将其随机分成两组，一组在线程内执行 DN-AFSA，另一组在线程内执行 RP-ABC 算法。

第六步：计算每个个体的适应度值。

第七步：各组内种群个体计算新的适应度值是否优于当前位置的适应度值，若优于则替换，否则保留当前适应度值，经过一定的迭代次数就进行两组之间的最优

值比较交换。

第八步:记录到目前为止最好的解。

第九步:判断是否达到最大循环次数,若达到,则循环结束,输出最优解;否则返回第六步继续执行。

2.7.5 实验环境及参数设置

硬件环境为同构的 2 台 AMD Athlon(TM) 64 位酷睿双核 PC,内存 4GB。软件环境为 Microsoft Windows XP Professional(5.1,2600),mpich2-1.0.8、VS2005 扩充 OpenMP 支持。

仿真实验中,$n=100$,函数维数 $D=50$,最大迭代次数 maxCycle=1000,Try_number=10,$\delta=0.6$,limit=50,step=0.5,visual=6,信息交流参数 $L=50$,参与测试的算法是 2.6.3 节提出的 PDN-AFSA、PRP-ABC 算法和 PHAFB 算法,测试函数独立测试 30 次取平均值对比分析。实验选取测试函数定义如表 2.8 所示。

表 2.8　测试函数

函数名称	公式	变量范围	最优值
f_1	$\sum_{i=1}^{n} x_i^2$	[−100,100]	0
f_2	$x_1\sin(4\pi x_1)-x_2\sin(4\pi x_2+\pi+1)$	[−1,2]	3.3099
f_3	$0.5-(\sin^2 x_1^2+x_2^2)0.5/([1+0.001(x_1^2+x_2^2)]^2)$	[−4,4]	1
f_4	$100(x_1^2-x_2)^2+(1-x_1)^2$	[−2.048,2.048]	3905.9262
f_5	$\frac{\pi}{n}\{10\sin^2(\pi y_1)+\sum_{i=1}^{n-1}(y_i-1)^2\cdot[1+10\sin^2(\pi y_{i+1})]+(y_n-1)^2\}+\sum_{i=1}^{n}u(x_i,10,100,4)$	[−50,50]	0

函数 f_1 是 Sphere 函数,是一个连续的单峰函数,用来测试算法的执行性能;f_2 是一个变峰、多极值点函数,算法中,取 visual=4,step=1;在函数 f_3 的最优值周围有一圈局部极大值点,值为 0.99028,一般算法搜索过程中极易停滞在该处,取 step=0.5,visual=6;f_4 的最优值在端点(2.048,−2.048)取得,取 visual=6,step=0.5;函数 f_5 是一个经典复杂优化问题,它的峰值变化不明显,算法从中得到的信息量很少,一般算法几乎搜索不到全局最优点,通常用来检测算法的收敛性能。

2.7.6　实验结果与分析

1. 实验结果

PDN-AFSA、PRP-ABC 算法和本书提出的 PHAFB 算法求解函数 f_1、f_2、f_3、f_4、f_5 的平均值、最优值、最小值以及运行时间结果比较如表 2.9 所示；5 个函数的适应度值优化曲线如图 2.16～图 2.20 所示；PHAFB 算法的相对加速比如表 2.10 所示。

表 2.9　测试函数优化结果比较

函数	算法	平均值	最优值	最小值	运行时间/s
f_1	PDN-AFSA	0.00017×10^{-16}	2.50127×10^{-17}	4.65872×10^{-18}	0.00025
	PRP-ABC	0.00015×10^{-15}	2.51024×10^{-16}	3.09482×10^{-18}	0.00017
	PHAFB	0.00010×10^{-16}	2.50139×10^{-17}	4.37653×10^{-18}	0.00219
f_2	PDN-AFSA	3.2977	3.3096	3.0962	0.00140
	PRP-ABC	3.3098	3.3099	3.3096	0.00100
	PHAFB	3.3099	3.3099	3.3099	0.00105
f_3	PDN-AFSA	0.9999	0.9998	0.9900	2.2054
	PRP-ABC	0.9999	1.0000	1.0000	2.1995
	PHAFB	1.0000	1.0000	1.0000	1.3874
f_4	PDN-AFSA	2905.9262	3905.9261	2174.9262	2.2143
	PRP-ABC	3905.9262	3905.9262	3905.9262	2.1721
	PHAFB	3905.9262	3905.9262	3905.9262	1.0074
f_5	PDN-AFSA	4.64634×10^{-12}	1.54721×10^{-13}	1.54721×10^{-13}	0.00125
	PRP-ABC	3.24868×10^{-13}	3.88821×10^{-14}	3.88821×10^{-14}	0.00217
	PHAFB	1.765431×10^{-16}	1.37421×10^{-17}	1.37421×10^{-17}	0.00079

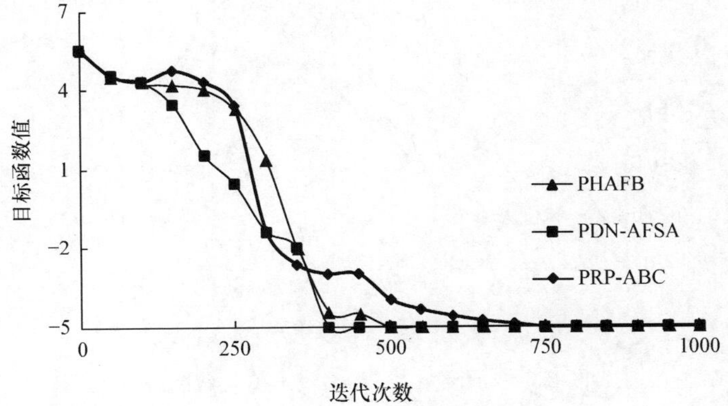

图 2.16　函数 f_1 平均适应度值收敛曲线

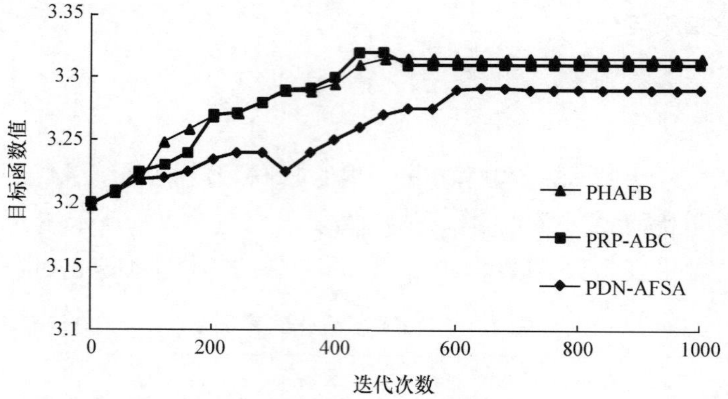

图 2.17　函数 f_2 平均适应度值收敛曲线

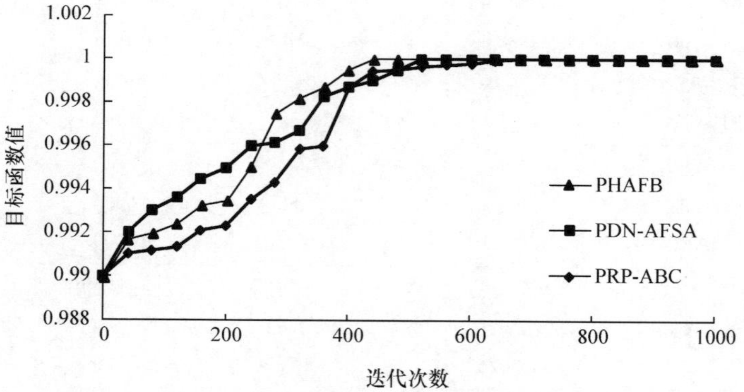

图 2.18　函数 f_3 平均适应度值收敛曲线

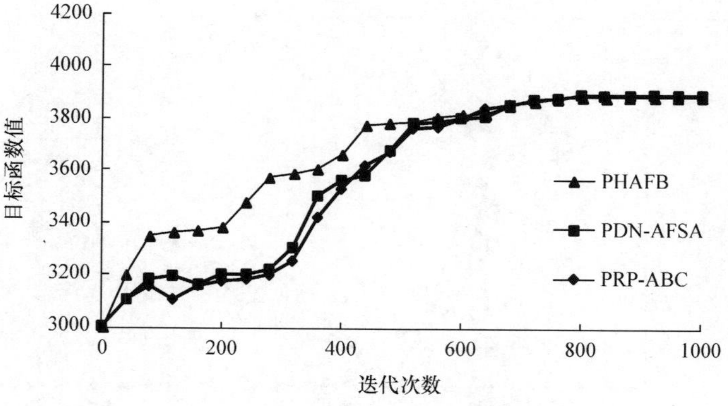

图 2.19　函数 f_4 平均适应度值收敛曲线

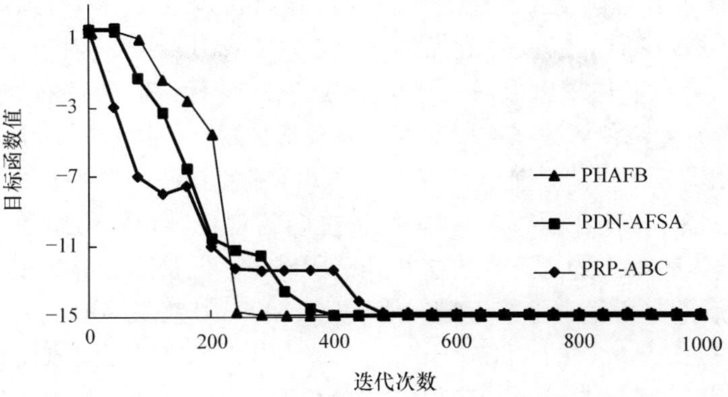

图 2.20　函数 f_5 平均适应度值收敛曲线

表 2.10　PHAFB 算法的相对加速比

函数名	$P=1,T=2$	$P=2,T=4$	加速比
$f_1(x)$	0.00384	0.00167	2.299
$f_2(x)$	0.00317	0.00053	5.981
$f_3(x)$	0.00326	0.00051	6.392
$f_4(x)$	0.00247	0.00049	5.041
$f_5(x)$	0.00518	0.00073	7.096

2. 结果比较分析

(1) 表 2.9 是 PDN-AFSA、PRP-ABC 算法和 PHAFB 算法对 5 个函数的测试比较。实验结果表明，在固定迭代次数为 1000 时，PHAFB 算法的寻优精度更高，而对于函数 f_3，改进三种算法都成功搜索到了最优点，突破了局部最优的局限性；对于函数 f_2、f_4，PHAFB 算法也表现出了较好的寻优精度和速度。但是对于单峰函数 f_1，PHAFB 算法并没有表现出很好的寻优速度，虽然同样搜索到了全局最优点，但是所用的时间明显多于 PDN-AFSA 和 PRP-ABC 算法，这是因为在处理单峰简单函数时，算法的耗时部分完全掩盖了并行所提高的速度。对于典型复杂函数 f_5，PHAFB 算法的并行优势就充分体现出来，搜索时间也明显比其他改进算法的少。这是因为，PDN-AFSA 和 PRP-ABC 算法虽然进行了并行设计，但是不同程度地存在因个体食物源竞争而产生的死锁等问题，引入了软件事务内存的 PHAFB 算法很好地避免了这一点，充分发挥出多核的优势，使运行时间减少，说明了改进的混合群智能并行算法的有效性。

(2) 集群机下独立运行 30 次。函数值优化曲线分别如图 2.16～图 2.20 所示。一般情况下，PDN-AFSA 和 PRP-ABC 算法在平均迭代次数为 600 左右时找到函数的最优值并且趋于相对稳定状态，而改进的混合群智能并行算法在迭代次数接近 400 时就找到了函数的最优解。但是从图 2.17 可知，对于 Sphere 函数，PHAFB 算法并没有体现出很好的寻优速度，它在迭代 700 次左右才搜索到了全局最优解，而另外两种算法在 400 次左右就成功搜索到最优解并趋于稳定，并且三种算法体现出了一个共同特性，即在初期阶段，三者并没有体现出较好的寻优速度，这是因为并行程序在运行时，存在线程之间的创建、启动、切换和销毁等开销，这时，并行搜索表现出的快速性被这些开销所掩盖。但是随着寻优难度的增加，三种算法都在后期趋于稳定地接近最优值，以 PHAFB 算法最为明显。

(3) 表 2.10 是改进的 PHAFB 算法在节点为 1 和节点为 2 时的加速比。从表中可以看出，在处理较简单的函数如 f_1 时，并没有取得较好的加速比，而在处理复杂函数如函数 f_5 时，节点多，线程多，取得的加速比较大。这是因为，在线程较少时，STM 不具有优势，因为此时死锁的可能性很小，需要等待的时间也很少，而此时 STM 的初始化、冲突检测等造成时间延时。但是，随着线程数增加，函数的复杂度增加，MPI＋OpenMP＋STM 的优势就体现出来，函数 f_5 表现最明显，但都没有达到理论上的加速比，其原因和(1)与(2)的原因相同，机群中进程的启动、创建、切换等造成的通信延时，影响了总的执行效率。

融合 AFSA 和 ABC 算法的优势，并在新建 MPI＋OpenMP＋STM 并行编程模型基础上，提出的混合群智能并行算法 PHAFB。它在处理复杂多维、峰值较多的函数优化时能够体现出较好的全局寻优性能和较快的收敛速度，适合处理大规模复杂工程的优化问题。但是，对于单峰连续、复杂度低的函数，PHAFB 算法虽然能搜索到全局最优点，但收敛速度并不理想，原因是线程较少时，STM 优势不明显。因此，仍需要进一步提高 STM 的执行效率，减少执行的开销。

参考文献

[1] 陈国良. 并行算法设计与分析[M]. 北京：高等教育出版社，2002.

[2] 陈国良，安虹，陈崚，等. 并行算法实践[M]. 北京：高等教育出版社，2003.

[3] 陈国良，苗乾坤，孙广中，等. 分层并行计算模型[J]. 中国科学技术大学学报，2008，38(7)：841—848.

[4] Algern B, Carter L. The uniform memory hierarchy model of computation[J]. Algorithmica, 1994, 12(2-3): 72—109.

[5] 张云泉. 面向高性能数值计算的并行计算模型 DRAM(h)[J]. 计算机学报，2003，26(12)：1660—1670.

[6] Qiao X Z, Chen S Q, Yang L T. A hierarchical model for parallel computations[J]. International Journal of High Performance Computing and Networking, 2004, 1(1-3): 117—127.

[7] JaJa, J F, Ryu K W, et al. The block distributed memory model[J]. IEEE Transactions on Parallel and Distributed System, 1996, 7(8): 830—841.

[8] Aggarw A, Alpern B, Chandra A, et al. A model for hierarchical memory[C]//Proceedings of the 19th Annual ACM Conference on Theory of Computing, New York, 1987: 305—314.
[9] Aggarw A, Alpern B, Snir M, et al. Hierarchical memory with block transfer[C]//Proceedings of the 28th Annual IEEE Symposium on Foundations of Computer Science, Los Angels, 1987: 204—216.
[10] 李双,李文敬,孙环龙. 基于多核机群的人工鱼群并行算法[J]. 计算机应用,2013,33(12):3380—3384.
[11] 赵永华,迟学斌. 基于 SMP 集群的 MPI＋OpenMP 混合编程模型及有效实现[J]. 微电子学与计算机,2005,22(10):7—11.
[12] 潘卫,陈燎原,张锦华,等. 基于 SMP 集群的 MPI＋OpenMP 混合编程模型研究[J]. 计算机应用研究,2009,26(12):4592—4594.
[13] 陈辉,孙雷鸣,李录明,等. 基于 MPI＋OpenMP 的多层次并行偏移算法研究[J]. 成都理工大学学报(自然科学版),2010,37(5):528—534.
[14] 吴长莉. 基于 MPI 和 OpenMP 的三维 FDTD 并行算法的研究[D]. 武汉:华中科技大学,2009.
[15] Shavit N, Touitou D. Software transactional memory[C]//Proceedings of the 14th Annual ACM Symposium on Principles of Distributed Computing, New York, 1995: 204—213.
[16] Herlihy M, Luchangco V, Moir M, et al. Software transactional memory for dynamic-sized data structures[C]//Proceedings of the 22nd Annual Symposium on Principles of Distributed Computing, New York, 2003: 92—101.
[17] Harris T, Plesko M, Shinnar A, et al. Optimizing memory transactions[C]//Proceedings of the 2006 ACM SIGPLAN Conference on Programming language Design and Implementation, Ottawa, 2006: 14—25.
[18] 李勇. 基于软件事务内存的并行程序验证[D]. 合肥:中国科学技术大学,2011.
[19] Lin C, Snyder L. Principles of Parallel Programming[M]. New York: Pearson Education Company, 2009.
[20] Felber P, Fetzer C, Riegel T. Dynamic performance tuning of word-based software transactional memory[C]//Proceedings of the 13th ACM SIGPLAN Symposium on Principles and Practice of Parallel Programming, New York, 2008: 237—246.
[21] Karaboga D. An Idea Based on Bee Swarm for Numerical Optimization[R]. Kayseri: Erciyes University, 2005.
[22] Larus, Kozyrakis C. Transactional memory[J]. Communication of ACM, 2008, 51(7): 80—88.
[23] 李双,李文敬,杨文,等. 基于多核 PC 的人工蜂群并行算法的研究与实现[J]. 微电子学与计算机,2012,(9):63—66.
[24] 曹倩,左敏. 异构多核上支持 OpenMP3.0 的自适应任务粒度策略[J]. 小型微型计算机系统,2012,33(6):1350—1353.
[25] 李国徽,付沛,陈辉. 基于 GEP 方法的数据流预测模型[J]. 计算机工程,2007,33(18):75—78.

[26] 胡珂,李迅波,王振林. 改进的蜂群算法性能[J]. 计算机应用,2011,31(4):1107—1110.
[27] 孙晓雅,林焰. 改进的 ABC 算法求解任务指派问题[J]. 微电子学与计算机,2012,29(1):23—26.
[28] 李海生. 一类基于蜜蜂采集模型的智能算法[J]. 计算机与现代化,2010,1:7—11.
[29] 左劼. 基因表达式编程核心技术研究[D]. 成都:四川大学,2004.
[30] Karaboga D,Basturk B. On the performance of artificial bee colony(ABC)algorithm[J]. Applied Soft Computing,2008,8(1):687—697.
[31] 李晓磊,邵之江,钱积新. 一种基于动物自治体的寻优模式:鱼群算法[J]. 系统工程理论与实践,2002,22(11):32—38.
[32] 邓涛,姚宏,杜军. 多峰函数优化的改进人工鱼群混合算法[J]. 计算机应用,2012,32(10):2904—2906.
[33] 陈广洲,汪家权,李传军,等. 一种改进的 AFSA 及其应用[J]. 系统工程,2009,27(12):105—110.
[34] 王培崇,雷凤君,钱旭. 改进 AFSA 及其收敛性分析[J]. 科学技术与工程,2013,13(3):616—620.
[35] 胡一凡. 基于 GPU 加速的并行 AFSA 及其应用[D]. 杭州:浙江大学,2011.
[36] 李晓磊. 一种新型的智能优化算法——AFSA[D]. 杭州:浙江大学,2003.
[37] 王培崇,钱旭,雷凤君. 新的混合小生境鱼群聚类算法[J]. 计算机应用,2012,32(8):2189—2192.
[38] 华杰,崔杜武. 基于个体优化的自适应小生境遗传算法[J]. 计算机工程,2010,36(1):194—196.
[39] Ling Q,Wu G,Yang Z Y,et al. Crowding clustering genetic algorithm for multimodal function optimization[J]. Applied Soft Computing,2008,8(1):88—95.
[40] Tuba M,Brajevic I,Jovanovic R. Hybrid seeker optimization algorithm for global optimization[J]. Applied Mathematics and Information Sciences,2013,7(3):867—875.
[41] Chee P L,Satchidananda D. Innovations in Swarm Intelligence[M]. Berlin:Springer-Verlag,2010:256.
[42] Teodorovic D,Dell'Orco M. Bee colony optimization—A cooperative learning approach to complex transportation problems[J]. Advanced OR and AI Methods in Transportation,2005:51—60.
[43] Rocha A M A C,Fernandes E M G P,Martins T F M C. Novel fish swarm heuristics for bound constrained global optimization problems[J]. Lecture Notes in Computer Science,2011,6784:185—199.
[44] 元昌安. 基于 GEP 函数发现的智能模型库关键技术研究[D]. 成都:四川大学,2006.
[45] Bacanin N,Tuba M. Artificial bee colony (ABC)algorithm for constrained optimization improved with genetic operators[J]. Studies in Informatics and Control,2012,22(2):137—146.
[46] Karaboga D,Basturk B. A powerful and efficient algorithm for numerical function optimiza-

tion: Artificial bee colony(ABC)algorithm[J]. Journal of Global Optimization, 2007, 39(3): 459—471.

[47] Subotic M, Tuba M. Parallelized multiple swarm artificial bee colony algorithm (MS-ABC) for global optimization[J]. Studies in Informatics & Control, 2014, 23(1): 117—126.

[48] Liu L Z, Zhou Y Q. Hybrid global optimization algorithm based on artificial fish swarm and cultural algorithm[J]. Application Research of Computer, 2009, 26(12): 4446—4448.

[49] Huang Y, Lin Y. Freight prediction based on BP neural network improved by chaos artificial fish-swarm algorithm[C]//International Conference on Computer Science and Software Engineering (CSSE'08), 2008: 1287-1290.

[50] Ma H, Wang Y. An artificial fish swarm algorithm based on chaos search[C]//The 5th International Conference on Natural Computation (ICNC'09), 2009: 118—121.

[51] Dai D X. The improvement of hybrid artificial bee colony[D]. Guangzhou: Guangdong University of Technology, 2012.

[52] Huang G Q, Liu J F, Yao Y X. Global convergence proof of artificial fish swarm algorithm[J]. Computer Engineering, 2012, (2): 204—206.

[53] Huang G Q, Liu J F, Yao Y X. Global convergence proof of artificial fish swarm algorithm for solving combinatorial optimization problems[J]. Computer Engineering and Applications, 2012, (10): 59—63.

[54] Dong W Y, Zhang W S, Yu R G. Convergence and runtime analysis of ITO algorithm for one class of combinatorial optimization[J]. Chinese Journal of Computers, 2011, (4): 636—645.

[55] Wang P C, Qian X, Lei F J. New clustering algorithm based on hybrid niching artificial fish swarm[J]. Journal of Computer Applications, 2012, 32(8): 2189—2192.

[56] Wang L G, Hong Y, Zhao F Q, et al. Simplified artificial fish swarm algorithm[J]. Journal of Chinese Computer Systems, 2009, (8): 1663—1667.

[57] Wang X W, Qin P Y, Huang M. ABC supporting QoS unicast routing scheme based on the artificial fish swarm[J]. Chinese Journal of Computers, 2010, (4): 718—724.

[58] Ma X, Liu Q. Artificial fish swarm algorithm form multiple knapsack problem[J]. Journal of Computer Applications, 2010, (2): 469—471.

[59] Sa E S. Image quantization using improved artificial fish swarm algorithm[J]. Soft Computing, 2014, 19(9): 2667—2679.

[60] Sun D S, Sing H A. A swarm intelligence approach to the quadratic minimum spanning tree problem[J]. Information Sciences, 2010, 180(17): 3182—3191.

[61] Fu L, Luo J. Artificial bee colony algorithm with tracking search and immune selection[J]. Pattern Recognition and Artificial Intelligence, 2013, 26(7): 688—694.

[62] Gao W F, Liu S Y, Huang L L. Enhancing artificial bee colony algorithm using more information-based search equations[J]. Information Sciences, 2014, 270: 112—133.

[63] Liu Y, Ma L. Bees algorithm for function optimization[J]. Control and Decision, 2012, 27(6): 886—890.

[64] Albayrak M, Allahver D N. Development a new mutation operator to solve the traveling salesman problem by aid of genetic algorithms[J]. Expert Systems with Applications, 2011, 38(13): 1313—1320.

[65] Karaboga D, Bastur K B. A powerful and efficient algorithm for numerical function optimization: Artificial bee colony(ABC) algorithm[J]. Journal of Global Optimization, 2007, 39: 459—471.

[66] 李静. 一种基于蚂蚁改进算法的单向物流配送路径优化[J]. 电子设计工程, 2016, (10): 68—70.

[67] Karaboga D, Bastur K B. A comparative study of artificial bee colony algorithm[J]. Applied Mathematics and Computation, 2009, 214(1): 108—132.

[68] Jiang J Q, Bo Y L, Song C Y, et al. Hybrid algorithm based on particle swarm optimization and artificial fish swarm algorithm[J]. Advances in Neural Networks, 2012, 7367: 607—614.

[69] Jiang M Y, Yuan D F. Parallel artificial fish swarm algorithm[J]. Advances in Control and Communication, 2012, 137: 581—589.

[70] Chen G Z, Wang J Q, Li R Z. Parameter identification for a water quality model using two hybrid swarm intelligence algorithms[J]. Methodologies and Application Soft Computing, 2015, 19: 1—11.

[71] Zhao H Y, Pei Z L, Jiang J Q, et al. A hybrid swarm intelligent method based on genetic algorithm and artificial bee colony[J]. Lecture Notes in Computer Science, 2010, 6145: 558—565.

[72] Chu S C, Pa J S. Intelligent parallel particle swarm optimization algorithms[J]. Studies in Computational Intelligence, 2006, 22: 159—175.

[73] Yu Y, Yin Z F, Tian Y F, et al. Multi-user detector based on adaptive artificial fish school algorithm. Journal of Electronics & Information Technology, 2007, 29(1): 121—124.

[74] Yu B H, Yuan X H, Wang J W, et al. A random perturbation particle swarm optimization algorithm[J]. Computer Engineering, 2006, 32(12): 189—190.

[75] Li S, Li W J, Yang W, et al. Research and implementation of artificial bee colony algorithm parallel algorithm based on multi-core PC[J]. Microelectronics & Computer, 2012, 29(9): 63—66.

[76] Li S, Li W J, Sun H J, et al. Artificial fish swarm parallel algorithm based on multi-core cluster[J]. Journal of Computer Applications, 2013, 33(12): 3380—3384.

[77] Wu D, Rong C, Jian G, et al. A novel parallel hybrid intelligence optimization algorithm for a function approximation problem[J]. Computers & Mathematics with Applications, 2012, 63(1): 325—336.

[78] Torabi S A, Sahebjamnia N, Mansouri S A, et al. A particle swarm optimization for a fuzzy multi-objective unrelated parallel machines scheduling problem[J]. Applied Soft Computing, 2013, 13(12): 4750—4762.

[79] Fang N, Zhou J Z, Zhang R, et al. A hybrid of real coded genetic algorithm and artificial fish

swarm algorithm for short-term optimal hydrothermal scheduling[J]. International Journal of Electrical Power & Energy Systems,2014,62:617—629.

[80] Zhao Y H,Chi X B. MPI+OpenMP hybrid paradigms and efficient implementation based on SMP cluster[J]. Microelectronics & Computer,2005,22(10):7—11.

[81] Pan W,Chen L Y,Zhang J H,et al. Research on MPI+OpenMP hybrid programming paradigm based on SMP cluster[J]. Application Research of Computers, 2009, 26(12): 4592—4594.

[82] Andrea M G,Paolo B G,Luca B I. Supporting OpenMP on a multi-cluster embedded MPSoC[J]. Microprocessors and Microsystems,2011,35(8):668—682.

[83] Lin C, Snyder L. Principles of Parallel Programming[M]. New York: Pearson Education Company,2009:180—220.

[84] 林菲. 软件事务内存的动态竞争管理策略[J]. 计算机工程与设计,2010,31(7):1510—1513.

[85] 王绍刚,吴丹,庞征斌,等. HybridTCache:一种基于专用事务 Cache 的软硬件协同事务内存系统[J]. 计算机学报,2008,31(11):1907—1912.

[86] Minh C C,Chung J,Kozyrakis C,et al. Stanford transactional applications for multi-processing[C]//Proceedings of the IEEE International Symposium on Workload Characterization, 2008:35—46.

[87] Rughetti D,Di S P,Ciciani B,et al. Analytical/ML mixed approach for concurrency regulation in software transactional memory[C]//Proceedings of the 14th IEEE/ACM International Symposium on Cluster,Cloud and Grid Computing,2014:100—134.

[88] Pavel G Z,Georgi K. Multithreading on reconfigurable hardware:An architectural approach[J]. Microprocessors and Microsystems,2012,36(8):695—704.

[89] Kwon Y S,Eum N W. Partial access conflict-relieving programmable address shuffler for parallel memory system in multi-core processor[J]. Microprocessors and Microsystems, 2010,34(1):1—13.

[90] Sen A,Deniz E. Thread-level synthetic benchmarks for multicore systems[J]. Microprocessors and Microsystems,2015,39(7):471—479.

第 3 章　Petri 网系统的数学模型

本章主要内容包括 Petri 网的基本概念，P/T 网系统分析方法、颜色 Petri 网等多种 Petri 网的图形结构模型和代数模型，为 Petri 网系统并行化及算法设计奠定基础。

3.1　Petri 网的基本概念

Petri 网是用于描述分布式系统的一种模型，它既能描述系统的结构，又能模拟系统的运行[1-5]。以下引入 Petri 网中与本研究相关的概念和术语。

定义 3.1　满足下列条件的三元组 $N=(P,T;F)$ 称为一个网(net)：

① $P\times T\neq\varnothing$；

② $P\cap T=\varnothing$；

③ $F\subseteq(P\times T)\cup(T\times P)$；

④ $\mathrm{dom}(F)\cup\mathrm{cod}(F)=P\cup T$。

其中

$$\mathrm{dom}(F)=\{x\in P\cup T\mid\exists y\in P\cup T:(x,y)\in F\}\tag{3.1}$$

$$\mathrm{cod}(F)=\{x\in P\cup T\mid\exists y\in P\cup T:(y,x)\in F\}\tag{3.2}$$

P 和 T 是两个不相交的集合，称为网 N 的基本元素，P 的元素称为库所(place)，T 中的元素称为变迁(transition)，F 是网中的流关系。一个网可以用一个二分图来表示：用一个小圆圈表示 P 中的元素，用一个小矩形或短划线表示 T 中的元素，用有向弧表示流关系。若 $(x,y)\in F$，则从 x 到 y 画一条有向弧。网 N 如图 3.1 所示。

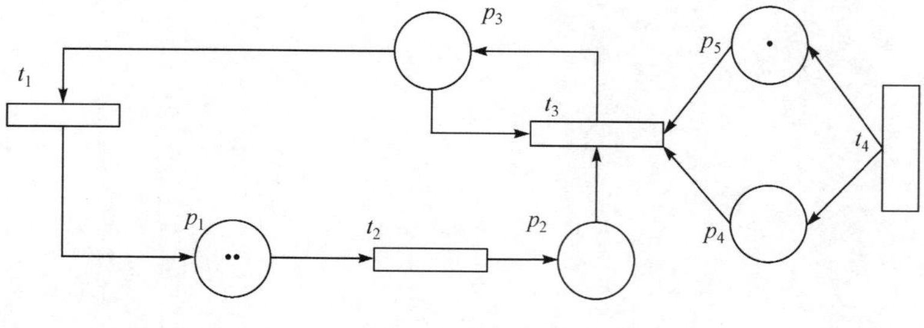

图 3.1　网 N

按照定义 3.1，库所集合 $P=\{p_1,p_2,p_3,p_4,p_5\}$ 表示网 N 包含 5 个库所，变迁集合 $T=\{t_1,t_2,t_3,t_4\}$ 表示网 N 包括 4 个变迁；$\mathrm{dom}(F)=\{p_1\to t_2,p_2\to t_3,p_3\to t_1,p_3\to t_3,p_4\to t_3,p_5\to t_3\}$ 表示库所到变迁的有向弧集合；$\mathrm{cod}(F)=\{t_1\to p_1,t_2\to p_2,t_3\to p_3,t_4\to p_4,t_4\to p_5\}$ 表示变迁到库所的有向弧集合。

定义 3.2 设 $N=(P,T;F)$ 为一个网。对于 $x\in P\cup T$，记

$$^{\bullet}x=\{y\mid \exists y\in P\cup T\wedge(y,x)\in F\}$$

$$x^{\bullet}=\{y\mid \exists y\in P\cup T\wedge(x,y)\in F\}$$

称 $^{\bullet}x$ 为 x 的前集或输入集；$x^{\bullet}$ 为 x 的后集或输出集；$^{\bullet}x\cup x^{\bullet}$ 为元素 x 的外延。

以图 3.1 的网 N 为例，x 可表示为一个库所，也可表示一个变迁。假设 x 是库所 p_1，则 $^{\bullet}p_1$ 表示库所 p_1 的前集或输入集，$^{\bullet}p_1=\{t_1\}$；相应地，p_1 的后集或输出集 $p_1^{\bullet}=\{t_2\}$。变迁 t_3 的输入集为 $^{\bullet}t_3=\{p_2,p_3,p_4,p_5\}$，输出集为 $t_3^{\bullet}=\{p_3\}$。t_3 的外延 $^{\bullet}t_3\cup t_3^{\bullet}=\{p_2,p_3,p_4,p_5\}$。

定义 3.3 设 $N=(P,T;F)$ 是一个网，映射 $M:P\to N$（自然数集）称为网 N 的一个标识(marking)，$\Sigma=(N,M)$ 称为标识网(marked net)。若 $P=(p_1,p_2,\cdots,p_m)$，通常将标识 M 表示为一个列向量 $M=\{M(p_1),M(p_2),\cdots,M(p_m)\}$。用图形表示标识网时，对 $p\in P$，若 $M(p)=k$，则在库所 p 中加入 k 个小黑点，并称 p 中有 k 个令牌或标识。

假设图 3.1 的网 N 为初始状态，M_0 为初始标识，则 $M_0=\{2,0,0,0,1\}$，即 $M_0(p_1)=2,M_0(p_2)=0,M_0(p_3)=0,M_0(p_4)=0,M_0(p_5)=1$。库所 p_1 里的两个实心黑点、p_5 里的 1 个实心黑点表示令牌。

定义 3.4 一个网系统(net system)是一个标识网 $\Sigma=(N,M)=(P,T;F,M)$，并且有如下变迁发生规则(transition firing rule)。

(1) 对于 $t\in T$，若 $\forall p\in {}^{\bullet}t:M(p)\geqslant 1$，则称 M 授权 t 发生，或 t 是使能的(enable)，记为 $M[>t$。

(2) 若标识 M 授权 t 发生，则变迁 t 在 M 下可以发生(fire)，若从 M 发生 t 得到的新标识为 M'（记为 $M[t>M'$），则对于 $\forall p\in P$，有

$$M'(p)=\begin{cases}M(p)-1, & p\in {}^{\bullet}t-t^{\bullet}\\ M(p)+1, & p\in t^{\bullet}-{}^{\bullet}t\\ M(p), & \text{其他}\end{cases}\tag{3.3}$$

一个网系统具有一个初始标识，记为 M_0，选择 M_0 授权发生的一个或一组变迁，得到一个新标识，此新标识又使得一个或一组变迁使能，如此循环下去，即为网系统的运行。通常把这种网系统称为 Petri 网。

假设图 3.1 的网 N 是初始状态，若存在一个标识 M 授权一组变迁 $t_i(i=2,3)$ 发生，则变迁 t_i 在 M 下可以发生，并得到新标识 M'。此时，网系统运行的状态如图 3.2 所示。若 M' 又不断地循环使得一组变迁 $t_i(i=1,2,3,4)$ 使能，则这样的网系

统称为 Petri 网。由式(3.3)计算得图 3.1 到图 3.2 的标识变化过程：初始标识 $M=\{2,0,0,0,1\}$；因为 $p_1\in {}^{\bullet}t_2-t_2^{\bullet}$，所以 $M'(p_1)=M(p_1)-1=1$；因为 $p_2\in t_2^{\bullet}-{}^{\bullet}t_2$，所以 $M'(p_2)=M(p_2)+1=1$；因为 $p_5\in {}^{\bullet}t_3-t_3^{\bullet}$，所以 $M'(p_5)=M(p_5)-1=0$；因为 $p_4\in t_3^{\bullet}-{}^{\bullet}t_3$，所以 $M'(p_4)=M(p_4)+1=1$；故新的标识 $M'=\{1,1,0,1,0\}$。

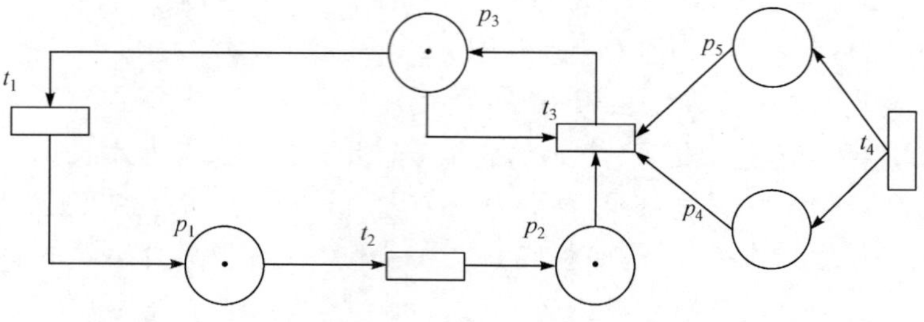

图 3.2　Petri 网 Σ

定义 3.5　设 $N=(P,T;F)$ 为一个网，则有以下结论成立：

(1) 若 $\forall x\in P\cup T$，${}^{\bullet}x\cap x^{\bullet}=\varnothing$，则称 N 为一个纯网(pure net)；

(2) 若 $\forall t_1,t_2\in T$，${}^{\bullet}t_1\cap t_2^{\bullet}\neq\varnothing$，$|{}^{\bullet}t_1|=|t_2^{\bullet}|=1$，则称 N 为一个自由选择网；

(3) 若 $\forall t_1,t_2\in T$，${}^{\bullet}t_1\cap t_2^{\bullet}\neq\varnothing$，${}^{\bullet}t_1=t_2^{\bullet}$，则称 N 为一个扩充自由选择网；

(4) 若 $P_1\subseteq P, T_1\subseteq T, F_1\subseteq((P\times T)\cup(T\times P))\cap F$，则称 $N_1=(P_1,T_1;F_1)$ 为网 N 的一个子网；

(5) $N^{-1}=(P,T;F^{-1})$ 称为 N 的逆网，其中 $F^{-1}=\{(x,y)\mid(y,x)\subseteq F\}$。

如图 3.3 所示，$\forall p_i\in P\cup T$，${}^{\bullet}p_i\cap p_i^{\bullet}=\varnothing(i=1,2,3)$ 且 $\forall t_i\in P\cup T$，${}^{\bullet}t_i\cap t_i^{\bullet}=\varnothing(i=1,2,3)$。因此，图 3.3 为一个纯网。

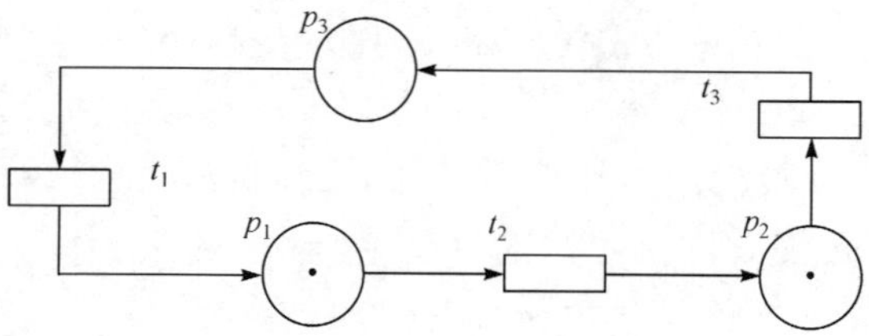

图 3.3　纯网 N

如图 3.4 所示，$\forall t_1,t_2\in T$，${}^{\bullet}t_1\cap t_2^{\bullet}=\{p_2\}\neq\varnothing$ 且 t_1 的输入集和 t_2 的输出集均只有一个库所，即 $|{}^{\bullet}t_1|=|t_2^{\bullet}|=1$。因此，图 3.4 为一个自由选择网。

如图 3.5 所示，$t_1,t_2\in T$，${}^{\bullet}t_1\cap t_2^{\bullet}=\{p_1,p_2,p_3\}\neq\varnothing$，${}^{\bullet}t_1=t_2^{\bullet}=\{p_1,p_2,p_3\}$。因此，图 3.5 为一个扩充自由选择网。

如图 3.5 所示，$P_1=\{p_1,p_2,p_3\}\subseteq P$；$T_1=\{t_1,t_2\}\subseteq T, F_1\subseteq F$。因此，$N_1=(P_1,T_1;F_1)$ 为网 N 的一个子网。

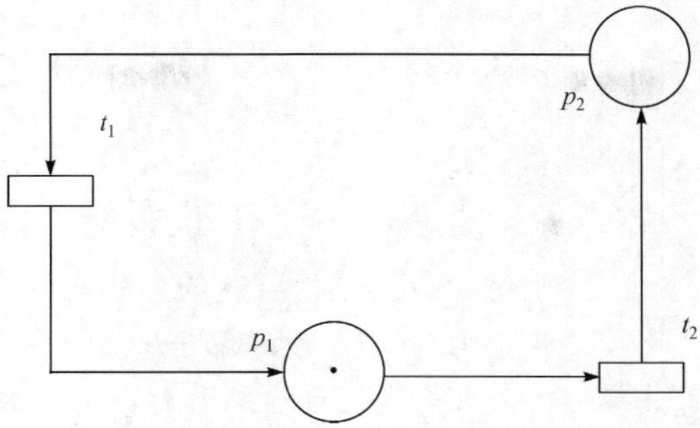

图 3.4　自由选择网 N

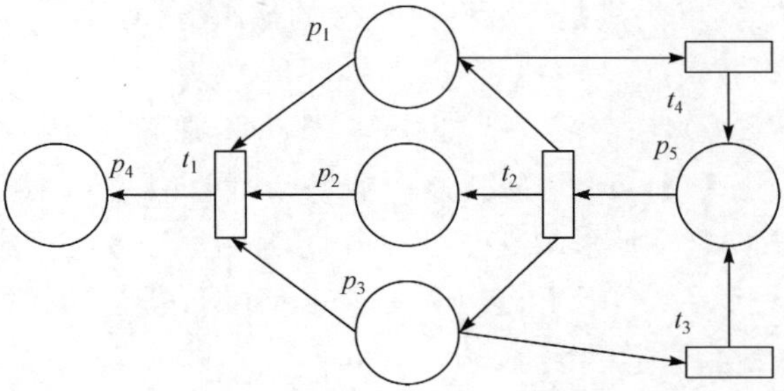

图 3.5　扩充自由选择网 N

定义 3.6　设 Σ 是一个网系统，t_1 和 t_2 是 Σ 中的两个变迁，如果 Σ 的一个标识 M 使得 $M[t_1>$ 且 $M[t_2>$，那么有如下结论成立：

(1) 若 $M[t_1>M_1\rightarrow\neg M_1[t_2>$ 且 $M[t_2>M_2\rightarrow\neg M_2[t_1>$，则称 t_1 和 t_2 在 M 下冲突(conflict)；

(2) 若 $M[t_1>M_1\rightarrow M_1[t_2>$ 且 $M[t_2>M_2\rightarrow M_2[t_1>$，则称 t_1 和 t_2 在 M 下并发(concurrency)。

如图 3.6 所示，对于任意的变迁 $t_i(i=1,2,3)$ 在标识 M 下使能得到新的标识 M_1，即 $M[t_1>M_1$，但是，不存在变迁 t_2 在 M_1 下使能，即 $\neg M_1[t_2>$。同样，对于变迁 t_2 和 t_3 也一样。因此，t_1、t_2 和 t_3 在 M 下冲突。

如图 3.7 所示，对于任意的变迁 $t_i(i=1,2,3)$ 在标识 M 下使能得到新的标识 M_1，即 $M[t_1>M_1$，且存在变迁 t_2 在 M_1 下使能，即 $M_1[t_2>$。同样，对于变迁 t_2 和 t_3 也一样。因此，t_1、t_2 和 t_3 在 M 下并发。

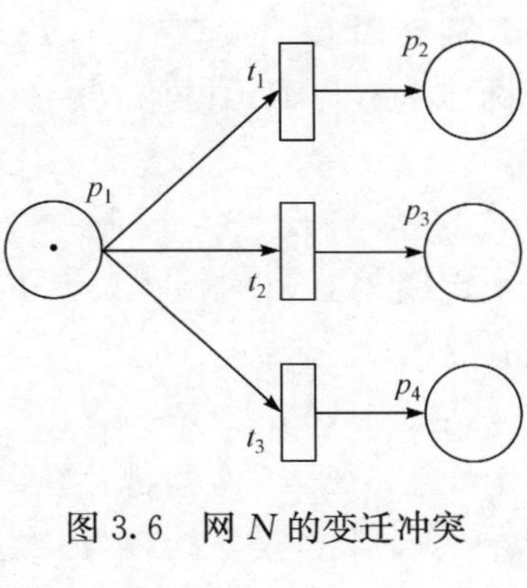

图 3.6　网 N 的变迁冲突

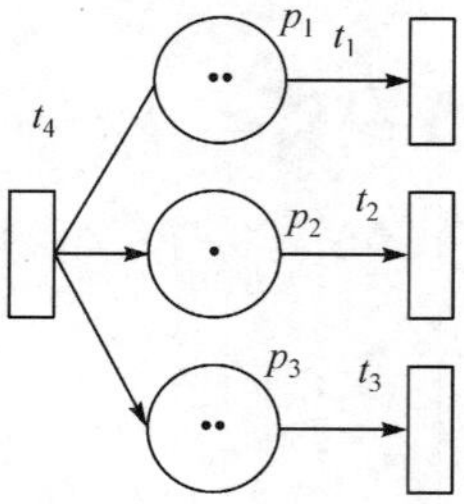

图 3.7 网 N 的变迁并发

定义 3.7 $\Sigma=(P,T;F,M)$是一个 Petri 网,若存在 $t\in T$,使得 $M[t>M'$,则称 M'为从 M 直接可达的。若存在变迁序列 $t_1,t_2,\cdots,t_k$ 和标识序列 $M_1,M_2,\cdots,M_k$ 使得

$$M[t_1>M_1[t_2>M_2\cdots[t_{k-1}>M_{k-1}[t_k>M_k \quad (3.4)$$

则称 M_k 是从 M 可达的。从 M 可达的一切标识的集合记为 $R(M)$,约定 $M\in R(M)$。

如果记变迁序列 $t_1\ t_2,\cdots,t_k$ 为 σ,则式(2.5)可以记为 $M[\sigma>M_k$。

定义 3.8 设 $\Sigma=(P,T;F,M_0)$是一个 Petri 网,其中 M_0 为初始标识。Σ 的可达标识集 $R(M_0)$定义为满足下面两个条件的最小集合:

(1) $M_0\in R(M_0)$;

(2) 若 $M\in R(M_0)$且存在 $t\in T$ 使得 $M[t>M'$,则 $M'\in R(M_0)$。

定义 3.9 设 $\Sigma=(P,T;F,M_0)$为一个 Petri 网,$M\in R(M_0)$,若对于 $\forall M'\in R(M)$,都有 $M\in R(M')$,则称 M 为 Σ 的一个可返回标识或一个家态。

定义 3.10 设 $\Sigma=(P,T;F,M_0)$是一个 Petri 网,若 Σ 的初始标识 M_0 是一个可返回标识,则称 Σ 为可逆网系统。

定义 3.11 设 $N=(P,T;F)$是一个网,M_1 和 M_2 是 N 的两个可达标识,若对于 $\forall p\in P$,都有 $M_1(p)\leqslant M_2(p)$,则称 M_1 被 M_2 覆盖,或说 M_2 覆盖 M_1,记做 $M_1\leqslant M_2$。若 $M_1\leqslant M_2$ 且存在 $p\in P$,使得 $M_1(p)<M_2(p)$,则记为 $M_1<M_2$。

定义 3.12 设 $\Sigma=(P,T;F,M_0)$是一个 Petri 网,$p\in P$,若存在 $B\in N$,使得 $\forall M\in R(M_0):M(p)\leqslant B$,则称库所 p 为有界的,并称满足此条件的最小正整数 B 为库所 p 的界,记为 $B(p)$,即

$$B(p)=\min\{B\mid \forall M\in R(M_0):M(P)\leqslant B\} \quad (3.5)$$

当 $B(p)=1$ 时,称库所 p 为安全的(safe)。

定义 3.13 设 $\Sigma=(P,T;F,M_0)$为一个 Petri 网,若 $\forall p\in P$,p 都是有界的,则称 Σ 为有界 Petri 网。称

$$B(\Sigma)=\max\{B(p)\mid p\in P\} \quad (3.6)$$

为 Σ 的界,当 $B(\Sigma)=1$ 时,称 Σ 为安全的。

定理 3.1 设 $\Sigma=(P,T;F,M_0)$为一个 Petri 网,$R(M_0)$为有限集当且仅当 Σ 是有界的。

定义 3.14 设 $\Sigma=(P,T;F,M_0)$为一个 Petri 网,M_0 是初始标识,$t\in T$。若对于任意 $M\in R(M_0)$,都存在 $M'\in R(M)$使得 $M'[t>$,则称变迁 t 是活的(live)。若任一 $t\in T$ 都是活的,则称 Σ 为活的 Petri 网。

定理 3.2 设 $\Sigma=(P,T;F,M_0)$为一个可逆网系统,则 Σ 是活的,当且仅当 Σ

是一级活的。

定义 3.15　设 $\Sigma=(P,T;F,M_0)$是一个 Petri 网，若 $M\in R(M_0)$，使得 $\forall t\in T$：$\neg M[t>$，则称 M 为 Σ 的一个死标识。若 Σ 不存在死标识，则称 Σ 是不死的或弱活的，即对于 $\forall M\in R(M_0)$，都有 $t\in T$，$\neg M[t>$。

定理 3.3　若 Petri 网 $\Sigma=(P,T;F,M_0)$中有一个变迁 t 是活的，则 Σ 是不死的。

3.2　Petri 网系统分析方法

定义 3.16　设 $\Sigma=(P,T;F,M_0)$为一个有界 Petri 网。Σ 的可达标识图定义为一个三元组 $RG(\Sigma)=(R(M_0),E,f)$，其中

$$E=\{(M_i,M_j)\mid M_i,M_j\in R(M_0),\exists t_k\in T:M_i[t_k>M_j\} \tag{3.7}$$

$$f:E\rightarrow T,f(M_i,M_j)=t_k,\text{当且仅当 } M_i[t_k>M_j \tag{3.8}$$

称 $R(M_0)$为 $RG(\Sigma)$的顶点集，E 为 $RG(\Sigma)$的弧集，若 $f(M_i,M_j)=t_k$，则称 t_k 为弧(M_i,M_j)的旁标。

但是，当 Petri 网无界时，不可能画出 Petri 的可达图。为了用有限的形式表达一个有无限个状态的系统的运行情况，需要引入一个表示无界量的符号 ω。ω 具有以下性质：

$$\omega>n,\quad \omega+n=\omega,\quad n\in z^+ \tag{3.9}$$

$$\omega\geqslant\omega \tag{3.10}$$

当库所 p 中的标识数量在 Petri 网的运行中趋向于无穷时，就把标识向量中与 p 相对应的分量改为 ω。称这种有限树为 Petri 网的可覆盖性树（cover_ability tree），记为 $CT(\Sigma)$。

算法 3.1　Petri 网可覆盖性树的构造算法

输入：$\Sigma=(P,T;F,M_0)$。

输出：$CT(\Sigma)=(R(M_0),E,f)$。

开始：

第一步：以 M_0 作为 $CT(\Sigma)$的根节点，并标注为"新"；置 $R(M_0)=M_0$，$E=\varnothing$。

第二步：若 $CT(\Sigma)$中存在标注为"新"的节点，则任选一个标注为"新"的节点，设为 M，并转第三步；否则退出。

第三步：若对于 $\forall t\in T$，$\neg M[t>$，则把 M 的标注改为"端点"；返回第二步，否则转第四步。

第四步：求 $ETS=\{t\mid t\in T\wedge M[t>\}$。

第五步：任取 $t\in ETS$，并置 $ETS=ETS-\{t\}$；计算 $M[t>M'$中的 M'。

第六步：若 $M' \in R(M_0)$，则置 $E=E\cup\{(M,M')\}$，$f((M,M'))=t$，并将 M 的标记改为"旧"，转第五步；否则转第七步。

第七步：若从 M_0 到 M' 的有向路上存在 M''，使得 $M''<M'$，则找出使得 $M''(p_j)<M'(p_j)$ $(p_j\in P)$ 中的分量 j，把 M' 中的第 j 个分量改为 ω；否则在 CT(Σ) 中引入一个"新"节点 M'，置 $E=E\cup\{(M,M')\}$，$f((M,M'))=t$，并将 M 的标注改为"旧"。

第八步：若 ETS = ∅，则返回第二步；否则返回第五步。

End

定义 3.17　设 CT(Σ) 为 Petri 网的可覆盖性树，若将 CT(Σ) 中标识向量相同的节点重叠在一起（合并在一起），则得到的有向图称为 Σ 的可覆盖性图（coverability graph），记为 CG(Σ)。

定义 3.18　设 $N=(P,T;F,K,W,M)$ 是一个 Petri 网系统，则网 N 的结构可以表示成 m 行 n 列矩阵 $D=D^+-D^-$，$D^+=[d_{ij}^+]$，$D^-=[d_{ij}^-]$，$d_{ij}=d_{ij}^+-d_{ij}^-$。其中，P 表示 Petri 网的库所集合，T 表示网的变迁集合，F 表示网的边组成的集合，$K:P\to\{1,2,3,\cdots\}$ 称为容量函数，$W:F\to\{1,2,3,\cdots\}$ 称为权函数，$M:P\to\{0,1,2,3,\cdots\}$ 为 N 的一个标识。

$$d_{ij}^+=\begin{cases}W(t_i,p_j), & (t_i,p_j)\in T\times P\\ 0, & \text{其他}\end{cases}$$

$$d_{ij}^-=\begin{cases}W(p_j,t_i), & (p_j,t_i)\in P\times T\\ 0, & \text{其他}\end{cases}$$

式中，$i\in\{1,2,\cdots,m\}$，$j\in\{1,2,\cdots,n\}$。此时称 D 为 Petri 网系统 N 的关联矩阵，D^+ 和 D^- 分别称为输出矩阵和输入矩阵。

例 3.1　如图 3.8 所示的 Petri 网模型，求出它的关联矩阵。

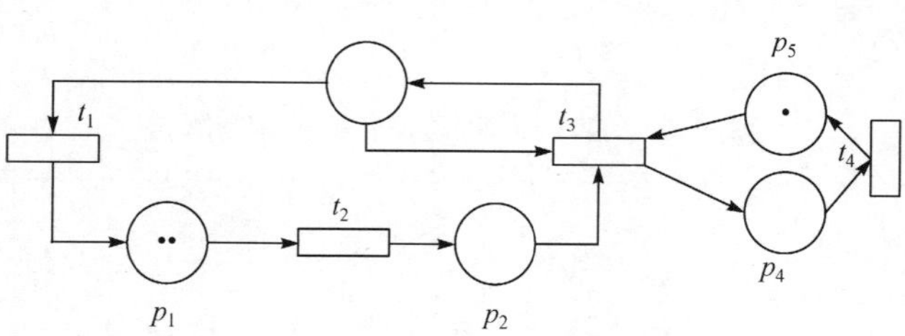

图 3.8　Petri 网

根据定义 3.18，Petri 网的输出矩阵和输入矩阵分别如下：

$$D^+=\begin{bmatrix}1&0&0&0&0\\0&1&0&0&0\\0&0&1&1&0\\0&0&0&0&1\end{bmatrix},\quad D^-=\begin{bmatrix}0&0&1&0&0\\1&0&0&0&0\\0&1&1&0&1\\0&0&0&1&0\end{bmatrix}$$

则其关联矩阵为

$$D=\begin{bmatrix}1 & 0 & -1 & 0 & 0\\-1 & 1 & 0 & 0 & 0\\0 & -1 & 0 & 1 & -1\\0 & 0 & 0 & -1 & 1\end{bmatrix}$$

定理 3.4　设 $\Sigma=(P,T;F,M_0)$ 为一个 Petri 网，其中 M_0 为初始标识，D 为 Σ 的关联矩阵。若 $M\in R(M_0)$，则存在 $n(n\in N)$ 维列向量 X 使得

$$M=M_0+D^{\mathrm{T}}X \tag{3.11}$$

式(3.11)称为 Petri 网的状态方程。式中的 n 维向量 X 称为非负整数向量。若 $T=\{t_1,t_2,\cdots,t_n\}$ 且从 M_0 到 M 的变迁发生序列为 σ，记 $\#(t_i/\sigma)$ 为变迁 t_i 在 σ 中出现的次数，则有 $\#(t_i/\sigma)=X(i)$，其中 $X(i)$ 为向量 X 的第 i 个分量。

定义 3.19　设 $N=(P,T;F)$ 为一个网，$m=|P|$，$n=|T|$，D 为 N 的关联矩阵，若非平凡的 m 维非负整数向量 X 满足 $DX=0$，则称 X 为 N 的一个 P-不变量。

记 $\|X\|=\{p_j\in P|X(j)>0\}$，称 $\|X\|$ 为 P-不变量 X 的支集(support)。

见例 3.1，已经求出 Petri 网 N 的关联矩阵 D，假设 $X=[x_1\quad x_2\quad x_3\quad x_4\quad x_5]^{\mathrm{T}}$，求解下列方程：

$$\begin{bmatrix}1 & 0 & -1 & 0 & 0\\-1 & 1 & 0 & 0 & 0\\0 & -1 & 0 & 1 & -1\\0 & 0 & 0 & -1 & 1\end{bmatrix}\begin{bmatrix}x_1\\x_2\\x_3\\x_4\\x_5\end{bmatrix}=0$$

则 $X_1=[1\quad 0\quad 1\quad 0\quad 0]^{\mathrm{T}}$，$X_2=[0\quad 0\quad 0\quad 1\quad 1]^{\mathrm{T}}$。根据定义 3.19，库所不变量支集集合 $\Gamma_p=\{X_1,X_2\}$。

定义 3.20　设 X 为网 N 的一个 P-不变量，$\|X\|=P_1$，若任意的 $P_2\neq\varnothing$ 且 $P_2\subseteq P_1$ 都不是某个网 N 的某个 P-不变量的支集，则称 P_l 为 N 的最小 P-不变量支集。若对于 $\forall X\leqslant Y$，X 不是立于 P_1 上的 P-不变量，则称 Y 为立于 P_1 上的极小 P-不变量。立于 N 的最小 P-不变量支集上的极小 P-不变量称为最小 P-不变量。

定义 3.21　设 $N=(P,T;F)$ 为一个网，$m=|P|$，$n=|T|$，D 为 N 的关联矩阵，若非平凡的 n 维非负整数向量 X 满足 $D^{\mathrm{T}}X=0$，则称 X 为 N 的一个 T-不变量。

记 $\|X\|=\{t_j\in T|X(j)>0\}$，称 $\|X\|$ 为 T-不变量 X 的支集。

例 3.2　如图 3.7 所示，求出其 T-不变量和 T-不变量 X 的支集。

解

$$\begin{bmatrix} 1 & 0 & -1 & 0 & 0 \\ -1 & 1 & 0 & 0 & 0 \\ 0 & -1 & 0 & 1 & -1 \\ 0 & 0 & 0 & -1 & 1 \end{bmatrix} \begin{bmatrix} x_1 \\ x_2 \\ x_3 \\ x_4 \\ x_5 \end{bmatrix} = 0$$

得到 $X_1=[1\quad 1\quad 0\quad 0]^{\mathrm{T}}$，$X_2=[0\quad 1\quad 1\quad 0]^{\mathrm{T}}$，$X_3=[0\quad 0\quad 1\quad 1]^{\mathrm{T}}$。根据定义3.19，$T$-不变量支集集合为 $\Gamma_p=\{X_1,X_2,X_3\}$。

定义 3.22　设 X 为网 N 的一个 T-不变量，$\| X \| = T_1$，若任意的 $T_2 \neq \varnothing$ 且 $T_2 \subseteq T_1$ 都不是 N 的某个 T-不变量的支集，则称 T_l 为 N 的最小 T-不变量支集。若对于 $\forall X \leqslant Y$，X 不是立于 T_l 上的 T-不变量，则称 Y 为立于 T_1 上的极小 T-不变量。立于 N 的最小 T-不变量支集上的极小 T-不变量称为最小 T-不变量。

定义 3.23　设 $N=(P,T;F)$ 为一个网，$P_1 \subseteq P$。若 ${}^*P_1 \subseteq P_1^*$，则称 P_1 为网 N 的一个死锁(deadlock)；若 ${}^*P_1 \subseteq P_1^*$，则称 P_1 为网 N 的一个陷阱(trap)。

3.3　Petri 网的图形结构模型

Petri 网是一种系统的数学、图形建模和分析工具。它特别适用于具有同步、并发、冲突的离散事件系统的建模，并被广泛应用于分布式并行处理、离散事件、柔性制造等复杂系统的分析和设计。

1. 构成 Petri 网图形结构模型的元素

(1) 库所用圆圈表示；

(2) 变迁用矩形块表示；

(3) 有向弧是库所和变迁之间的有向弧，用向右箭头表示；

(4) 库所中的标识(令牌)用小黑点表示。

2. 不同类型的 Petri 网结构模型

Petri 网结构模型包括原型 Petri 网、P/T 网、颜色 Petri 网、谓词/变迁网、时间 Petri 网等结构模型。

1) 原型 Petri 网结构模型

图 3.9 是 6 种常见的原型 Petri 网结构模型。

例 3.3　图 3.10 为某商场会员卡系统的工作流程图，请建立其原型 Petri 网结构模型。

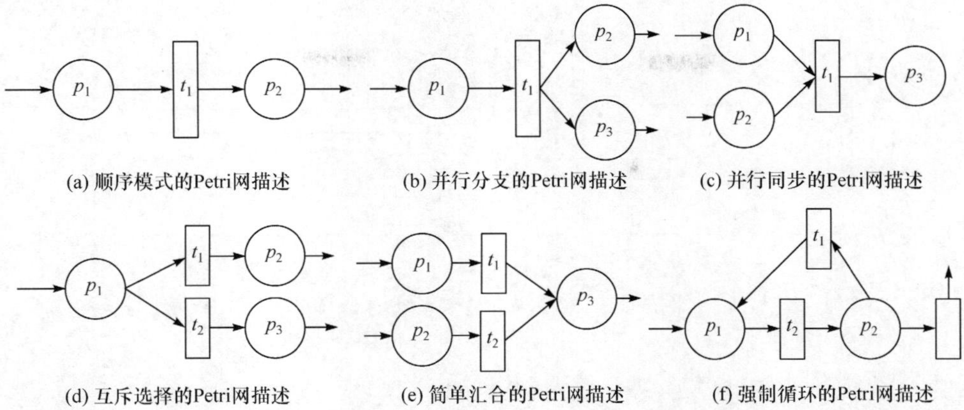

图 3.9　常见的原型 Petri 网结构模型

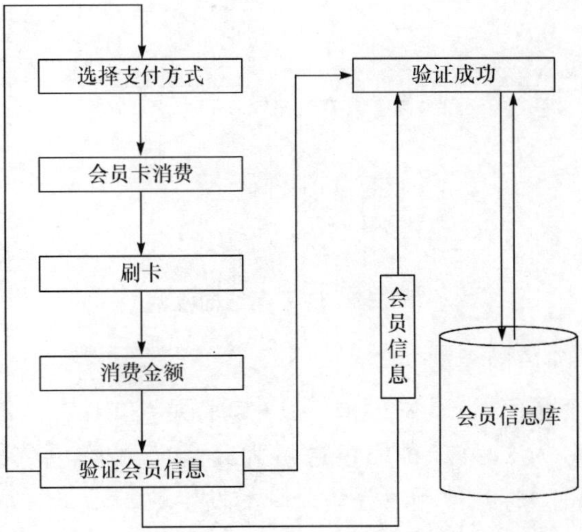

图 3.10　某商场会员卡系统的工作流程图

建立的 Petri 网结构模型如图 3.11 所示。其中，p_1 表示支付方式；p_2 表示消费金额；p_3 表示用户信息正确；p_4 表示持卡用户信息；p_5 表示会员信息库；t_1 表示会员卡消费操作；t_2 表示验证会员卡信息；t_3 表示会员卡充值；t_4 表示提取会员卡信息。

2) P/T 网结构模型

图 3.12 是一个 P/T 网结构模型。其中，P/T 网包含了 p_1、p_2、p_3、p_4、p_5、p_6 六个库所，一个变迁 t_1。库所 p_1 包含 6 个令牌、p_2 包含 4 个令牌、p_3 包含 1 个令牌、p_4 包含 2 个令牌、p_5 包含 1 个令牌、p_6 没有令牌。弧边上的数字 1、2、3 分别表示变迁使能时令牌的发生数。

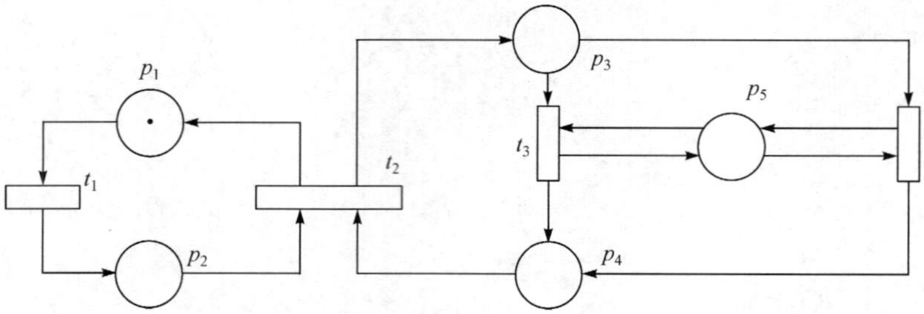

图 3.11　某商场会员卡系统的 Petri 网

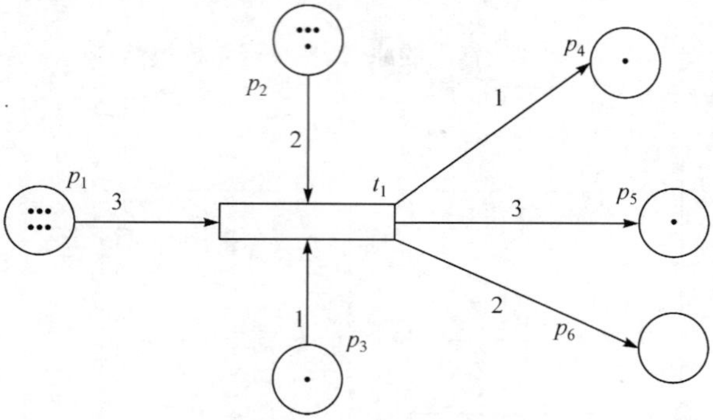

图 3.12　P/T 网结构模型

3）颜色 Petri 网结构模型

图 3.13 是一个颜色 Petri 网模型。其中，库所 p_1 内的[1,2,3]表示有 3 种颜色，第一种颜色数量为 1，第二种颜色数量为 2，第三种颜色数量为 3。弧边上的[1,1,1]表示变迁发生时各种颜色分量令牌的发生数。

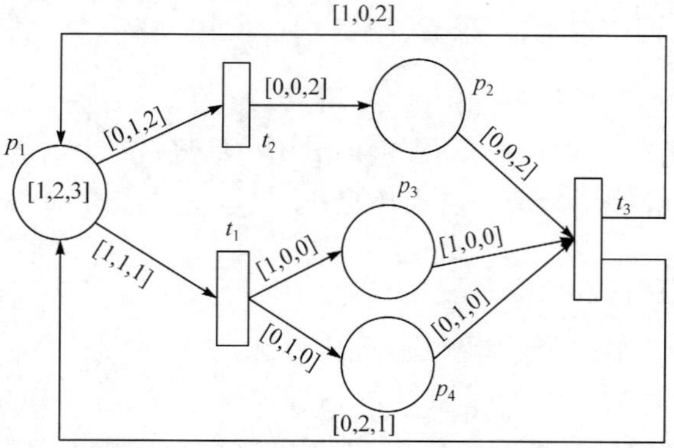

图 3.13　有 3 种颜色的 Petri 网结构模型

4）谓词/变迁网结构模型

图 3.14 是一个谓词/变迁网结构模型。其中，p_1 内的[$2x,2y,z$]表示包含三元谓词，p_3 内的[$x,2y$]表示包含二元谓词，弧边上的[a,b,c]或[a,b]表示对应谓词的发生数。

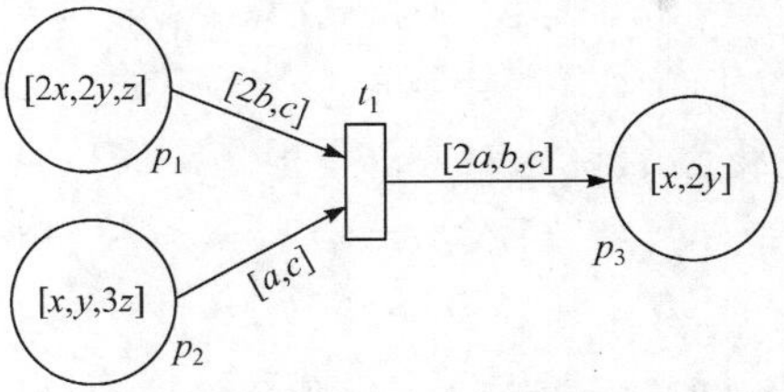

图 3.14　包含二元和三元谓词的谓词/变迁网结构模型

5）时间 Petri 网结构模型

图 3.15 是一个时间 Petri 网结构模型。其中，网中每个变迁旁都标注有该变迁的发生时间函数，[1,2]表示该变迁可能发生的最早时间为 1，最晚必须发生的时间为 2，这样时间 Petri 网结构模型在时间上能够精准地模拟系统的实际运行效果。

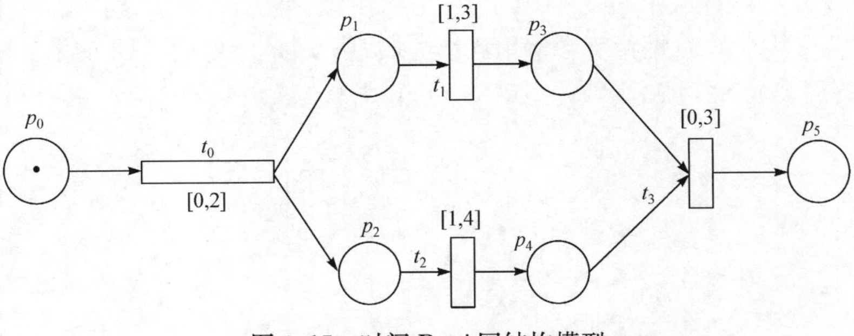

图 3.15　时间 Petri 网结构模型

除了上述 Petri 网模型以外，还有很多各种各样的 Petri 网模型，如时延 Petri 网模型、逻辑 Petri 网模型、概率时间 Petri 网模型等。

3.4　Petri 网的代数模型

Petri 网既可以用图形表示，也可以用代数描述。为了使计算机能够自动处理和模拟 Petri 网系统的运行，这里给出几种常用的 Petri 网代数模型。

1. P/T 网代数模型

定义 3.24[1,2]　六元组 $N=(P,T;F,K,W,M)$称为一个 P/T 网系统，其中

(1) $W:F\to\{1,2,3,\cdots\}$称为权函数；$K:P\to\{1,2,3,\cdots\}$称为容量函数；$M:P\to\{0,1,2,3,\cdots\}$是 N 的一个标识，满足条件$\forall p\in P:M(p)\leqslant K(p)$。

(2) 对于变迁 $t\in T$，t 是使能的，记作 $M[t>$的条件为

$$\forall p\in {}^{\cdot}t: M(p)\geqslant W(p,t)$$

$$\forall p\in t^{\cdot}-{}^{\cdot}t: M(p)+W(t,p)\leqslant K(p)$$

$$\forall p\in t^{\cdot}\cap {}^{\cdot}t: M(p)+W(t,p)-W(p,t)\leqslant K(p)$$

(3) 若从 M 发生 t 得到的新标识为 M'，则$\forall p\in P$，且有

$$M'(p)=\begin{cases}M(p)-W(p,t), & p\in {}^{\cdot}t-t^{\cdot}\\ M(p)+W(t,p), & p\in t^{\cdot}-{}^{\cdot}t\\ M(p)+W(t,p)-W(p,t), & p\in t^{\cdot}\cap {}^{\cdot}t\\ M(p), & \text{其他}\end{cases}$$

记作 $M[t>M'$。

例 3.4　如图 3.16 所示的 P/T 网，$\forall p\in P, K=(5,5,5,5,5,5,5)$，初始标识 $M_0=(2,0,0,0,0,1,0)$，求变迁 t_1 在标识 M_0 下的后继标识 M'。

解　条件(1)显然是满足的。

对于条件(2)，因为 $p_1\in {}^{\cdot}t_1, M_0(p_1)=2\geqslant W(p_1,t_1)=1$；又因为 $p_2,p_4\in t_1^{\cdot}-{}^{\cdot}t_1, M_0(p_2)+W(t_1,p_2)=0+1=1\leqslant 5$，所以同理 p_4 也满足这个条件。因为变迁 t_1 没有共享的输入库所和输出库所，所以 t_1 满足条件(2)，即 $M_0[t_1>$。

由条件(3)计算可得 $M_0[t_1>M'=(1,1,0,1,0,1,0)$。

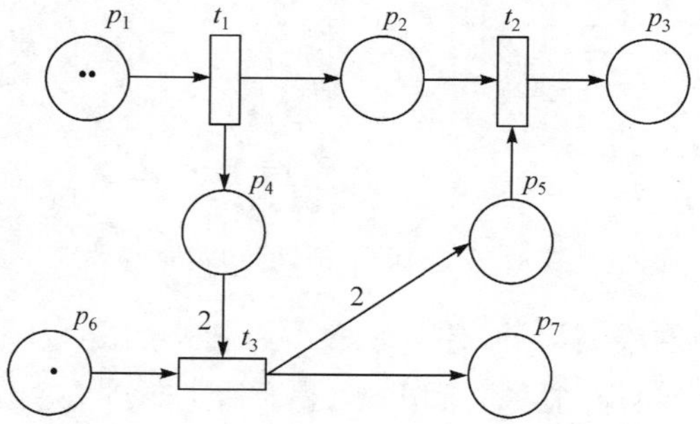

图 3.16　P/T 网

2. 颜色 Petri 网代数模型

定义 3.25[1,2]　七元组 $N=(P,T;F,C,K,W,M)$称为颜色 Petri 网，其中$(P,T;F)$是一个网，C 是颜色的一个有限集，$C=\{c_1,c_2,c_3,\cdots,c_n\}$。

(1) $W:F\to C, K:P\to C, M:P\to\{0,C\}$是 N 的一个标识，满足条件$\forall p\in P$：$M(p)\leqslant K(p)$。

(2) 对于变迁 $t\in T$,t 是使能的,记作 $M[t>$ 的条件为

$$\forall p\in {}^{\cdot}t: M(p)\geqslant W(p,t)$$

(3) 若从 M 发生 t 得到的新标识为 M',则 $\forall p\in P$,有

$$M'(p)=\begin{cases} M(p)-W(p,t), & p\in {}^{\cdot}t-t^{\cdot} \\ M(p)+W(t,p), & p\in t^{\cdot}-{}^{\cdot}t \\ M(p)+W(t,p)-W(p,t), & p\in t^{\cdot}\cap{}^{\cdot}t \\ M(p), & \text{其他} \end{cases}$$

记作 $M[t>M'$。

3. 谓词/变迁 Petri 网代数模型

定义 3.26[1,2]　七元组 $N=(P,T;F,D,V,A_F,M)$ 称为谓词/变迁网,其中 $(P,T;F)$ 是一个网,D 是一个有限的个体集,V 是 D 上的变量集,A_F 是定义在有限边集上的谓词,标识 M 是由 $|P|$ 个以 D 为基集的多重集组成的有序集合。

$$D=\{d_1,d_2,\cdots,d_k\},\quad V=\{x_1,x_2,\cdots,x_r\},\quad r\leqslant k$$

$$A_F: F\rightarrow P(V),\quad M: P\rightarrow \mathrm{beg}(D)^m$$

式中,$P(V)$ 表示以 V 中的变量为基本元的谓词集合;$\mathrm{beg}(D)^m$ 表示以 D 为基集的、多重集为元素的 m 元有序集合。

(1) 若 $\forall p\in {}^{\cdot}t$,都存在一组对变量集 V 的各个变元的赋值 $A(V)$

$$A(x_j):=d_i,\quad j\in\{1,2,\cdots,r\}, i\in\{1,2,\cdots,k\}$$

使得

$$M(p)\geqslant A_F(p,t)|_{A(V)}$$

则变迁 t 在标识 M 可以以赋值 $A(V)$ 发生。

(2) 若变迁 t 在标识 M 可以以赋值 $A(V)$ 发生,则得到的新标识为 M',记作 $M[t|_{A(V)}>M'$。$\forall p\in P$,有

$$M'(p)=\begin{cases} M(p)-A_F(p,t), & p\in {}^{\cdot}t-t^{\cdot} \\ M(p)+A_F(t,p), & p\in t^{\cdot}-{}^{\cdot}t \\ M(p)+A_F(t,p)-A_F(p,t), & p\in t^{\cdot}\cap{}^{\cdot}t \\ M(p), & \text{其他} \end{cases}$$

4. 时间 Petri 网代数模型

定义 3.27[6,7]　一个时间 Petri 网可以定义为一个六元组:$N=(P,T,F,W,I,M_0)$,若 $W: F\rightarrow N$,则称其为权函数,即为每条弧分配的一个正整数权重。$M_0: P\rightarrow N^+$ 为系统初始标识。

$I: T\rightarrow R_0\times(R_0\cup\{\infty\})$ 是关联到变迁集 T 上的时间间隔函数。其中,R_0 为非

负实数。对于任意 $\forall t\in T$,都有 $I(t)=[\text{eft},\text{lft}]$时间间隔与之对应。其中,eft 为静态最早的激发时刻,lft 为静态最晚的激发时刻。如 3.3 节所述,每个变迁上都标记有一个时间间隔。

参考文献

[1] 廖伟志,古天龙,王汝凉.基于混杂 Petri 网的柔性制造系统免疫调度算法[J].系统仿真学报,2010,22(1):205—209.

[2] 杨琰,廖伟志,李文敬,等.基于 Petri 网的顾及转向延误的最优路径算法[J].计算机工程与设计,2013,34(10):3643—3648.

[3] 方贤文,吴哲辉,刘士喜.时延 Petri 网分布式模拟的先行值研究[J].计算机科学,2006,33(4):240—244.

[4] 叶剑虹.Petri 网的模拟与验证[D].成都:西华大学,2005.

[5] 叶剑虹.Petri 网若干关键技术的研究及其应用[D].成都:电子科技大学,2009.

[6] 张洪梅.时间 Petri 网及其在仿真系统概念建模中的应用[D].哈尔滨:哈尔滨工业大学,2014.

[7] Zhang H M, Liu F, Yang M, et al. Simulation of time Petri nets[C]//International Conference on System Science, Engineering Design and Manufacturing, Guiyang, 2013:26—27.

第 4 章　Petri 网系统并行化预处理

目前,人们根据不同应用领域建立了颜色 Petri 网、谓词/变迁 Petri 网、时间 Petri 网、混杂 Petri 网、模糊 Petri 网等各种高级 Petri 网系统,并对其结构、行为、功能进行静态分析和研究;但各种 Petri 网的并行化[1-3]、自动建模、模拟、动画演示等动态的验证技术或工具缺乏。Petri 网并行化最理想的模型是 P/T 网,但各种实用、复杂的并发系统,往往采用颜色 Petri 网等高级 Petri 网模型来描述。高级 Petri 网是 P/T 网的抽象和折叠,其模型虽然简单,但其包含的参数多、变迁隐含的操作复杂,要对其并行化、自动建模及模拟运行,必须将抽象和折叠的高级 Petri 网模型转化成易于并行化的 P/T 网模型。为此,高级 Petri 网系统转化成 P/T 网的并行化预处理,是 Petri 网并行运算过程非常重要的一个阶段。

4.1　Petri 网的选择

不同的应用领域或解决不同的实际问题时,使用不同的 Petri 网模型来描述系统的结构和行为,所以 Petri 网模型种类繁多,但各类模型之间又可以相互转化。对哪类 Petri 网模型进行功能划分最理想,是必须考虑的一个问题。

基本 Petri 网过于简单,不能有效地模拟实际系统运行过程中变迁发生时系统的行为、状态库所标识量的变化;而在 P/T 网基础上扩展的其他高级 Petri 网、时间 Petri 网等复杂的网系统,包含了变量、颜色等功能划分过程中冗余的信息,都不是 Petri 网功能划分的理想模型。P/T 网模型在原型 Petri 网的基础上增加库所的容量函数和有向边集的权函数,它能够形象地描述系统的结构、行为、状态库所标识量的变化,其他网模型向其转换也比较容易。因此,将 P/T 网作为功能划分的研究对象,是比较理想的选择。Petri 网结构模型转换的步骤如下[4]:

若网 N 是 P/T 网模型,则不用转换;若 N 不是 P/T 网模型,则将其转换成结构上与 N 等价的 P/T 网模型。

(1) N 中的每个库所都转换成 P/T 网的库所,库所中的初始标识不变。

(2) N 中的每个变迁都转换成 P/T 网的变迁。

(3) N 中的每条弧变成 P/T 网的弧,弧上的权值不变。

4.1.1　高级 Petri 网与 P/T 网的特点

P/T 网是在原型 Petri 网的基础上增加库所集上的容量函数和边集上的权函数得到的。其与原型网的区别主要有 3 点:①增加了容量函数和权函数;②变迁 t 在标识 M 下是否有发生权,与变迁的前后库所有关,而原型网只与前库所有关;③变迁发生后,前后库所令牌的改变量大于等于 1,而原型网的改变量只为 1。

高级 Petri 网是对 P/T 网的抽象和折叠,主要是对网模型中的令牌进行分类或解析,减少网模型的基本元素,缩小网模型的规模。其相对于 P/T 网具有如下特点:①P/T 网模型的令牌只有一种类型,用一个整数表示,而高级 Petri 网的令牌有多种类型(颜色),库所里的令牌用 K 维向量表示;②P/T 网边集上的权函数值是一个非负整数,而高级 Petri 网的权函数值是一个非负 K 维向量;③对复杂问题建模时,P/T 网模型较复杂,但易于并行化和功能分割,而高级 Petri 网模型虽变得简单和清晰,但隐含颜色、谓词等诸多信息,不利于系统的功能分解和并行化。

4.1.2　高级 Petri 网与 P/T 网的内在机理

原型网、P/T 网、高级 Petri 网三者之间有区别,但也存在着密切的内在联系。在网结构模型中,原型网模型通过抽象折叠成比较简单的 P/T 网模型,P/T 网模型再通过进一步的抽象折叠成为更简单的高级 Petri 网模型。反之,也可以将模型相对简单的高级 Petri 网系统转化成相应的 P/T 网模型。在代数模型中,原型网是基本网,P/T 网是在原型网的基础上增加容量函数和权函数而成的;高级 Petri 网又是在 P/T 网的基础上对令牌进行分类,容量函数和权函数从 P/T 网的一维变成了高级 Petri 网的 K 维非负映射函数。一个复杂的系统,可以用原型网、P/T网或高级 Petri 网系统来描述,模型的复杂程度虽然不同,但是其模拟实际系统的执行能力相差不大,即高级 Petri 网并不比 P/T 网和原型网有更强的模拟能力,P/T 网也并不比原型网的模拟能力更强[5]。由于 P/T 网更接近于实际系统的运行,因此将各种高级 Petri 网转换成 P/T 网是实现 Petri 网并行化的第一步。为此,本章将从结构模型和代数模型两个方面,对高级 Petri 网模型转化成 P/T 网模型进行研究。

4.2　结构模型的转化方法

高级 Petri 网模型虽然简单,却隐含着大量的库所(状态)元素、变迁(动作)元素,仅从其结构模型很难体现出复杂系统的并发性及其运行状态[6],而 P/T 网模型更接近于实际系统,将高级 Petri 网模型转化成 P/T 网模型更有利于系统的并行化和功能分解。颜色 Petri 网转化成 P/T 网的结构模型转化方法如下:

(1) 将颜色网 N 中每个库所的 k 类颜色令牌分别转化成 k 个库所，每个库所的令牌数等于该类颜色的向量分量值；

(2) 把颜色网 N 中的每个变迁都转换成 P/T 网的变迁；

(3) 颜色网 N 的每条弧转换成 P/T 网的若干条弧，生成弧的条数由颜色网中每条弧上 k 维非负向量的非零值分量个数决定，即向量的分量值非 0，则生成一条弧，否则，分量值为 0，则不生成弧。转换后弧上的权值就是 k 维向量相对应的分量值。

例 4.1　给出有三种颜色的 Petri 网模型如图 4.1 所示，根据结构模型转化方法将其转化成 P/T 网模型，转化后的模型如图 4.2 所示。

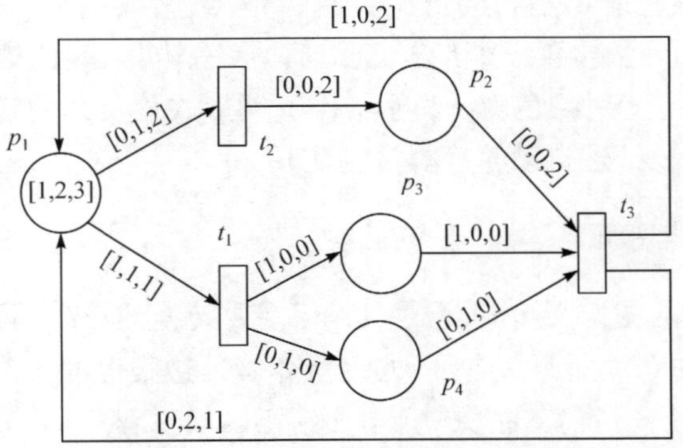

图 4.1　有三种颜色的 Petri 网 Σ_1

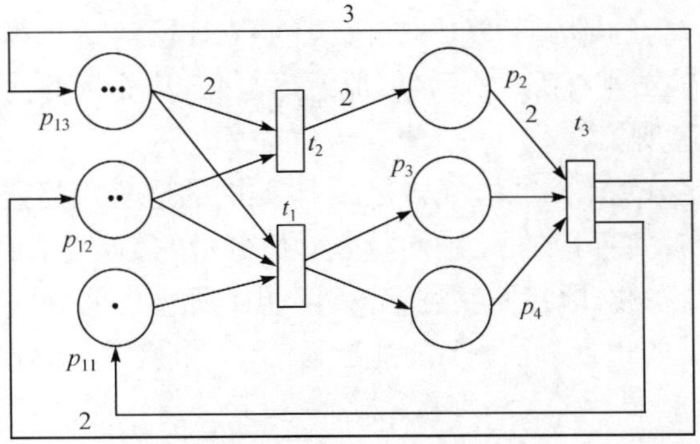

图 4.2　Σ_1 转化成 P/T 网 Σ_1'

从图 4.1 转化成图 4.2，就是将颜色 Petri 网系统转化成 P/T 网系统的过程。其中，库所 p_1 有三类颜色令牌，分别转化成 p_{11}、p_{12}、p_{13} 三个库所，令牌个数分别是 1、2、3。库所 p_2、p_3、p_4 无颜色令牌，保持不变。其中，列下标相同的库所，表示为同一类颜色的库所。变迁 t_1、t_2、t_3 对应转化成 P/T 网的 3 个变迁。库所 p_1 到变迁 t_1 原来有 1 条有向边，现有 p_{11} 到 t_1、p_{12} 到 t_1、p_{13} 到 t_1 共 3 条有向边，边上的权值分别是 1、1、1；库所 p_1 到变迁 t_2 也只有 1 条有向边，但现有 p_{12} 到 t_2、p_{13} 到 t_2 共 2 条有向边，边上的权值分别是 1、2。

4.3 代数模型的并行化预处理方法

代数模型的处理方法有两种，一种是网模型的代数定义转换；另一种是形式化自动转换方法[7-13]。其中，代数定义的转换由颜色 Petri 网和 P/T 网的定义结合起来实现，具体如下。

根据第 3 章颜色 Petri 网和 P/T 网的定义可知，颜色 Petri 网与 P/T 网的库所集 P、边集 F、颜色集 C 不相同，权值函数与容量函数也不一样，要将颜色 Petri 网自动转化成 P/T 网，包含三个步骤：①对库所集、边集、颜色集、权值函数和容量函数的转换及验证；②对颜色 Petri 网与 P/T 网形式化及其关联矩阵的转换；③颜色 Petri 网并行化预处理自动转换算法与实现。

4.3.1 转换过程与验证

由颜色 Petri 网的定义可知，颜色 Petri 网要转换成 P/T 网，需要将库所中的 K 维向量转换成每个库所只包含一种颜色(令牌)，边集上的 K 维向量也转换成每条边上的权值仅为一个整数的形式。下面给出转换过程。

第一步：将颜色 Petri 网的库所集转化成 P/T 网的库所集。检查颜色 Petri 网所有库所的 K 维向量，统计每个库所的 k 维向量非 0 值分量的数量，从而得到P/T 网的库所集 P 所包含的库所个数，即在原颜色 Petri 网的库所集里，每个库所生成其 K 维向量中非 0 分量个新库所后，将原所库删除，从而将颜色 Petri 网的库所集转化成 P/T 网的库所集。

第二步：将颜色 Petri 网的边集转化成 P/T 网的边集。检查颜色 Petri 网所有边的 K 维向量，统计每条边的 K 维向量非 0 值分量的数量，从而得到 P/T 网的边集 F 所包含的边的条数，即在原颜色 Petri 网的库所边集里，每条边生成其 K 维向量中非 0 分量条新的边后，将原来的边删除，从而将颜色 Petri 网的边集转化成 P/T 网的边集。

第三步：保留原来颜色 Petri 网的变迁集不变，删除颜色 Petri 网的颜色集，将颜色 Petri 网的三个映射分别转化成定义 3.24 的三个映射。

以下给出定理 4.1 和定理 4.2，并通过理论证明和实例，验证第一步库所转换与第二步边集转换的正确性。

定理 4.1 假设颜色 Petri 网的任意一个库所包含 K 类颜色，共 m 个令牌，则转换成 P/T 网时，该库所可以分解成 $h(h \leqslant K)$ 个单色库所，h 个单色库所令牌数之和仍为 m。

证明　对于任意的颜色 Petri 网的库所 p 包含 K 类颜色，则 $p=(c_1,c_2,\cdots,c_k)$，且 $c_1+c_2+\cdots+c_k=m$。

根据颜色 Petri 网定义的 K 维映射

$$K:P\rightarrow C,\quad (c_1,c_2,\cdots,c_k)=(\{c_1\},\{c_2\},\cdots,\{c_k\})$$

将 K 维向量分解成

$$p_1=\{c_1\},p_2=\{c_2\},\cdots,p_k=\{c_k\}$$

则 $p_1,p_2,\cdots,p_k$ 满足定义 3.24 的容量函数

$$k:P\rightarrow\{1,2,3,\cdots\}$$

即

$$p_1\rightarrow c_1,p_2\rightarrow c_2,\cdots,p_k\rightarrow c_k,\quad 且\ c_1+c_2+\cdots+c_k=m\ 不变$$

则 $h=K$。

如果 $c_1,c_2,\cdots,c_k$ 的 K 个数中至少有 1 个数为 0，那么根据定义 3.24 的容量函数可知，不存在库所与其对应，故分解的库所个数 $h<K$，但 $c_1+c_2+\cdots+c_k=m$ 不变。证毕。

定理 4.2　假设颜色 Petri 网的任意一条边的权值是 K 维向量，则转换成 P/T 网时，该边可以分解成 s 条边（$s\leqslant K$）。

证明　对于颜色 Petri 网的任意一条边，则其权值 $f=(c_{11},c_{12},\cdots,c_{1k})$ 是一个 K 维向量。

根据定义 3.25 的 K 维映射

$$K:F\rightarrow C,(c_{11},c_{12},\cdots,c_{1k})=(\{c_{11}\},\{c_{12}\},\cdots,\{c_{1k}\})$$

将 K 维向量分解成

$$f_1=\{c_{11}\},f_2=\{c_{12}\},\cdots,f_k=\{c_{1k}\}$$

则 $f_1,f_2,\cdots,f_k$ 满足定义 3.24 的权值函数

$$K:F\rightarrow\{1,2,3,\cdots\}$$

即

$$f_1\rightarrow c_{11},f_2\rightarrow c_{12},\cdots,f_k\rightarrow c_{1k}$$

如果 $c_{11},c_{12},\cdots,c_{1k}$ 的 K 个数中至少有 1 个数为 0，根据定义 3.24 的权值函数可知，不存在边与其对应，故分解的边的条数

$$s<K$$

如果 $c_{11},c_{12},\cdots,c_{1k}$ 的 K 个数全非 0，那么根据定义 3.24 的权值函数可知，存在 K 条边与其对应，故分解的边的条数

$$s=K$$

证毕。

例 4.2　给出颜色 Petri 网模型 N_1，如图 4.3 所示，将其转化成 P/T 网模型。图 4.4 是颜色网 N_1 转化成 P/T 网的结果。其中，库所 p_1 有三类颜色令牌，

分别转化成 P/T 网的 p_{11}、p_{12}、p_{13} 三个库所，令牌个数分别是 1、2、2。库所 p_2、p_3 无颜色令牌，保持不变。若库所的 K 维向量列下标相同，则表示为同一类颜色的库所。变迁 t_1、t_2、t_3 对应转化成 P/T 网的 3 个变迁，保持不变。库所 p_1 到变迁 t_1 原来有 1 条有向边，现有 p_{11} 到 t_1、p_{12} 到 t_1 共 2 条有向边，边上的权值分别是 1、1；库所 p_1 到变迁 t_2 有 1 条有向边，但现在 p_{12} 到 t_2 有 1 条有向边，边上的权值是 1；p_{13} 到 t_2 有 1 条有向边，边上的权值是 2。

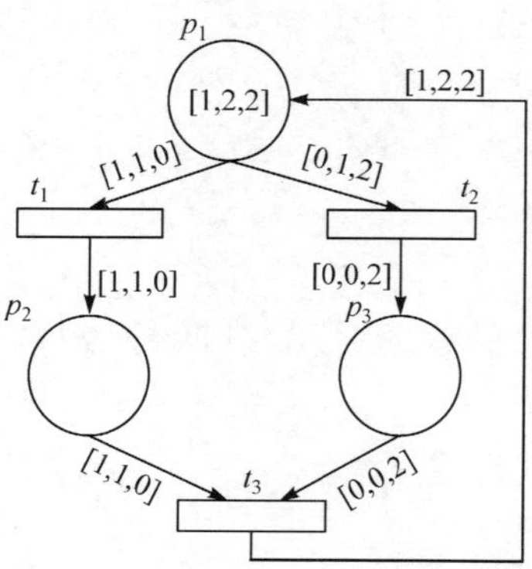

图 4.3　有三种颜色的 Petri 网 N_1

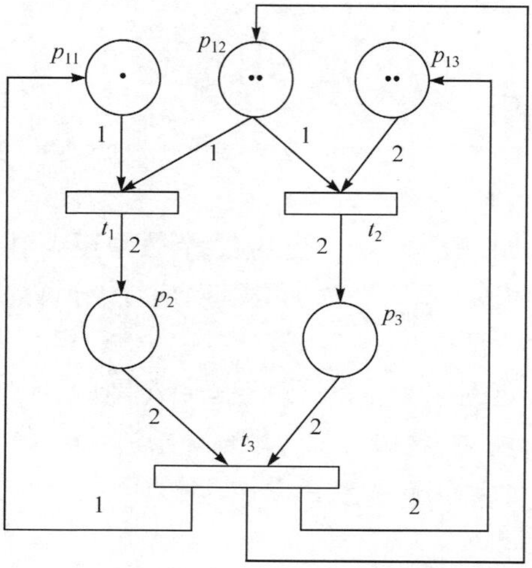

图 4.4　N_1 转化成 P/T 网 N_1'

4.3.2　P/T 网与颜色 Petri 网的形式化表示

（1）P/T 网的 n 行 m 列矩阵为

$$D=D^+-D^-,\quad D^+=[d_{ij}^+],\quad D^-=[d_{ij}^-]$$

式中，$d_{ij}=d_{ij}^+-d_{ij}^-$。

$$d_{ij}^+=\begin{cases}W(t_i,p_j), & (t_i,p_j)\in T\times P\\ 0, & 其他\end{cases}$$

$$d_{ij}^-=\begin{cases}W(p_j,t_i), & (p_j,t_i)\in P\times T\\ 0, & 其他\end{cases}$$

式中，$i\in\{1,2,\cdots,n\}$，$j\in\{1,2,\cdots,m\}$。此时，D 为 P/T 网的关联矩阵，D^+、D^- 分别是输出矩阵和输入矩阵，$W(p_j,t_i)$、$W(t_i,p_j)$ 表示边集的权值。

（2）颜色 Petri 网的输出矩阵和输入矩阵为

$$C^+=[c_{ij}^+],\quad C^-=[c_{ij}^-],\quad c_{ij}=c_{ij}^+-c_{ij}^-$$

cd：$P\cup T\rightarrow C$ 是颜色域的映射，C 是颜色集合。存在两个映射

$$c_{ij}^+:\mathrm{cd}(t)\rightarrow \mathrm{bag}(\mathrm{cd}(p)),\quad c_{ij}^-:\mathrm{cd}(t)\rightarrow \mathrm{bag}(\mathrm{cd}(p))$$

则颜色网的关联矩阵为 $C = C^{+} - C^{-}$。

4.3.3　颜色 Petri 网关联矩阵分析

颜色 Petri 网关联矩阵由输入矩阵和输出矩阵计算所得。其中，输入矩阵元素 c_{ij}^{-} 是变迁 t_j 以颜色 β_i 发生时，第 i 个输出库所 p_i 中消耗的令牌个数。输出矩阵的元素 c_{ij}^{+} 是变迁 t_j 以颜色 β_i 发生时，第 i 个输出库所 p_i 中增加的令牌个数。假设库所包含 k 类颜色，则输入矩阵、输出矩阵的元素用一个 k 维向量 $\{c_1, c_2, c_3, \cdots, c_k\}$ 表示，变量的取值范围是 $\{0,1,2,3,\cdots\}$。颜色 Petri 网关联矩阵元素的数据结构如下。

(1) 库所的 k 类颜色用结构体表示

```
Structure color_net {
    Datatype1 color1;
    Datatype2 color2;
    …
    Datatypek colork;};
```

其中，Datatype$k$ 表示第 k 类颜色 color_k 的数据类型。

(2) 输入矩阵、输出矩阵的元素 c_{ij}^{-} 和 c_{ij}^{+} 表示成二维数组元素，分别将输入矩阵、输出矩阵声明为颜色结构体的二维数组，如 Structure color_net $C^{-}[m][n]$、$C^{+}[m][n]$。

(3) 输入矩阵、输出矩阵元素的值是一个 k 维向量，可分别表示为

$$(C^{-}[i][j].\text{color}_1, C^{-}[i][j].\text{color}_2, \cdots, C^{-}[i][j].\text{color}_k)$$

$$(C^{+}[i][j].\text{color}_1, C^{+}[i][j].\text{color}_2, \cdots, C^{+}[i][j].\text{color}_k)$$

例 4.3　图 4.1 的颜色 Petri 网，其对应的输入矩阵和输出矩阵是

$$C^{-} = \begin{bmatrix} (1,1,1,) & (0,1,2) & (0,0,0) \\ (0,0,0) & (0,0,0) & (0,0,2) \\ (0,0,0) & (0,0,0) & (1,0,0) \\ (0,0,0) & (0,0,0) & (0,1,0) \end{bmatrix}, \quad C^{+} = \begin{bmatrix} (0,0,0) & (0,0,0) & (1,2,3) \\ (0,0,0) & (0,0,2) & (0,0,0) \\ (1,0,0) & (0,0,0) & (0,0,0) \\ (0,1,0) & (0,0,0) & (0,0,0) \end{bmatrix}$$

例 4.4　如图 4.1 所示的颜色网 Σ_1，按照定义方式将其转化成对应的 P/T 网。

解

$P = \{p_1, p_2, p_3, p_4\}$;

$T = \{t_1, t_2, t_3, t_4\}$;

$F = \{(p_1, t_1), (p_1, t_2), (p_2, t_3), (p_2, t_4), (p_3, t_3), (p_4, t_4), (t_1, p_2), (t_1, p_4), (t_2, p_2), (t_2, p_2), (t_3, p_1), (t_4, p_1)\}$;

$C = \{c_1, c_2, c_3\}$;

$W: F \rightarrow P, I: T \rightarrow P, M: P \rightarrow P$。

转换后的 P/T 网表示为

$P=\{p_{11},p_{12},p_{13},p_{21},p_{22},p_{23},p_3,p_4\}$；

$T=\{t_1,t_2,t_3,t_4\}$；

$F=\{(p_{11},t_1),(p_{12},t_1),(p_{13},t_1),(p_{12},t_2),(p_{13},t_2),(p_{21},t_3),(p_{22},t_3),(p_{21},t_4),(p_{23},t_4),(p_3,t_3),(p_4,t_4),(t_1,p_{21}),(t_1,p_{23}),(t_1,p_4),(t_2,p_{22}),(t_2,p_3),(t_3,p_{12}),(t_3,p_{13}),(t_4,p_{11}),(t_4,p_{12}),(t_4,p_{13})\}$；

$W:F\rightarrow\{1,2,3\}$；

$M:P\rightarrow\{0,1,2,3\}$。

4.3.4　颜色 Petri 网并行化预处理自动转换算法

将颜色 Petri 网的输入矩阵、输出矩阵分别转化成 P/T 网的输入矩阵、输出矩阵，实现高级 Petri 网到 P/T 网的转换，算法如图 4.5 所示。

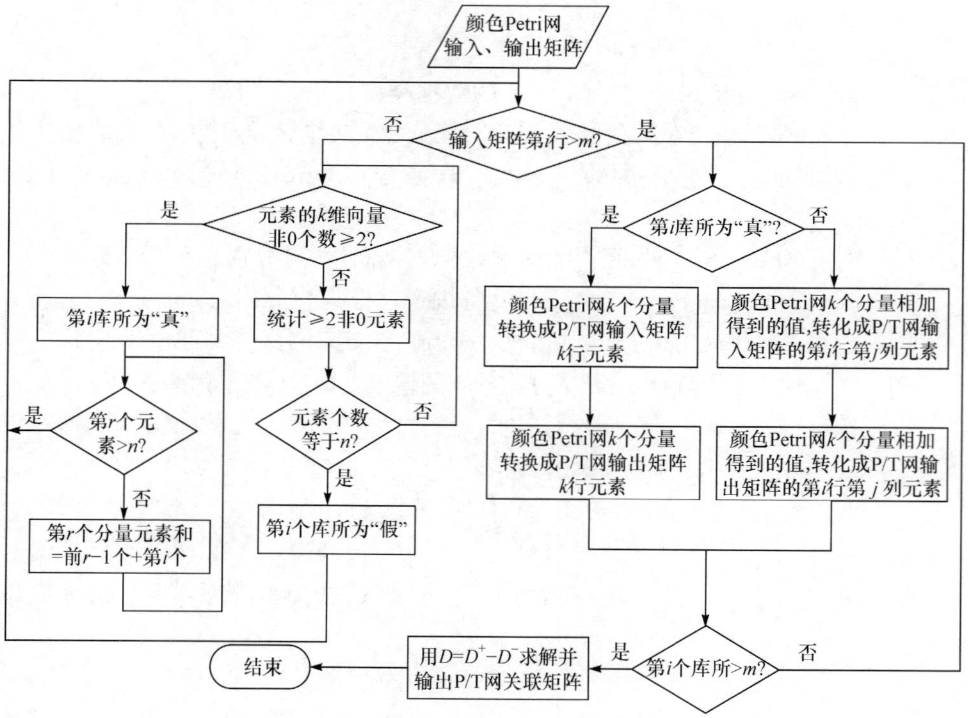

图 4.5　高级 Petri 网并行化预处理流程图

4.3.5　颜色 Petri 网转换成 P/T 网的算法

将颜色 Petri 网的输入矩阵、输出矩阵分别转化成 P/T 网的输入矩阵、输出矩阵，再求解其关联矩阵，实现转换的过程算法如下。

算法 4.1　颜色 Petri 网转换成 P/T 网的算法

```
Begin
输入:颜色 Petri 网的输入矩阵、输出矩阵。
输出:P/T 网的关联矩阵。
第一步:输入颜色 Petri 网的输入矩阵、输出矩阵。
第二步:逐行对输入矩阵的每一个元素的 K 维向量进行检查,若其中某一个元素对应的 K
      维向量有 2 个分量值大于 0,则将该行对应的库所设置一个"真"标识,并把所有元
      素的 K 维向量相加,求出对应库所包含每一类颜色的令牌数;若该行没有一个元素
      的 K 维向量有 2 个以上分量值大于 0,则该行对应的库所设置一个"假"标识。
第三步:根据颜色 Petri 网库所的"真"值、"假"值,计算 P/T 网的库所数量。若颜色Petri
      网的库所标识值为"真",则在 P/T 网中该库所生成 K 个新的库所,若有 u 个库所的
      标识值为"真",则会生成 ku 个库所。若颜色 Petri 网的库所标识值为"假",则在
      P/T 网中该库所不生成新的库所,保持不变。如有 v 个库所标识值为"假",则在
      P/T 网中 v 个库所保持不变,在 P/T 网的总库所为 ku+v 个。
第四步:动态生成 2 个 km+r 行 n 列二维数组,分别用于存储 P/T 网的输入矩阵和输出矩
      阵的元素。
第五步:for(i= 1;i≤m;i+ + ){
      //循环将颜色 Petri 网输入矩阵、输出矩阵元素转换成 P/T 网输入矩阵、输出矩
        阵元素
        if(库所标识为"真")then
        {
            for(j= 1;j≤n;j+ + ){
                1 个 K 维向量的 k 个分量转换成 P/T 网输入矩阵的 k 行元素;
                1 个 K 维向量的 k 个分量转换成 P/T 网输出矩阵的 k 行元素;
                else
                {
                    将 K 维向量的 k 个分量相加得到的值转化成 P/T 网输入矩阵
                        的第 i 行第 j 列元素;
                    将 K 维向量的 k 个分量相加得到的值转化成 P/T 网输出矩阵
                        的第 i 行第 j 列元素;
                }
        }
第六步:根据公式 D=D+ - D- 求解 P/T 网的关联矩阵。
第七步:输出 P/T 网的关联矩阵。
End
```

4.4　实验结果与分析

考虑到实际 Petri 网包含的库所、变迁数量较多以及结构较复杂,人工计算与

并行化是相当困难的。因此,本节编写颜色 Petri 网转化成 P/T 网的 C 语言程序,程序由颜色 Petri 网输入矩阵、输出矩阵的输入函数,判定颜色 Petri 网库所是否生成新库所函数,颜色 Petri 网输入矩阵、输出矩阵元素转换成 P/T 网相应矩阵元素共三个函数。其中,数据输入函数负责输出矩阵 $C^+=[c_{ij}^+]$、输入矩阵 $C^-=[c_{ij}^-]$等初始数据的输入;判定颜色 Petri 网库所是否生成新库所函数,对能够生成新库所设置"真"标识,不能生成新库所设置"假"标识;颜色 Petri 网输入矩阵、输出矩阵元素转换成 P/T 网相应矩阵元素并输出结果函数,负责将颜色 Petri 网输入矩阵、输出矩阵元素转换成 P/T 网的输入矩阵、输出矩阵元素,按公式 $D=D^+-D^-$ 求解 P/T 网的关联矩阵并输出。

以图 4.1 所示的颜色 Petri 网模型为例,在 VC++6.0 环境中进行实验验算。

输出矩阵为

{(0,0,0),(0,0,0),(1,0,0),(0,1,0),(0,0,0),(0,0,2),
(0,0,0),(0,0,0),(1,2,3),(0,0,0),(0,0,0),(0,0,0)}

输入矩阵为

{(1,1,1),(0,0,0),(0,0,0),(0,0,0),(0,1,2),(0,0,0),
(0,0,0),(0,0,0),(0,0,0),(0,0,2),(1,0,0),(0,1,0)}

实验结果是一个 P/T 网的 6 行 3 列关联矩阵,具体为

{{−1,0,1},{−1,−1,2},{−1,−2,3},{0,2,−2},{1,0,−1},{1,0,−1}}

实验得到的关联矩阵可以表示成如图 4.2 所示的 P/T 网模型,实验结果与 4.2 节中的结构模型转换方法一致。因此,本节从结构模型和代数模型出发提出将高级 Petri 网系统转化成 P/T 网的方法是可行和有效的,它将为分布式并行处理、离散事件、柔性制造等各种高级 Petri 网系统转化成 P/T 网,进而为实现 Petri 网的并行化和模拟运行提供一种有效的方法。

4.5 谓词/变迁网转换成 P/T 网的方法

谓词/变迁网的定义为:七元组 $N=(P,T;F,D,V,A_F,M)$ 称为谓词/变迁网,其中$(P,T;F)$是一个网,D 是一个有限的个体集,V 是 D 上的变量集,A_F 是定义在有限边集上的谓词,标识 M 是由$|P|$个以 D 为基集的多重集组成的有序集合。

$$D=\{d_1,d_2,\cdots,d_k\},\quad V=\{x_1,x_2,\cdots,x_r\},\quad r\leqslant k$$

$$A_F:F\to P(V),\quad M:P\to \mathrm{beg}(D)^m$$

式中,$P(V)$表示以 V 中的变量为基本元的谓词集合;$\mathrm{beg}(D)^m$ 表示以 D 为基集、以多重集为元素的 m 元有序集合。

(1) 若 $\forall p\in {}^{\bullet}t$，都存在一组对变量集 V 的各个变元的赋值 $A(V)$

$$A(x_j):=d_i,\quad j\in\{1,2,\cdots,r\},\quad i\in\{1,2,\cdots,k\}$$

使得

$$M(p)\geqslant A_F(p,t)|_{A(V)}$$

则变迁 t 在标识 M 可以以赋值 $A(V)$ 发生。

(2) 若变迁 t 在标识 M 可以以赋值 $A(V)$ 发生，得到的新标识为 M'，记作

$$M[t|_{A(V)}>M'$$

则对于 $\forall p\in P$，有

$$M'(p)=\begin{cases}M(p)-A_F(p,t), & p\in {}^{\bullet}t-t^{\bullet}\\ M(p)+A_F(t,p), & p\in t^{\bullet}-{}^{\bullet}t\\ M(p)+A_F(t,p)-A_F(p,t), & p\in t^{\bullet}\cap {}^{\bullet}t\\ M(p), & \text{其他}\end{cases}$$

(1) 将谓词/变迁网 N 中每个库所的 K 类颜色令牌分别转化成 K 个库所，每个库所的令牌数等于该类颜色的向量分量值；

(2) 把谓词/变迁网 N 中的每个变迁都转换成 P/T 网的变迁；

(3) 谓词/变迁网 N 的每条弧转换成 P/T 网的若干条弧，其中，输入库所到变迁弧的条数由输入库所 K 维颜色非零值分量个数决定，每条弧的权值等于转换后输入库所的令牌值；变迁到输出库所弧的条数由输出库所 K 维颜色非零值分量个数决定，每条弧的权值等于转换后输入库所的令牌值。

例 4.5　给出谓词/变迁 Petri 网模型如图 4.6 所示，根据结构模型转化方法，将其转化成 P/T 网模型。

由图 4.6 转化成图 4.7，就是将谓词/变迁 Petri 网系统转化成 P/T 网系统的过程。其中，库所 p_1 有三类颜色令牌，分别转化成 p_{11}、p_{12}、p_{13} 三个库所，令牌个数分别是 1、2、2；库所 p_2 分别转化成 p_{21}、p_{22}、p_{23} 三个库所，令牌个数分别是 2、1、1；库所 p_3 分别转化成 p_{31}、p_{32} 两个库所，令牌个数分别是 2、1。其中，列下标相同的库所表示同一类颜色的库所。变迁 t_1 对应转化成 P/T 网的变迁。库所 p_1 到变迁 t_1 原来有 1 条有向边，现有 p_{11}、p_{12}、p_{13} 到 t_1 共 3 条有向边，边上的权值分别是 1、2、2；库所 p_2 到变迁 t_1 原来也只有 1 条有向边，但现有 p_{21}、p_{22}、p_{23} 到 t_1 共 3 条有向边，边上的权值分别是 2、1、1；变迁 t_1 到输出库所 p_{31}、p_{32} 共 2 条有向边，边上的权值分别是 2、1。

应用颜色 Petri 网模型来描述复杂的分布式并发系统，描述的模型简单、清晰。但要对系统进行并行化或模拟运行，使用 P/T 网更接近于实际系统的运行。本节通过分析颜色 Petri 网与 P/T 网的内在机理，对颜色 Petri 网转化成 P/T 网的算法进行研究，通过理论证明、实例验证和编程实现，验证了颜色 Petri 网系统转化成 P/T 网算法的可行性和有效性，为将其他高级 Petri 网并行化和模拟运行

时转化成 P/T 网提供一种有效的解决方法。

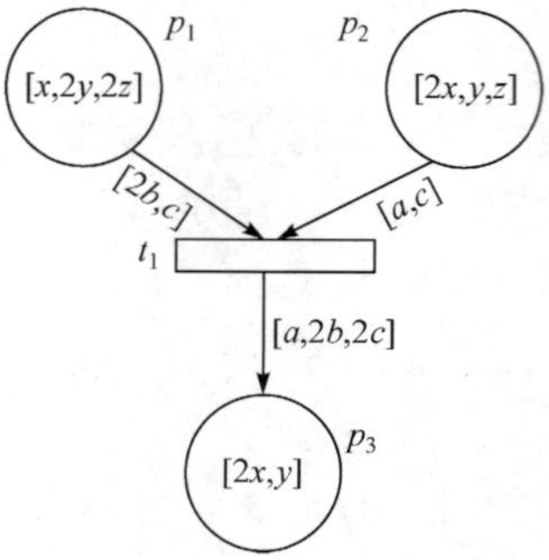

图 4.6 包含二元和三元谓词的谓词/变迁 Petri 网 Σ_2

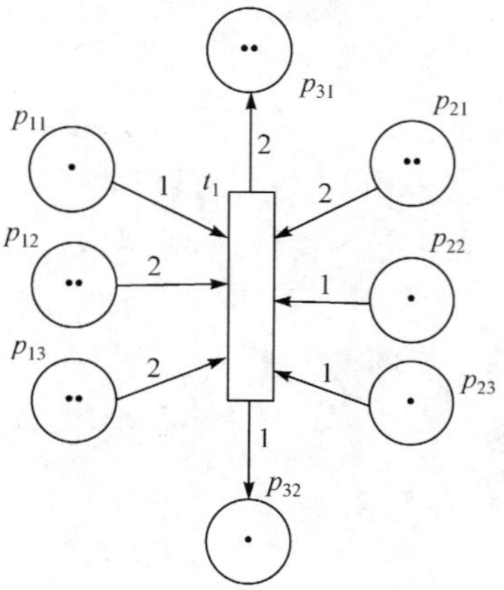

图 4.7 Σ_2 的谓词/变迁网转化为 P/T 网模型 Σ_2'

参考文献

[1] 张志明，吴维敏，段红霞. 基于 Petri 网的一类调度问题的分层控制器设计[J]. 系统仿真学报，2007，19(s1)：142—145.

[2] Cui H Q，Wu Z H. MPI programs' Petri net model and its dynamic properties[J]. Journal of System Simulation，2006，18(9)：2455—2461.

[3] 施国强，李伯虎，柴旭东. 基于着色 Petri 网的复杂产品开发多项目调度建模研究[J]. 系统仿真学报，2007，19(17)：2369—2391.

[4] 李培松，刘觉夫，周娟. 基于随机高级 Petri 网改进型网格资源调度算法[J]. 华东交通大学学报，2008，25(1)：85—89.

[5] 黄敏，魏伟，刘白皓. 基于高级 Petri 网的 RED 改进算法研究[J]. 系统仿真学报，2011，23(3)：593—597.

[6] 李小鹏，李孝忠. 基于随机 Petri 网的流通加工系统建模研究[J]. 天津科技大学学报，2013，28(2)：68—74.

[7] 李文敬，王汝凉，蓝贞雄. Petri 网系统并行化方法的研究[J]. 广西大学学报(自然科学版)，2009，34(3)：400—404.

[8] 崔焕庆，吴哲辉. 并行程序 Petri 网模型的结构性质[J]. 计算机研究与发展，2007，44(12)：2130—2135.

[9] 张志强. 基于着色 Petri 网的建模和模型性质分析验证的研究[D]. 济南：山东大学，2009.

[10] 张锋，吴哲辉. S-组合 Petri 网的进程特性分析[J]. 小型微型计算机系统，2010，31(4)：744—747.

[11] 王异奇，刘青昆，张健. 多处理器调度算法实现及其 Petri 网建模与仿真[J]. 计算机应用，2011，31(4)：938—941.
[12] 刘之家，李文敬，王汝凉. Petri 网共享合成及其在并行系统中的应用[J]. 计算机工程与设计，2011，32(3)：968—983.
[13] 刘青昆，王异奇，张健. 基于 Petri 网的改进检验过程调度算法[J]. 计算机应用与软件，2012，29(4)：269—271.

第 5 章　*P*-不变量求解算法与 *T*-图子网划分方法

本章主要介绍以下内容：Petri 网的库所不变量，即 *P*-不变量的求解过程、*P*-不变量及其支集的求解算法；*T*-图的定义、*T*-图的子网划分及其求解算法；通过实例对两种算法进行验证。

5.1　*P*-不变量求解

一般情况下，对实际问题进行 Petri 网建模后，要实现网的并行运行，首先要把 Petri 网转换成 P/T 网，然后对 P/T 网求解 *P*-不变量及其不变量支集。在求解过程中，还需要对其进行形式化。其中，*P*-不变量、*P*-不变量支集的定义在定义 3.19 中已经给出，下面给出其求解的过程。

5.1.1　Petri 网的形式化过程

Petri 网建模后，对网系统的行为规范进行如下形式化：

(1) 考察 Petri 网结构模型，将模型的所有库所和变迁看成图的两类不同的顶点。库所的顶点集合用 $P=\{p_1, p_2, \cdots, p_m\}$ 表示，变迁的顶点集合用 $T=\{t_1, t_2, \cdots, t_n\}$ 表示。

(2) 如果变迁到库所存在有向弧且权值为 $W(t,p)$，则用 $W(p,t)$ 表示；反之，用 0 表示。但在讨论并行进程创建条件时，只考虑权值等于 1 的情况(下同)，所以取 $W(t,p)=1$。由 P/T 网定义 3.23 可知，所有变迁到库所的出弧构成 Petri 网模型的输出矩阵 $D^+=[d_{ij}^+]$。

(3) 如果库所到变迁存在有向弧且权值为 $W(p,t)$，则用 $W(p,t)=1$ 表示；反之，用 0 表示。所有库所到变迁的入弧构成 Petri 网模型的输入矩阵 $D^-=[d_{ij}^-]$。

(4) Petri 网中库所的初始标识数通过初始标识来表示[1,2]。假如网模型包含 m 个库所，即 $|P|=m$，则 m 维向量的初始标识 M 为 $(M(p_1), M(p_2), \cdots, M(p_m))$。

5.1.2　*P*-不变量的求解过程

如果 Petri 网结构比较简单，包含的库所和变迁比较少，那么人工计算线性方程组 $DX=0$ 求解 *P*-不变量与验证都比较容易。但是，如果 Petri 网模型比较复杂、包含的库所和变迁数量比较大，那么人工计算和验证它们是否满足创建并行进程的条件就显得困难且容易出错。以下是通过计算机来求解 P-不变量和验证需要解决的几个问题及步骤。

(1) 初始数据输入。初始数据包括 Petri 网模型的输出矩阵 $D^+=[d_{ij}^+]$、输入矩阵 $D^-=[d_{ij}^-]$和初始标识 $M=(M(p_1),M(p_2),\cdots,M(p_m))$。输出矩阵 $D^+=[d_{ij}^+]$和输入矩阵 $D^-=[d_{ij}^-]$确定后，Petri 网模型的关联矩阵 $D=D^+-D^-$就可以由计算机自动生成。

(2) 解齐次线性方程组 $DX=0$，求 Petri 网的 P-不变量[3,4]。根据 Petri 网模型的结构特点，假设$|P|=m$，$|T|=n$，则关联矩阵 D 是一个 n 行 m 列矩阵。n 和 m 分别表示 Petri 网的变迁和库所的数量；X 是一个 m 维向量，是要求解的 P-不变量，用以表示库所在网中的状态。而 Petri 网 P-不变量的齐次线性方程组有三种情况。

第一种情况：当 $m>n$ 时，即 Petri 网库所的个数比变迁个数多时，齐次线性方程组未知量的个数大于方程的个数。

第二种情况：当 $m=n$ 时，即库所与变迁个数相同时，齐次线性方程组的未知量的个数等于方程的个数。

第三种情况：当 $m<n$ 时，即 Petri 网库所的个数比变迁个数少时，齐次线性方程组的未知量的个数小于方程的个数。

三种情况的齐次线性方程组的求解方法由如下定理保证，这里只对与 Petri 网相关的问题进行讨论，其求解过程不再赘述。

定理 5.1　m 元齐次线性方程组 $DX=0$ 有非零解的充分必要条件是秩数 $r(D)<m$。

定理 5.2　m 元齐次线性方程组 $DX=0$ 只有零解的充分必要条件是秩数 $r(D)=m$。

由定理 5.1 和定理 5.2 可知，在求解方程组 $DX=0$ 之前，应首先求出关联矩阵 D 的秩 r。当 $r<m$ 时，再使用分块矩阵求齐次线性方程组基础解系，求解出 $DX=0$ 的非零解，这些非零解构成 Petri 网的 P-不变量集合。然后对 P-不变量集合中的每一个向量按照定义 3.19 进行判断，求解出 P-不变量支集。当秩 $r=m$ 时，$DX=0$ 只有零解。根据定义 3.19，$DX=0$ 不存在 P-不变量。在这种情况下，Petri 网是否存在并发进程，要通过具体考察 Petri 网模型来确定。

例 5.1　针对图 3.1 所示的 Petri 网模型，分别求出它的库所不变量和库所不变量支集的集合。

解　由定义 3.18 可得 Petri 网的关联矩阵为

$$D_1=\begin{bmatrix}1 & 0 & -1 & 0 & 0\\ -1 & 1 & 1 & 0 & 0\\ 0 & -1 & 0 & 1 & -1\\ 0 & 0 & 0 & -1 & 1\end{bmatrix}$$

根据定义 3.19,求出的库所不变量分别为

$$X_1=[1 \quad 0 \quad 1 \quad 0 \quad 0]^{\mathrm{T}}, \quad X_2=[0 \quad 0 \quad 0 \quad 1 \quad 1]^{\mathrm{T}}$$

库所不变量支集集合为

$$\Gamma_p=\{X_1, X_2\}$$

(3) 关联矩阵 D 的秩 r 的计算。对矩阵 D 进行至少一次初等行变换,得到如下公式:

$$a_{ij}^{k}=a_{ij}^{k-1}-\frac{a_{il}^{k-1}a_{kj}^{k-1}}{a_{kl}^{k-1}} \tag{5.1}$$

式中,$k=1,2,\cdots,m;l=1,\cdots,n;i=k+1,\cdots,m;j=l+1,\cdots,n$。

算法 5.1　关联矩阵求秩的算法[5]

输入:关联矩阵 D 的行数 m 和列数 n。

输出:关联矩阵 D 的秩。

Begin

第一步:设 l=1,k=1。

第二步:找第 l 列第一个非零元素,若没找到,则 l=l+1,当 l 大于矩阵列数 n 时转第五步,否则转第三步。若找到,则将此非零元素所在行与第 k 行互换(当所在行就是第 k 行时不替换)。

第三步:按式(5.1)将第 k 行第 l 列元素正下方其他元素化成零元素。

第四步:设 l=l+1,k=k+1,转第二步。

第五步:设 i=1,r=0。

第六步:找第 i 行第 1 个非零元素,若找到,则 r=r+1。

第七步:i=i+1,当 i 大于矩阵的行数 m 时,输出关联矩阵的秩 r,结束;否则转第六步。

End

---

(4) 若 $r<m$,齐次线性方程组具有多个非零解,则利用分块矩阵求齐次线性方程组的基础解系。

算法 5.2　齐次线性方程组基础解系的求解算法[6]

输入:关联矩阵 D。

输出:齐次线性方程组 DX=0 的所有非零解。

Begin

第一步：设新矩阵

$$B=\begin{bmatrix} D_{m\times n} \\ E_n \end{bmatrix}$$

第二步：令 i=1。

第三步：从第 i 行第 j 列处开始向右查找该行第 1 个非零数，若无非零数转第五步。否则，若此非零数不是第 j 列，则与第 j 列互换。之后，若

$$B(i,j)\neq 1$$

则对第 j 列执行如下操作：

$$B(k,i)=\frac{B(k,i)}{B(i,i)}$$

式中，k=i,i+1,…,n。

第四步：若 B(i,i)的右边有非零数，则将这些非零数化成零，即 k=i,i+1,…,n，对 B(i,i)执行如下操作：

$$B(k,s)=B(k,s)-B(k,i)B(i,s)$$

式中，s=i,i+1,…,n。

第五步：i=i+1，当 i≤m 时，转第三步；否则，对于列数 k=2,3,…,n，查找前 m 行都为 0 的列，按照列打印后 n 行的数，它们即是齐次线性方程组的一个基础解系。

End

5.1.3　P-不变量及其支集的求解算法

根据上述给出的 Petri 网并行化分割、形式化和求解 P-不变量过程，得到求解 Petri网的 P-不变量及其支集的算法。

算法 5.3　求解 P-不变量及其支集的算法

输入：输出矩阵 $D^+=[d_{ij}^+]$、输入矩阵 $D^-=[d_{ij}^-]$和初始标识 $M=(M(p_1),M(p_2),\cdots,M(p_m))$ 等数据。

输出：P-不变量及其支集。

Begin

第一步：将非 P/T 网的 Petri 网模型转换成 P/T 网模型，且令库所到变迁或变迁到库所存在有向弧者，权值都取 1，无有向弧者，权值都取 0。

第二步：输入 Petri 网模型的输出矩阵 $D^+=[d_{ij}^+]$、输入矩阵 $D^-=[d_{ij}^-]$和初始标识 $M=(M(p_1),M(p_2),\cdots,M(p_m))$等初始数据。

第三步：通过 $D=D^+-D^-$ 求解关联矩阵 D。

第四步：调用关联矩阵求秩的算法 5.1，求出关联矩阵 D 的秩 r。

第五步：若关联矩阵 D 的秩 r<m，则调用齐次线性方程组基础解系的求解算法 5.2，并求出所有的 P-不变量；否则，r≥m，转第八步。

第六步：对所有的 P-不变量逐个检查是否满足定义 3.19 的 P-不变量支集的条件，若满足，

则标记为 P-不变量支集;否则,转第六步继续检查。
第七步:输出所有的 P-不变量和 P-不变量支集,结束。
第八步:输出 Petri 网关联矩阵不具有并行化的信息。
End

根据具体的 Petri 网应用系统,通过该并行化方法,将求出的每一个并行进程进行编程实现,就可以模拟或运行 Petri 网应用系统,得到用户满意的结果。

5.1.4 实验结果与分析

考虑到实际 Petri 网包含的库所、变迁数量较多以及结构的复杂性,用人工计算与并行化是相当困难的。为此,本节编写基于 P-不变量的 Petri 网并行化的 C 语言程序,程序由数据输入函数、P-不变量函数、验证函数组成。其中,数据输入函数负责输出矩阵 $D^+=[d_{ij}^+]$、输入矩阵 $D^-=[d_{ij}^-]$和初始标识 $M=(M(p_1),M(p_2),\cdots,M(p_m))$等初始数据的输入;$P$-不变量函数按照算法 5.3 求解,验证函数用于验证 P-不变量是否为支集。

例 5.2　以图 5.1 所示的 Petri 网模型为例,在 VC++6.0 环境中进行实验验算。

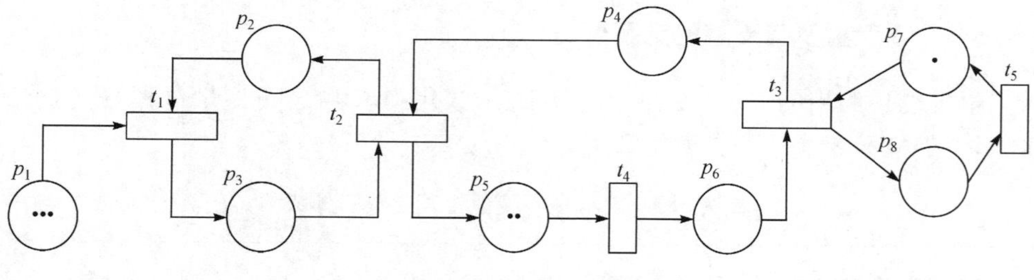

图 5.1　Petri 网 Ψ

输出矩阵为

$D^+[5][8]=\{\{0,0,1,0,0,0,0,0\},\{0,1,0,0,1,0,0,0\},\{0,0,0,1,0,0,0,1\},\{0,0,0,1,0,1,0,0\},\{0,0,0,0,0,0,1,0\}\}$

输入矩阵为

$D^-[5][8]=\{\{1,1,0,0,0,0,0,0\},\{0,0,1,1,0,0,0,0\},\{0,0,0,0,0,1,1,0\},\{0,0,0,0,1,0,0,0\},\{0,0,0,0,0,0,0,1\}\}$

初始标识为

$$M_0=\{3,0,0,0,2,0,1,0\}$$

实验结果如下。

P-不变量分别为

$$X_1^{\mathrm{T}}=[0\ \ 1\ \ 1\ \ 0\ \ 0\ \ 0\ \ 0\ \ 0],\quad X_2^{\mathrm{T}}=[0\ \ 0\ \ 0\ \ 1\ \ 1\ \ 0\ \ 0\ \ 0]$$
$$X_3^{\mathrm{T}}=[0\ \ 0\ \ 0\ \ 0\ \ 0\ \ 0\ \ 1\ \ 1]$$

P-不变量支集为

$$X_1^{\mathrm{T}}=[0\ \ 1\ \ 1\ \ 0\ \ 0\ \ 0\ \ 0\ \ 0],\quad X_2^{\mathrm{T}}=[0\ \ 0\ \ 0\ \ 1\ \ 1\ \ 0\ \ 0\ \ 0]$$
$$X_3^{\mathrm{T}}=[0\ \ 0\ \ 0\ \ 0\ \ 0\ \ 0\ \ 1\ \ 1]$$

实验结果分析如下。

根据定义3.18,可以求出该Petri网的关联矩阵为

$$D=\begin{bmatrix}-1 & -1 & 1 & 0 & 0 & 0 & 0 & 0\\ 0 & 1 & -1 & -1 & 1 & 0 & 0 & 0\\ 0 & 0 & 0 & 1 & 0 & -1 & -1 & 1\\ 0 & 0 & 0 & 1 & -1 & 1 & 0 & 0\\ 0 & 0 & 0 & 0 & 0 & 0 & 1 & -1\end{bmatrix}$$

由定义3.19容易验证非负向量

$$X_1=[0\ \ 1\ \ 1\ \ 0\ \ 0\ \ 0\ \ 0\ \ 0]^{\mathrm{T}},\quad X_2=[0\ \ 0\ \ 0\ \ 1\ \ 1\ \ 0\ \ 0\ \ 0]^{\mathrm{T}}$$
$$X_3=[0\ \ 0\ \ 0\ \ 0\ \ 0\ \ 0\ \ 1\ \ 1]^{\mathrm{T}}$$

是Petri网 Ψ 的 P-不变量；$\|X_1\|=\{p_2,p_3\}$、$\|X_2\|=\{p_4,p_5\}$、$\|X_3\|=\{p_7,p_8\}$也是网 Ψ 的 P-不变量支集。

实验结果与上述的理论分析是一致的。因此,Petri网系统的 P-不变量及其支集的求解算法是可行和有效的。它为进一步对Petri网系统进行并行化划分奠定了基础,也为分布式并行处理、离散事件、柔性制造等复杂系统的Petri网建模的并行运行提供了很好的方法。

5.2 T-图的求解方法

解决Petri网并行控制和模拟运行的问题时,除了5.1节运用 P-不变量的方法以外,也可以运用 T-图的方法来划分子网。以下根据Petri网的并发性,给出基于 T-图的Petri网模型的子网划分原理、子网划分的条件,并给出理论证明和实例验证。在此基础上,提出基于 T-图的Petri网的子网划分算法,并对其子网划分过程相关计算进行形式化,通过实例对Petri网模型的子网划分进行编程验证[7-9]。

5.2.1 T-图的定义

定义5.1 设 $N=(P,T;F,M)$ 为一个网,N 称为 T-图当且仅当

$$\forall p\in P: |{}^{\cdot}p|=|p^{\cdot}|=1$$

基于变迁的Petri网并行划分的思想是:将网中任意两个同属于某个库所的前集或后集的变迁划分到不同的等价类中。其形式化定义为

$$\forall t_i, t_j \in T, \quad \exists p \in P$$

使得

$$(t_i \in {}^{\bullet}p \wedge t_j \in {}^{\bullet}p) \vee (t_i \in p^{\bullet} \wedge t_j \in p^{\bullet}), \quad i \neq j \text{ 且 } i, j \in \{1, 2, \cdots, n\}$$

定义 5.2 设 $\Sigma=(P,T;F,M_0)$ 为一个 Petri 网，标记 $\Phi: T \to \{0,1\}$ 满足

$$\Phi(t_i)=\Phi(t_j)=1$$

当且仅当

$$\forall t_i, t_j \in T, \quad \exists p \in P$$

使得

$$(t_i \in {}^{\bullet}p \wedge t_j \in {}^{\bullet}p) \vee (t_i \in p^{\bullet} \wedge t_j \in p^{\bullet}), \quad i \neq j \text{ 且 } i, j \in \{1, 2, \cdots, n\}$$

否则

$$\Phi(t)=0, \quad t \in T$$

定义 5.3[7] 设 $\Sigma=(P,T;F,M_0)$ 为一个 Petri 网，$P_1 \subseteq P$，$\forall M \in R(M_0)$，则定义 $\Gamma_{p \to p_1} M$ 为 M 从 P 到 P_1 的投影，满足

$$\forall p \in P_1, \quad \Gamma_{p \to p_1} M(p)=M(p)$$

定义 5.4 设 $\Sigma=(P,T;F,M_0)$ 为 Petri 网，标记 $\Phi: T \to \{0,1\}$ 为变迁的动态划分标记，可得

$$\Sigma_i=(P_i, T_i; F_i, M_{0i}), \quad i \in \{1, 2, \cdots, k\}$$

为 Σ 的子网，当且仅当 Σ_i 满足：

(1) $T_i=\{\forall t \in T_i \mid \Phi(t)=0\} \wedge T_i \subseteq T$；

(2) $P_i=\{p \in P \mid \exists t \in T_i, p \in {}^{\bullet}t \vee p \in t^{\bullet}\}$；

(3) $F_i=\{(P_i \times T_i) \cup (T_i \times P_i)\} \cap F$；

(4) $M_{0i}=\Gamma_{S \to Si} M_0$

由以上 4 个定义就可以得到基于 T-图的子网划分的基本原理[8]。首先，由定义 5.2 求取各变迁的标记

$$\Phi(t_i) t \in T$$

其次，分析得到标记 $\Phi(t_i)$，把 $\Phi(t_i)=1$ 的标记依次取出放入新集合 A 中，并更新标记

$$\Phi(t_i), \Phi(t_j) t_i \in T-A, \quad t_j \in A$$

直到剩下的所有标记

$$\Phi(t_i)=0, \quad t_i \in T-A$$

为止。再次，对新产生的子网集合 A 重复上面的工作，直至所有标记

$$\Phi(t_j)=0, \quad t_j \in A$$

最后，通过定义 5.2 和定义 5.3 构建划分子网 Σ_i。

下面给出 Petri 网模型基于 T-图的子网划分的条件定理。

定理 5.3 设 $\Sigma=(P,T;F,M_0)$ 为 Petri 网，网 Σ 是可划分的，当且仅当 $\exists t \in T$ 且 $\Phi(t)=1$。

证明 必要性：

因为网 Σ 是可划分的，所以必然有

$$\forall t_i, t_j \in T, \quad \exists p \in P$$

使得

$$(t_i \in {}^{\cdot}p \wedge t_j \in {}^{\cdot}p) \vee (t_i \in p^{\cdot} \wedge t_j \in p^{\cdot}), \quad i \neq j \text{ 且 } i, j \in \{1, 2, \cdots, n\}$$

再由定义 5.1 可知，必有

$$\Phi(t_i) = 1$$

即

$$\Phi(t) = 1$$

必要性可证。

充分性：

因为在网 Σ 中

$$\exists t \in T \text{ 且 } \Phi(t) = 1$$

则由定义 5.1 可知，必然满足

$$\forall t_i, t_j \in T, \quad \exists p \in P$$

使得

$$(t_i \in {}^{\cdot}p \wedge t_j \in {}^{\cdot}p) \vee (t_i \in p^{\cdot} \wedge t_j \in p^{\cdot}), \quad i \neq j \text{ 且 } i, j \in \{1, 2, \cdots, n\}$$

可推出原网 Σ 是可划分的，充分性可证。

定理 5.4 设 $\Sigma_i = (P_i, T_i; F_i, M_{0i})$ 为 Petri 网 Σ 的一个划分子网，则 Σ_i 是一个 T-图。

证明 因为 $\Sigma_i = (P_i, T_i; F_i, M_{0i})$ 为 Petri 网 Σ 的一个划分子网，则 Σ_i 是不可再划分的，即不存在

$$\forall t_k, t_j \in T_i, \quad \exists p \in P_i$$

使得

$$(t_k \in {}^{\cdot}p \wedge t_j \in {}^{\cdot}p) \vee (t_k \in p^{\cdot} \wedge t_j \in p^{\cdot}), \quad k \neq j \text{ 且 } k, j \in \{1, 2, \cdots, n\}$$

$$\forall p \in P: |{}^{\cdot}p| = |p^{\cdot}| = 1$$

再由 T-图的定义，定理 5.2 可证。

下面通过实例应用基于 T-图划分子网的条件定理对复杂 Petri 网模型进行划分。

例 5.3 应用如图 3.1 所示的 Petri 网模型，给出基于 T-图的划分子网。

由定理 5.1 可知，开始时 $T = \{\Phi(t_1) = 1, \Phi(t_2) = 0, \Phi(t_3) = 1, \Phi(t_4) = 0\}$。然后，取 T 中标记为 1 的 $t_1 \to A$，即

$$A = \{t_1\}$$

此时

$$T - A = \{\Phi(t_2) = 0, \Phi(t_3) = 0, \Phi(t_4) = 0\}$$

式中，$A=\{t_1\}$；$T-A=\{t_2,t_3,t_4\}$。至此，$T-A$ 中所有变迁标记都为 0，而 A 中变迁的标记也为 0。可得出 T 分为 A 和 $T-A$ 两个子集。

若令

$$A=A_1,\quad T-A=A_2$$

则可得到两个子网

$$\Sigma_1=(P_1,A_1;F_1,M_{01}),\quad \Sigma_2=(P_2,A_2;F_2,M_{02})$$

分别如图 5.2 和图 5.3 所示。由定理 5.2 可知，图 5.2 和图 5.3 两个子网均为 T-图。

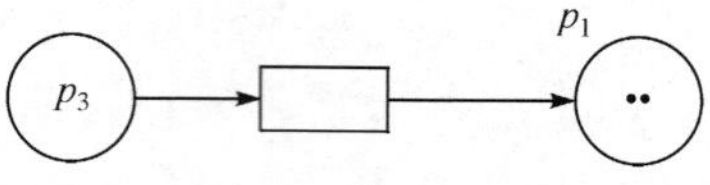

图 5.2　$\Sigma_1=(P_1,A_1;F_1,M_{01})$

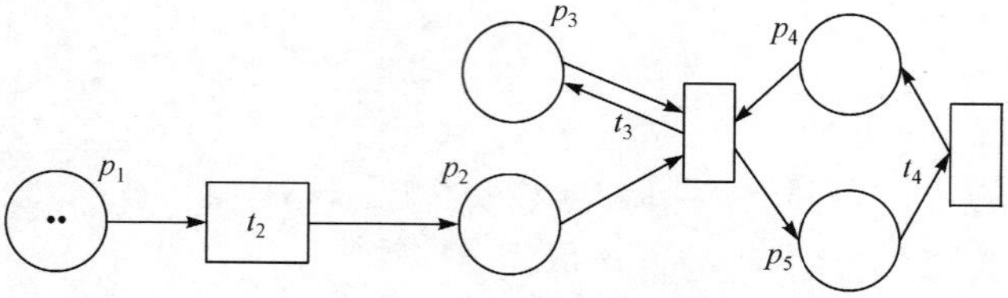

图 5.3　$\Sigma_2=(P_2,A_2;F_2,M_{02})$

5.2.2　*T*-图的求解算法

根据 5.2.1 节 Petri 网模型的子网划分原理以及基于 T-图的子网划分的条件定理，可得如下 Petri 网的 T-图子网划分算法。

算法 5.4　Petri 网的 *T*-图子网划分算法

输入：Petri 网 $(P,T;F,M_0)$。

输出：Petri 网 $(P,T;F,M_0)$ 的各个子网 $(P_i,T_i;F_i,M_{0i})$，$i\in\{1,2,\cdots,k\}$。

Begin

第一步：求取网的标记 $\Phi(t_i)$，$t_i\in T$。

(1) 若 $\forall t_k,t_j\in T_i$，$\exists p\in P_i$ 使得

$$(t_i\in {}^{\cdot}p\wedge t_j\in {}^{\cdot}p)\vee(t_i\in p^{\cdot}\wedge t_j\in p^{\cdot})$$

则

$$1\rightarrow\Phi(t_i),\quad 1\rightarrow\Phi(t_j),\quad i\neq j \text{ 且 } i,j\in\{1,2,\cdots,n\}$$

若都不满足，则

$$0 \rightarrow \Phi(t_i), \quad 0 \rightarrow \Phi(t_j)$$

并转(4)。

(2) 设

$$A \subseteq T, \quad A \leftarrow \varnothing, \quad A \leftarrow t_i \text{ 且 } \Phi(t_i)=1$$

组成新网

$$\Sigma' = (P', T-A; F', M_0)$$

式中，$P' \in P, F' \in F$，转(1)。

(3) 求

$$\Sigma'' = (P'', A; F'', M_0)$$

式中，$P'' \in P, F'' \in F$，转(1)。

(4) 若

$$t \in T, \quad \Phi(t)=0$$

则结束。

第二步：对每个变迁集 A_i 进行编号

$$f(A_i)=k, \quad f:A_i=\{k \mid i \in \{1,2,\cdots,n\}\}$$

式中，$A_i=\{t_j \in T \mid \forall \Phi(t_i)=0\}$ 且 $\bigcup_{i=1}^{k} A_i = T, i,j \in \{1,2,\cdots,n\}$

第三步：$A_i \rightarrow i$。

第四步：输出子网 $\Sigma_i=(P_i, A_i; F_i, M_{0i}), i \in \{1,2,\cdots,k\}$。

End

由算法 5-4 可知，对 Petri 网的分解不是唯一的，因为变迁标记 $\Phi(t)=1$ 的变迁 t 的选择顺序不同所得到子网也不同，但是分解的总数是相同的。

5.2.3 算法的形式化

在实际中，Petri 网包含的库所和变迁数量较多，并且结构也比较复杂，人工计算与并行化是相当困难的。为使计算机能够自动进行子网划分，必须先对 Petri 网模型中的库所、变迁等相关计算进行形式化。为此，下面对算法各步骤的计算过程进行形式化。

(1) 输入 Petri 网 $\Sigma=(P,T;F,M_0)$ 的关联矩阵用 $D[n][m]$ 表示。其中，$n=|T|$ 表示模型中变迁个数，$m=|P|$ 表示库所数量。

(2) 统计矩阵 $D[n][m]$ 的每一列 1 和 −1 的个数，并记作 $N(1)$ 和 $N(-1)$，若 $N(1) \geqslant 2$ 或 $N(-1) \geqslant 2$，则输出 $N(1)$ 或 $N(-1)$ 对应的相应行到新矩阵 $D_1=[n_1][m]$，$n_1<n$。

(3) 更新 $D[n-n_1][m]$，若 $p \notin P_i$，则令 p 在 D 中对应的列元素全为 0。

(4) 更新 $D_1[n_1][m]$，若 $p \notin P_i$，则令 p 在 D_i 中对应的列元素全为 0。

(5) 输出矩阵 $D_i(i=\{1,2,\cdots,k\})$ 表示子网 i。

5.2.4　*T*-图划分的应用示例

例 5.4　通过对银行存取款系统的仿真约简检验基于 *T*-图的复杂 Petri 网约简算法的可行性。银行存取款系统数据流如图 5.4 所示。

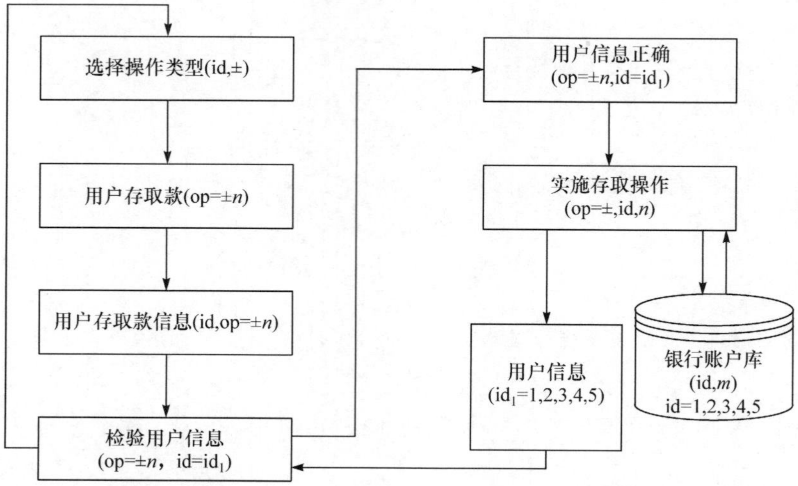

图 5.4　银行存取款系统数据流[9]

首先构建银行存取款系统 Petri 网模型，如图 5.5 所示。其中，p_1 表示存取款类型，p_2 表示用户存取款操作信息，p_3 表示用户数据，p_4 表示用户编号信息，p_5 表示银行用户数据库；t_1 表示用户存取款动作，t_2 表示校验用户数据信息，t_3 表示系统的自动存款动作，t_4 表示系统的自动取款动作，假设初始有 3 个用户在进行操作。

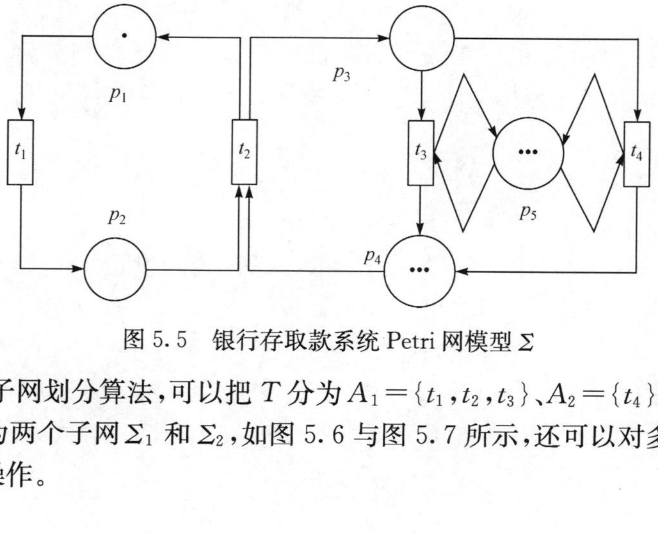

图 5.5　银行存取款系统 Petri 网模型 Σ

由 *T*-图子网划分算法，可以把 T 分为 $A_1=\{t_1,t_2,t_3\}$、$A_2=\{t_4\}$两个子集，并把网 Σ 划分为两个子网 Σ_1 和 Σ_2，如图 5.6 与图 5.7 所示，还可以对多用户实现存取款的并行操作。

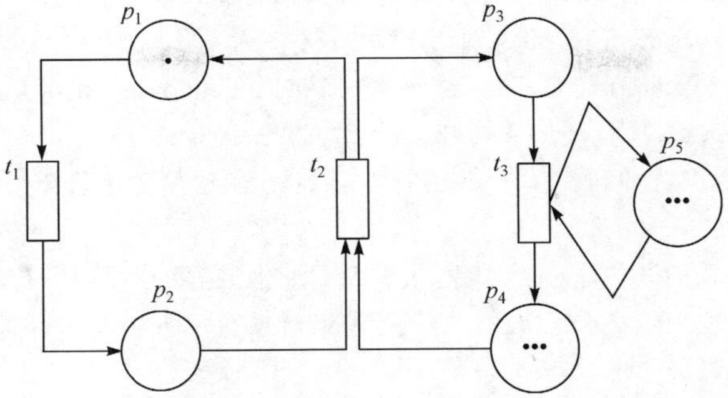

图 5.6　自动存款子网 Σ_1

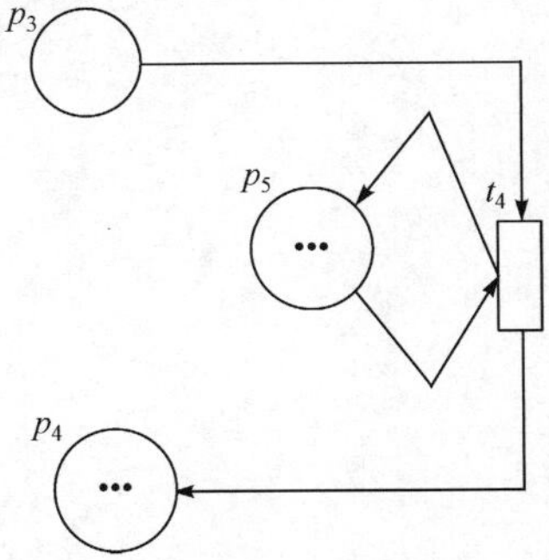

图 5.7　自动取款子网 Σ_2

5.2.5　实验结果与分析

实验的硬件环境：CPU 为 Intel 酷睿 2 四核 Q6600 处理器，内存为 1GB。软件环境：Microsoft Windows XP 应用 C＃语言对 *T*-图子网划分算法进行编程实现，并对应用示例的子网划分结果进行验证，实验结果如下。

输入：Petri 网的关联矩阵 $D[4][5]=\{\{-1,1,0,0,0\},\{1,-1,1,-1,0\},\{0,0,-1,1,1\},\{0,0,-1,1,1\}\}$，初始标识 $M_0=\{1,0,0,3,3\}$。

输出：子网 Σ_i 的关联矩阵 $D_1[3][5]=\{\{-1,1,0,0,0\},\{1,-1,1,-1,0\},\{0,0,-1,1,1\}\}$，$D_2[1][5]=\{\{0,0,-1,1,1\}\}$。

实验结果表明，*T*-图子网划分算法运行后得到的两个子网与上述理论分析的结果是一致的。

参考文献

[1] Hao K G, Ding J J. Hierarchical Petri nets[J]. Journal of Frontiers of Computer Science and Technology, 2008, 2(2): 123—130.

[2] Suzuki I, Murata T. A method for stepwise refinement and abstraction of Petri nets[J]. Journal of Computer and System Science, 1983, 27(1): 51—76.

[3] Lee K H, Favrel J, Baptiste P. Generalized Petri net reduction method[J]. IEEE Transactions on Systems, Man and Cybernetics, 1987, 17(2): 297—303.

[4] 李书举,李文敬,罗锦坤,等. 基于 T-图的复杂 Petri 网约简算法研究[J]. 计算机应用与软件,2013,30(1):40—42,82.

[5] 雷雪梅. 矩阵求秩的一种算法及实现[J]. 北京石油化工学院学报,1997,5(2):75—76.

[6] 雷雪梅. 利用分块矩阵法求齐次线性方程组基础解系的一种简单方法[J]. 辽宁大学学报(自然科学版),1995,22(1):12—15.

[7] 王培良,赵义军. Petri 网的公平分解和守恒分解[J]. 系统仿真学报,2003,15(增刊):43—45.

[8] 曾庆田,吴哲辉. 基于库所指标的 Petri 网分解方法[J]. 计算机科学,2002,29(4):15—23.

[9] 李文敬,廖伟志,王汝凉. Petri 网系统的功能划分及并行算法[J]. 计算机工程,2009,35(21):48—50.

第 6 章 Petri 网系统并行化子网划分理论

本章研究的主要内容包括以下方面：Petri 网的并行子网划分策略、划分条件、判定定理、完备性定理理论与证明；根据 Petri 网并行子网划分理论研究子网划分算法，通过编程实验验证；分析子网内部与子网之间的并行性，建立基于消息传递平台的 Petri 网系统并行算法，并对其进行实验验证。

6.1 Petri 网并行化子网划分方法比较

Petri 网的并行子网划分可以有两种不同的策略，一种是基于 P-不变量的子网划分方法，另一种是基于 T-图的子网划分方法。基于 T-图的子网划分策略在 5.2 节作了介绍，本章主要介绍基于 P-不变量的子网划分策略、子网划分的条件、子网划分的完备性等理论。

6.1.1 基于 *P*-不变量的子网划分条件

5.1 节给出了 P-不变量及其支集的求解算法，为进一步对 Petri 网并行子网的划分奠定了基础，本节把这种通过求解 Petri 网的 P-不变量来达到并行子网划分的目的，称为基于 P-不变量的子网划分方法。

由 P-不变量及其支集的求解算法 5.3 可知，Petri 网 N 的 P-不变量 X 可能有多个，网 N 的所有 P-不变量构成一个集合 Γ。其中，P-不变量集合 Γ 在网模型中表示一种可能的划分(分割)。每一个 P-不变量 X 中非零元素所对应的库所及其外延集合构成这个划分的子网，该子网可表示为

$$N_i = \bigcup_{\{p_i \in P | X(i) \geqslant 0\}} p_i \cup {}^{\cdot}p_i \cup p_i^{\cdot}, \quad i=1,2,\cdots,m$$

虽然按照 P-不变量将网 N 划分成若干个子网，但是不是每一个 P-不变量(子网)都需要设定一个并行进程。哪一个 P-不变量需要设置并行进程，需要考察 P-不变量集合 Γ 中的支集组成的集合 Γ_p，其元素所对应的子网为

$$N_i = \bigcup_{\{p_i \in P | X(i) > 0\}} p_i \cup {}^{\cdot}p_i \cup p_i^{\cdot}, \quad i=1,2,\cdots,m$$

Petri 网进行子网划分时，应该满足以下 4 个划分条件：

(1) 子网中至少有一个库所的初始标识不为空，否则将不存在并行进程；

(2) 每一个库所，输入弧 $W(t',p)$ 与输出弧 $W(p,t)$ 的值最好为 1，以使网在整个执行过程中保持进程不变；

(3) 两个子网之间没有共享库所；

(4) 划分后可以设置并行进程的子网，其所有库所外延集合刚好构成网 N 的变迁集 T。

Petri 网子网的 4 个划分条件可以由形式化的定理 6.1 来描述。

定理 6.1 在 Petri 网 $N=(P,T;F,K,W,M)$ 的 P-不变量支集集合 Γ_p 中，如果其元素所对应的子网满足如下条件，则 P-不变量支集的一个元素构成子网的一个划分。

$$\forall p\in\{p_i\in P|X(i)>0\},\quad \forall p\in(t,t')\in p^{\cdot}\cap{}^{\cdot}p \tag{6.1}$$

$$(W(p_i,t)=W(t',p_i)=1)\wedge(\sum_{p_i\in\|X_i\|}M(p_i)\geqslant 1) \tag{6.2}$$

$$\forall s_1,s_2\in\Gamma_p,\quad \|s_1\|\cap\|s_2\|=\varnothing \tag{6.3}$$

$$\bigcup_{i=1}^{|\Gamma_c|}(\bigcup_{j\in\|X_i\|}(p_j^{\cdot}\cup{}^{\cdot}p_j))=T \tag{6.4}$$

证明 (1) 若网 N 的 P-不变量支集只有 1 个元素，且满足式(6.1)～式(6.4)的条件，则该元素对应的子网构成一个划分。

(2) 假设网 N 的 P-不变量支集集合 Γ_p 有 n(有限)个元素。已知有 $n-1$ 个元素对应的子网是网 N 的 $n-1$ 个划分，这 $n-1$ 个子网满足式(6.1)～式(6.3)的条件，但还不满足式(6.4)的条件。第 n 个元素也满足式(6.1)～式(6.3)的条件，由条件(6.4)可知，$n-1$ 个元素与第 n 个元素构成网 N 的 P-不变量支集集合 Γ_p，它们满足式(6.4)的条件。证毕。

若从 P-不变量支集集合 Γ_p 的所有元素中找出满足定理 6.1 式(6.1)～式(6.4)的划分条件，则这些元素就构建了 Petri 网的一个并行子网划分。

例 6.1 给定 P/T 网模型 Σ 如图 6.1 所示，请根据定理 6.1 求出该网的并行子网。

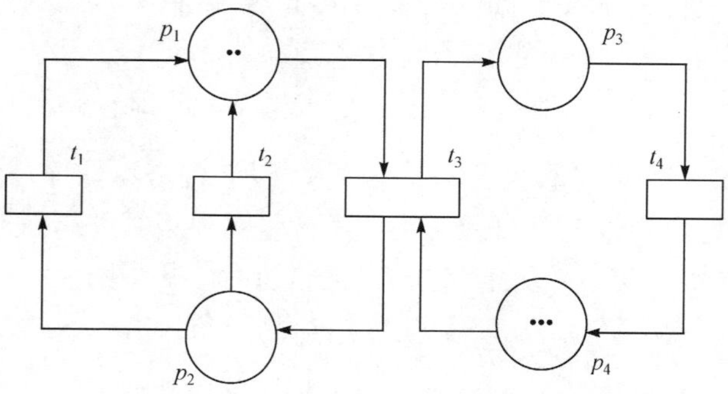

图 6.1 Petri 网模型 Σ

解 由定义 3.18 可知，Petri 网 Σ 的关联矩阵 D_1 为

$$D_1=\begin{bmatrix}1 & -1 & 0 & 0\\ 1 & -1 & 0 & 0\\ -1 & 1 & 1 & -1\\ 0 & 0 & -1 & 1\end{bmatrix}$$

求解齐次线性方程组 $D_1X=0$，得

$$X_1=[1\quad 1\quad 0\quad 0]^{\mathrm{T}},\quad X_2=[0\quad 0\quad 1\quad 1]^{\mathrm{T}}$$
$$X_3=[1\quad 1\quad 1\quad 1]^{\mathrm{T}},\quad X_4=[0\quad 0\quad 0\quad 0]^{\mathrm{T}}$$

它们满足定义 3.18，都是网 Σ 的 P-不变量；由定义 3.19，$\|X_1\|=\{p_1,p_2\}$、$\|X_2\|=\{p_3,p_4\}$、$\|X_3\|=\{p_1,p_2,p_3,p_4\}$都是网 Σ 的 P-不变量的支集。

P-不变量支集 X_1、X_2 都满足式(6.1)～式(6.4)的条件。所以，可以将 X_1、X_2 对应的元素划分成两个并行子网。

6.1.2　两种划分方法的分析与评价

5.2 节和 6.1.1 节从不同的角度对 Petri 网并行化的子网划分方法进行研究，获得了两种不同的子网划分思路。下面将从理论和实际两方面对两种划分策略进行分析与评价。

1. 两种划分策略的比较分析

P-不变量的子网划分策略与 T-图的子网划分策略的目标是一致的，Petri 网系统功能划分和并行子网确定过程具有一定的共性，如 Petri 网模型的形式化，都是通过输入矩阵、输出矩阵以及关联矩阵来实现的；并行子网的划分都必须遵循相应的原则和条件，只有满足划分条件，Petri 网才能被划分成多个子网。但它们具有本质的区别，主要表现在：一是 P-不变量划分策略是按照 Petri 网模型的库所及其库所的变化来求解的，而 T-图划分策略是根据变迁的行为及变化的状态来分类的；二是 P-不变量划分策略是通过求解 Petri 网的关联矩阵及齐次线性方程组实现的，而 T-图划分策略是通过遍历 Petri 网的所有变迁来实现的；三是 P-不变量划分条件有严格的定理 6.1 等数学理论为依据，划分结果精确度较高，而 T-图划分条件也有函数作依据，但比较简单，划分结果精确度较低；四是对于大型的 Petri 网，P-不变量划分策略采用人工处理代价较高，计算机自动处理则较快，T-图的划分策略采用人工处理较为方便，但计算机遍历处理花费时间较长。

例 5.1 和例 5.3 都是对同一个 Petri 网进行子网划分。例 5.1 求出了两个 P-不变量 $X_1=[1\quad 0\quad 1\quad 0\quad 0]^{\mathrm{T}}$ 和 $X_2=[0\quad 0\quad 0\quad 1\quad 1]^{\mathrm{T}}$，即 $\|X_1\|=\{p_1,p_3\}$ 和 $\|X_2\|=\{p_4,p_5\}$。根据定义 3.19，库所不变量支集集合 $\Gamma_p=\{X_1,X_2\}$。X_1、X_2 满足定理 6.1 的子网划分条件，最终将 Petri 网划分为两个子网，它们各自包含的库所和变迁分别是$\{p_1,p_2,p_3,t_1,t_2,t_3\}$和$\{p_4,p_5,t_3,t_4\}$，其中，$t_3$ 是两个子网的

共同变迁。例 5.3 求出的两个变迁分类是 $A_1=\{t_1\}$ 和 $A_2=\{t_2,t_3,t_4\}$，则可得到两个子网 $\Sigma_1=(P_1,A_1;F_1,M_{01})$ 和 $\Sigma_2=(P_2,A_2;F_2,M_{02})$。它们各自包含的库所和变迁分别是 $\{p_1,p_3,t_1\}$ 和 $\{p_1,p_2,p_3,p_4,p_5,t_2,t_3,t_4\}$。其中，$p_1$ 是两个子网的共同库所。从它们划分的结果来看，P-不变量的划分策略划分的子网包含的变迁、库所分布较均衡，更能体现变迁之间的并发性。

2. 两种划分策略的评价

通过对上述两种不同划分策略进行比较分析，可知两种策略均可对 Petri 网系统按照并发功能进行子网划分。但是，从 Petri 网并行化的角度来看，基于 P-不变量的功能划分策略不仅有严谨的数学理论为基础，求解出来的 P-不变量对功能子网划分精确度更高，划分的子网更适合于并行化处理，更接近于原型 Petri 网系统的并发运行。因此，对于 Petri 网的并行化功能子网划分策略，基于 P-不变量的划分策略优于 T-图划分策略。

6.2　Petri 网并行进程划分的判定定理

由定理 6.1 可以得到子网划分的条件，本节将从进程划分的角度来考察 Petri 网的并行进程的划分问题[1-5]。

假设 Petri 网 $N=(P,T;F,K,W,M)$，其中，$|P|=m$，$|T|=n$，它的 P-不变量的集合为

$$\Gamma=\{X_1,X_2,\cdots,X_m\}$$

其支集集合为

$$\Gamma_p=\{X_1,X_2,\cdots,X_r\}$$

则 P-不变量支集成为 Petri 网进程的条件如下。

(1) 对于 P-不变量支集集合 Γ_p 中的任意元素 X_i，若

$$\|X_i\|\neq\varnothing \text{ 或 } \|X_i\|\neq P$$

则 X_i 可能是 Petri 网的并行进程，即

$$\forall X_i\in\Gamma_p$$

使得

$$\|X_i\|\neq\varnothing \text{ 或 } \|X_i\|\neq P$$

则 X_i 可能是并行进程。

(2) 对于 P-不变量支集集合 Γ_p 中的元素 X_i，若 $\|X_i\|\neq\varnothing$ 或 $\|X_i\|\neq P$，其库所

$$p_i\in\|X_i\|=\{p_i\in P\mid X(i)>0\}$$

都必须具有输入变迁和输出变迁，且输入弧和输出弧的权值都等于 1，表示为

$$\forall X_i \in \Gamma_p, \forall p_i \in \| X_i \|, \exists (t,t') \in p_i^{\cdot} \cap {}^{\cdot}p_i \text{ 且 } w(p_i,t)=w(t',p_i)=1$$

(3) 对于 P-不变量支集集合 Γ_p 中的元素 X_i，其进程的全部库所至少包含一个令牌，否则 Petri 网不能运行，即

$$\sum_{p_i \in \| X_i \|} M(p_i) \geqslant 1$$

(4) 假设 Γ_c 是 Petri 网 P-不变量支集集合 Γ_p 中的元素组成的一种进程划分，则 Γ_c 有且仅有包含原型网的所有变迁，表示为

$$\bigcup_{i=1}^{|\Gamma_c|}\left(\bigcup_{j \in \| X_i \|}(p_j^{\cdot} \cup {}^{\cdot}p_j)\right)=T$$

(5) 子网划分 Γ_c 中的支集不存在共享库所，即

$$\forall X_i, X_j \in \Gamma_c, \| X_i \| \cap \| X_j \| = \varnothing$$

根据以上分析，P-不变量支集划分并行进程的判定条件可以由定理 6.2 得到。

定理 6.2　Petri 网并行进程划分的判定定理[6]。假设 Petri 网 $N=(P,T;F,K,W,M)$，其中，$|P|=m$，$|T|=n$，它的 P-不变量的集合为

$$\Gamma=\{X_1, X_2, \cdots, X_m\}$$

其支集集合为

$$\Gamma_p=\{X_1, X_2, \cdots, X_r\}, \quad r \leqslant m$$

若 P-不变量支集满足下列条件，则它们能够组成一组具有独立功能的 Petri 网并行进程。

$\forall X_i \in \Gamma_p$，使得

$$\| X_i \| \neq \varnothing \text{ 或 } \| X_i \| \neq P \tag{6.5}$$

则 X_i 可能是并行进程。

$$\forall X_i \in \Gamma_p, \forall p_i \in \| X_i \|, \exists (t,t') \in p_i^{\cdot} \cap {}^{\cdot}p_i \text{ 且 } w(p_i,t)=w(t',p_i)=1 \tag{6.6}$$

$$\sum_{p_i \in \| X_i \|} M(p_i) \geqslant 1 \tag{6.7}$$

$$\forall X_i, X_j \in \Gamma_c, \| X_i \| \cap \| X_j \| = \varnothing \tag{6.8}$$

$$\bigcup_{i=1}^{|\Gamma_c|}\left(\bigcup_{j \in \| X_i \|}(p_j^{\cdot} \cup {}^{\cdot}p_j)\right)=T \tag{6.9}$$

证明　(1) 假如网 N 的 P-不变量支集只有 1 个元素，则该支集对应的子网为网 N，可以设置一个进程。

(2) 假设网 N 的 P-不变量支集集合 Γ_p 有 m(有限)个元素，已知有 $m-1$ 个元素对应的子网是网 N 的进程，这 $m-1$ 个元素满足式(6.5)～式(6.8)的条件，但还不满足式(6.9)的条件。第 m 个元素也满足式(6.5)～式(6.8)的条件，由式(6.9)可知，$m-1$ 个元素与第 m 个元素构成网 N 的 P-不变量支集集合 Γ_p，它们满足式(2.5)的条件，则 m 个支集组成一组具有独立功能的 Petri 网并行进程。证毕。

例 6.2　如图 6.2 所示，根据定理 6.2 划分 Petri 网模型 Σ 的一组独立的并行进程。

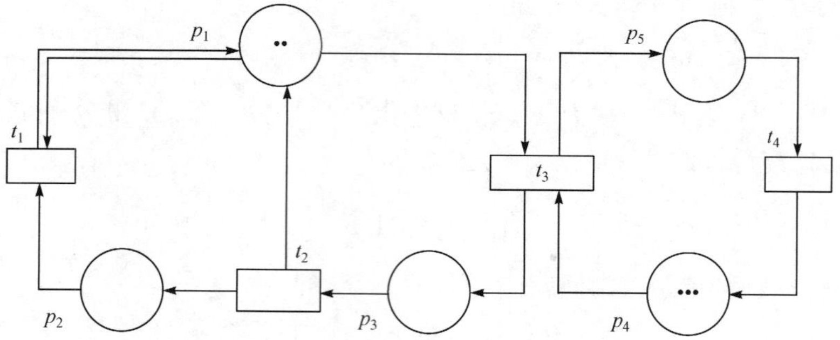

图 6.2　Petri 网 Σ_1

解　由输入矩阵 D_2^- 和输出矩阵 D_2^+ 求得 Petri 网 Σ_1 的关联矩阵 D_2 为

$$D_2=\begin{bmatrix} 0 & -1 & 0 & 0 & 0 \\ 1 & 1 & -1 & 0 & 0 \\ -1 & 0 & 1 & -1 & 1 \\ 0 & 0 & 0 & 1 & -1 \end{bmatrix}$$

则求得 3 个 P-不变量为

$$X_1=[1\ \ 0\ \ 1\ \ 0\ \ 0]^{\mathrm{T}},\quad X_2=[0\ \ 0\ \ 0\ \ 1\ \ 1]^{\mathrm{T}},\quad X_3=[0\ \ 0\ \ 0\ \ 0\ \ 0]^{\mathrm{T}}$$

由定义 3.19 可知，X_1、X_2 是 P-不变量支集。因此，只有 $\|X_1\|=\{p_1,p_2,p_3\}$，$\|X_2\|=\{p_4,p_5\}$可能是网 Σ_1 的并行子网。$\|X_1\|$ 和 $\|X_2\|$ 满足定理 6.2 中式(6.6)～式(6.9)的条件。因此，可以按 X_1、X_2 对应的子网进行划分，建立两个独立功能的并行进程。

6.3　Petri 网并行化进程划分的完备性理论

定理 6.2 给出了 Petri 网正库所的并行进程划分条件式(6.5)～式(6.9)，但是，Petri 网还存在非正库所等多种情况，给出的式(6.5)～式(6.9)的条件并不完备，还存在 3 个问题：①子网库所标识全都为 0 时，并行进程划分的条件问题；②进程间存在共享库所时，并行进程划分的条件问题；③无法划分为并行进程的问题。为此，以下对 Petri 网的并行进程划分条件完备性展开讨论。

6.3.1　子网库所标识全为零的情况

研究发现，如果库所不变量支集对应的子网中的库所标识全为零，那么不满足定理 6.2 中式(6.7)的条件；假设图 6.2 中的库所 p_1、p_2 的初始标识是空的，则网 Σ 的两个库所不变量支集 $\|X_1\|=\{p_1,p_2\}$，$\|X_2\|=\{p_3,p_4,p_5\}$中，支集 X_1 不

满足条件式(6.7)中的

$$\sum_{p_i \in \| X_i \|} M(p_i) \geqslant 1$$

条件,原因是 $M(p_1)=0$,$M(p_2)=0$,则

$$\sum_{p_i \in \| X_i \|} M(p_i) = 0$$

由于 X_1 不满足式(6.7)的条件,因此其对应的子网不需要设置进程。但是,如果只由 X_2 对应的子网创建 1 个进程,那么又不满足式(6.9)的条件,1 个进程不能使得网系统 Σ 正常运行。为了解决这个问题,本节对定理 6.2 中式(6.7)的条件进行扩展。

引理 6.1　在 Petri 网 $N=(P,T;F,K,W,M)$ 的 P-不变量支集集合 Γ_p 的元素中,如果给所有库所的初始标识为空的元素 $\| s \|$ 所对应的子网 N_s 的任意一个变迁 t 增加一个输入的非空库所,那么所构成的拓展子网 N_{s+p} 可以划分为一个独立功能的进程。

证明　子网 N_s 的任意一个变迁 t 增加一个输入的非空库所,由定义 3.4 中的条件(2)可知,必存在一个初始标识 M,使得变迁 t 使能,即 $M[t>$。拓展子网 N_{s+p} 可以运行,可以创建进程。

因此,如果给所有库所的初始标识为空的支集 $\| s \|$ 所对应的子网 N_s 的任意一个变迁 t 增加一个输入的非空库所,那么式(6.7)被扩展成下列形式:

$$\forall X_i \in \Gamma_p, \forall p_i \in \| X_i \|, \exists (t,t') \in p_i^{\cdot} \cap {}^{\cdot}p_i \text{ 且}$$

$$(W(p_i,t) = W(t',p_i) = 1) \wedge (\sum_{p_i \in \| X_i \|} M(p_i) \geqslant 1)$$

$$\vee (\sum_{p_i \in \| X_i \|} M(p_i) = 0 \wedge (M({}^{\cdot}({}^{\cdot}pi) \geqslant 1 \vee M({}^{\cdot}({}^{\cdot}p_i)) \geqslant 1)) \tag{6.10}$$

证毕。

例 6.3　图 6.3 增加一个非空库所 p' 所得到的 Petri 网模型 Σ_2,请划分子网及其进程。

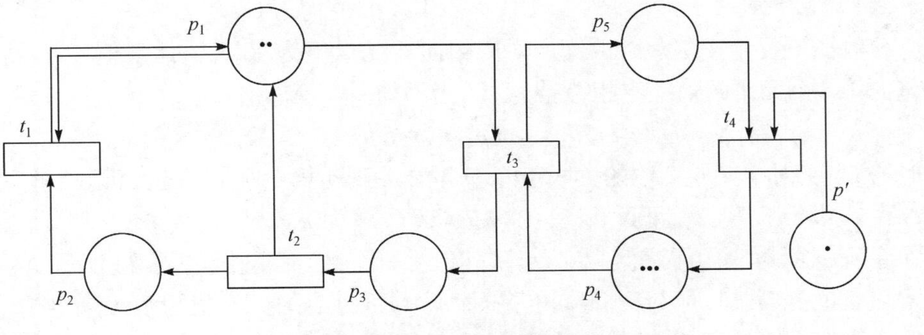

图 6.3　子网库所标识全为零的 Petri 网 Σ_2

类似例 6.2 的解法，求出网 Σ_2 的库所不变量为

$$X_1=[1\quad 0\quad 1\quad 0\quad 0\quad 0]^{\mathrm{T}},\quad X_2=[0\quad 0\quad 0\quad 1\quad 1\quad 0]^{\mathrm{T}}$$

同时，$\|X_1\|=\{p_1,p_2,p_3\}$、$\|X_2\|=\{p_4,p_5,p'\}$也是网 Σ_2 的库所不变量支集。经检验，X_1、X_2 所对应的子网满足定理 6.2 中式(6.5)～式(6.9)的条件。所以，它们对应的子网或拓展子网可以划分成两个进程。

6.3.2 子网间存在共享库所的情况

若分割出来的子网中存在着共享库所，则这些子网不满足定理 6.2 中式(6.8)的条件。为了解决这个问题，可以采用如下方法来避免库所的共享，并创建并行进程[6-12]。

首先找出 Petri 网中存在共享库所 $p_i(i<m)$的不变量支集 X_i 和 X_j，然后将 $p_i(i<m)$及其有向边自动复制一份，生成与原库所相同的库所 $p_i'(i<m)$及相同的有向边。原库所 $p_i(i<m)$与其中的一个支集 X_i 构成一个子网，生成的新库所 $p_i'(i<m)$与另一个支集 X_j 构成另一个子网，从而生成两个独立运行的子网，其结构与形式化表示分别为

$$X_{i1}=X_i\cup\{p_i\},\quad X_{j2}=X_j\cup\{p_i'\}$$

则这两个子网满足定理 6.2 中式(6.8)的条件。为此，对式(6.8)进行扩展。

引理 6.2 $\forall X_i,X_j\in\Gamma_c$，若

$$\|X_i\|\cap\|X_j\|=\{p_i\}$$

则添加一个新库所

$$p_i'=p_i(p_i'\in P,i<m),\quad \langle p_i',t_i\rangle=\langle p_i,t_i\rangle,\quad \langle t_j,p_i'\rangle=\langle t_j,p_i\rangle$$

使得

$$\|X_{i1}=X_i\cup\{p_i\}\|\cap\|X_{j2}=X_j\cup\{p'\}\|=\varnothing$$

证明 若$\|X_i\|\cap\|X_j\|=\{p_i\}$，假定

$$\|X_i\|=\{p_{i1},p_{i2},\cdots,p_{icm-1}\},\quad \|X_j\|=\{p_{j1},p_{j2},\cdots,p_{icm-1}\}$$

根据定义 3.19 可知，P-不变量支集向量 $X_i=[1\quad 1\quad x_k\quad \cdots\quad 1\quad \cdots\quad x_m]^{\mathrm{T}}$，$X_j=[1\quad 1\quad y_r\quad \cdots\quad 1\quad \cdots\quad y_m]^{\mathrm{T}}$，$x_k$ 和 y_r 的值均为 0 或 1。

每个不变量支集包含的库所对应的向量元素值为 1，其他元素值为 0，两个向量的第 i 个元素的值一定相等且为 1。当添加一个新库所

$$p_i'=p_i(p_i'\in P,i<m),\quad \langle p_i',t_i\rangle=\langle p_i,t_i\rangle,\quad \langle t_j,p_i'\rangle=\langle t_j,p_i\rangle$$

时，相当于对定义 6.2 中的关联矩阵 D 增加一列与第 i 列相同的元素，求解方程组 $DX=0$ 得到向量 X_{i1} 和 X_{j2}。其中，X_{i1}元素个数为 $m+1$，比 X_i 增加了 1 个元素，除库所 p_i'所对应的元素值为 0 以外，其他元素个数与 X_i相同；同样，向量 X_{j2}的元素个数也为 $m+1$，但与 X_j不同的是，库所 p_i'所对应的元素值为 1，而库所 p_i对应的元素值由原来的 1 变为 0。支集向量 X_i与 X_{j2}对应的元素没有同为 1 的值，则

$$\| X_{i1}=X_i\cup\{p_i\}\|\cap\| X_{j2}=X_j\cup\{p'\}\|=\varnothing$$

证毕。

依据引理 6.2,式(6.8)可扩展条件为式(6.11),即

$$\forall X_i,X_j\in\Gamma_c,\{\| X_i\|\cap\| X_j\|=\varnothing\}$$

或若

$$\| X_i\|\cap\| X_j\|=\{p_i\}$$

设

$$p_i=p_i' \text{且} p_i^{\cdot}=p_i'^{\cdot},\ ^{\cdot}p_i=^{\cdot}p_i'$$

则

$$\| X_{i1}=X_i\cup\{p_i\}\|\cap\| X_{j2}=X_j\cup\{p'\}\|=\varnothing \tag{6.11}$$

例 6.4　如图 6.4 所示,求出该 Petri 网 Σ_3 的并行进程(子网)。

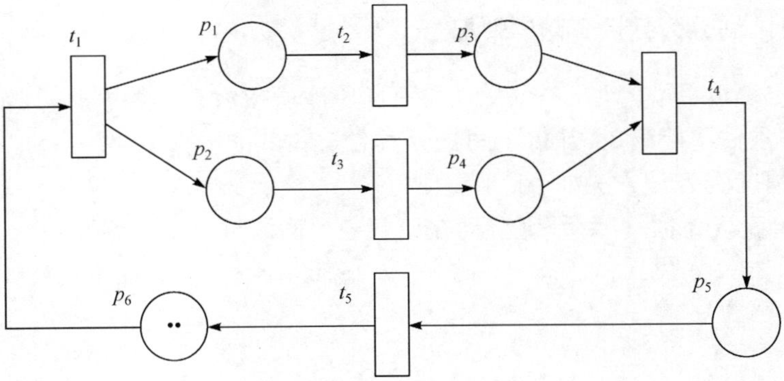

图 6.4　Σ_3 具有两个共享库所的 Petri 网模型

类似例 6.2 的解法,求出网 Σ_3 的库所不变量为

$$X_1=[1\ \ 0\ \ 1\ \ 0\ \ 1\ \ 1]^{\mathrm{T}},\quad X_2=[0\ \ 1\ \ 0\ \ 1\ \ 1\ \ 1]^{\mathrm{T}}$$

则

$$\| X_1\|=\{p_1,p_3,p_5,p_6\},\quad \| X_2\|=\{p_2,p_4,p_5,p_6\},\quad \| X_i\|\cap\| X_j\|=\{p_5,p_6\}$$

设 $p_5=p_5'$,$p_6=p_6'$,连接弧(t_4,p_4')、(p_5',t_5)、(t_5,p_6')、(p_6',t_1)。根据定义 3.18 可得

$$X_{11}=[1\ \ 0\ \ 1\ \ 0\ \ 1\ \ 1\ \ 0\ \ 0]^{\mathrm{T}},\quad X_{22}=[0\ \ 1\ \ 0\ \ 1\ \ 0\ \ 0\ \ 1\ \ 1]^{\mathrm{T}}$$

满足式(6.11)第二个条件,则

$$\| X_{11}=X_i\cup\{p_5,p_6\}\|\cap\| X_{22}=X_j\cup\{p_5',p_6'\}\|=\varnothing$$

划分的并行进程(子网)分别为

$$\| X_{11}\|=\{p_1,p_3,p_5,p_6\},\quad \| X_{22}\|=\{p_2,p_4,p_5',p_6'\}$$

如图 6.5 所示。

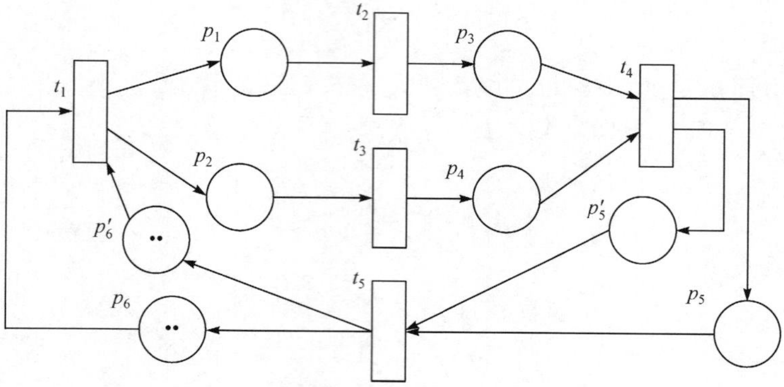

图 6.5　划分的两个进程(子网 X_{11} 和 X_{22})

6.3.3　无法划分为并行子网的情况

有些 Petri 网至少存在一个变迁没有前驱库所或没有后继库所，则定理 6.2 中式(6.9)的条件不能满足，并行子网划分就会失效[11]。

两种情况的处理方法如下。

(1) 若变迁无后继库所，则自动在该变迁后面添加一个新库所

$$p_j,\quad p_j \notin P$$

使

$$t_i^{\cdot} \in P$$

或添加一条弧

$$(t_i, p_j),\quad p_j \in P$$

则划分的子网满足式(6.9)的条件。

(2) 若变迁无前驱库所，则只需要添加一条弧

$$(p_j, t_i),\quad p_j \in P$$

使

$$^{\cdot}t_i = p_j \in P$$

划分的子网也满足式(6.9)的条件。

处理的方法及结论可以由引理 6.3 得出。

引理 6.3　$\forall t \in T, \exists t_i \in T\{i=1,2,\cdots,m\}$，若不存在 $t_i^{\cdot} \in P$，则添加一个新库所 $p_j(p_j \notin P)$使 $t_i^{\cdot} \in P$，或添加一条弧$(t_i, p_j)(p_j \in P)$，Petri 网可以划分并行子网；若不存在 $^{\cdot}t_i \in P$，则只需要添加一条弧$(p_j, t_i)(p_j \in P)$使 $^{\cdot}t_i = p_j \in P$，Petri 网也可划分并行子网。

证明　(1) $\forall t \in T, \exists t_i \in T\{i=1,2,\cdots,m\}$，若不存在 $t_i^{\cdot} \in P$，则由定义 3.18 可知，$D^+ = [d_{ij}^+]$第 i 行元素全为 0，即 $d_{ij}^+ = 0$；$D^- = [d_{ij}^-]$第 i 行元素 $d_{ij}^- = 1$ 的个

数大于等于 1($j=1,2,\cdots,n$),则 $D=D^{+}-D^{-}$第 i 行元素 $d_{ij}^{-}=1$ 的个数与 $d_{ij}^{-}=1$ 的个数相同。由定义 3.18 可知,不存在非平凡的 n 维非负整数向量 X 满足 $DX=0$,即不存在任何的 P-不变量支集,划分成并行子网。当添加一个新库所 p_j($p_j\notin P$)使 $t_i^{\cdot}\in P$,或添加一条弧(t_i,p_j)($p_j\in P$)时,$D^{+}=[d_{ij}^{+}]$第 i 行元素必有一个 $d_{ij}^{+}=1$,$D^{-}=[d_{ij}^{-}]$第 i 行元素 $d_{ij}^{-}=1$ 的个数不变或增加 1 个。此时,矩阵 D 第 i 行元素必存在 1 个元素 $d_{ij}^{-}=1$,元素 $d_{ij}^{-}=-1$ 的个数不变。由定义 3.19 可知,存在一个非平凡的 n 维非负整数向量 X 满足 $DX=0$,即存在至少 1 个 P-不变量支集,能够划分成并行子网。证毕。

(2) 证明方式同(1)。

由引理 6.3 得到式(6.9)的扩展条件式(6.12):$\forall X_i,X_j\in\Gamma_c,\bigcup_{i=1}^{|\Gamma_c|}(\bigcup_{j\in\|X_i\|}(p_j^{\cdot}\cup{}^{\cdot}p_j))=T\cup\{\forall t\in T,\exists t_i\in T\}\{i=1,2,\cdots,m\}\}$,若 $\exists t_i^{\cdot}$,则添加

$$p_j,\quad p_j\notin P$$

使

$$t_i^{\cdot}\in P\text{ 或添加一条弧}(t_i,p_j),p_j\in P$$

则

$$\bigcup_{i=1}^{|\Gamma_c|}(\bigcup_{j\in\|X_i\|}(p_j^{\cdot}\cup{}^{\cdot}p_j))=T\tag{6.12}$$

例 6.5　图 6.6(a)表示 Petri 网 Σ_4 中存在一个变迁无后继的情况,求其并行进程。

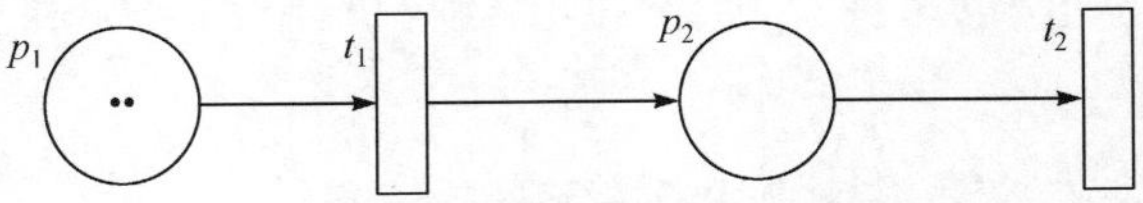

(a) 变迁没有后继库所的情况

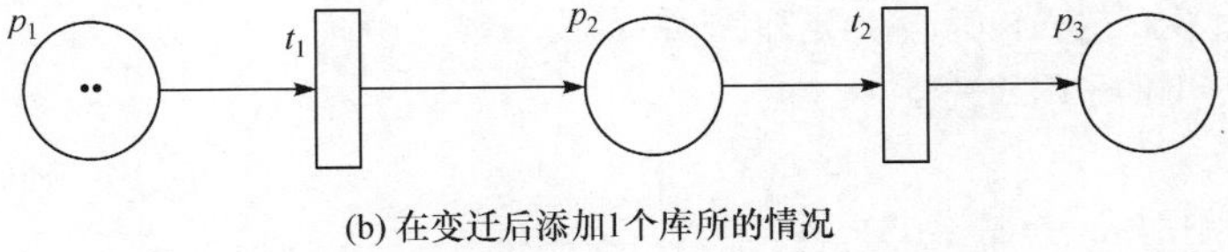

(b) 在变迁后添加1个库所的情况

图 6.6　变迁无后继添加库所前后变化情况

由定义 3.18 可知,图 6.6(a)Petri 网的关联矩阵为

$$D=\begin{bmatrix}-1 & 1\\ 0 & -1\end{bmatrix}$$

由定义 3.18 也可知,方程 $DX=0$ 不存在非平凡的非负整数向量解,则该网无法划分子网。

但是,在无后继的变迁 t_2 添加 1 个库所 p_3 后,得到了如图 6.6(b)所示的Petri 网,其关联矩阵变成

$$D=\begin{bmatrix} -1 & 1 & 0 \\ 0 & -1 & 1 \end{bmatrix}$$

由定义 3.19 可知,方程 $DX=0$ 存在 1 个非平凡的非负整数向量解 $X=[1\ \ 1\ \ 1]^T$,则该网可以划分成 1 个子网。

变迁无前驱与变迁无后继的情况类似,此处不再赘述。

6.3.4 子网划分的完备性定理

通过对 Petri 网子网划分的条件进行扩展,依据定理 6.2、引理 6.1~引理 6.3 得到并行子网划分的完备性定理 6.3。

定理 6.3 假设 Petri 网 $N=(P,T;F,K,W,M)$ 的库所不变量支集同时满足式(6.5)、式(6.6)、式(6.10)~式(6.12)的条件,则该 Petri 网可划分并行进程(子网)。

证明 由定理 6.2 和引理 6.3 的证明可得本定理的结论。证毕。

6.4 Petri 网并行化子网划分算法

5.1 节的算法 5.3 给出了求解 P-不变量及其支集的步骤,但是,P-不变量支集能否构成 Petri 网的一个子网划分,组成 Petri 网的一组并行进程,还要看它们是否满足定理 6.3 划分子网的条件。下面根据上述分析,给出 P/T 网并行子网划分算法。

算法 6.1 P/T 网并行子网划分算法

输入:P/T 网的输入矩阵、输出矩阵、初始标识。

输出:P/T 网的子网或进程。

Begin

第一步:调用算法 5.3,求出 P-不变量及其支集。

第二步:逐个支集判断是否满足定理 6.2 中式(6.5)和式(6.6)的条件,只要满足条件,就认为该支集对应的子网可能构成一个并行进程,标记后返回第二步;否则转第六步执行。

第三步:对标记能划分为子网的支集检验是否满足定理 6.2 中式(6.7)的条件,若满足,则执行第四步;否则,给该子网 N_s 的任意一个变迁 t 增加一个输入的非空库所,再按照式(6.10)的条件验证。

第四步:对满足第三步的所有支集进行两两验证,看其是否满足式(6.8)的条件,若满足,则执行第五步;否则,添加一个新库所

$$p_i'=p_i\ (p_i'\in P, i<m),\quad \langle p_i',t_i\rangle=\langle p_i,t_i\rangle,\quad \langle t_j,p_i'\rangle=\langle t_j,p_i\rangle$$

使得

$$\| X_{i1}=X_i\cup\{p_i\}\|\cap\| X_{j2}=X_j\cup\{p'\}\|=\varnothing$$

并对增加的支集验证其是否满足式(6.11)的条件。

第五步：对于满足第四步的所有支集，验证其是否满足式(6.12)的条件，若满足，则执行第七步。

第六步：若不存在 $t_i^{\cdot}\in P$，则添加一个新库所 p_j ($p_j\notin P$)使 $t_i^{\cdot}\in P$ 或添加一条弧 (t_i,p_j) ($p_j\in P$)，Petri 网可以划分并行子网；若不存在 $^{\cdot}t_i\in P$，则只需要添加一条弧 (p_j,t_i) ($p_j\in P$)使 $^{\cdot}t_i=p_j\in P$，Petri 网也可以划分并行子网，并对它们进行式(6.12)条件的验证。

第七步：P/T 网的子网或进程。

End

6.5 Petri 网并行化子网划分算法的应用

根据具体的 Petri 网应用系统，通过该算法对求出的每一个并行进程进行编程实现，就可以模拟或运行 Petri 网应用系统，得到用户满意的结果。

6.5.1 ATM 存取款系统转换成 P/T 网模型

通过一个模拟 ATM 银行存取款系统(图 6.7)来考察 Petri 网系统的并行化子网划分算法。该系统一些具体参数如下：

(1) key 表示用户账号，s 表示用户存款数额，不同的用户 s 值可以不同。

(2) 数据库存储用户信息为(key, s)，表示用户 key 当前在银行里的存款数额。

(3) 操作类型符“+”表示存款，“−”表示取款，“±”表示“+”或“−”。

(4) 操作用 xy 表示，$xy=+$ 或 $xy=-$ 分别表示存款或取款操作。

(5) (xy, key, m)表示对账号为 key 的用户进行存 m 元或取 m 元的操作。

(6) $xy=\pm\ m$ 和 key=key$_1$ 表示用户账号与银行账号相同，可以对账号为 key$_1$ 的用户进行存款或取款操作。

(7) 假设用户数为 n 个，key=id=1,2,3,…,n。

为了解决上述实际问题，根据图 6.7 的存取款数据流和上述参数，将实际的系统转换成 P/T 网模型，如图 6.8 所示。其中，p_1 表示用户操作类型，“·”表示该库所有 1 个令牌；p_2 表示用户存取款信息，p_3 表示用户信息正确，p_4 表示该库所包括 n 个用户账号及密码信息，并约定用“…”表示该库所有 n 个令牌，而不是 3 个令牌；同样，p_5 表示银行账户库，“…”表示该库所有 n 个令牌；t_1 表示用户存取操作，

t_2 表示接收用户账号并验证用户信息，t_3 表示机器的自动存款操作，t_4 表示机器的自动取款操作。

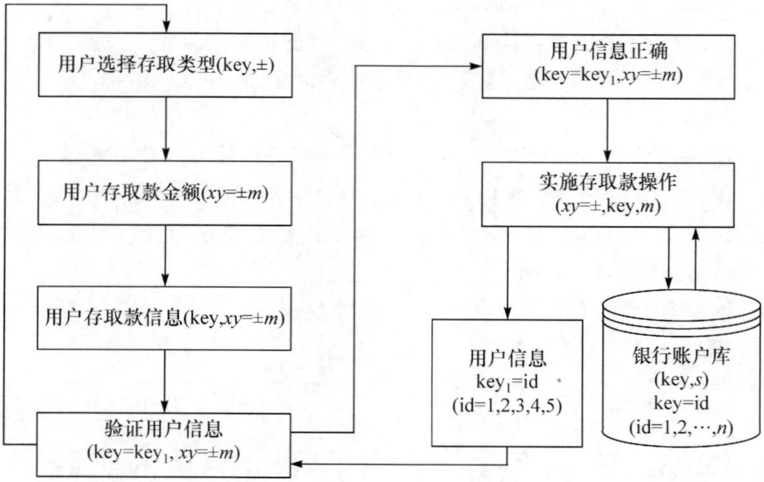

图 6.7　ATM 存取款数据流

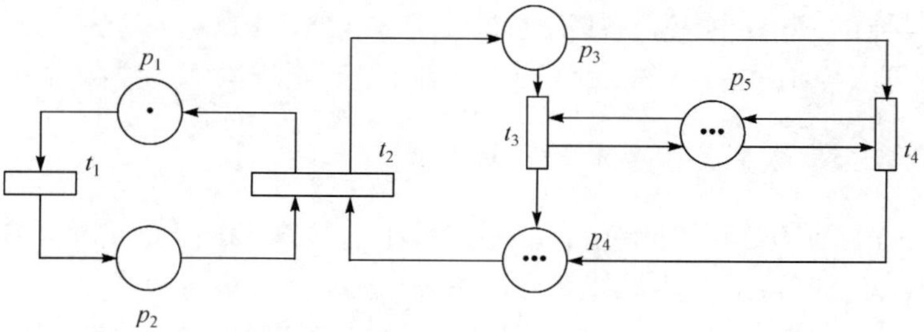

图 6.8　ATM 银行系统的 Petri 网

6.5.2　各种高级 Petri 网模型子网划分实例

以下是各种高级 Petri 网模型子网划分的几个实例。

(1) 如图 4.1 所示，给出有三种颜色的 Petri 网模型，根据算法 6.1 的 Petri 网并行化子网划分算法，求解出可划分的子网或进程。

(2) 给出包含二元和三元谓词的谓词/变迁 Petri 网模型如图 4.6 所示，根据算法 6.1 的 Petri 网并行化子网划分算法，求解出可划分的子网或进程。

(3) 对例 6.5 进行验算，以验证算法 6.2 及理论求解的正确性。

6.5.3　实验结果与分析

这里对 Petri 网功能划分完备性条件及划分算法的正确性与有效性进行验证。实验的硬件环境：CPU 为 Intel 酷睿 2 双核 2.3GHz 处理器，内存为 1GB。软件环境：Microsoft Windows XP，Visual Studio 2010。实验过程及结果如下。

1. ATM 存取款系统实验结果与分析

实验结果如表 6.1 所示。

表 6.1 ATM 存取款系统实验验算结果

输入数据	输出结果	结论
$D^+[4][5]=\{\{0,1,0,0,0\},\{1,0,1,0,0\},\{0,0,0,1,1\},\{0,0,0,1,1\}\}$ $D^-[4][5]=\{\{1,0,0,0,0\},\{0,1,0,1,0\},\{0,0,1,0,1\},\{0,0,1,0,1\}\}$ $M_0=\{1,0,0,n,n\}$	$X_1=[1\ \ 1\ \ 0\ \ 0\ \ 0]^T$ $X_2=[0\ \ 0\ \ 1\ \ 1\ \ 0]^T$ $X_3=[0\ \ 0\ \ 0\ \ 0\ \ 1]^T$ $\Gamma_1=\{X_1,X_2\},\Gamma_2=\{X_1,X_3\}$ subnets=2	可划分为 2 个子网

实验结果分析如下：

子集 $\Gamma_{p1}=\{X_1,X_3\}$ 和 $\Gamma_{p2}=\{X_1,X_2\}$ 都满足定理 6.3 的条件。因此，ATM 存款 Petri 网系统有两种功能划分。一种是按 X_1、X_2 对应的子网划分为两个进程 p_a 和 p_b。其中，进程 p_a 的功能是操作生成，即若库所 p_1 的状态是(“+”, key, m)，则变迁 t_1 就产生 xy=“+”，库所 p_2 的状态为(xy=“+”, key, m)；若库所 p_1 的状态是(“−”, key, m)，则变迁 t_1 就产生 xy=“−”，库所 p_2 的状态为(xy=“−”, id, n)；进程 p_b 的功能是操作管理，即库所 p_3 的状态是 xy=“+”和 key=key_1 时，由变迁 t_3 进行存款 m 元的操作，库所 p_3 的状态是 xy=“−”和 key=key_1 时，由变迁 t_4 进行取款 m 元的操作。另一种是按 X_1、X_3 对应的子网划分为两个进程 p_c 和 p_d（它们的功能类似）。

2. 颜色 Petri 网模型功能划分实验结果与分析

颜色 Petri 网模型在并行化子网划分算法的实验结果如表 6.2 所示。

表 6.2 颜色 Petri 网划分结果

输入数据	输出结果	结论
$D^+[3][4]=\{\{(0,0,0),(0,1,0),(1,0,0),(0,1,0)\},\{(0,0,0),(0,0,2),(0,0,0),(0,0,0)\},\{(1,2,3),(0,0,0),(0,0,0),(0,0,0)\}\}$ $D^-[3][4]=\{\{(1,2,1),(0,0,0),(0,0,0),(0,0,0)\},\{(0,0,2),(0,0,0),(0,0,0),(0,0,0)\},\{(0,0,0),(0,0,2),(1,1,0),(0,1,1)\}\}$ $M_0=\{(1,2,3),(0,0,0),(0,0,0),(0,0,0)\}$	$X_1=[1\ \ 1\ \ 0\ \ 0\ \ 1\ \ 1]^T$ $X_2=[1\ \ 0\ \ 0\ \ 0\ \ 1\ \ 0]^T$ $X_3=[1\ \ 0\ \ 0\ \ 0\ \ 0\ \ 1]^T$ $X_4=[0\ \ 1\ \ 0\ \ 0\ \ 1\ \ 0]^T$ $X_5=[0\ \ 1\ \ 0\ \ 0\ \ 0\ \ 1]^T$ $X_6=[0\ \ 0\ \ 1\ \ 1\ \ 0\ \ 0]^T$ $\Gamma_1=\{X_1,X_2,X_3,X_4,X_5\}$ $\Gamma_{12}=\{X_6\}$ subnets=2	可划分为 2 个子网

实验结果分析如下：

颜色 Petri 网模型属于非 P/T 网，因此在算法的第一步先进行网模型的转换，即将颜色 Petri 网模型转换成 P/T 网模型。在输出的结果中，划分的子网有 2 个，即 $\Gamma_1=\{X_1,X_2,X_3,X_4,X_5\}$ 和 $\Gamma_{12}=\{X_6\}$，网模型中的库所个数由原来颜色网的 4 个变成了 P/T 网的 6 个。从理论上分析，根据文献[6]的 Petri 网转换方法，颜色 Petri 网的库所 p_1 包含 3 种非 0 令牌，该库所转换成 P/T 网时，将会由 1 个库所变为 3 个库所；其他 3 个库所没有令牌转换时，库所保持不变[12]。因此，转换成 P/T 网模型后，库所的个数由原来的 4 个变成了 6 个。根据定理 6.1、定理 6.2 和定义 6.3，求解得到的 $X_1 \sim X_6$ 都是支集，应该可以划分为 6 个子网。但是，根据定理 6.2 的式(6.8)，支集 $X_1 \cap X_2 \cap X_3 \cap X_4 \cap X_5 \neq \varnothing$，不能单独划分为子网，而 $\{X_1 \cap X_2 \cap X_3 \cap X_4 \cap X_5\} \cap \{X_6\}=\varnothing$，满足定理 6.2 所有条件。因此，算法的运算结果与理论分析是一致的。

3. 谓词/变迁 Petri 网模型划分实验结果与分析

谓词/变迁 Petri 网模型在并行化子网划分算法的实验结果如表 6.3 所示。

表 6.3 谓词/变迁 Petri 网实验结果

输入数据	输出结果	结论
$D^+[1][3]=\{(0,0,0),(0,0,0),(1,2,0)\}$ $D^-[1][3]=\{(2,2,1),(1,1,3),(0,0,0)\}$ $M_0=\{(2,2,1),(1,1,3),(1,2,0)\}$	$X_1=[1\ \ 1\ \ 0\ \ 0\ \ 0\ \ 0\ \ 1\ \ 1]^T$ $X_2=[0\ \ 1\ \ 1\ \ 0\ \ 0\ \ 0\ \ 1\ \ 1]^T$ $X_3=[0\ \ 0\ \ 1\ \ 1\ \ 0\ \ 0\ \ 1\ \ 1]^T$ $X_4=[0\ \ 0\ \ 0\ \ 1\ \ 1\ \ 0\ \ 1\ \ 1]^T$ $X_5=[0\ \ 0\ \ 0\ \ 0\ \ 1\ \ 1\ \ 1\ \ 1]^T$ $\Gamma_{p1}=\{X_1,X_2,X_3,X_4,X_5\}$ subnets=1	可划分为 1 个子网

实验结果分析如下：

算法的运行结果为 $\Gamma_1=\{X_1,X_2,X_3,X_4,X_5\}$，可以划分为 1 个子网；库所的个数由原来谓词/变迁网的 3 个变成 P/T 网的 8 个。从理论上分析，根据文献[6]的 Petri 网转换方法，该谓词/变迁网的库所 p_1、p_2、p_3 分别包含 3、3、2 个非 0 令牌，这 3 个库所转换成 P/T 网的库所时，将分别转换成 3、3、2 个库所，共 8 个库所。根据定理 6.1、定理 6.2 和定义 6.3，求解得到的 $X_1 \sim X_5$ 都是支集，应该可以划分为 5 个子网。但是，由于支集 $X_1 \cap X_2 \cap X_3 \cap X_4 \cap X_5 \neq \varnothing$，且由定理 6.3 的式(6.12)可知，网系统只存在 1 个变迁，划分的子网即该网模型本身。因此，算法的运算结果与理论分析是一致的。

4. 本章实例实验验算结果与分析

例 6.1～例 6.5 在 Petri 网系统并行化子网划分算法的运算结果如表 6.4 所示。

表 6.4　例 6.1～例 6.5 运算结果

序号	输入数据	输出结果	结论
Σ 模型（例 6.1）	$D^+[4][4]=\{\{1,0,0,0\},\{1,0,0,0\},\{0,1,1,0\},\{0,0,0,1\}\}$ $D^-[4][4]=\{\{0,1,0,0\},\{0,1,0,0\},\{1,0,0,1\},\{0,0,1,0\}\}$ $M_0=(2,0,2,0)$	$X_1=[1\ \ 1\ \ 0\ \ 0]^T$ $X_2=[0\ \ 0\ \ 1\ \ 1]^T$ $X_3=[1\ \ 1\ \ 1\ \ 1]^T$ $X_4=[0\ \ 0\ \ 0\ \ 0]^T$ $\Gamma_p=\{X_1,X_2\}$ subnets=2	可划分为 2 个子网
Σ_1 模型（例 6.2）	$D^+[4][5]=\{\{1,0,0,0,0\},\{1,1,0,0,0\},\{0,0,1,0,1\},\{0,0,0,1,0\}\}$ $D^-[4][5]=\{\{1,1,0,0,0\},\{0,0,1,0,0\},\{1,0,0,1,0\},\{0,0,0,0,1\}\}$ $M_0=(3,0,2,0,0)$	$X_1=[1\ \ 0\ \ 1\ \ 0\ \ 0]^T$ $X_2=[0\ \ 0\ \ 0\ \ 1\ \ 1]^T$ $X_3=[0\ \ 0\ \ 0\ \ 0\ \ 0]^T$ $\Gamma_p=\{X_1,X_2\}$ subnets=2	可划分为 2 个子网
Σ_2 模型（例 6.3）	$D^+[4][6]=\{\{1,0,0,0,0,0\},\{1,1,0,0,0,0\},\{0,0,1,0,1,0\},\{0,0,0,1,0,0\}\}$ $D^-[4][6]=\{\{1,1,0,0,0,0\},\{0,0,1,0,0,0\},\{1,0,0,1,0,0\},\{0,0,0,0.1,1\}\}$ $M_0=(2,0,0,0,0,1)$	$X_1=[0\ \ 1\ \ 1\ \ 0\ \ 0\ \ 0]^T$ $X_2=[0\ \ 0\ \ 0\ \ 1\ \ 1\ \ 0]^T$ $\Gamma_p=\{X_1,X_2\}$ subnets=2	可划分为 2 个子网
Σ_3 模型（例 6.4）	$D^+[5][6]=\{\{1,1,0,0,0,0\},\{0,0,1,0,0,0\},\{0,0,0,1,0,0\},\{0,0,0,0,1,0\},\{0,0,0,0,0,1\}\}$ $D^-[5][6]=\{\{0,0,0,0,0,1\},\{1,0,0,0,0,0\},\{0,1,0,0,0,0\},\{0,0,1,1,0,0\},\{0,0,0,0,1,0\}\}$ $M_0=(0,0,0,0,0,2)$	$X_1=[1\ \ 0\ \ 1\ \ 0\ \ 1\ \ 1\ \ 0\ \ 0]^T$ $X_2=[0\ \ 1\ \ 0\ \ 1\ \ 0\ \ 0\ \ 1\ \ 1]^T$ $\Gamma_p=\{X_1,X_2\}$ subnets=2	可划分为 2 个子网
Σ_4 模型（例 6.5）	$D^+[2][3]=\{\{0,1,0\}\{0,0,1\}\}$ $D^-[2][3]=\{\{1,0,0\},\{0,1.0\}\}$ $M_0=(2,0,0)$	$X_1=[1\ \ 1\ \ 1]^T$ $\Gamma_p=\{X_1\}$ subnets=1	可划分为 1 个子网

实验结果分析如下：

本节给出的例子中，Petri 网系统都不相同，但是，通过程序运行验算，例 6.1～例 6.5 的实验结果与理论求解的结果是一致的。例 6.1 和例 6.5 都存在运算结果元素全为 1 的不变量支集 $X_3=[1\quad 1\quad 1\quad 1]^{\mathrm{T}}$ 和 $X_1=[1\quad 1\quad 1]^{\mathrm{T}}$，但是在划分子网时，例 6.1 并不把该支集计算为 1 个子网，而例 6.5 却算作 1 个子网。原因是算法对定理 6.2 中式(6.5)和式(6.6)条件作了处理，即凡是求出的不变量个数大于 1，则不变量元素全为 1 的支集不算是一个子网，因为该网能够划分成 2 个以上的子网，而算出的不变量个数为 1，且不变量元素全为 1 的支集其本质就是该网本身，所以把它看成划分子网的特例。

6.6　Petri 网的并行性分析

前面几章主要对 Petri 网系统的并行化子网划分进行了研究，目的是要把整个复杂系统中能够并行执行或运行的各位部分分解出来，以便整个系统能够并行运行或模拟执行，提高系统的运行效率。下面将从系统的角度，对分解出来的子网内部以及子网之间的并行性进行分析，为并行程序设计与分析提供理论依据。

6.6.1　Petri 网子网内部的并行性分析

对各种复杂系统进行 Petri 网建模时，一般情况下把执行的状态或资源的状态看成 Petri 网的库所，执行的状态或资源的状态的数量看成库所中的令牌个数，系统执行的动作或操作行为看成 Petri 网的变迁。对 Petri 网进行子网划分后，各子网都包含若干库所和变迁，下面从变迁的行为或动作对 Petri 网子网的功能进行分析。

第一种情形：若子网中的变迁 t 满足 $|{}^{\cdot}t|=|t^{\cdot}|=1$，即变迁只有一个输入库所和一个输出库所，则这个变迁就是该进程的局部行为或局部动作。

第二种情形：若进程中的任意两个变迁 t_1 和 t_2 存在一个标识 M，使得

$$M[t_1>M_1\rightarrow M_1[t_2>\text{且 } M[t_2>M_2\rightarrow M_2[t_1>$$

则进程内的变迁 t_1 和 t_2 是并发的，即两个变迁的发生不会相互影响。

第三种情形：若进程中的任意两个变迁 t_1 和 t_2 存在一个标识 M，使得

$$M[t_1>M_1\rightarrow M_1[t_2>\text{且 } M[t_2>M_2\rightarrow M_2[t_1>$$

则进程内的变迁 t_1 和 t_2 在 M 冲突。处于冲突的两个变迁，当其中一个发生时，另一个变迁就会失去发生权，反之亦然。解决变迁冲突问题，可以通过施加外部控制，加入库所 p_a 和 p_b，使 $p_at_1p_bt_2$ 形成一个控制回路，t_1 和 t_2 的冲突消除[13-15]。

下面对 Petri 网系统进程内部变迁并行性进行分析。进程内部变迁的并行性与变迁的行为密切相关。若变迁属于第一种情形，则其行为是局部行为，这些行为发生在同一个进程内部，具有时间的顺序性，在编程实现时，这些行为发生在同一个进程内部，由进程所在的处理机串行实现；若变迁属于第二种情形，则这些变迁行为可以同时发生，并行执行，可以采用分散式工作池等并行策略来实现；若变迁

属于第三种情形，则进程不能正常运行。若加入两个库所使它们构成一个控制回路，则 t_1 和 t_2 的冲突消失，形成两个并发变迁，即具有并行性，此时，可归为第二种情形来实现。

6.6.2　Petri 网子网之间的并行性分析

若两个进程之间具有共享的变迁，即 $\Gamma_p \cap \Gamma_d = \{t_i\} \neq \varnothing$，两个进程之间有超过一个输入库所和输出库所的变迁，则这两个进程存在同步变迁。这个变迁起到一个服务器的作用，通过这个服务器两个进程之间可以进行信息交换。具体实现时，两个进程实际上是与一个服务器在进行信息交换；进程间的并发与建立 Petri 网的实际问题有直接关系。有些系统的进程之间并发执行，有些系统的进程顺序执行，这需要具体问题具体分析。在消息传递系统中，若进程并发执行，则采用异步方式来实现；若进程间顺序执行，则可以采用流水线方式实现。

6.7　消息传递平台的 Petri 网系统并行算法

根据 6.6 节的分析，以消息传递系统为平台，构建 Petri 网系统并行算法。

算法 6.2　Petri 网系统并行算法

输入：输入矩阵、输出矩阵、初始标识。

输出：各进程的模拟执行。

Begin

第一步：根据 Petri 网子网划分算法 6.1，将网系统划分成若干个进程。

第二步：根据条件 $\Gamma_p \cap \Gamma_d = \{t_i\} \neq \varnothing$，找出进程之间共享变迁，将每一个共享变迁看成一个服务器进程。

第三步：将若干进程和服务器进程分别映射（分配）到消息传递系统平台的不同处理器中。Petri 网的功能由各进程处理器完成，服务器进程实现进程之间信息传送。

第四步：Petri 网进程的功能实现。每一个进程都是一个顺序状态机，可以看成一个编程任务模型，当到达无后继状态库所时，循环结束。

第五步：进程内部变迁并发和冲突的功能实现。根据 6.6.1 节，若两个以上变迁是并发执行，则采用分散式工作池来实现，即将这些变迁看成同时运行的局部动作，除本处理器保留一个变迁外，其余变迁分发给其他处理器来执行。这样，这个进程又产生几个子进程，由相应的处理器来处理。如果几个变迁产生冲突，那么给它们添加库所，构成一个控制回路后，这些变迁由冲突变成并发执行，处理过程归结为变迁的并发处理。

第六步：进程内部局部动作的功能实现。局部动作是变迁的执行过程，只需要在处理器或进程内部进行顺序编程处理。

第七步：两个进程之间共享变迁服务器功能的实现。这个变迁的功能包括接收来自两个连接进程的信息、信息处理以及发送信息给与之连接的两个进程等局部动作。

第八步：输出各进程的模拟运行。

End

6.8 Petri 网系统并行算法的验证

通过图 6.7 所示的 ATM 银行存取款系统来验证 Petri 网系统并行算法的有效性。该系统具体参数见 6.5 节的分析。实验环境为操作系统 Linux8.0，CPU 为奔腾四，内存为 512MB，Turbo C2.0；再通过 Linux8.0＋MPI 平台仿真并行算法 6.1，实验过程及结果如下。

输入 Petri 网模型的初始数据如下：

输出矩阵为

$D^+[4][5]=\{\{0,1,0,0,0\},\{1,0,1,0,0\},\{0,0,0,1,1\},\{0,0,0,1,1\}\}$

输入矩阵为

$D^-[4][5]=\{\{1,0,0,0,0\},\{0,1,0,1,0\},\{0,0,1,0,1\},\{0,0,1,0,1\}\}$

初始标识为

$$M_0=\{1,0,0,5,5\}$$

实验结果与分析如下：

库所不变量分别为 $X_1^T=[1\quad 1\quad 0\quad 0\quad 0]$，$X_2^T=[0\quad 0\quad 1\quad 1\quad 0]$，$X_3^T=[0\quad 0\quad 0\quad 0\quad 1]$；$X_1$、$X_2$、$X_3$ 是支集。子集 $\Gamma_{p1}=\{X_1,X_3\}$ 和 $\Gamma_{p2}=\{X_1,X_2\}$ 满足定理 6.2 的条件。因此，模拟银行存款 Petri 网系统有两种功能划分：

一种是按 X_1、X_2 对应的子网划分为两个进程 p_a 和 p_b。其中，进程 p_a 的功能是操作生成，即若库所 p_1 的状态是(“＋”，id，n)，则变迁 t_1 就产生 op＝“＋”，库所 p_2 的状态为(op＝“＋”，id，n)；若库所 p_1 的状态是(“－”，id，n)，则变迁 t_1 就产生 op＝“－”，库所 p_2 的状态为(op＝“－”，id，n)；进程 p_b 的功能是操作管理，即库所 p_3 的状态是 op＝“＋”和 id＝id_1 时，由变迁 t_3 进行存款 n 元的操作，库所 p_3 的状态是 op＝“－”和 id＝id_1 时，由变迁 t_4 进行取款 n 元的操作。

另一种是按 X_1、X_3 对应的子网划分为两个进程 p_c 和 p_d(它们的功能类似)。

对模拟银行存款 Petri 网系统按 X_1、X_2 对应的子网划分为 p_a 和 p_b 两个进程，然后根据 6.7 节并行算法，再设置共享变迁 t_2 的服务器进程 p_s 和模拟数据库(库所 p_5)进程 p_k，则并行程序设置 p_a、p_b、p_s、p_k 四个进程。其中，p_a 和 p_b 的功能已在前面进行了描述，p_s 负责在 p_a 和 p_b 进程之间进行数据交换，这里主要描述接收进程 p_a 的状态数据(op＝“＋”，id，n)和进程 p_b 的用户账号 id_1，并传送给进程 p_b；进程 p_k 模拟数据库操作，当 p_b 进行存取款操作时，它将该用户的信息(id，

m)发送给 p_b,然后接收 p_b 发送回的存取款结果(id,$m \pm n$)。在 Linux8.0+MPI、Turbo C2.0 环境下进行仿真实验,并行程序采用 SPMD 模型,程序用 MPI 函数库与 C 语言编写,4 个进程分别映射到编号是 0、1、2、3 的 4 个处理器中,用一维数组模仿数据库,用户数为 100 个,用户账号用 1,2,3,…,100 表示。随机对 30 个用户进行存取款操作,程序运行结果正确。仿真实验结果表明,Petri 网系统可以通过库所不变量方法进行功能划分,然后根据功能划分结果进程并行算法设计,使 Petri 网系统能够并行运行,实现 Petri 网建模的目的。

参考文献

[1] 陈曦,高仲仪. 静态检测 Ada 任务死锁的 Petri 网方法[J]. 计算机研究与发展,1997,34(s1):931—936.

[2] 史晓华,高仲仪,邵晖. ADA 程序通信死锁的动态检测方法[J]. 计算机研究与发展,1999,36(8):558—561.

[3] 方贤文. 基于 Petri 网的并行分析与评价[D]. 青岛:山东科技大学,2004.

[4] 廖伟志,古天龙,李文敬. 基于一种新型混杂 Petri 网的混杂系统建模与控制[J]. 计算机制造系统,2008,14(11):2134—2141.

[5] Girault C, Valk R. Petri Nets for Systems Engineering: A Guide to Modeling, Verification, and Applications[M]. Berlin: Springer-Verlag, 2003: 159—235.

[6] Li W J, Yang W, Li S. Research on methods of transformation of Petri nets systems into the place transition nets[C]//The 3rd Global Congress on Intelligent Systems, Wuhan, 2012: 233—236.

[7] 郝克刚,丁剑洁. 层次结构的 Petri 网[J]. 计算机科学与探索,2008,2(2):123—130.

[8] Couvreur J M, Poitrenaud D, Weil P. Supporting processes of general Petri nets[C]//Proceeding of Applications and Theory of Petri Nets, Newcastle, 2011: 129—148.

[9] Khomenko V, Mokhov A. An algorithm for direct construction of complete merged processes[C]//International Conference, Newcastle, 2011: 89—108.

[10] Kocí R, Janoušek V. Towards design method based on formalisms of Petri nets[C]//The 6th International Conference on Software Engineering Advances, Barcelona, 2011: 299—304.

[11] Kocí R, Janoušek V. Simulation based design of control systems using DEVS and Petri nets[J]. Lecture Notes in Computer Science, 2009, 5717: 849—856.

[12] Wang C, Feng X J, Li X. Colored Petri net model with automatic parallelization on real-time multicore architectures[J]. Journal of Systems Architecture, 2014, 60(3): 293—304.

[13] 李文敬,黄容伟,廖伟志. 基于相对梯度的自适应图像分形压缩并行算法[J]. 微电子学与计算机,2007,24(10):115—117.

[14] 夏传良. Petri 网共享 T 型子网合成结构性质分析及其应用[J]. 计算机科学,2007,34(3):542.

[15] 蓝乾艺. 基于约束程序的 Petri 网可达问题的研究[D]. 南宁:广西大学,2007.

第 7 章　多核机群的 Petri 网并行模型及其算法

本章内容主要包括 Petri 网的并行化结构模型和代数模型、基于多核 PC 的 Petri 网并行算法、多核机群的 Petri 网并行模型、多核机群的 Petri 网并行算法以及对算法的编程实验验证。

7.1　Petri 网的并行模型

7.1.1　引言

无论是生产过程还是生活过程,对产品的要求不断提升,产品生产的工序日益复杂,物料的调配更加精细。这些问题的出现导致人们对生产过程的掌控越来越力不从心。仅靠传统的分析调配模式已满足不了大规模复杂生产过程的需要,这势必导致在生产过程中生产资料得不到充分应用、人员不能合理分工、生产周期过长、资源出现争用等问题。要解决这些问题, 亟须一种合适高效的建模工具对其进行建模、简化、分析,找出其可能并行的模型,从而得出最优的生产策略,提高生产效率,满足生产需要[1-8]。

Petri 网是一种可用图形表示的组合模型,具有直观、易懂的优点,对描述和分析并发现象有独到之处,可以准确有效地分析实际问题中出现的资源争用的现象。目前对 Petri 网的研究着重对其建模的广度,即其可运用到的领域进行研究,对于 Petri 网的性质研究较少。而对 Petri 网性质的研究,有利于更好地建模和对实际问题进行分析。Petri 网的并行性是 Petri 网的重要性质,对 Petri 网并行性的研究可帮助分析并行操作的实际问题,还可分析出制约生产速度的关键工序,从而提高生产效率。Petri 网模型规模越来越庞大,人工求解分析既速度慢,又保证不了准确率。多核机群的发展日益成熟,若将多核机群用于 Petri 网的并行化分析求解中,将大大提高分析的效率和准确性[9-15],从而可以高效地解决实际工程问题。因此,基于多核机群的 Petri 网并行模型及其算法的研究具有重要意义。

Petri 网划分并行子网可以找出可并行的工序,以及影响生产进程的关键生产步骤,从而更好地指导和改进生产过程,提高生产效率。第 2 章详细介绍了并行体系结构以及并行编程模型,并提出了多核机群环境下新的编程模型。下面将结合第 2 章多核机群的并行编程模型,提出基于多核机群的 Petri 网并行模型。

与第 3 章 Petri 网的数学模型一样,Petri 网的并行模型也可以表示为几何(图形)模型和代数模型[16-26]。

7.1.2　Petri 网并行几何模型

Petri 网的并行化主要基于 *P*-不变量技术。*P*-不变量技术在求解 Petri 网的过程中需要求解的关键问题为 Petri 网的关联矩阵以及 *P*-不变量的支集。

除此之外，在进行 Petri 网并行进程的求解之前，需要将非 P/T 网转化为 P/T 网，并对 P/T 网结构子网进行完备性检测，查看是否存在子网库所无令牌、子网之间无共享库所、无法划分子网等情况[27-35]。完整的 Petri 网并行化流程如图 7.1 所示。

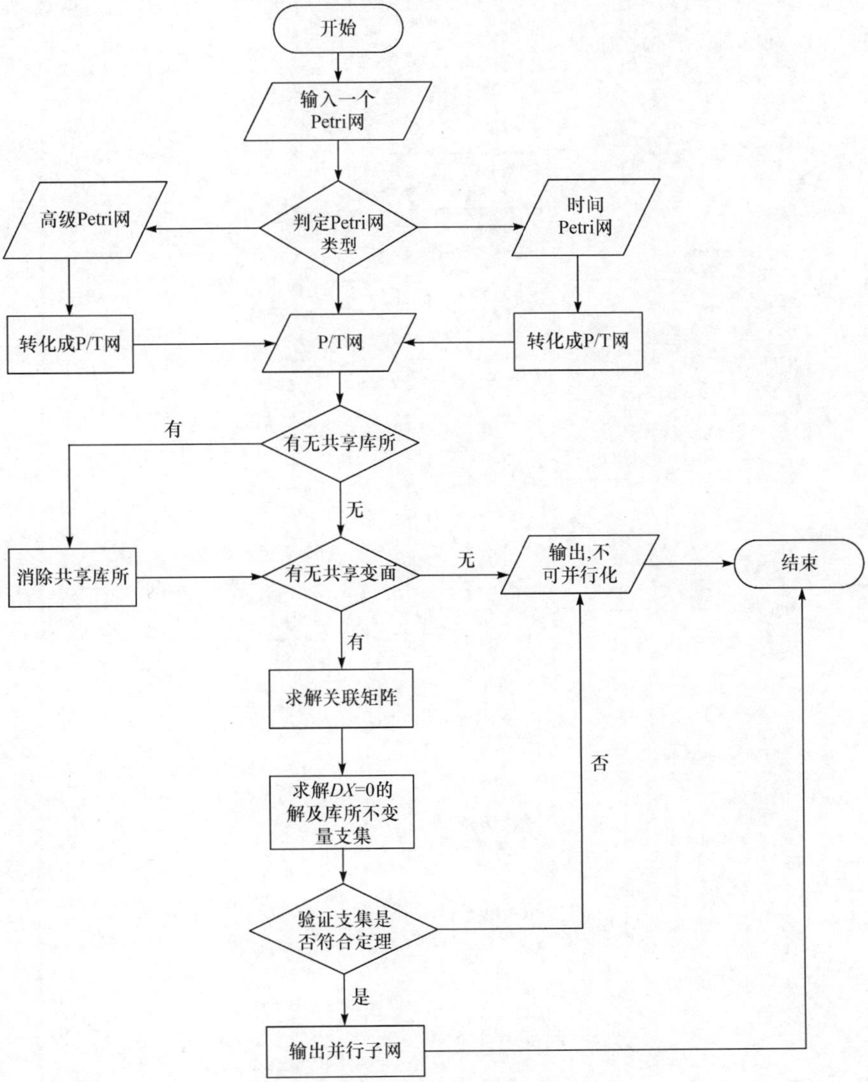

图 7.1　Petri 网并行化流程图

划分 Petri 网的目的是分析实际问题的并行性，提高生产效率。因此，应尽可能多地发掘 Petri 网能够并行化的部分。对于一个规模较大的 Petri 网，在使用 *P*-不变量进行划分后，得到的子网依然有一定的规模，若把子网看成一个 Petri 网，依然存在一些可并行的部分。因此，对这些划分后的子网依然可以使用一次并行划分，得到更精细的划分结果。依据第 3 章对 Petri 网划分结果的研究可得，相互并行的进程都由共享变迁来连接。因此，在判定是否进行更深层次细致的划分时，可以先对各子网进行检测，查看网内是否仍存在共享变迁，若存在，则再一次进行划分，若不存在，则程序终止。

因此，若要 Petri 网完全划分，上述 Petri 网并行化的流程图应改为如图 7.2 所示的 Petri 网深层并行化流程图。

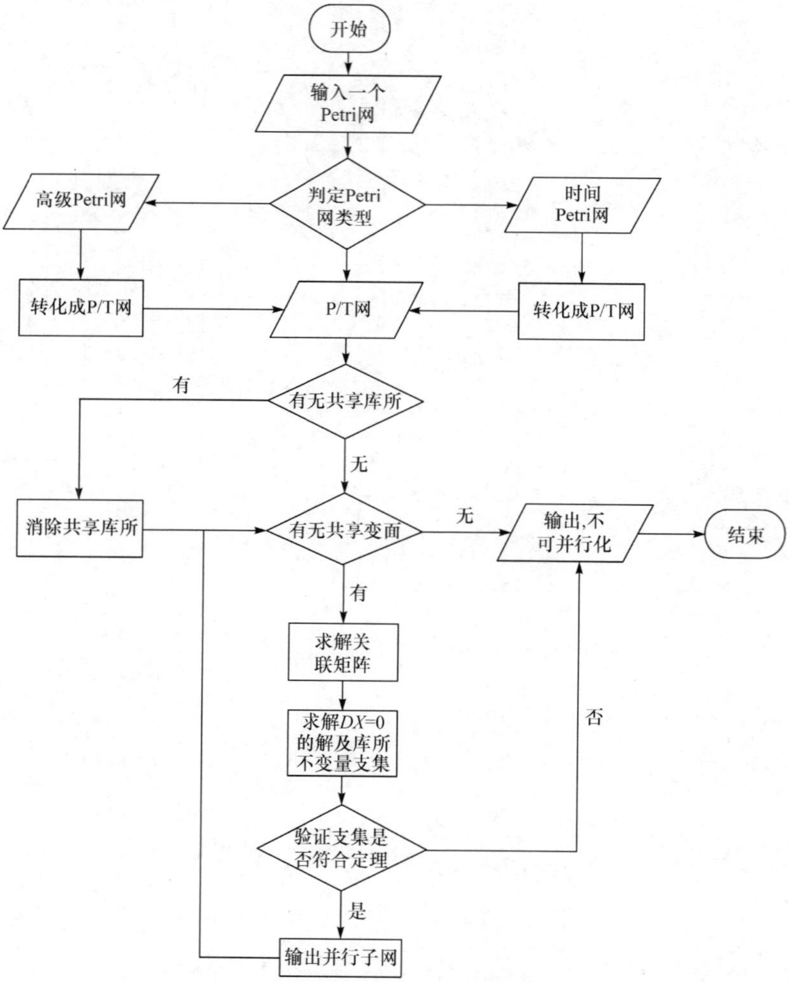

图 7.2 Petri 网深层并行化流程图

将 Petri 网并行化的各步骤封装成模块，得到 Petri 网的并行化图形化模型如图 7.3 所示。

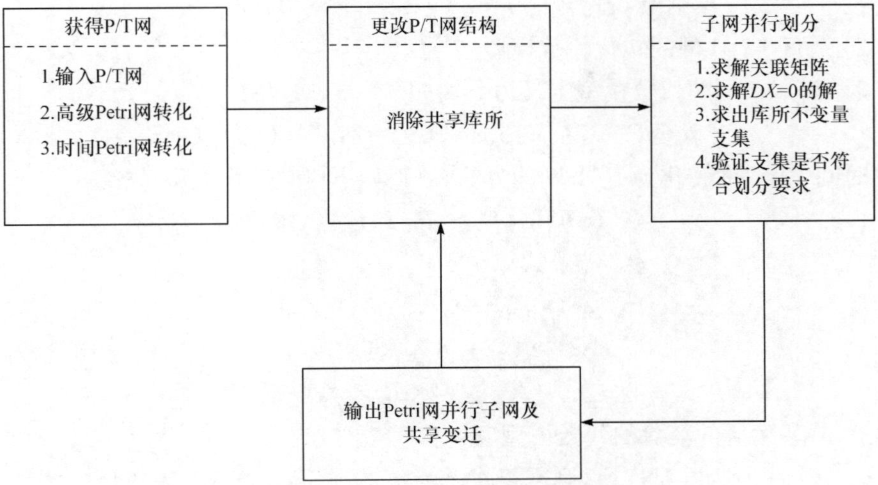

图 7.3　Petri 网并行化图形化模型

7.1.3　Petri 网并行代数模型

Petri 网的代数模型主要包括 Petri 网预处理代数模型、Petri 网求库所不变量的代数模型，以及库所不变量支集的判定代数模型[36-40]。

Petri 网的预处理包括将非 P/T 网转化为 P/T 网、消除共享库所。非 P/T 网转化为 P/T 网包括高级 Petri 网的转化和时间 Petri 网的转化。这里以颜色 Petri 网为例进行高级 Petri 网预处理代数模型的研究。

1）高级 Petri 网的转化代数模型

P/T 网的代数模型表示为 $N=(P,T;F,K,W,M)$，颜色 Petri 网的代数模型表示为 $N=(P,T;F,C,K,W,M)$。在颜色 Petri 网中，有

$$\forall p_i \in P,\quad \forall t_j \in T,\quad \forall (p_i,t_j)\in F,\quad (t_j,p_i)\in F$$

$$C=(c_1,c_2,\cdots,c_n)$$

$$W(p_i t_j)=(w_1,w_2,\cdots,w_n)$$

$$W(t_j p_i)=(u_1,u_2,\cdots,u_n)$$

根据颜色 Petri 网转化成 P/T 网的方法，可得出如下转化模型：

$$(P,T;F,C,K,W,M)\rightarrow(P,T;F,K,W,M)$$

其中，若 $P_{ij}(P_{i1},P_{i2},\cdots,P_{im},\cdots,P_{in})$，$(j=1,2,\cdots,m,\cdots,n)$，$c_m\neq 0$，则 P_{im} 存在。

$$M(p_{im})=c_m$$

$$\forall(p_{im},t_j)\in F(c_m\neq 0,w_m\neq 0),\quad \forall(t_j,p_{im})\in F(c_m\neq 0,u_m\neq 0)$$

$$W(p_{im}\times t_j)=w_m,\quad W(t_j\times p_{im})=u_m$$

2）时间 Petri 网的转化代数模型

时间 Petri 网的代数模型定义为 $N=(P,T;F,M,I)$

$$\forall p_i\in P,\quad \forall t_j\in T,\quad I(t_j)=\alpha,\quad \forall(t_j,p_i)\in F$$

根据时间 Petri 网转化为 P/T 网的方法，可得如下代数转化模型：

$$(P,T;F,M,I)\rightarrow(P,T;F,K,W,M)$$

其中

$$t_j\rightarrow(t_j,t_{j1},\cdots,t_{j(\alpha-1)}),\quad \alpha>1$$

$$p_{i1},\cdots,p_{i(\alpha-1)}\in P$$

$$\{(t_j\times p_{i1}),(p_{i1}\times t_j),\cdots,(p_{i(\alpha-1)}\times t_{j(\alpha-1)}),(t_{j(\alpha-1)}\times p_{i(\alpha-1)})\}\subset F$$

3）共享库所的消除的代数模型

若一个库所为共享库所，则需要将其消除，依据第 3 章的共享库所的 3 种不同类型，选用不同的消除方法。

第一种情况：若

$$\forall p_i\in P,\quad \forall t_j\in T,\quad t_1\in T,\quad t_j^{\cdot}\cap {}^{\cdot}t_1=p_i$$

则 p_i 为共享库所，消除后其代数模型为

$$\{p_{i1},p_{i2}\}\subset P,\quad t_{jl}\in T$$

$$\{(p_i\times t_{jl}),(t_{jl}\times p_{i1}),(t_{jl}\times p_{i2}),(p_{i1}\times t_j),(p_{i2}\times t_l)\}\subset F,\quad (p_i\times t_j)\notin F,\quad (p_i\times t_l)\notin F$$

第二种情况：若

$$\forall p_i\in P,\quad \forall t_j\in T,\quad t_1\in T,\quad t_j^{\cdot}\cap {}^{\cdot}t_1=p_i$$

则 p_i 为共享库所，消除后其代数模型为

$$\{p_{i1},p_{i2}\}\subset P,\quad t_{jl}\in T$$

$$\{(t_{jl}\times p_i),(p_{i1}\times t_{jl}),(p_{i2}\times t_{jl}),(t_j\times p_{i1}),(t_l\times p_{i2})\}\subset F,\quad (t_j\times p_i)\notin F,\quad (t_l\times p_i)\notin F$$

第三种情况：为第一种情况和第二种情况的结合。

7.2 基于多核 PC 的 Petri 网并行算法

7.2.1 基于多核 PC 的多线程编程模式

多核 PC 的多线程编程模式如图 7.4 所示。$\text{Thread}_1,\text{Thread}_2,\cdots,\text{Thread}_n$ 表示 n 核 PC 每一个核对应一个线程，则 n 个线程之间可以并行执行。每个线程根据不同的变迁个数，产生不同的子线程，子线程之间串行运行。

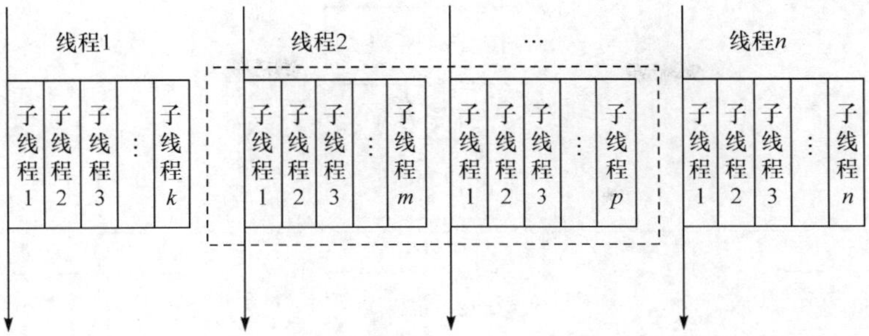

图 7.4　多核 PC 的多线程编程模式

7.2.2　基于多核 PC 的多线程 Petri 网并行算法

算法 7.1　基于多核 PC 的多线程 Petri 网并行算法

输入：读取多线程 Petri 网子网划分算法结果文件。

输出：多线程 Petri 网运行结果。

Begin

第一步：读取多线程 Petri 网子网划分算法结果文件。

第二步：根据条件 $\Gamma_p \cap \Gamma_d = \{t_i\} \neq \varnothing$ 找出线程之间共享变迁，将每一个共享变迁看成一个内存缓冲区。

第三步：将若干线程分别映射(分配)到多核 PC 平台的不同核中，Petri 网的子网由各线程处理器完成，内存缓冲区实现线程之间的信息交换。

第四步：Petri 线程的功能实现。每一个线程都是一个顺序状态机，可以看成一个编程任务模型，当到达无后继状态库所时，循环结束。

第五步：线程内部变迁并发和冲突的功能实现。不管线程内部的变迁是并发执行还是顺序执行，都将这些变迁看成顺序运行的局部动作，在同一个核内采用串行编程，顺序执行。若几个变迁产生冲突，则给它们添加库所，构成一个控制回路后，这些变迁由冲突变成并发执行，处理过程归结为变迁的并发处理，转第三步执行。

第六步：两个线程之间共享变迁缓冲区功能的实现。这个变迁的功能包括接收来自两个连接进程的信息、信息处理以及发送信息给与之连接的两个线程等局部动作。

End

7.2.3　应用示例与顺序程序

以一个大学生管理系统为例，首先设计和运行基于多核 PC 的 Petri 网串行程序。大学生管理系统业务流程如图 7.5 所示。

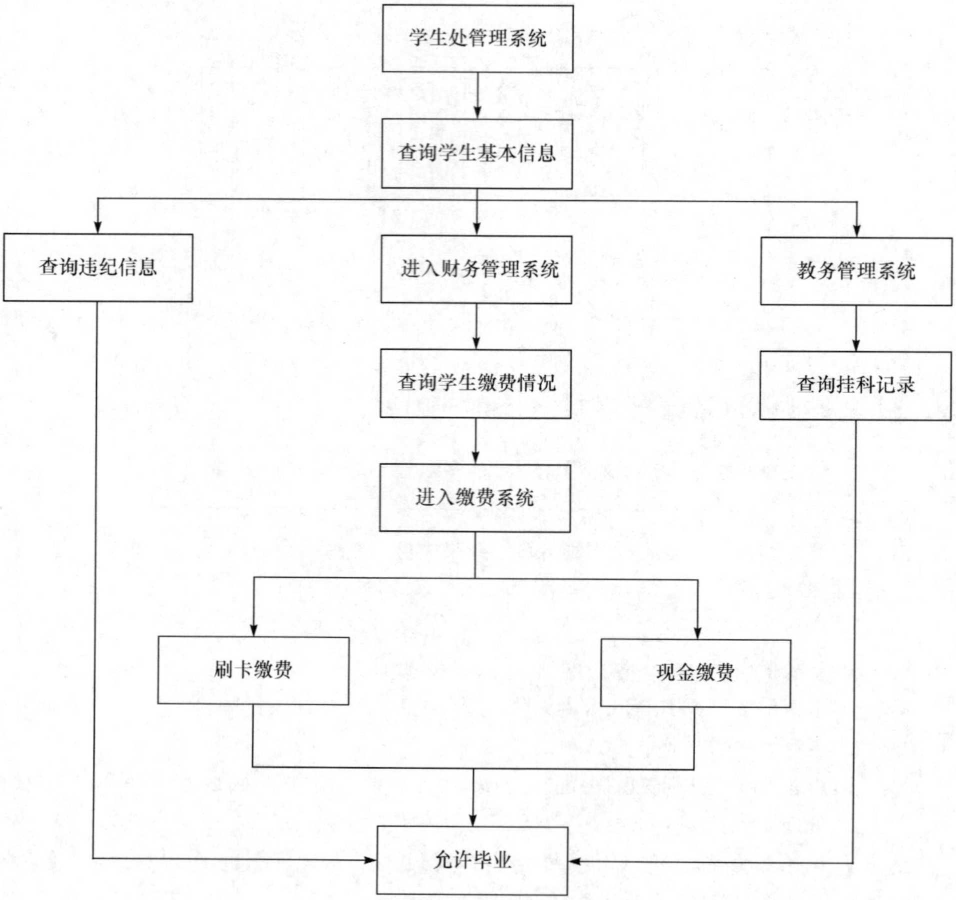

图 7.5　大学生管理系统业务流程

对大学生管理系统进行建模，其对应的 Petri 网模型如图 7.6 所示。

图 7.6 中的库所和变迁所表示的意义为：p 表示学生处管理系统，p_0 表示学生信息界面，p_1 表示财务管理系统信息，p_2 表示教务管理系统信息，p_3 表示学生违纪记录，p_4 表示学生财务信息库，p_5 表示学生欠费信息，p_6 表示学生完成缴费信息，p_7 显示缴费方式，p_8 表示需要缴费的信息，p_9 显示刷卡缴费凭证，p_{10} 显示现金缴费凭证，p_{11} 显示学生个人成绩，p_{12} 表示无挂科记录，p_{13} 表示刷卡出错信息。t_0 表示查询学生信息，t_1 表示查询违纪记录，t_2 表示进入财务管理系统，t_3 表示进入教务管理系统，t_4 表示查询缴费情况，t_5 表示查询挂科记录，t_6 表示进入缴费系统，t_7 表示选择刷卡缴费，t_8 表示现金缴费，t_9 表示进行刷卡缴费，t_{10} 表示获得毕业资格。

实验环境为 4 核 PC。基于多核 PC 的 Petri 网串行代码在执行过程中，各个程序段运行时间如表 7.1 所示。

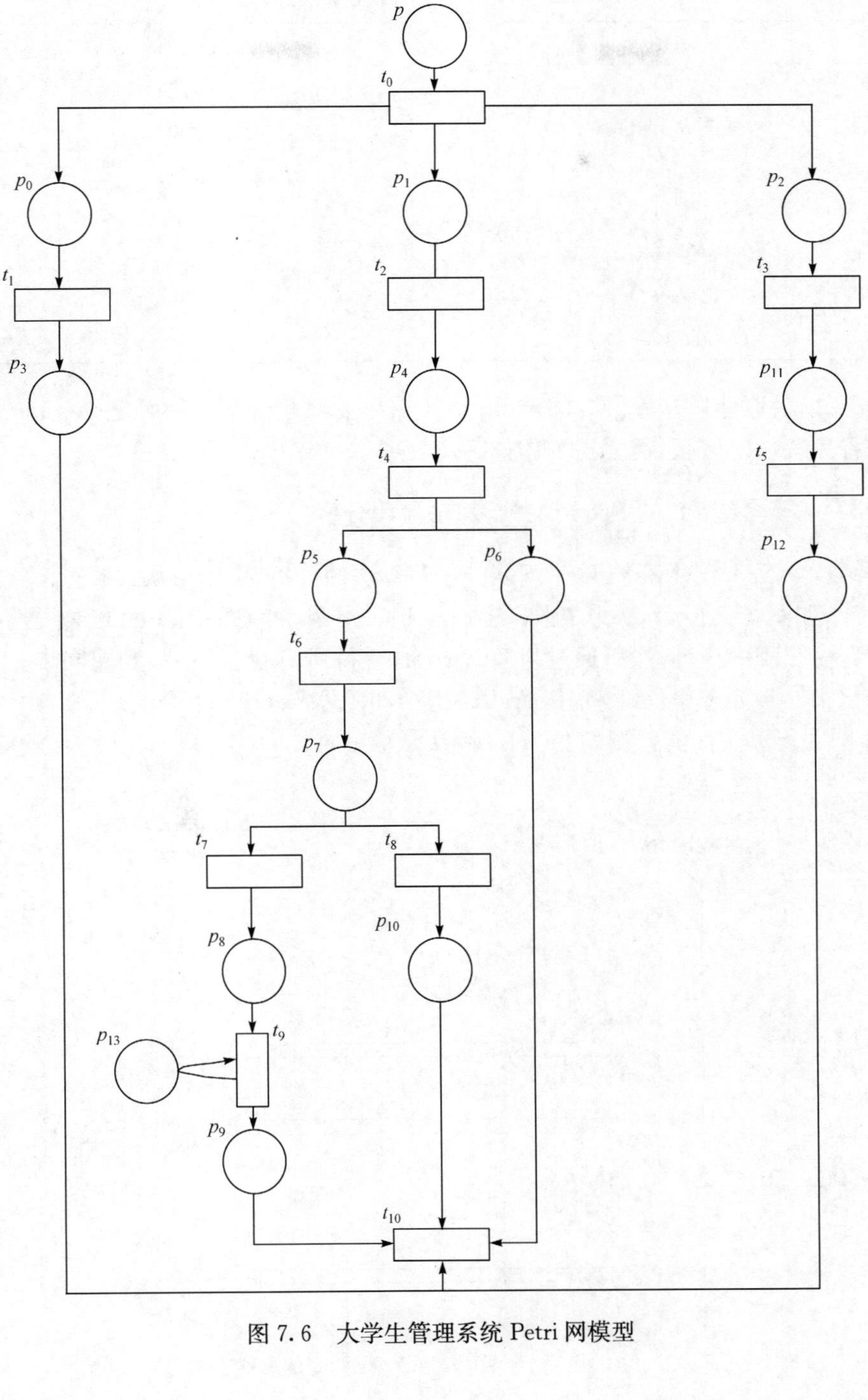

图 7.6　大学生管理系统 Petri 网模型

表 7.1 串行 Petri 网子网划分算法运行时间

函数	运行时间/s
init()	0.02
Preprocess()	0.20
Transformation()	0.16
MatrixSolution()	6.12
SubnetDivision()	1.23
Validate()	5.45
CreateProcess()	0.84

易知,关联矩阵求解[MatrixSolution()]和子网并行化条件验证[Validate()]两个程序段耗时较长,需要对其做进一步处理。

7.2.4 基于多核 PC 的 Petri 网并行算法流程分析

结合 7.2.3 节对 Petri 网子网划分串行算法的分析,采用主从式并行模式来进行设计,如图 7.7 所示,关联矩阵遇到 parallel 指令,将关联矩阵的齐次线性方程分配到多线程中执行,然后通过阻塞 barrier,等待所有线程结束,实现同步。子网并行化条件验证过程也可采用 parallel 指令和阻塞 barrier 指令实现,多核 PC 的 Petri 网并行算法的流程图如图 7.8 所示。

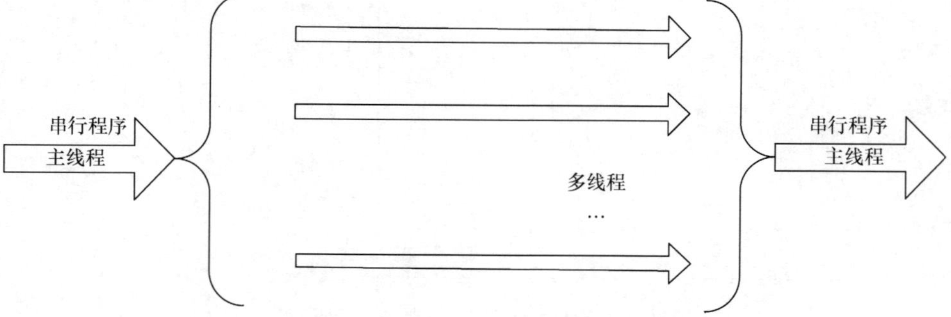

图 7.7 parallel 指令和阻塞 barrier 指令的多线程模型

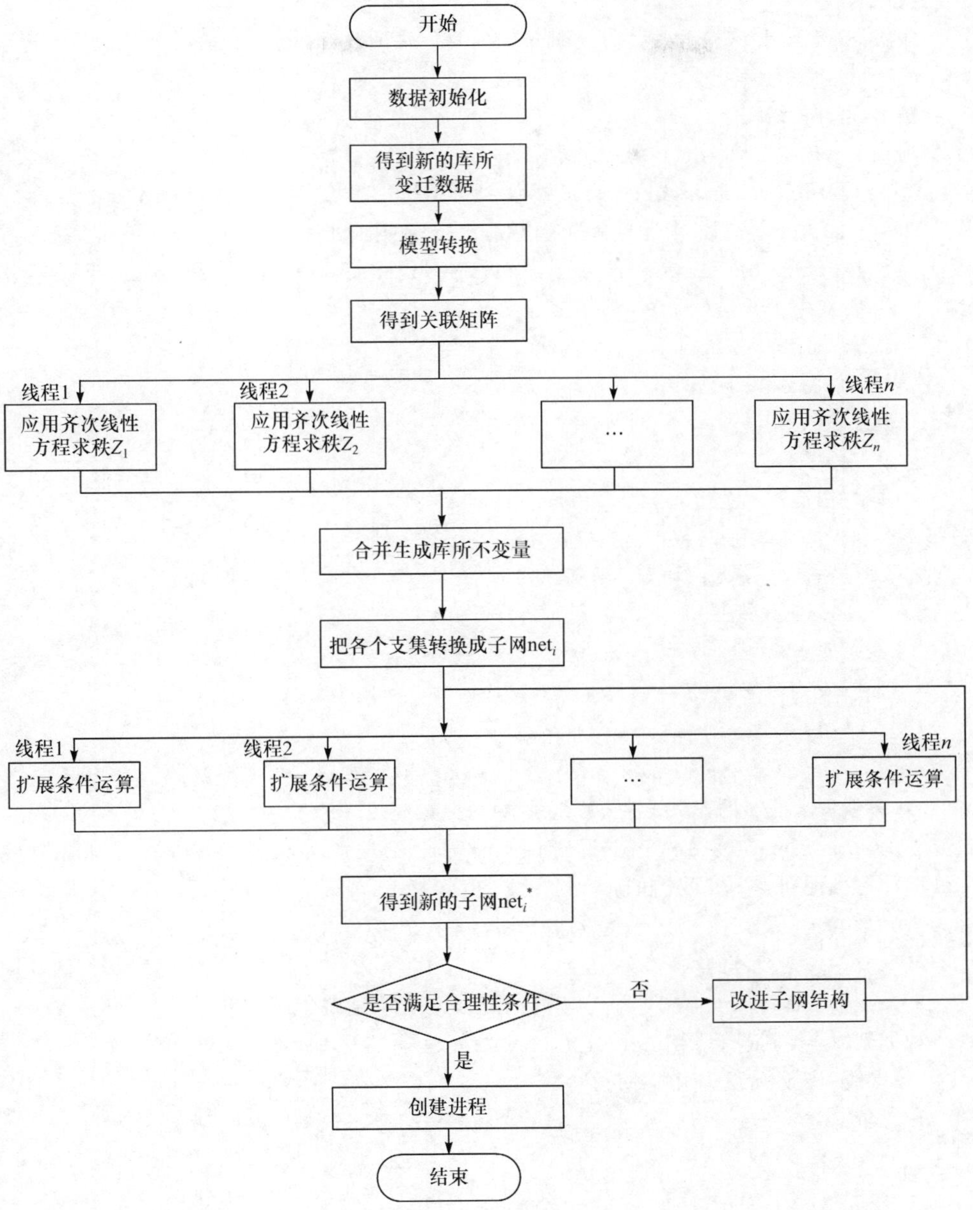

图 7.8　多核 PC 的 Petri 网并行算法流程图

7.2.5　基于多核 PC 的 Petri 网并行算法伪代码

基于多核 PC 的 Petri 网并行算法伪代码描述如下。

```
Begin
输入:Petri 网 N=(P,T;F,M0),num_place 表示库所数目,num_transition 表示变迁数
    目,m 表示标识。
输出:可并行线程。
petri_pretreatment()
    {调用 p_get_num_procs()函数,得到可用的处理器数目 n ,调用 omp_get_num_
    threads()函数,求运行中的线程数}  /*数据预处理*/
petri_transform(int num_place,num_transition,int m)  /* Petri 网转换函
    数*/
/*求输入矩阵*/
  for(i=0;i<2*M;i++)   /*有 i 行*/
  for(j=0;i<N;j++)     /*有 j 列*/
     max_in[i][j]
/*求输出矩阵*/
  for(i=0;i<2*M;i++)   /*有 i 行*/
     for(j=0;i<N;j++)  /*有 j 列*/
     max_out[i][j];
/*求关联矩阵*/
  for(i=0;i<M+ sy;i++)   /*求解转换后的 P/T 网关联矩阵*/
     for(j=0;j<N;j++)
          max [i][j]=max_out[i][j]-max_in[i][j];
/*多线程求 P/T 网齐次线性方程组及 P-不变量*/
# pragma omp parallel for petri_corr_matrix(k) num_threads(n)  //将 n 个线
    程分配到 n 个核心上执行
for(k=1,2,…,n)           //齐次线性方程求解
    {Zk}  //矩阵的秩
# pragma omp barrier      //等待所有 for 循环结束,实现同步
根据秩(Zk)得到若干子网 net;
/*多线程验证所得子网的并行性*/
# pragma omp parallel     //将 n 个线程分配到 n 个核心上执行
    for()
        {并行条件验证}
# pragma omp barrier      //等待所有 for 循环结束,实现同步
得到新的子网 net';
if(满足子网合理性){
    创建进程
}else{
```

```
    并行处理后,多线程同时验证所得子网的并行性
}
End
```

7.2.6　并行算法与实例验证

基于多核 PC 的 Petri 网并行算法各个程序段的运行时间如表 7.2 所示,并行的环境是 4 核 PC。

表 7.2　多核 PC 的 Petri 网并行算法运行时间

函数	运行时间/s
init()	0.02
Preprocess()	0.20
Transformation()	0.16
MatrixSolution()	2.12
SubnetDivision()	1.23
Validate()	1.45
CreateProcess()	0.84

大学生管理系统的多核 PC 的 Petri 网串行算法和并行算法运行时间对比如表 7.3 所示。

表 7.3　串行算法和并行算法运行时间对比

函数	串行算法运行时间/s	并行算法运行时间/s	加速比
init()	0.02	0.02	
Preprocess()	0.20	0.20	
Transformation()	0.16	0.16	
MatrixSolution()	6.12	2.12	
SubnetDivision()	1.23	1.23	
Validate()	5.45	1. 5	
CreateProcess()	0.84	0.84	
合计	14.02	6.07	2.31

根据表 7.3 可知,基于多核 PC 的 Petri 网并行算法运行的总时间为 6.07s,串行算法运行的总时间是 14.02s,并行加速比为 2.31。并行算法在关联矩阵求解[MatrixSolution()]和子网并行化条件验证[Validate()]这两个阶段耗时分别减少 65.4%和 72.5%,总的运行时间减少了 7.95s,验证了并行算法的高效性。

算法的应用还可以参见附录 1。

7.3　基于多核机群的 Petri 网并行模型

Petri 网并行化中存在矩阵的计算、网的代数模式的转化等，这些步骤计算量大，串行计算耗费时间长，不利于实际操作，因此有必要对系统进行并行化。

下面对 Petri 网并行化的每一步进行分析，考虑该过程并行化的可能性和并行方法。

在 Petri 网的并行化串行过程中，首先进行 Petri 网类型的判定，Petri 网判定要考察的因素较多，耗费的资源也多，即使进行并行判定，计算时间也较长，且此阶段的判定只属于 Petri 网并行化的准备阶段。因此，在输入 Petri 网信息时标注 Petri 网的类型，只需要进行名称的匹配，这就节省了大量时间。因此，这一步骤可以采取串行方式进行。

当判定出 Petri 网的类型后，若不是 P/T 网，则需要将其转化为 P/T 网。在对非 P/T 网进行转化时，需要检测每个库所、变迁、弧及库所包含的令牌值或变迁上的时间函数，并对令牌和时间函数进行判断。对网结构运用 Petri 网模型转化算法决策转化方案，最后得到新的 Petri 网。

假设一个网结构有 m 个库所、n 个变迁、q 条弧，若采用深度遍历，则一次网检索过程的时间复杂度为 $O((n+m)^2)$，对令牌或时间函数进行判断的时间复杂度为 $O(m)$ 或 $O(n)$，网结构的改变所需的时间复杂度依据网结构的令牌数或时间函数而定。因此，实施网结构转化方案过程中，无论是高级 Petri 网还是时间 Petri 网，花费的时间都较长，有必要考虑将过程并行，进行时间优化。

对 Petri 网的转化过程进行如下并行化。首先，针对复杂 Petri 网的检索过程，可将此任务划分成 3 个进程，每个进程负责的任务不同，依次要完成的工作为获得 Petri 网的库所集、获得 Petri 网的变迁集，以及获得 Petri 网的弧集。之后将获得的信息汇总给主进程，主进程再次分配任务给各从进程。若是高级 Petri 网，则将检测库所令牌值的任务均分给各从进程。若是时间 Petri 网，则将变迁时间函数集均分给各从进程，并在检测后改变相应的网结构，执行完毕后将结果进行汇总。

检测 P/T 网有无共享库所和共享变迁时，同样可将对 Petri 网的关系集即弧集的检测划分成多个并行进程同时进行，且各自根据自己检测出的共享库所的类型进行相应的转化消除共享库所，将处理后的结果进行汇总，得到最终的结果。

求解关联矩阵同样可以并行，将输入矩阵和输出矩阵切割成小模块，并行地进行相加然后进行组合。

Petri 网并行进程求解的关键步骤为求解 $DX=0$ 的解集，即求出库所不变量的支集。在此求解过程中将用到矩阵初等变换齐次线性方程组基础解系迭代解法、正交化序列处理法等算法。因此，这一过程是 Petri 网并行化过程中计算量最大的阶段。针对此过程实施并行运算，将会大大节约求解的时间。

判断子网是否符合定理 6.2 的条件，从而求出并行子网需要验证 5 个条件，每个子网都要逐个验证。此时，可将要验证的各个子网并行进行验证，最后汇总结果。

当求得子网后，这些子网还需要重新进行判断是否可再分，并进行并行划分操作。此时，可将各子网并行操作，将大大节约运行时间。

根据以上分析，结合多核机群的分布式共享体系结构具有多层并行的特点，将并行的各进程再划分成多个线程共享存储器协同完成任务。下面给出基于多核机群的 Petri 网并行算法的流程图，如图 7.9 所示。

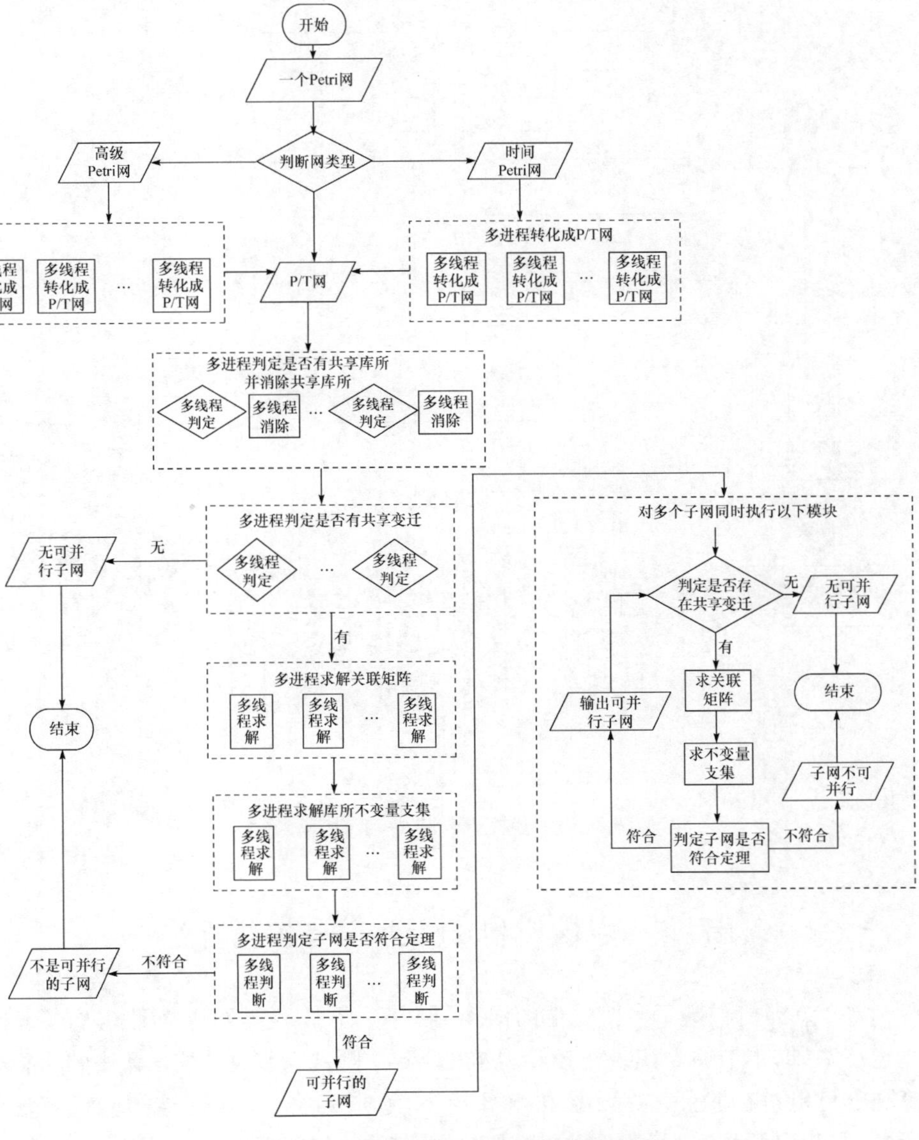

图 7.9　多核机群的 Petri 网并行化流程图

图 7.9 所构建的多核机群 Petri 网并行模型不是单纯的 Petri 网并行流程，还包括 Petri 网并行化的实施环境、编程模式等。

多核机群的 Petri 网并行模型主要思想是 *P*-不变量并行化技术，基于 MPI+OpenMP+MPI 的三层并行编程模型。硬件支持多核机群，调度算法为 LPTF+LGCF，采用非阻塞通信和计算重叠通信模式。

多核机群的 Petri 网并行模型如图 7.10 所示。

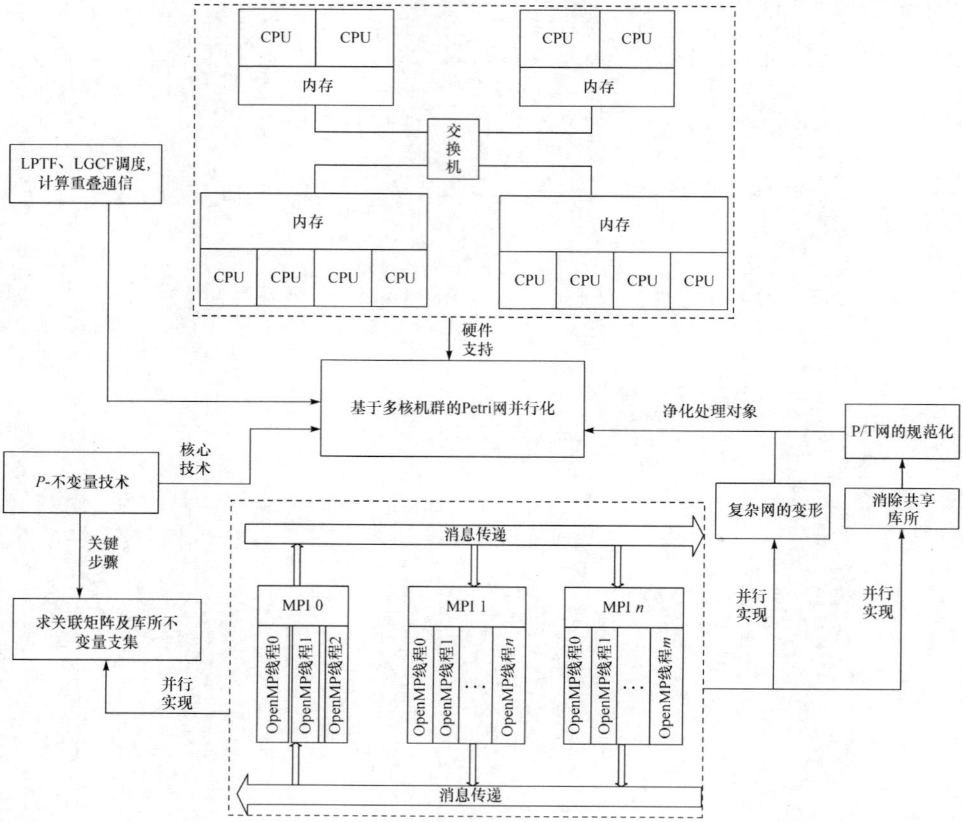

图 7.10 多核机群的 Petri 网并行模型

7.4 多核机群的 Petri 网并行算法

7.3 节提出了基于多核机群的 Petri 网并行模型，为进一步实现并行算法设计奠定了基础，本节将给出基于多核机群的 Petri 网并行算法，并对算法的可行性及算法的性能进行验证。在多核机群环境下，选取多个 Petri 网结构验证算法的可行性，并与串行程序、基于 MPI 模式和基于 OpenMP 模式的程序进行对比，验证算法的优化性。

7.4.1　多核机群的 Petri 网并行子网划分算法

结合 4.3.3 节颜色 Petri 网转换成 P/T 网的算法、算法 6.1 以及多核机群的 Petri 并行模型，给出下列 Petri 网系统的并行算法。

算法 7.2　基于多核机群的 Petri 网并行子网划分算法

输入：任意类型的 Petri 网模型。

输出：划分的子网。

Begin

第一步：输入一个 Petri 网结构。

第二步：先由主进程检测 Petri 网模型，判断 Petri 网模型是否为 P/T 网。若是，则转入下一步；否则，判断 Petri 网所属的类，若所输入的 Petri 网为高级 Petri 网，则调用高级 Petri 网转化 P/T 网算法，改变网结构的库所及相应的弧；若所输入的 Petri 网为时间 Petri 网，则调用时间 Petri 网转化 P/T 网算法，改变 Petri 网的库所变迁和弧。

第三步：主进程将数据分发给各从进程，各从进程再按照本机拥有的核数创建多个线程，由各线程检测 P/T 网的网结构，查找是否存在共享库所，并判断共享库所的类型。根据子网划分的完备性定理 6.3 的三种情况对 P/T 网结构进行相应的改进。

第四步：各线程检测改进后的 P/T 网结构，查看是否有共享变迁，若有则将共享变迁输出，将其作为关键变迁进行标记。

第五步：主进程将 P/T 网的输出矩阵和输入矩阵输入，并计算出其关联矩阵 D，然后分发给各从进程，从进程再由多线程进行协同计算。

第六步：根据 DX=0，各线程调用算法 5.3，求出 X 的支集的分量，然后回传给主进程，由主进程合并得到支集的集合。

第七步：输出划分的子网。

End

7.4.2　基于多核机群的 Petri 网并行算法

算法 7.3　多核机群的 Petri 网并行算法

输入：读取算法 7.2 运行结果文件。

输出：并行进程。

Begin

第一步：读取算法 7.2 运行结果文件。

第二步：主进程将各子网数据分发给各从进程，从进程按照本机的核数将数据创建线程。

然后由各线程按照定理 6.3 的条件进行验证,将符合条件的子网返回给主进程。
第三步:主进程输出并行程序的运行。
End

多核机群的 Petri 网并行算法的伪代码如下。

```
Begin
输入一个 Petri 网 N;
if N 是高级 Petri 网 or 时间 Petri 网
    多线程将其转化为 P/T 网模型;
end if
if 共享库所存在        /* 执行多线程判断是否有共享库所存在* /
    Delete 共享库所;
end if
if 存在共享变迁        /* 执行多线程判断是否有共享变迁存在* /
{
    多线程求解关联矩阵;
    多进程求库所不变量支集;
    if 子网符合定理 6.2       /* 多进程判断子网是否符合定理 6.2* /
    {
        产生多个可并行子网;
        Begin synchronous;   /* 开始同步执行算法* /
        for i=1:N            /* N 为子网数量* /
        {
            if 存在共享变迁
                求解关联矩阵;
                求解不变量支集;
                if 子网符合定理 6.2
                    输出子网 i 的并行子网;
                else
                    输出子网 i 无并行子网信息;
                end if
            else
                输出无并行子网信息;
            end if
        }
        end for
        end synchronous;   /* 结束同步执行算法* /
```

```
    else
        输出不满足定理 6.2 的条件;
    end if
   }
else
   输出无可并行子网信息;
end if
}
end
```

7.4.3　实例分析

下面选取四个 Petri 网模型 Σ_1、Σ_2、Σ_3、Σ_4 作为求解并行子网的实例分析。

例 7.1　图 7.11 为一个 P/T 网，分析该网的结构，该网是一个存在共享变迁但不存在共享库所的 Petri 网，若要对该网求并行子网，无须改变其网结构，由于存在共享变迁，因此有存在并行子网的可能性。

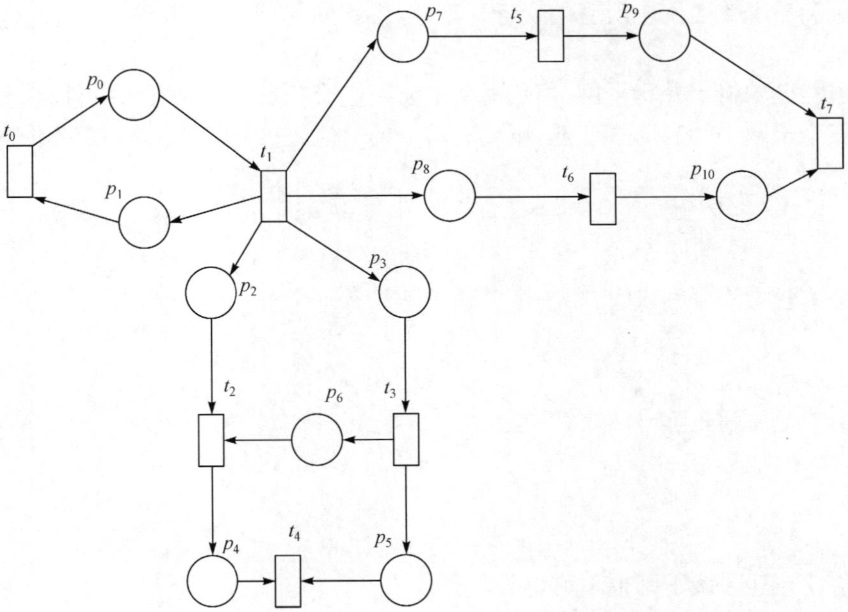

图 7.11　Petri 网 Σ_1

解　求该网的关联矩阵得 Σ_1 的关联矩阵 D_1 为

$$D_1=\begin{bmatrix} 1 & -1 & 0 & 0 & 0 & 0 & 0 & 0 & 0 & 0 & 0 \\ -1 & 1 & 1 & 1 & 0 & 0 & 0 & 1 & 1 & 0 & 0 \\ 0 & 0 & -1 & 0 & 1 & 0 & -1 & 0 & 0 & 0 & 0 \\ 0 & 0 & 0 & -1 & 0 & 1 & 1 & 0 & 0 & 0 & 0 \\ 0 & 0 & 0 & 0 & -1 & -1 & 0 & 0 & 0 & 0 & 0 \\ 0 & 0 & 0 & 0 & 0 & 0 & 0 & -1 & 0 & 1 & 0 \\ 0 & 0 & 0 & 0 & 0 & 0 & 0 & 0 & -1 & 0 & 1 \\ 0 & 0 & 0 & 0 & 0 & 0 & 0 & 0 & 0 & -1 & -1 \end{bmatrix}$$

解 $D_1X=0$，得

$$X_1=[1\quad 1\quad 0\quad 0\quad 0\quad 0\quad 0\quad 0\quad 0\quad 0\quad 0]^{\mathrm{T}}$$
$$X_2=[0\quad 0\quad -1\quad 1\quad 0\quad 0\quad 1\quad 0\quad 0\quad 0\quad 0]^{\mathrm{T}}$$
$$X_3=[0\quad 0\quad 1\quad -1\quad 1\quad -1\quad 0\quad 0\quad 0\quad 0\quad 0]^{\mathrm{T}}$$
$$X_4=[0\quad 0\quad 0\quad 0\quad 0\quad 0\quad 1\quad -1\quad 1\quad -1]^{\mathrm{T}}$$

分别验证 X_1、X_2、X_3、X_4 是否符合公式，X_1、X_3 和 X_4 均符合定理 6.2 的条件，X_2 不符合定理 6.2 的式(6.8)，即不能使支集中元素的前驱和后继同其他支集中元素的前驱和后继覆盖网中所有的变迁。因此，得到的并行子网为$[p_0\quad p_1]$、$[p_2\quad p_3\quad p_4\quad p_5]$、$[p_7\quad p_8\quad p_9\quad p_{10}]$。

虽然已求得了并行子网，但仍需要对子网进行验证，验证其是否可以再分。检测到三个子网中均有共享变迁，则均有再分的可能，三个子网的关联矩阵依次为

$$\begin{bmatrix} 1 & -1 \\ -1 & 1 \end{bmatrix},\quad \begin{bmatrix} -1 & 0 & -1 & 0 & 1 \\ 0 & -1 & 0 & 1 & 1 \\ 0 & 0 & -1 & -1 & 0 \end{bmatrix},\quad \begin{bmatrix} -1 & 0 & 1 & 0 \\ 0 & -1 & 0 & 1 \\ 0 & 0 & -1 & -1 \end{bmatrix}$$

对三个关联矩阵分别求解，第一个关联矩阵只有一个解

$$[1\quad 1]^{\mathrm{T}}$$

因此，不可再分。

第二个关联矩阵有两个解

$$[1\quad 1\quad -1\quad 1\quad 0],\quad [1\quad -1\quad 0\quad 0\quad 1]$$

验证只有

$$[1\quad 1\quad -1\quad 1\quad 0]$$

满足条件，因此，该子网也不可再分。

第三个关联矩阵的解为

$$[1\quad 0\quad 1\quad 0],\quad [0\quad 1\quad 0\quad 1]$$

该子网可再分为$[p_7\quad p_9]$和$[p_8\quad p_{10}]$两个子网。

例 7.2　图 7.12 为网 Σ_2 的结构，检测该结构后发现，该网中存在共享库所，因此存在并行子网的可能性，但该网中同时存在共享变迁，且共享变迁的三种情况均存在，需要做消除共享库所的操作。

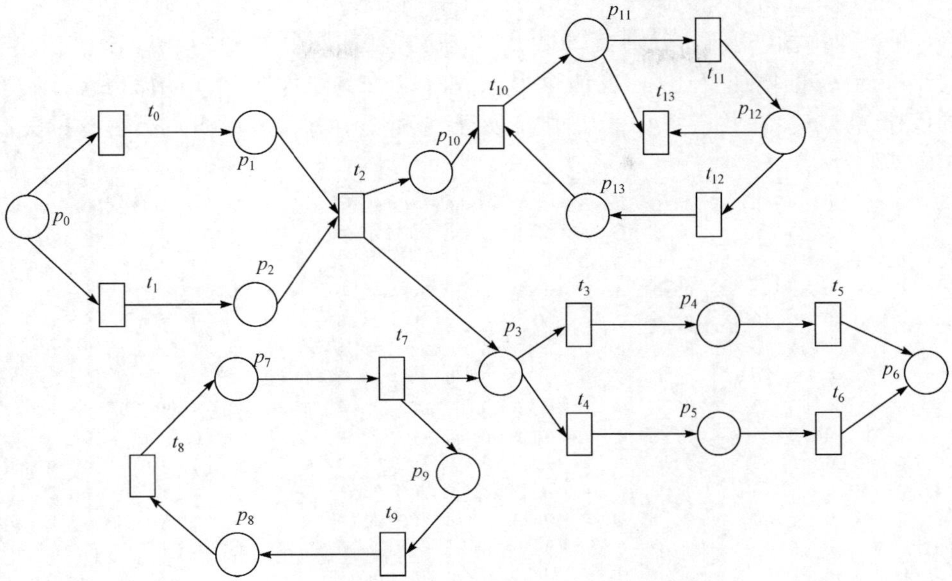

图 7.12　网 Σ_2

对网 Σ_2 进行消除库所操作，可得到不含共享库所的等效 Petri 网结构，如图 7.13 所示。

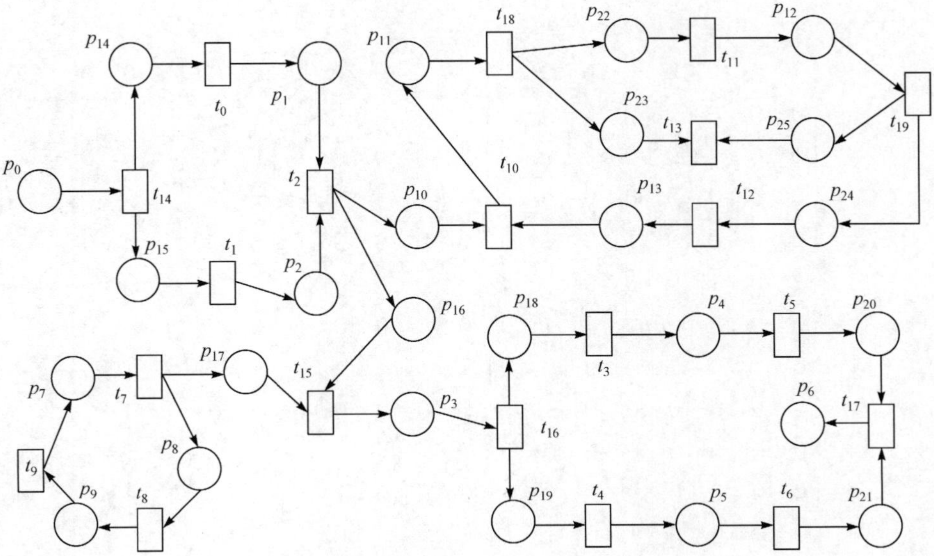

图 7.13　消除共享库所后的网 Σ_2

如图 7.13 所示，将原共享库所 p_0 后增加变迁 t_{14}，将 p_0 复制两份为 p_{14} 和 p_{15}，将共享库所 p_3 前后分别增加变迁 t_{15}、t_{16}，并增加四个库所 p_{16}、p_{17}、p_{18}、p_{19}，将共享库所 p_6 前增加变迁 t_{17}，增加库所 p_{20} 和 p_{21}，在共享库所 p_{11} 后增加变迁 t_{18}，增加库所 p_{22}、p_{23}，在共享库所 p_{12} 后增加变迁 t_{19} 和库所 p_{24}、p_{25}。此时，网 Σ_2 的关联矩阵 D_2 为

$$D_2=\begin{bmatrix}
0 & 1 & 0 & 0 & 0 & 0 & 0 & 0 & 0 & 0 & 0 & 0 & 0 & 0 & -1 & 0 & 0 & 0 & 0 & 0 & 0 & 0 & 0 & 0 & 0 & 0 \\
0 & 0 & 1 & 0 & 0 & 0 & 0 & 0 & 0 & 0 & 0 & 0 & 0 & 0 & 0 & -1 & 0 & 0 & 0 & 0 & 0 & 0 & 0 & 0 & 0 & 0 \\
0 & -1 & -1 & 0 & 0 & 0 & 0 & 0 & 0 & 0 & 1 & 0 & 0 & 0 & 0 & 0 & 1 & 0 & 0 & 0 & 0 & 0 & 0 & 0 & 0 & 0 \\
0 & 0 & 0 & 0 & 1 & 0 & 0 & 0 & 0 & 0 & 0 & 0 & 0 & 0 & 0 & 0 & 0 & 0 & -1 & 0 & 0 & 0 & 0 & 0 & 0 & 0 \\
0 & 0 & 0 & 0 & 0 & 1 & 0 & 0 & 0 & 0 & 0 & 0 & 0 & 0 & 0 & 0 & 0 & 0 & 0 & -1 & 0 & 0 & 0 & 0 & 0 & 0 \\
0 & 0 & 0 & 0 & -1 & 0 & 0 & 0 & 0 & 0 & 0 & 0 & 0 & 0 & 0 & 0 & 0 & 0 & 0 & 0 & 1 & 0 & 0 & 0 & 0 & 0 \\
0 & 0 & 0 & 0 & 0 & -1 & 0 & 0 & 0 & 0 & 0 & 0 & 0 & 0 & 0 & 0 & 0 & 0 & 0 & 0 & 0 & 1 & 0 & 0 & 0 & 0 \\
0 & 0 & 0 & 0 & 0 & 0 & 0 & -1 & 0 & 0 & 0 & 0 & 0 & 0 & 0 & 0 & 0 & 1 & 1 & 0 & 0 & 0 & 0 & 0 & 0 & 0 \\
0 & 0 & 0 & 0 & 0 & 0 & 0 & 1 & 0 & -1 & 0 & 0 & 0 & 0 & 0 & 0 & 0 & 0 & 0 & 0 & 0 & 0 & 0 & 0 & 0 & 0 \\
0 & 0 & 0 & 0 & 0 & 0 & 0 & 0 & -1 & 1 & 0 & 0 & 0 & 0 & 0 & 0 & 0 & 0 & 0 & 0 & 0 & 0 & 0 & 0 & 0 & 0 \\
0 & 0 & 0 & 0 & 0 & 0 & 0 & 0 & 0 & 0 & -1 & 1 & 0 & -1 & 0 & 0 & 0 & 0 & 0 & 0 & 0 & 0 & 0 & 0 & 0 & 0 \\
0 & 0 & 0 & 0 & 0 & 0 & 0 & 0 & 0 & 0 & 0 & 0 & 1 & 0 & 0 & 0 & 0 & 0 & 0 & 0 & 0 & 0 & -1 & 0 & 0 & 0 \\
0 & 0 & 0 & 0 & 0 & 0 & 0 & 0 & 0 & 0 & 0 & 0 & 0 & 1 & 0 & 0 & 0 & 0 & 0 & 0 & 0 & 0 & 0 & 0 & -1 & 0 \\
0 & 0 & 0 & 0 & 0 & 0 & 0 & 0 & 0 & 0 & 0 & 0 & 0 & 0 & 0 & 0 & 0 & 0 & 0 & 0 & 0 & 0 & 0 & -1 & 0 & -1 \\
-1 & 0 & 0 & 0 & 0 & 0 & 0 & 0 & 0 & 0 & 0 & 0 & 0 & 0 & 1 & 1 & 0 & 0 & 0 & 0 & 0 & 0 & 0 & 0 & 0 & 0 \\
0 & 0 & 0 & 1 & 0 & 0 & 0 & 0 & 0 & 0 & 0 & 0 & 0 & 0 & 0 & 0 & -1 & -1 & 0 & 0 & 0 & 0 & 0 & 0 & 0 & 0 \\
0 & 0 & 0 & -1 & 0 & 0 & 0 & 0 & 0 & 0 & 0 & 0 & 0 & 0 & 0 & 0 & 0 & 0 & 1 & 1 & 0 & 0 & 0 & 0 & 0 & 0 \\
0 & 0 & 0 & 0 & 0 & 0 & 1 & 0 & 0 & 0 & 0 & 0 & 0 & 0 & 0 & 0 & 0 & 0 & 0 & 0 & -1 & -1 & 0 & 0 & 0 & 0 \\
0 & 0 & 0 & 0 & 0 & 0 & 0 & 0 & 0 & 0 & -1 & 0 & 0 & 0 & 0 & 0 & 0 & 0 & 0 & 0 & 0 & 0 & 1 & 1 & 0 & 0 \\
0 & 0 & 0 & 0 & 0 & 0 & 0 & 0 & 0 & 0 & 0 & 0 & -1 & 0 & 0 & 0 & 0 & 0 & 0 & 0 & 0 & 0 & 0 & 0 & 1 & 1
\end{bmatrix}$$

求齐次线性方程组 $D_2X=0$，得到解为

$X_1=[1\ \ 1\ \ 0\ \ 0\ \ 0\ \ 0\ \ 0\ \ 0\ \ 0\ \ 0\ \ 0\ \ 0\ \ 0\ \ 0\ \ 1\ \ 0\ \ 0\ \ 0$
$\ \ 0\ \ 0\ \ 0\ \ 0\ \ 0\ \ 0\ \ 0\ \ 0]$

$X_2=[1\ \ 0\ \ 1\ \ 0\ \ 0\ \ 0\ \ 0\ \ 0\ \ 0\ \ 0\ \ 0\ \ 0\ \ 0\ \ 0\ \ 0\ \ 1\ \ 0\ \ 0$
$\ \ 0\ \ 0\ \ 0\ \ 0\ \ 0\ \ 0\ \ 0\ \ 0]$

$X_3=[0\ \ 0\ \ 0\ \ 0\ \ 1\ \ 0\ \ 1\ \ 0\ \ 0\ \ 0\ \ 0\ \ 0\ \ 0\ \ 0\ \ 0\ \ 0\ \ 0\ \ 0$
$\ \ 1\ \ 0\ \ 1\ \ 0\ \ 0\ \ 0\ \ 0\ \ 0]$

$X_4=[0\ \ 0\ \ 0\ \ 0\ \ 0\ \ 1\ \ 1\ \ 0\ \ 0\ \ 0\ \ 0\ \ 0\ \ 0\ \ 0\ \ 0\ \ 0\ \ 0\ \ 0$
$\ \ 0\ \ 1\ \ 0\ \ 1\ \ 0\ \ 0\ \ 0\ \ 0]$

$X_5=[0\ \ 0\ \ 0\ \ 0\ \ 0\ \ 0\ \ 1\ \ 1\ \ 1\ \ 0\ \ 0\ \ 0\ \ 0\ \ 0\ \ 0\ \ 0\ \ 0\ \ 0$
$\ \ 0\ \ 0\ \ 0\ \ 0\ \ 0\ \ 0\ \ 0\ \ 0]$

$X_6=[0\ \ 0\ \ 0\ \ 0\ \ 0\ \ 0\ \ 0\ \ 0\ \ 0\ \ 0\ \ 0\ \ 1\ \ 1\ \ 1\ \ 0\ \ 0\ \ 0\ \ 0$
$\ \ 0\ \ 0\ \ 0\ \ 0\ \ 1\ \ 0\ \ 1\ \ 1]$

$X_7=[0\ \ 0\ \ 0\ \ 0\ \ 0\ \ 0\ \ 0\ \ 0\ \ 0\ \ 0\ \ 0\ \ 1\ \ 0\ \ 1\ \ 0\ \ 0\ \ 0\ \ 0$
$\ \ 0\ \ 0\ \ 0\ \ 0\ \ 0\ \ 1\ \ 1\ \ -1]$

依次验证这些解是否满足定理 6.2 的式(6.5)～式(6.9)的条件，得出 X_1～X_6 均符合。因此，得到可并行的子网有六个，分别为[p_2　p_{15}]和[p_1　p_{14}]可并行，[p_4　p_{18}　p_{20}]、[p_5　p_{19}　p_{21}]、[p_7　p_8　p_9]、[p_{11}　p_{12}　p_{13}　p_{22}　p_{24}　p_{25}]可并行。观察发现子网内部无可再分的共享变迁，无须进一步划分。

例 7.3　图 7.14 为网 Σ_3 的结构，网 Σ_3 为颜色 Petri 网，且颜色有三类，对其并行化需要将其转化为 P/T 网。

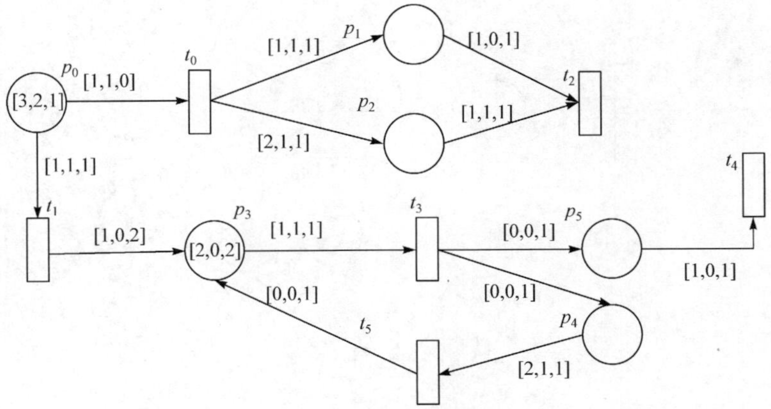

图 7.14　颜色 Petri 网 Σ_3

将网 Σ_3 转化成的 P/T 网如图 7.15 所示。

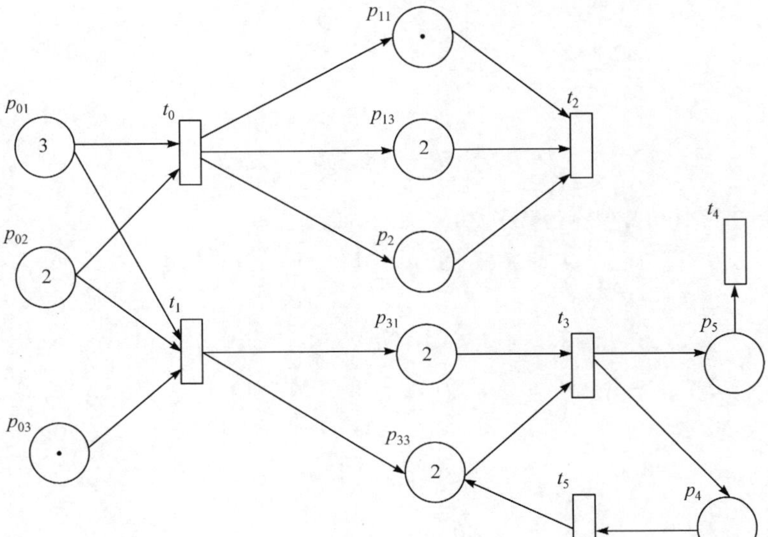

图 7.15　转化后的 Σ_3

图 7.15 将颜色 Petri 网中的 p_0、p_1、p_3 库所，按照其所拥有的令牌数拓展为 3 个、2 个、2 个，分别为 p_{01}、p_{02}、p_{03}、p_{11}、p_{13}、p_{31}、p_{33}；因为 p_2、p_4、p_5 的令牌值为零，所以保持不变，对于增加后的库所，根据边上的权值连接，权值为 0 的不连接。

检查发现转化后的 P/T 网有共享变迁，存在并行子网的可能性。但是，P/T 网同时也存在并行库所，需要消除。图 7.16 为消除共享库所后的 Σ_3 的网结构。

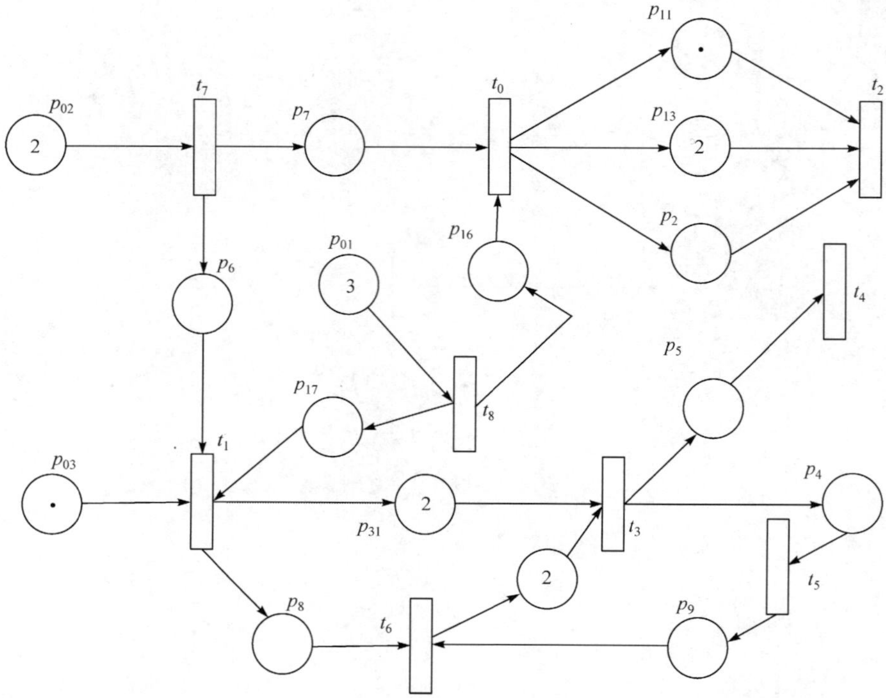

图 7.16　消除共享库所后的网 Σ_3

按照图 7.16 的网 Σ_3，其关联矩阵 D_3 为

$$D_3=\begin{bmatrix} 0 & 0 & 0 & 1 & 1 & 1 & 0 & 0 & 0 & 0 & 0 & -1 & 0 & 0 \\ -1 & 0 & -1 & 0 & 0 & 0 & 1 & 0 & 0 & 0 & 0 & 0 & 1 & 0 \\ 0 & 0 & 0 & -1 & -1 & -1 & 0 & 0 & 0 & 0 & 0 & 0 & 0 & 0 \\ 0 & 0 & 0 & 0 & 0 & 0 & -1 & -1 & 1 & 1 & 0 & 0 & 0 & 0 \\ 0 & 0 & 0 & 0 & 0 & 0 & 0 & 0 & 0 & -1 & 0 & 0 & 0 & 0 \\ 0 & 0 & 0 & 0 & 0 & 0 & 0 & 0 & -1 & 0 & 0 & 0 & 0 & 1 \\ 0 & 0 & 0 & 0 & 0 & 0 & 0 & 1 & 0 & 0 & 0 & 0 & -1 & -1 \\ 0 & -1 & 0 & 0 & 0 & 0 & 0 & 0 & 0 & 0 & 1 & 1 & 0 & 0 \end{bmatrix}$$

解 $D_3X=0$，得

$$X_1=[0\quad 1\quad 0\quad -1\quad 1\quad 0\quad 0\quad 0\quad 0\quad 0\quad 0\quad 0\quad 0\quad 0\quad 0]$$

$$X_2=[1\ \ 0\ \ 0\ \ 0\ \ 0\ \ 1\ \ 0\ \ 0\ \ 0\ \ 0\ \ 0\ \ 0\ \ 0\ \ 0\ \ 1\ \ 1]$$

$$X_3=[0\ \ 0\ \ 0\ \ 0\ \ 0\ \ 0\ \ 1\ \ 0\ \ 1\ \ 1\ \ 0\ \ 0\ \ 1\ \ 0\ \ 0\ \ 0]$$

$$X_4=[0\ \ 0\ \ -1\ \ 0\ \ 0\ \ 0\ \ 1\ \ 0\ \ 1\ \ 0\ \ 0\ \ 0\ \ -1\ \ 1\ \ 0\ \ 0]$$

$$X_5=[0\ \ 0\ \ 0\ \ 0\ \ 0\ \ 0\ \ -1\ \ 1\ \ 0\ \ 0\ \ 0\ \ 0\ \ 0\ \ 0\ \ 0\ \ 0]$$

$$X_6=[0\ \ 0\ \ 0\ \ 1\ \ 1\ \ 1\ \ 0\ \ 0\ \ 0\ \ 0\ \ 0\ \ 0\ \ 0\ \ 0\ \ 0\ \ 0]$$

分别验证这些支集是否符合定理 6.2 的条件。验证结果为 X_1、X_2、X_3、X_6 符合定理 6.2 的条件，得到并行的子网为 $[p_{02}\quad p_7\quad p_6]$、$[p_{01}\quad p_{17}\quad p_{16}]$、$[p_1\quad p_{13}\quad p_2]$ 和 $[p_{31}\quad p_4\quad p_5\quad p_8\quad p_9]$。

例 7.4　图 7.17 为一个时间 Petri 网 Σ_4，求出其并行子网。

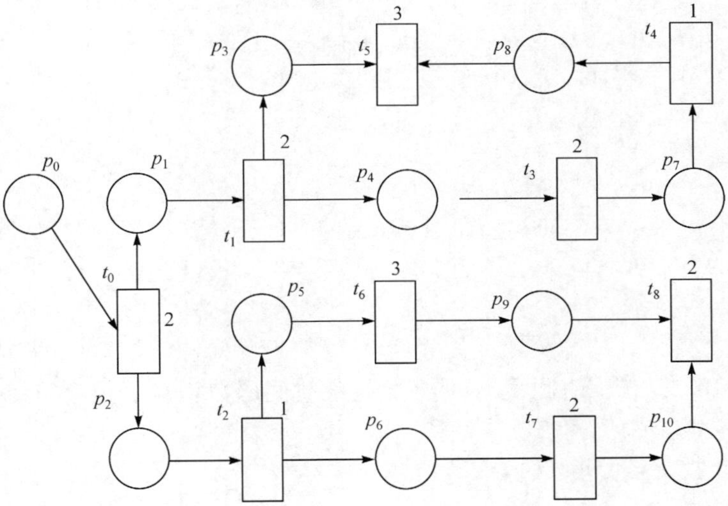

图 7.17　时间 Petri 网 Σ_4

将时间 Petri 网转化成 P/T 网 Σ_4，如图 7.18 所示。

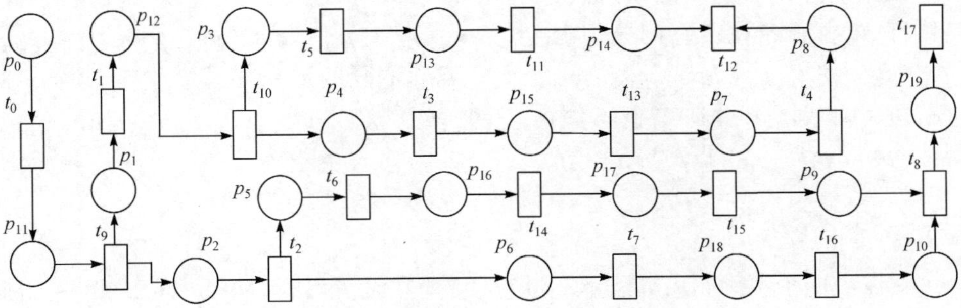

图 7.18　转化后的 P/T 网 Σ_4

按照定义 3.18，求出图 7.13 所示的 P/T 网的关联矩阵 D_4 为

$$
D_4=\begin{bmatrix}
-1&0&0&0&0&0&0&0&0&0&0&1&0&0&0&0&0&0&0&0\\
0&-1&0&0&0&0&0&0&0&0&0&0&1&0&0&0&0&0&0&0\\
0&0&-1&0&0&1&1&0&0&0&0&0&0&0&0&0&0&0&0&0\\
0&0&0&0&-1&0&0&0&0&0&0&0&0&0&0&1&0&0&0&0\\
0&0&0&0&0&0&0&-1&1&0&0&0&0&0&0&0&0&0&0&0\\
0&0&0&-1&0&0&0&0&0&0&0&0&0&1&0&0&0&0&0&0\\
0&0&0&0&0&-1&0&0&0&0&0&0&0&0&0&0&1&0&0&0\\
0&0&0&0&0&0&0&-1&0&0&0&0&0&0&0&0&0&0&1&0\\
0&0&0&0&0&0&0&0&0&-1&0&0&0&0&0&0&0&0&0&1\\
0&1&1&0&0&0&0&0&0&0&0&-1&0&0&0&0&0&0&0&0\\
0&0&1&1&0&0&0&0&0&0&0&0&-1&0&0&0&0&0&0&0\\
0&0&0&0&0&0&0&0&0&0&0&0&0&-1&1&0&0&0&0&0\\
0&0&0&0&0&0&0&0&-1&0&0&0&0&0&-1&0&0&0&0&0\\
0&0&0&0&0&0&0&1&0&0&0&0&0&0&0&-1&0&0&0&0\\
0&0&0&0&0&0&0&0&0&0&0&0&0&0&0&0&-1&1&0&0\\
0&0&0&0&0&0&0&0&0&1&0&0&0&0&0&0&0&1&0&0\\
0&0&0&0&0&0&0&0&0&0&1&0&0&0&0&0&0&0&-1&0\\
0&0&0&0&0&0&0&0&0&0&0&0&0&0&0&0&0&0&0&0\\
0&0&0&0&0&0&0&0&0&1&0&0&0&0&0&0&0&0&0&0\\
0&0&0&0&0&0&0&0&0&0&0&0&0&0&0&0&0&0&0&-1
\end{bmatrix}
$$

转化后的 Σ_4 依据时间 Petri 网各变迁的时间函数增加了相应的变迁和库所。检测网中无共享库所,可直接求解。

解 由 $D_4X=0$ 可得如下解:

$$X_1=[0\ \ 0\ \ 0\ \ 1\ \ -1\ \ 0\ \ 0\ \ -1\ \ -1\ \ 0\ \ 0\ \ 0\ \ 0\ \ 1\ \ 1\ \ -1\ \ 0\ \ 0\ \ 0\ \ 0]$$

$$X_2=[1\ \ 0\ \ 1\ \ 0\ \ 0\ \ 1\ \ 0\ \ 0\ \ 0\ \ 1\ \ 0\ \ 1\ \ 0\ \ 0\ \ 0\ \ 0\ \ 1\ \ 1\ \ 0\ \ 1]$$

$$X_3=[1\ \ 0\ \ 1\ \ 0\ \ 0\ \ 0\ \ 1\ \ 0\ \ 0\ \ 0\ \ 1\ \ 1\ \ 0\ \ 0\ \ 0\ \ 0\ \ 0\ \ 0\ \ 1\ \ 0]$$

根据定理 6.2 的条件,验证三个解向量,其中 X_1、X_2 符合定理 6.2 的条件,是网 Σ_4 的并行子网。它们分别由$[p_1\ \ p_{12}\ \ p_3\ \ p_{13}\ \ p_{14}\ \ p_4\ \ p_{15}\ \ p_7\ \ p_8]$、$[p_2\ \ p_5\ \ p_{16}\ \ p_{17}\ \ p_6\ \ p_{18}\ \ p_{10}\ \ p_9\ \ p_{19}]$不同的库所组成。再对两个子网进行进一步划分,得到 4 个不同的子网$[p_3\ \ p_{13}\ \ p_{14}]$、$[p_4\ \ p_{15}\ \ p_7\ \ p_8]$、$[p_5\ \ p_{16}\ \ p_{17}\ \ p_9]$、$[p_6\ \ p_{18}\ \ p_{10}]$。

7.4.4 实验环境

对以上四个实例应用算法 8.2 进行实验,并设置串行、MPI、OpenMP 三组对比实验。实验的硬件环境:4 台同构的多核 PC 构建的并行平台,多核 PC 机的配置详见表 7-4。网络速度为 100Mbit/s。软件环境:Microsoft Windows 7、Visual Studio 2008 的 C 语言程序设计。

表 7.4　多核 PC 各项参数的配置

主要部件	参数说明
CPU	Intel 酷睿 2 四核 Q6600 处理器，3.2GHz，三级缓存
内存	16GB
硬盘	1TB，7200r/min
网卡	Intel(R)82579LM

7.4.5　串行实验结果

利用实验环境中的多核机群的一台主机实现四个 Petri 网实验对象的串行程序，即整个划分过程均串行实现。统计四个实验对象的实验结果及运行时间。四个程序所得的实验结果如下。

例 7.1 的 Petri 网划分结果如下。

第一次划分结果为

$$[p_0 \quad p_1],\quad [p_2 \quad p_3 \quad p_4 \quad p_5],\quad [p_7 \quad p_8 \quad p_9 \quad p_{10}]$$

对$[p_7 \quad p_8 \quad p_9 \quad p_{10}]$进行第二次划分的结果为

$$[p_7 \quad p_9],\quad [p_8 \quad p_{10}]$$

例 7.2 的 Petri 网划分结果如下。

第一次划分结果为

$$[p_2 \quad p_{15}],\quad [p_1 \quad p_{14}],\quad [p_4 \quad p_{18} \quad p_{20}],\quad [p_5 \quad p_{19} \quad p_{21}]$$
$$[p_7 \quad p_8 \quad p_9],\quad [p_{11} \quad p_{12} \quad p_{13} \quad p_{22} \quad p_{24} \quad p_{25}]$$

例 7.3 的 Petri 网划分结果如下。

第一次划分结果为

$$[p_{02} \quad p_7 \quad p_6],\quad [p_{01} \quad p_{17} \quad p_{16}],\quad [p_1 \quad p_{13} \quad p_2],\quad [p_{31} \quad p_4 \quad p_5 \quad p_8 \quad p_9]$$

例 7.4 的 Petri 网划分结果如下。

第一次划分结果为

$$[p_1 \quad p_{12} \quad p_3 \quad p_{13} \quad p_{14} \quad p_4 \quad p_{15} \quad p_7 \quad p_8]$$
$$[p_2 \quad p_5 \quad p_{16} \quad p_{17} \quad p_6 \quad p_{18} \quad p_{10} \quad p_9 \quad p_{19}]$$

第二次划分结果为

$$[p_3 \quad p_{13} \quad p_{14}],\quad [p_4 \quad p_{15} \quad p_7 \quad p_8],\quad [p_5 \quad p_{16} \quad p_{17} \quad p_9],\quad [p_6 \quad p_{18} \quad p_{10}]$$

以上的实验结果与上述的理论计算结果完全一致，说明本章提出的算法是正确而有效的。实验所用的时间如表 7.5 所示。

表 7.5 串行实验所用的时间

实验对象	实验结果	所用时间/s
Σ_1	正确	6.14
Σ_2	正确	7.86
Σ_3	正确	7.83
Σ_4	正确	7.77

四组实验中,例 7.1 的 Petri 网为不含共享库所的 P/T 网,在并行化的过程中不需要进行类型的转化和共享库所的消除,且本身结构简单,在求解关联矩阵时运算量小。从实验结果看,耗费时间最少。例 7.2 的 Petri 网为含有共享库所的 P/T 网,且本身结构复杂,在进行消除共享库所和解关联矩阵的步骤均会耗费大量的时间。因此,虽然处理的步骤不多,但其运行时间多于例 7.3 的 Petri 网和例 7.4 的 Petri 网。例 7.3 的 Petri 网为时间 Petri 网,网的结构不甚复杂,但其要转化为 P/T 网,且转化后存在共享库所需要消除,步骤复杂,造成了时间的消耗。其处理时间仅次于例 7.2 的 Petri 网。例 7.4 的 Petri 网为时间 Petri 网,同样需要将其转化为 P/T 网,但其转化后不含共享库所,简化了步骤,但其关联矩阵规模大,运算量大,会消耗大量的时间,且其进行了二次划分。因此,其运行时间和例 7.3 的 Petri 网差不多。从这四个网的串行运行时间可以看出,关联矩阵的求解会耗费大量的时间。

7.4.6 MPI 实验结果

MPI 是分布式的并行运行方式,单纯的 MPI 并行,测试仍需要用到四台计算机,但是每个进程不再划分成线程,而只做单层的并行。

例 7.1 的 Petri 网的划分结果如下。

第一次划分结果为

$$[p_0 \quad p_1],\ [p_2 \quad p_3 \quad p_4 \quad p_5],\ [p_7 \quad p_8 \quad p_9 \quad p_{10}]$$

第二次划分结果为

$$[p_7 \quad p_9],\ [p_8 \quad p_{10}]$$

例 7.2 的 Petri 网的划分结果如下。

第一次划分结果为

$$[p_2 \quad p_{15}],\ [p_1 \quad p_{14}],\ [p_4 \quad p_{18} \quad p_{20}],\ [p_5 \quad p_{19} \quad p_{21}]$$
$$[p_7 \quad p_8 \quad p_9],\ [p_{11} \quad p_{12} \quad p_{13} \quad p_{22} \quad p_{24} \quad p_{25}]$$

例 7.3 的 Petri 网的划分结果如下。

第一次划分结果为

$$[p_{02} \quad p_7 \quad p_6],\ [p_{01} \quad p_{17} \quad p_{16}],\ [p_1 \quad p_{13} \quad p_2],\ [p_{31} \quad p_4 \quad p_5 \quad p_8 \quad p_9]$$

例 7.4 的 Petri 网的划分结果如下。

第一次划分结果为

$$[p_1 \quad p_{12} \quad p_3 \quad p_{13} \quad p_{14} \quad p_4 \quad p_{15} \quad p_7 \quad p_8]$$
$$[p_2 \quad p_5 \quad p_{16} \quad p_{17} \quad p_6 \quad p_{18} \quad p_{10} \quad p_9 \quad p_{19}]$$

第二次划分结果为

$$[p_3 \quad p_{13} \quad p_{14}],\ [p_4 \quad p_{15} \quad p_7 \quad p_8],\ [p_5 \quad p_{16} \quad p_{17} \quad p_9],\ [p_6 \quad p_{18} \quad p_{10}]$$

同样,实验结果与上述的理论计算结果完全一致,说明提出的算法是正确而有效的。实验所使用的时间如表 7.6 所示。

表 7.6　MPI 模式下实验所用时间

实验对象	实验结果	所用时间/s
Σ_1	正确	4.23
Σ_2	正确	5.59
Σ_3	正确	5.73
Σ_4	正确	5.65

MPI 是基于消息传递的,进程间的通信会造成一定的消耗。四组实验耗费时间均减少。横向对比依然是例 7.1 的 Petri 网用时最少,值得注意的是例 7.2 的 Petri 网的用时少于例 7.3 的 Petri 网和例 7.4 的 Petri 网,主要原因是例 7.3 的 Petri 网和例 7.4 的 Petri 网处理的步骤过多,造成了大量的进程间通信的消耗,影响了运行效率。

7.4.7　OpenMP 实验结果

OpenMP 是基于共享存储的编程模型,实现线程级的并行。实验用一台多核计算机,只做共享存储并行,统计四个实验对象的实验结果及运行时间。

例 7.1 的 Petri 网的划分结果如下。

第一次划分结果为

$$[p_0 \quad p_1],\ [p_2 \quad p_3 \quad p_4 \quad p_5],\ [p_7 \quad p_8 \quad p_9 \quad p_{10}]$$

第二次划分结果为

$$[p_7 \quad p_9],\ [p_8 \quad p_{10}]$$

例 7.2 的 Petri 网的划分结果如下。

第一次划分结果为

$$[p_2 \quad p_{15}],\ [p_1 \quad p_{14}],\ [p_4 \quad p_{18} \quad p_{20}],\ [p_5 \quad p_{19} \quad p_{21}]$$
$$[p_7 \quad p_8 \quad p_9],\ [p_{11} \quad p_{12} \quad p_{13} \quad p_{22} \quad p_{24} \quad p_{25}]$$

例 7.3 的 Petri 网的划分结果如下。

第一次划分结果为

$$[p_{02} \quad p_7 \quad p_6],\ [p_{01} \quad p_{17} \quad p_{16}],\ [p_1 \quad p_{13} \quad p_2],\ [p_{31} \quad p_4 \quad p_5 \quad p_8 \quad p_9]$$

例 7.4 的 Petri 网的划分结果如下。

第一次划分结果为

$$[p_1 \quad p_{12} \quad p_3 \quad p_{13} \quad p_{14} \quad p_4 \quad p_{15} \quad p_7 \quad p_8]$$
$$[p_2 \quad p_5 \quad p_{16} \quad p_{17} \quad p_6 \quad p_{18} \quad p_{10} \quad p_9 \quad p_{19}]$$

第二次划分结果为

$$[p_3 \quad p_{13} \quad p_{14}], \quad [p_4 \quad p_{15} \quad p_7 \quad p_8], \quad [p_5 \quad p_{16} \quad p_{17} \quad p_9], \quad [p_6 \quad p_{18} \quad p_{10}]$$

同样,实验结果与上述的理论计算结果完全一致,说明提出的算法是正确而有效的。实验所使用的时间如表 7.7 所示。

表 7.7 OpenMP 模式下实验所用时间

实验对象	实验结果	所用时间/s
Σ_1	正确	4.18
Σ_2	正确	5.36
Σ_3	正确	5.28
Σ_4	正确	5.14

OpenMP 是基于共享存储的,程序的运行节省了通信的时间。四组实验用时相较于 MPI 组的实验均有减少,且例 7.3 的 Petri 网和例 7.4 的 Petri 网的时间减少得最多,在共享存储的结构上并行节省了繁杂步骤中通信的时间,因此效率有所提高。

7.4.8 MPI+OpenMP+STM 实验结果

MPI+OpenMP+STM 在硬件上基于多核机群,在程序上实现包含事务机制的三级并行,在实现并行的基础上避免冲突和死锁。

例 7.1 的 Petri 网的划分结果如下。

第一次划分结果为

$$[p_0 \quad p_1], \quad [p_2 \quad p_3 \quad p_4 \quad p_5], \quad [p_7 \quad p_8 \quad p_9 \quad p_{10}]$$

第二次划分结果为

$$[p_7 \quad p_9], \quad [p_8 \quad p_{10}]$$

例 7.2 的 Petri 网的划分结果如下。

第一次划分结果为

$$[p_2 \quad p_{15}], \quad [p_1 \quad p_{14}], \quad [p_4 \quad p_{18} \quad p_{20}], \quad [p_5 \quad p_{19} \quad p_{21}]$$
$$[p_7 \quad p_8 \quad p_9], \quad [p_{11} \quad p_{12} \quad p_{13} \quad p_{22} \quad p_{24} \quad p_{25}]$$

例 7.3 的 Petri 网的划分结果如下。

第一次划分结果为

$$[p_{02} \quad p_7 \quad p_6], \quad [p_{01} \quad p_{17} \quad p_{16}], \quad [p_1 \quad p_{13} \quad p_2], \quad [p_{31} \quad p_4 \quad p_5 \quad p_8 \quad p_9]$$

例 7.4 的 Petri 网的划分结果如下。

第一次划分结果为

$$[p_1\quad p_{12}\quad p_3\quad p_{13}\quad p_{14}\quad p_4\quad p_{15}\quad p_7\quad p_8]$$
$$[p_2\quad p_5\quad p_{16}\quad p_{17}\quad p_6\quad p_{18}\quad p_{10}\quad p_9\quad p_{19}]$$

第二次划分结果为

$$[p_3\quad p_{13}\quad p_{14}],\ [p_4\quad p_{15}\quad p_7\quad p_8],\ [p_5\quad p_{16}\quad p_{17}\quad p_9],\ [p_6\quad p_{18}\quad p_{10}]$$

同样,实验结果与上述的理论计算结果完全一致,说明提出的算法是正确而有效的。实验所使用的时间如表 7.8 所示。

表 7.8　MPI＋OpenMP＋STM 模式下实验所用时间

实验对象	实验结果	所用时间/s
Σ_1	正确	2.11
Σ_2	正确	2.98
Σ_3	正确	3.19
Σ_4	正确	3.07

MPI＋OpenMP＋STM 综合了 MPI 和 OpenMP 的共同优点,并且解决了同步和死锁的问题,实验所用时间均大大减少。

7.4.9　实验结果与分析

对四个实验对象进行四组对比实验,四组对比实验用时均有差异,实验对比结果如表 7.9 所示。

表 7.9　实验对比结果

对比参数	准确率/%				实验所用时间/s				加速比				平均加速比
编程模式	Σ_1	Σ_2	Σ_3	Σ_4	Σ_1	Σ_2	Σ_3	Σ_4	Σ_1	Σ_2	Σ_3	Σ_4	
串行	100	100	100	100	6.14	7.86	7.83	7.77	—	—	—	—	—
MPI	100	100	100	100	4.23	5.59	5.73	5.65	1.45	1.41	1.37	1.38	1.40
OpenMP	100	100	100	100	4.18	5.36	5.28	5.14	1.47	1.47	1.48	1.51	1.48
MPI＋OpenMP＋STM	100	100	100	100	2.11	2.98	3.19	3.07	2.91	2.64	2.45	2.53	2.63

四个不同的 Petri 网结构,在四组对比实验下,结果有相似之处,也有各自的特点。从实验运行时间来看,四个网运行的时间均是 MPI＋OpenMP＋STM＜OpenMP＜MPI＜串行算法。串行算法所用时间最多,源于 Petri 网并行化处理的步骤多,且有关矩阵的运算量大,因此耗费时间较多。MPI 和 OpenMP 均属于单层并行,一个是基于消息传递,另一个是基于共享存储,从实验数据来看,共享存储优于消息传递,原因在于共享存储节省了通信的时间,但共享存储也存在争用资源和同步的问题,若处理不好也会出现忙等待,耗费时间。本算法所用的三层编程模

型是用时最短的，且优化程度远高于 MPI 和 OpenMP。原因在于三层编程模型集合了两者的优点，并将计算任务充分的并行，使程序的并行化率大大提高，且三层模型加上事务内存机制，有效地解决了同步问题和资源争用的问题，使程序的运行效率大大提高。

对比四个网的加速比可以看出，MPI 模式下加速比的大小关系为 $\Sigma_1>\Sigma_2>\Sigma_4>\Sigma_3$，例 7.3 的 Petri 网的加速比最小的原因是，其进行 Petri 网的并行化时经过的步骤繁多，在 MPI 模式下频繁通信造成的通信时间增多，且进程间的负载不平衡以及主进程的空闲等待和从进程的忙等待等，这些都会影响程序的执行效率，造成时间消耗大。因此，需要频繁通信的例 7.3 的 Petri 网在 MPI 模式下不能较好地发挥并行作用。OpenMP 模式下，四个网的加速比的大小关系为 $\Sigma_1=\Sigma_2<\Sigma_3<\Sigma_4$。此时，例 7.3 的 Petri 网和例 7.4 的 Petri 网的加速比最大，在于 OpenMP 是基于共享存储模式，因此颜色 Petri 网和时间 Petri 网在进行并行处理前的一系列转化步骤的运行效率均得到了提高，这源于并行系统共享内存的关系。在 MPI+OpenMP+STM 模式下，四个网结构加速比的大小关系为 $\Sigma_1>\Sigma_2>\Sigma_4>\Sigma_3$。这种关系的产生综合了以上两种情况，但数值上远大于以上两种情况，进一步证明了该模式下并行效率的高效性。例 7.2 的 Petri 网虽然处理步骤简单，但网规模大，加速比较高，说明了并行计算对处理大矩阵运算的高效性。

通过实验对比可以得出以下结论：

(1) 本书的算法解决 Petri 网的并行化是可行的，且在运行效率上明显优于其他编程模式；

(2) 对于判定过程复杂的 Petri 网，在做并行处理时，要处理好程序的通信问题，尽量少进程多线程；

(3) 对于网规模越大的 Petri 网，实施并行计算的效果越显著。

算法的部分代码请参见附录 B：基于多核机群三级并行模型的 Petri 网自动物料并行处理仿真系统部分代码。

参考文献

[1] 陈先桥，郭庆平. 分布式并行处理中的异步通信技术及其分析[J]. 计算机工程与应用，2003，13：140—145.

[2] Zuberek W M. Timed Petri nets: Definitions, properties and applications[J]. Microelectron Reliab, 1991, 31(4): 627—644.

[3] Jensen K. An introduction to the theoretical aspects of colored Petri nets[J]. Lecture Notes in Computer Science, 1994, 803: 230—272.

[4] Salum L. Petri nets and time modelling[J]. The International Journal of Advanced Manufacturing Technology, 2008, 38: 377—382.

[5] Salum L. New perspectives in timed Petri nets and their analysis[C]//IEEE Control Applica-

tions Conference, Istanbul, 2003:1041—1045.

[6] Praveen M. Small vertex cover makes Petri net coverability and boundedness easier[J]. Algorithmica, 2013, 65(4):713—753.

[7] Lukyanova E A. On a homomorphism of a component Petri net[J]. Cybernetics and Systems Analysis, 2014, 50(1):31—37.

[8] Tomar N, Choudhury O, Chakrabarty A, et al. An integrated pathway system modeling of Saccharomyces cerevisiae HOG pathway: A Petri net based approach[J]. Molecular Biology Reports, 2013, 40(2):1103—1125.

[9] Liu Y, Miao H K, Zeng H W, et al. Nondeterministic probabilistic Petri net—A new method to study qualitative and quantitative behaviors of system[J]. Journal of Computer Science and Technology, 2013, 28(1):203—216.

[10] Omidvar B, Malekshah M H, Omidvar H. Failure risk assessment of interdependent infrastructures against earthquake, a Petri net approach: Case study—Power and water distribution networks[J]. Natural Hazards, 2014, 71(3):1971—1993.

[11] Pla A, Gay P, Meléndez J, et al. Petri net-based process monitoring: A workflow management system for process modelling and monitoring[J]. Journal of Intelligent Manufacturing, 2014, 25(3):539—554.

[12] Ahmad F, Fakhir I, Khan S A, et al. Petri net-based modeling and control of the multi-elevator systems[J]. Neural Computing and Applications, 2014, 24:1601—1612.

[13] Fridgen G, Stepanek C, Wolf T. Investigation of exogenous shocks in complex supply networks—A modular Petri net approach[J]. International Journal of Production Research, 2015, 53(5):1387—1408.

[14] Souravlas S I, Roumeliotis M. Petri net modeling and simulation of pipelined redistributions for a deadlock-free system[J]. Cogent Engineering, 2015, 2(1):1—22.

[15] Wang R Z, Agarwal S, Dagli C H. Executable System of Systems Architecture Using OPM in Conjunction with Colored Petri Net: A Module for Flexible Intelligent and Learning Architectures for System of Systems[M]. Berlin: Springer-Verlag, 2015.

[16] 刘显明，李师贤，李文军，等. 一种扩展了价格信息的时间 Petri 网[J]. 软件学报，2007，18(1):1—10.

[17] 惠秀. 模糊 Petri 网系统的性态研究及其在信息处理中的应用[D]. 杭州：杭州电子科技大学，2013.

[18] 刘磊. 基于 Petri 网的工作流模型化方法及其应用研究[D]. 杭州：浙江理工大学，2013.

[19] 方欢. Petri 网的优化协调控制理论及其应用研究[D]. 合肥：合肥工业大学，2013.

[20] 赵振宇，周锐，池沛. 基于模糊推理 Petri 网的无人机智能决策方法[J]. 兵工自动化，2015，3:71—73.

[21] 童铭. 基于 Petri 网的 iSCSI 协议分析与建模[J]. 信息通信，2015，2:54—58.

[22] 任国彬，陈小强. 基于着色 Petri 网的高速列车追踪运行过程建模与仿真[J]. 铁道标准设计，2015，3:122—126.

[23] 杨博钦，宋文，周鑫. 基于 Petri 网的电梯群控系统设计[J]. 绵阳师范学院学报，2015，2：71—78.

[24] 刘文良，刘久富，周建勇. 基于有色 Petri 网的电梯门系统建模与仿真[J]. 计算机技术与发展，2015，3：162—166.

[25] 陈平，任民. 基于 Petri 网的终端区冲突避免方法研究[J]. 舰船电子工程，2015，3：21—23，27.

[26] 史永胜，肖龙. 基于 Petri 网与萤火虫算法的任务分配可视化建模[J]. 计算机测量与控制，2015，12：4149—4152.

[27] 朱新平，唐志星，夏正洪. 基于 Petri 网的航班机坪保障指挥调度建模[J]. 火力与指挥控制，2015，12：48—52.

[28] 曾庆田，鲁法明，刘聪，等. 基于 Petri 网的跨组织应急联动处置系统建模与分析[J]. 计算机学报，2013，11：2290—2302.

[29] 马敏，陈光，陈东义. 基于 Petri 网和模拟退火遗传算法的并行测试研究[J]. 仪器仪表学报，2007，2：331—336.

[30] 汪渭春. 基于 MPI 的分布式并行演化算法研究[D]. 武汉：武汉理工大学，2006.

[31] 闭应洲，丁立新，李文敬. 有导向交叉算子的研究[J]. 计算机工程与应用，2010，46(15)：28—30.

[32] 方贤文. 基于 Petri 网的并行程序分析与评价[D]. 青岛：山东科技大学，2004.

[33] 李文敬，廖伟志，元昌安，等. 高级 Petri 网并行化预处理方法的研究[J]. 广西大学学报(自然科学版)，2013，5：1100—1107.

[34] 肖良清. 基于时间 Petri 网的并行测试研究[D]. 长沙：长沙理工大学，2010.

[35] 林英，孟正. 多核下一种线程调度算法的研究与实现[J]. 计算机技术与发展，2013，23(10)：19—26.

[36] 刘胜辉，金岩. NIDS 中一种基于 Petri 网的并行推理算法[J]. 计算机仿真，2010，27(1)：133—136.

[37] 李华，许化龙. 基于时间 Petri 网的并行测试任务调度[J]. 计算机测量与控制，2010，18(3)：501—503.

[38] 袁云. 基于多核处理器并行系统的任务调度算法研究[D]. 上海：华东师范大学，2009.

[39] 周挺辉，严正，唐聪，等. 基于多核处理器技术的暂态稳定并行算法[J]. 电力系统自动化，2013，8：70—75.

[40] 王杰. 基于多核机群环境的并行程序设计方法研究[D]. 郑州：中原工学院，2012.

第 8 章　工作流 Petri 网系统的并行算法

本章内容主要包括:工作流的研究现状,工作流相关定义;工作流模型与 Petri 网的映射关系;工作流基本模式的 Petri 网模型及其并行性分析;基于 Petri 网的工作流模型建模;基于多核 PC 的工作流并行算法及其应用。

8.1　国内外研究现状及发展趋势

8.1.1　引言

本节首先结合 Petri 网相关概念,给出常见的工作流基本模式和常见结构的 Petri 网描述;然后根据工作流基本模式的定义和 Petri 网的性质,提出工作流 Petri 网结构模型;最后结合常见的并行算法设计技术,设计出新的工作流 Petri 网并行模型,并在多核环境下,设计出一种基于多核 PC 的工作流并行优化算法。

随着社会的不断发展,信息技术日益成熟,新的互联网环境给很多传统行业带来了很大变革。如何借助计算机技术提高企业的生产效率,使其拥有更强的竞争力,已经成为传统企业必须思考的问题。在新技术的催生下,工作流技术应运而生。

步入 21 世纪以来,由于工作流管理技术在过程建模、生产流程自动化和业务过程的优化分析等方面表现出的惊人效果,大多数企业开始建立自己的工作流管理系统。同时,他们对工作流技术要求也更加苛刻,在国内外学者的努力下,对工作流建模以及对模型分析评价方面的研究已经日趋成熟。然而,随着企业业务的发展,构建的模型也越来越庞大,过于复杂的系统将导致逐步分析时间过长、效率过低。传统方法很难快速高效地解决这个问题。因此,对建模后的工作流模型并行化,再对工作流基本模式进行并行性分析,从而大幅度提高工作流在企业优化方面的效率显得尤为重要。

在这个背景下,应用 Petri 网给工作流建模,提出工作流并行优化算法,在自动实现传统工作流功能的同时,使工作流分析优化过程的效率得到了显著提升。

工作流针对企业应用的业务流程建模以及对模型的分析将直接影响工作流管理系统的处理能力和工作效率。因此,展开对工作流进行建模和对模型进行优化等方面的研究无论在理论还是实践中都有重要意义。本章主要从工作流建模、工作流分析方法以及工作流性能优化评价三个方向展开研究。

8.1.2 国外研究现状

Petri 网本身实际上就是一种基于数学的建模工具，但是其最大优点是图形化的表示。图形化的直观、易懂以及数学理论上的完备性让其在分析与描述各种系统时更加便捷有效。国外学者 Aalst[1]首先把 Petri 网应用于工作流建模，并证明了 Petri 网能够在符合规则的前提下完美地表述各种工作流。Barros 等[2]提出了工作流建模有效性的基本原则，并且提出了一种准确的工作流建模方法。Curtis 等[3]详细介绍了工作流建模的一般过程，并且提出了一个可以快速达到收敛的工作流模型。Riddle[4]介绍了多种在过程信息系统自动化领域的工作流模型建模过程，并用实例验证了模型的有效性。Agostini 等[5]描述了一种简单的工作流流程管理系统，它通过构造时序模型来进行准确性分析，获得了较好的数据处理结果。在此基础上，提出了一种简化思想，把工作流流程管理系统简化为并行化、顺序化和替换三种变化，从而提高工作流管理系统的灵活性[6]。Ellis 等[7]首次提出了基于路径等价的建模方法，定义了一个称为“虚拟变化分割”的变化类，它可以在工作流被分割时保证工作流模型的稳定性。Reichert 等[8]定义了一个最小的完整变化操作集合，它可以支持用户对工作流的结构进行修改，同时还保障工作流模型的准确性和一致性。Ellis 等[9]利用流动式跳变工作流对工作流模型进行渐进式迁移改进，还介绍了结合时间约束规范的工作流模型的分析方法。Aalst[10]介绍了一种基于可达状态的传递有效性概念，用它来保证工作流模型在迁移过程中的完整性。

8.1.3 国内研究现状

为了利用 Petri 网对工作流进行分析，国内大量学者从不同方向对 Petri 网系统进行了试探性研究。章萍[11]提出了基于 Petri 网的工作流建模及其在 J2EE 框架下的实现；廖伟志等[12]对 P/T 网并行化进行了研究，并在库所不变量技术基础上提出了并行进程创建条件拓展定理。

针对工作流性能评价的相关研究有：基于 Petri 网的工作流模型及其优化[13-17]；基于 Petri 网工作流模型的时间关键路径优化方法[18]；预估系统时间的界限并在此基础上进行优化[19]等。此外，还有基于赋时、分层、颜色 Petri 网[20,21]对工作流性能进行优化。

在系统性能的评价[22]、系统的策略分析及验证[23]、模糊逻辑系统的推理及稳定性研究[24-26]等各个领域，运用高级 Petri 网和扩展 Petri 网[27-30]对其分析的尝试都取得了一定成果。曲扬[31]提出的将进程代数与 Petri 网结合的建模方法提高了工作流的灵活性和效率。将 Petri 网和进程代数相结合，采纳了两者的优点，但仅针对较为简单的系统比较有效，对规模日益复杂的实际系统依然没有提出有效的方法。刘兆铭[32]提出了基于角色的工作流过程建模方法，在原有工作流基础上提供了额外的功能-业务操作和工作交接。此外，还有学者基于时间 Petri 网[33]、颜色 Petri 网[34]等方法对工作流进行建模。

8.1.4　存在的不足

在利用 Petri 网对工作流模型进行优化方面，李文敬等提出了并行化划分的优化策略，针对划分后的进程内部和进程之间的并行性进行进一步的分析。但是，并行进程的合理性验证较为笼统。因此，更加完善地对系统本身及子系统进行并行化，甚至在多核环境下，实现系统进程的并行显得尤为迫切。

针对工作流的性能评价，大多数学者都只在传统串行模型的基础上进行优化，然后对优化结果进行分析。从整体上看，优化效果都不是很理想。随着系统的日益庞大，过度复杂的系统必将导致传统的逐步分析方法时间过长，效率过低，很难快速高效解决这些问题。因此，如何对工作流模型本身进行并行化显得尤为重要。

8.2　工作流概述

工作流的概念起源于生产组织和办公自动化领域[35]，1993 年，工作流管理联盟(Work Flow Management Coalition，WFMC)成立，随着时间的发展，工作流技术也日趋成熟。

工作流[35]：按照 WFMC 的定义，工作流是一类能够完全或者部分自动执行的业务过程，根据一系列过程规则，文档、信息或任务能够在不同的执行者之间传递、执行。

工作流模型：就是对工作流的抽象表示。对工作流建模时，可以结合建模方法和适当的建模工具，完成实际的业务流程的形式化，从而运用计算机求解。为了能准确描述业务过程，要求建立的工作流模型能够描述对应的过程活动及活动之间存在的关联，其他相关信息在模型中的定义也是必要的，如资源、数据等。只有满足以上条件，才能真正地用计算机解释和执行工作流。

工作流管理系统(work flow management system，WFMS)[35]：是一个软件系统，它完成工作量的定义和管理，按照在系统中预先定义好的工作流逻辑进行工作流实例的执行。它与业务流程系统无关，只是为其提供了软件环境的支撑。基本元素有事例、任务和过程。其中，事例是基本对象；任务是一系列可执行的事件；过程是用来描述哪些任务在何种条件下以哪种顺序执行。

工作流模式[35]：是解决流程类问题的方法论和最佳实践。简单地说，就是在流程领域通过反复实验，并对多次结果进行总结，得出的一种普遍适用的方法。工作流模式已经归纳的就有二十多种，本书只对如下四种最基本的模式进行介绍[36-42]。

顺序结构：在一个实际的业务流程中，各个任务按从前到后的顺序逐个执行。

并行结构：在一个业务流程中，至少有两个不相关路径同时执行，并且没有确定的顺序关系。

选择结构：在一个流程实例中，每种条件下，都有相应的执行路径。

循环结构：在一个实际的流程中，一些活动循环往复地多次执行。

8.3 工作流模型与 Petri 网的映射关系

工作流的元模型即用来描述工作流流程中的各个元素、元素对应的属性及相互之间关系的模型。一般包括三种数据元模型，即用于模拟业务过程的实现，并且对流程执行进行控制的过程定义元模型；根据各个部门的关系、相关人员在组织里担当角色的不同创建相匹配的组织机构的元模型；以工作流的业务过程所产生的数据及数据流向为模型而构建的相关数据元模型。

不同学者从不同的角度对工作流进行了建模，本节主要运用的是定义元模型，并在其基础上进行了适当的扩展。

Petri 网中的元素库所(P)、变迁(T)、标识(M)和流关系(F)正好与工作流中的事例、任务、各种条件和过程一一对应，这就为工作流的 Petri 网建模提供了理论基础。任意工作流都是由若干个任务、各个任务执行的条件和顺序组合而成的。具体到每个业务过程就是案例，这正好与 Petri 网的特点不谋而合。其中，每个单独的任务用变迁替代；任务发生的条件则用库所替代，案例的个数和执行状态可以由库所中的令牌来表示。这样不仅可以确保工作流精确地执行，而且可以利用 Petri 网的性质来分析描述工作流的各个状态，从而进一步对工作流的业务过程进行优化[43-47]。

定义 8.1 假设 Petri 网 PN=(P,T,F)是工作流网(WF-net)，则其应该满足以下条件：

(1) Petri 网 PN 的开始库所 i 和汇结库所 o 都必须是唯一的；

(2) Petri 网中的任意变迁 t，都能在某一表示下，从开始库所 i 达到就绪状态；

(3) 库所 i 能在标识下到达最终状态，且最终状态必须是库所 o，在整个过程结束后，初始标识随着变迁的发生改变为最终标识，该标识存在最终状态的库所内，其他库所均没有标识。

8.4　基于 Petri 网的工作流模型建模

在 8.2 节和 8.3 节所阐述理论的基础上，总结出基于 Petri 网工作流模型建模的基本过程：

(1) 分析工作流业务流程中的案例、任务及发生条件；

(2) 确定各个任务之间的相互关系，如常见的顺序、并行、选择、循环等；

(3) 将整个工作流模型按照几种常见的模式分成若干部分；

(4) 针对划分后的各个部分，建立描述任务和任务之间关系的模型，其中库所表示条件，变迁表示任务；

(5) 将初步构建好的模型进行逐步分析，为模型中增加资源和约束条件，完善模型；

(6) 把完善后的各部分模型合并，构成完整的工作流 Petri 网模型；

(7) 通过分析对模型进行优化改进，最终得到能够表达系统业务的逻辑、角色分配、路由模式选择和相关信息的 Petri 网工作流模型。

上述给出了工作流、工作流模型、工作流模式、工作流管理系统的概念和四种基本的工作流模式。分析工作流模型与 Petri 网的映射关系，归纳出基于 Petri 网的工作流模型建模步骤。

8.5　工作流基本模式的 Petri 网模型及其并行性分析

工作流管理联盟按照工作流的不同模式，定义了工作流的顺序模式、平行拆分模式、同步模式、排他选择模式、简单合并模式、强制循环模式。本节以前述工作流模型与 Petri 网的映射关系为理论基础，对利用 Petri 网建模时常出现的模式进行分析，总结出四种工作流 Petri 网基本模型。任意的工作流系统模型均可以通过这四种基本模型的演变和结合构成。为了对整个工作流系统并行优化，结合几种常用的并行算法设计技术对其并行性分析[46,47]，并在并行分析的基础上设计出对应的并行化结构模型。

8.5.1　工作流基本模式的 Petri 网模型

图 8.1 给出了 6 种常见的工作流基本模式的 Petri 网模型。

根据图 8.1 所示工作流基本模式对应的 Petri 网模型，结合 Petri 网相关性质，总结出与之对应的四种 Petri 网基本模型，如表 8.1 所示。

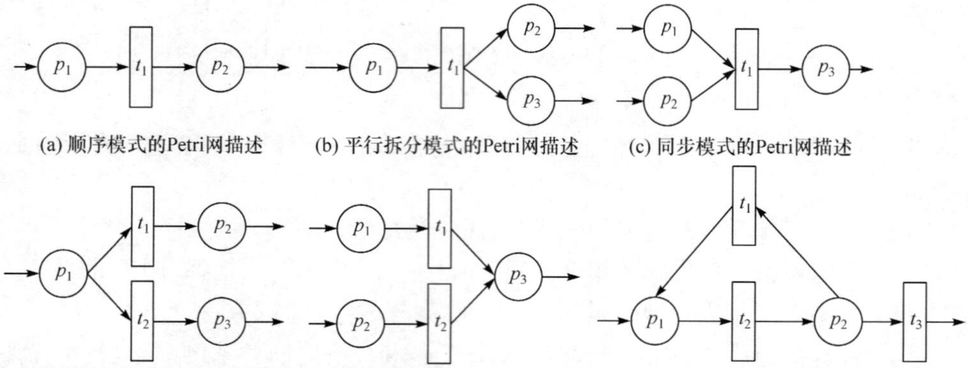

(a) 顺序模式的Petri网描述　(b) 平行拆分模式的Petri网描述　(c) 同步模式的Petri网描述

(d) 排他选择模式的Petri网描述　(e) 简单合并模式的Petri网描述　(f) 强制循环模式的Petri网描述

图 8.1　工作流基本模式的 Petri 网模型

表 8.1　工作流模式和 Petri 网模型的对应关系表

工作流模式	对应的 Petri 网模型
顺序模式	顺序结构模型
平行拆分、同步与合并模式	并行结构模型
排他选择模式	选择结构模型
强制循环模式	循环结构模型

1. 顺序结构 Petri 网模型

根据顺序模式的定义，在实际的工作流流程中，每个任务按照顺序逐个执行。其对应的顺序结构 Petri 网模型如图 8.2 所示。

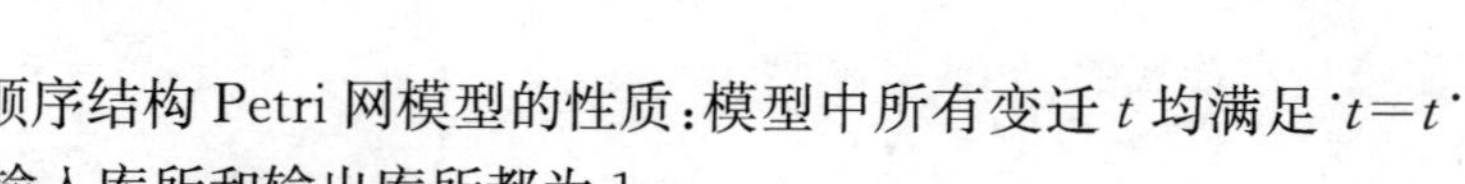

图 8.2　顺序结构 Petri 网模型

(1) 顺序结构 Petri 网模型的描述：由 $n(n>1)$个变迁 t 和库所 p 顺序连接而成。

(2) 顺序结构 Petri 网模型的性质：模型中所有变迁 t 均满足 $^{\cdot}t=t^{\cdot}=1$，即所有变迁的输入库所和输出库所都为 1。

(3) 顺序结构 Petri 网模型的并行性分析如下：所有变迁 t 都满足 $^{\cdot}t=t^{\cdot}=1$，采用流水线并行技术对其优化，将图 8.2 的顺序结构 Petri 网模型划分为两个阶段，即$(p_1(1),t_1(1))$、$(p_2(1),t_2(1))$。通过流水线并行技术建立流水线并行模型，从而缩短了计算迭代的周期，增大了系统吞吐量。图 8.3 分别从任务的时间和空间两个角度描述了流水线技术的实现。

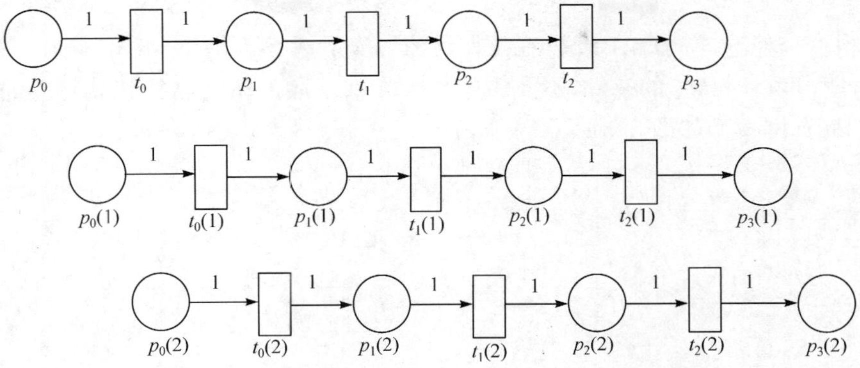

图 8.3　采用流水线并行技术的顺序结构 Petri 网模型

2. 并行结构 Petri 网模型

根据平行拆分模式、同步模式、简单合并模式的定义，在实际的工作流流程中，任意两个任务同步执行或者通过组合并发的执行，其对应的并行结构 Petri 网模型如图 8.4 所示。

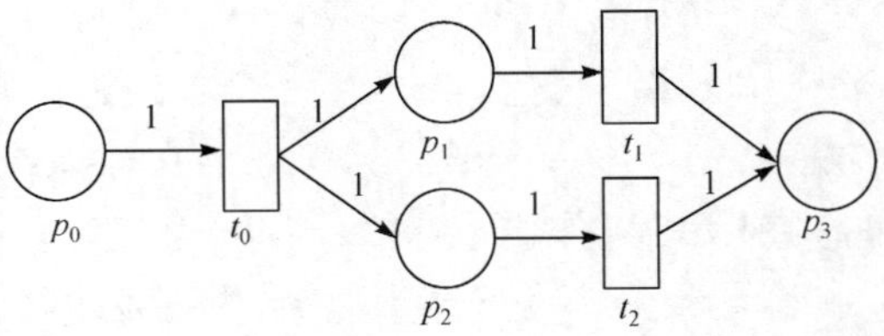

图 8.4　并行结构 Petri 网模型

(1) 并行结构 Petri 网模型的描述：n 个变迁 t 没有严格地按照顺序执行，即有 $m(m<n)$ 个变迁同时发生。

(2) 并行结构 Petri 网模型的性质：在 p_0 的标识 M 作用下，t_0 发生，同时产生两个不同的标识，使得 p_1 和 p_2 使能，从而 t_1、t_2 同时发生。

(3) 并行结构 Petri 模型的并行性分析：图 8.4 所示模型本身就是天然存在的并行，不做任何处理，直接用空间并行算法就可以实现优化，即任务 t_0 先开始执行，在其执行完毕后，任务 t_1 和 t_2 在不同的计算机上同时并行运行，实现任务并行。与此同时，根据所处理数据的实际数量，让若干个处理机对所执行任务 t_1、t_2 的数据集(p_1,p_2)进行处理，从而使计算效率显著提高，完成任务和数据的空间并行。

3. 选择结构 Petri 网模型

根据排他选择模式的定义，在工作流流程实例中，流程下一步如何运行取决于上一流程运行时产生的条件，不同的条件会导致不同的执行路径。其对应的选择结构 Petri 网模型如图 8.5 所示。

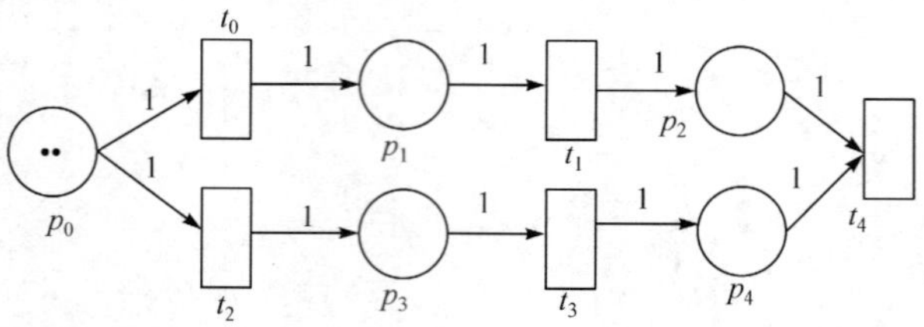

图 8.5　选择结构 Petri 网模型

(1) 选择结构 Petri 网模型的描述：在不同的标识下，存在若干个变迁 t 有选择地发生。

(2) 选择结构 Petri 模型的性质：t_0 发生，使 p_1 得到标识，在 p_1 的标识下，t_1 和 t_2 的发生要依赖于实际的限制条件。

(3) 选择结构 Petri 模型的并行性分析：图 8.5 所示选择结构 Petri 网模型中变迁 t_1 和 t_2，存在 1 个标识 M，使得 $M[t_1>M_1 \rightarrow \neg\ M_1[t_2>$ 且 $M[t_2>M_2 \rightarrow \neg\ M_2[t_1>$，即在标识 M 作用下若 t_1 发生，则产生一个新的标识 M_1，在标识 M_1 作用下 t_2 不能发生；若 t_2 发生，则产生一个新的标识 M_2，在标识 M_2 作用下 t_1 不能发生，此时称变迁 t_1 和 t_2 在标识 M 作用下，并发与冲突共存。当两个变迁处于冲突时，任意一个先发生，都会导致另一变迁产生冲突，失去发生权，反之亦然。对此提出的解决办法是施加外部控制，消除冲突，如图 8.6 所示。

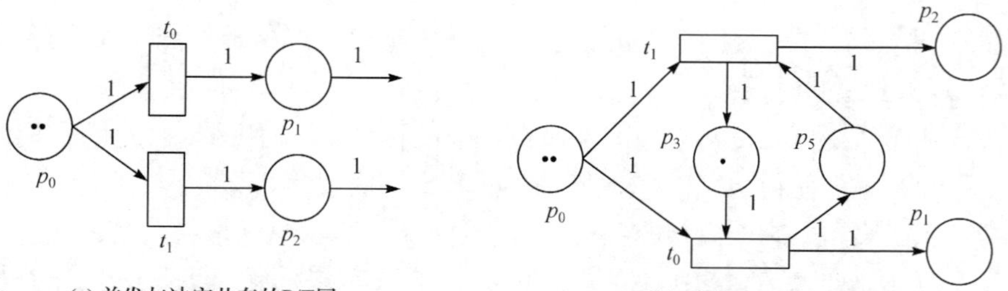

(a) 并发与冲突共存的P/T网　　(b) 增加控制回路后的P/T网

图 8.6　并发与冲突共存的 P/T 网及增加控制回路后的 P/T 网

分析可得，t_0 和 t_1 之间存在的有效冲突得到解除。增加的外部控制使变迁 t_0 和 t_1 能够平等地依次使用公共资源，从而将选择结构模型等价为顺序结构模型，可采用流水线并行模型的优化方法。

4. 循环结构 Petri 网模型

根据强制循环模式的定义，在实际的工作流流程中，有些任务需要多次执行以达到预期效果，其对应的循环结构 Petri 网模型如图 8.7 所示。

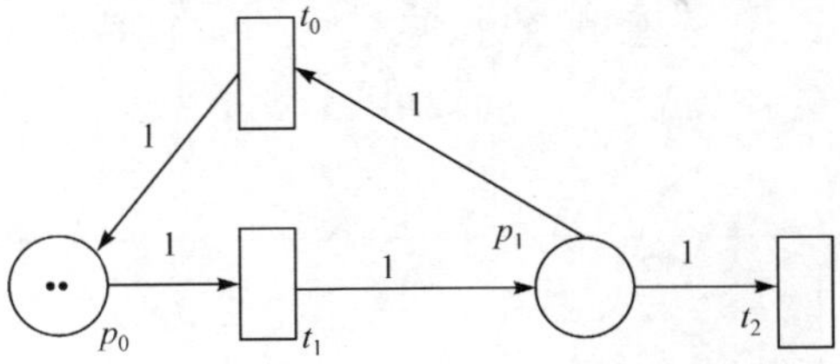

图 8.7　循环结构 Petri 网模型

(1) 循环结构 Petri 网模型的描述：在实际工作流程中变迁 t 与其他顺序执行的变迁处于一个循环状态，反复执行的发生权不仅由它的输入决定还取决于前一个变迁发生时产生的结果的影响。

(2) 循环结构 Petri 模型的性质：工作流过程中变迁 t_1 被执行数次，直至达到预期的结果时，才能触发后续任务。

(3) 循环结构 Petri 网模型的并行性分析：如图 8.7 所示，p_0、t_0、p_1、t_1 构成一个循环，在达到预期结果前，循环会无限地重复执行。因此，可以把循环迭代的每一层的计算过程看成一个进程，让多层计算同时执行，实现并行。在多核环境下将等价的每个进程放在一个核上执行，迭代各层的相关数据，通过所在处理机进行处理，不同处理机间的通信实现同步。

为了更直观地描述，循环并行处理的过程可等价于将每层循环看成一个进程，根据实际情况对其进行复制，即增加若干个库所变迁对，让这若干个进程同步的并行处理，最后选出理想的结果，实现循环模型，完成并行优化，如图 8.8 所示。

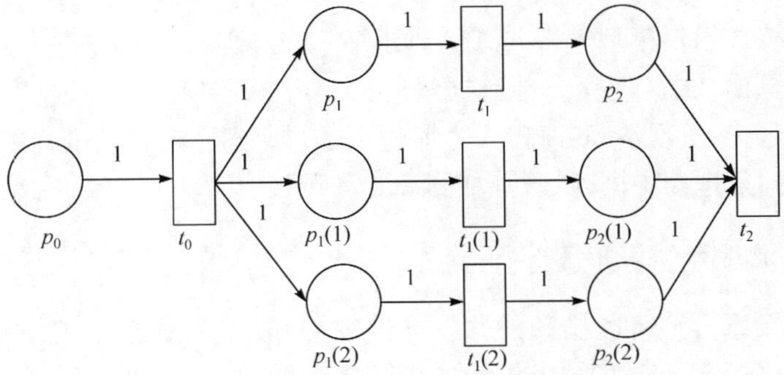

图 8.8　多核环境下的循环并行等价 Petri 网模型

8.5.2　工作流 Petri 网并行模型

1. 工作流顺序结构并行模型

针对顺序结构的工作流，应用流水线技术，以时间为基准将任务 J 拆分为若干个特征相同的子任务，实现时间并行，如图 8.9 所示。

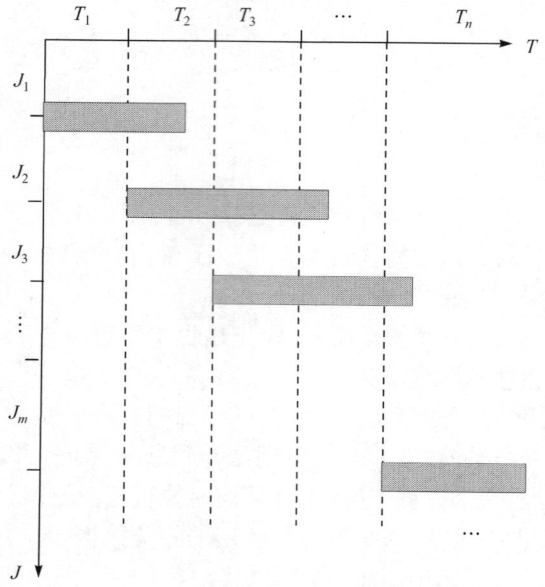

图 8.9　顺序结构并行模型

2. 工作流并行结构并行模型

采用多核技术对模型进行并行化。让每一个进程(J)在多核处理器的一个核(C)上运行，同时，根据进程内部数据量的大小，让不同的核去完成进程所需数据集(Data)的运算，实现空间并行，大大缩短了运行时间。也就是进程中的任务和所需数据在不同处理器中同时运行，如图 8.10 所示。

3. 工作流选择结构并行模型

为了消除原模型可能出现的并发与冲突，一般人为增加控制，即选择结构模型转换为顺序模型，直接采用流水线并行技术就可以实现并行，其并行模型如图 8.10 所示。

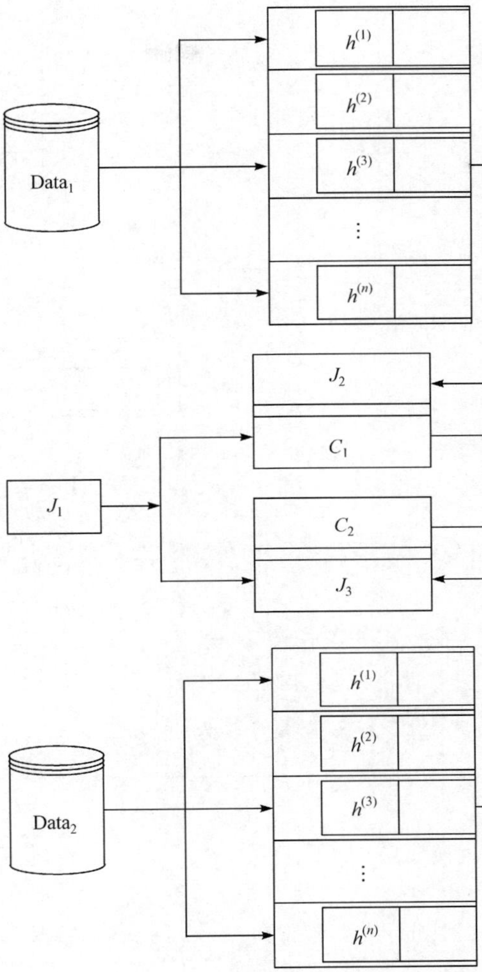

图 8.10　工作流并行结构并行模型

4. 工作流循环结构并行模型

将系统中循环结构的每层运算过程视为一个进程(J),并将各个进程放到不同的处理机(C)中同时执行。也就相当于将循环迭代的进程分为若干进程流,从而实现并行,如图 8.11 所示。

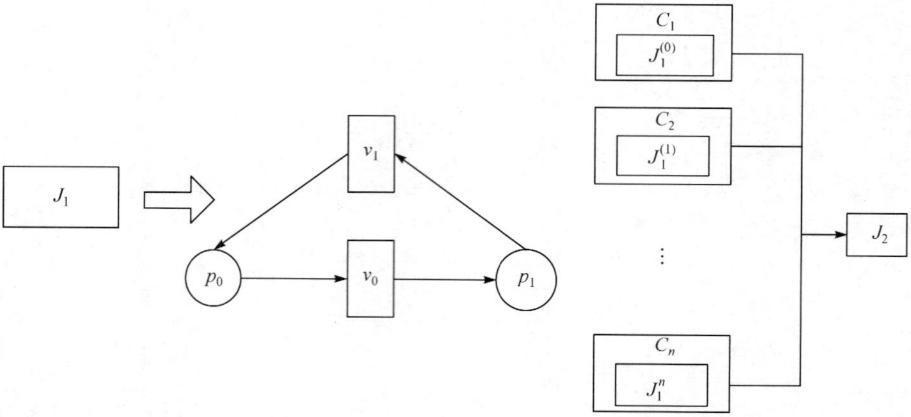

图 8.11　工作流循环结构并行模型

8.6　基于多核 PC 的工作流并行算法

在多核环境下,结合 8.5 节所述的工作流 Petri 网并行模型,提出一种基于多核 PC 的工作流并行优化算法。算法步骤如下。

算法 8.1　基于多核 PC 的工作流并行算法

输入:工作流 Petri 网系统。

输出:并行优化后的 Petri 网模型。

Begin

第一步:对输入的 Petri 网模型进行预处理,得到 Petri 网系统的数据。

第二步:对 P/T 网模型进行转换,并求出关联矩阵。

第三步:结合 parallel 指令和 barrier 指令,多线程同步求解关联矩阵的秩。

第四步:由矩阵的秩得到齐次线性方程组,并根据齐次线性方程组的基础解系,求出库所不变量集合。

第五步:根据库所不变量集合划分得到若干子网。

第六步:结合 parallel 指令和 barrier 指令,多线程同步对子网进行并行条件验证,若满足,则执行第七步;否则,算法结束。

第七步:对满足并行条件的子网进行合理性验证,如满足,则执行第八步;否则,算法结束。

第八步:判断子网中是否存在顺序结构,若存在,则采用顺序结构的并行模型进行优化;否则,执行第九步。

第九步:判断子网中是否存在选择结构,若存在,则施加外部控制,再采用顺序结构的并行模型优化;否则,执行第十步。

第十步：判断子网中是否存在循环结构，若存在，则采用循环结构的并行模型对其优化；否则，执行第十一步。

第十一步：将所有子网采用并行结构的并行模型进行优化。

第十二步：得到优化后的模型，算法结束。

End

8.7　算法应用与实验分析

为了对企业业务流程进行优化和改进，在多核环境下，运用多核 PC 的 Petri 网子网划分算法得到若干可并行的子网，再结合工作流 Petri 网模型，对不同结构的子网采用相应的并行模型实现并行优化。下面通过实例对基于多核 PC 的工作流并行优化算法进行验证。

8.7.1　工作流实例

工贸行业是一个产品种类繁多、材料需求复杂、工作流程庞大的行业。随着市场竞争的日益激烈，如何控制好核价、采购、生产等流程，使企业工作流的每个环节都能得到优化，提高整个工作流流程的运作效率和快速反应力，在最短的时间内完成生产任务，已成为企业增强其竞争力的关键。

图 8.12 是某工贸企业从接到订单到完成生产的工作流程图。

企业业务流程的描述如下。

1）订单签订阶段

客户把所需产品的资料交给公司，流程开始；公司接收产品资料，然后对产品进行需求分析；根据客户对产品的报价，生成订单；将核价单拿给客户审批，若审批没通过，则重新生成订单，给客户审批；若通过审批，则给工厂下达生产任务。

2）生产任务阶段

(1) 首先根据库存已有原料，分析需要采购的原料，建立采购清单。然后采购原料，并建立收料单；采购部门验收所采购的货物是否合格；若合格，则对所采购的原料建立库存明细；若不合格，则建立退货单，将不合格的原料进行退料操作。最后汇总此次采购的原料，建立库存明细；工厂建立领料单，领取生产所需原料；进行生产；生产产品入库。

(2) 汇总已有原料库存；分析生产任务，并根据可用原料建立生产单；进行生产；生产产品入库。

(3) 建立委外单，委托别的工厂代生产所需产品；根据委外送料需求，进行委外送料；委外收料；生产完成后，建立委外进货单，进行委外进货；得到产品。

3）生产任务验收阶段

检查产品是否合格，并进行产品验收；将产品汇总，完成客户订单。

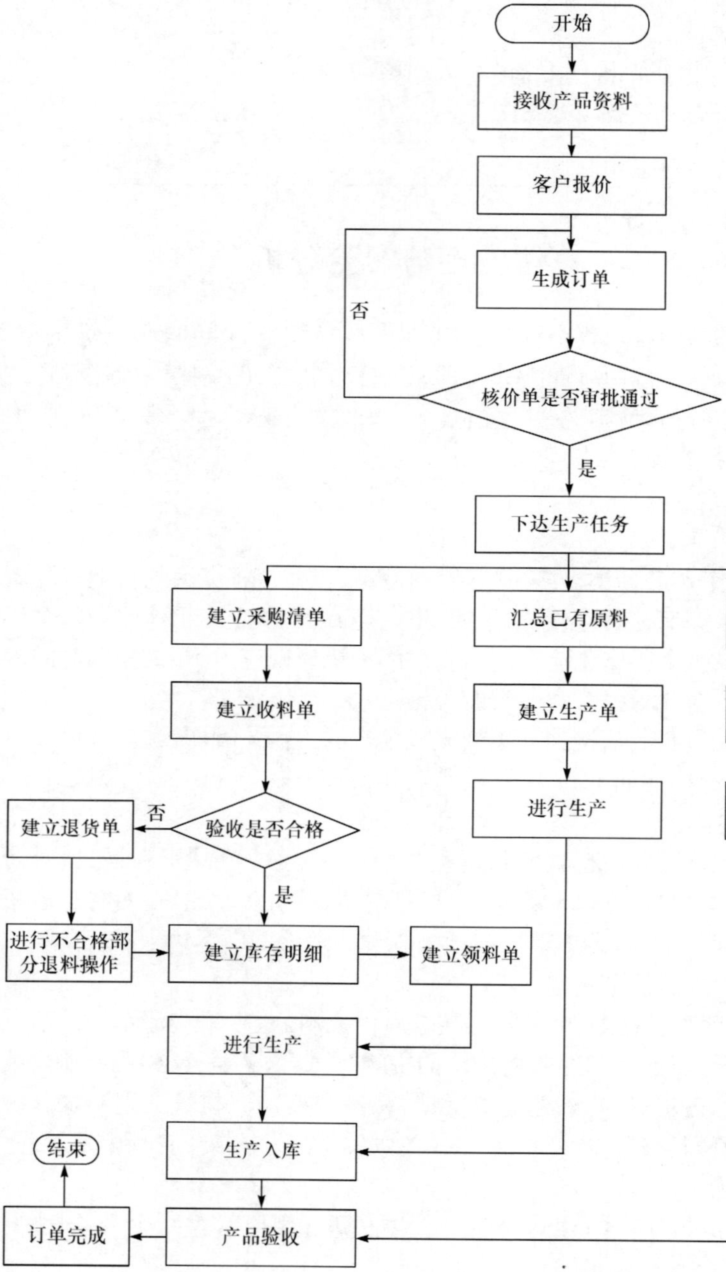

图 8.12　某工贸企业工作流程图

8.7.2　实例的 Petri 网建模

根据 8.7.1 节所述的某工贸企业工作流程图，结合 Petri 网建模理论，构建如图 8.13 所示的 Petri 网模型。

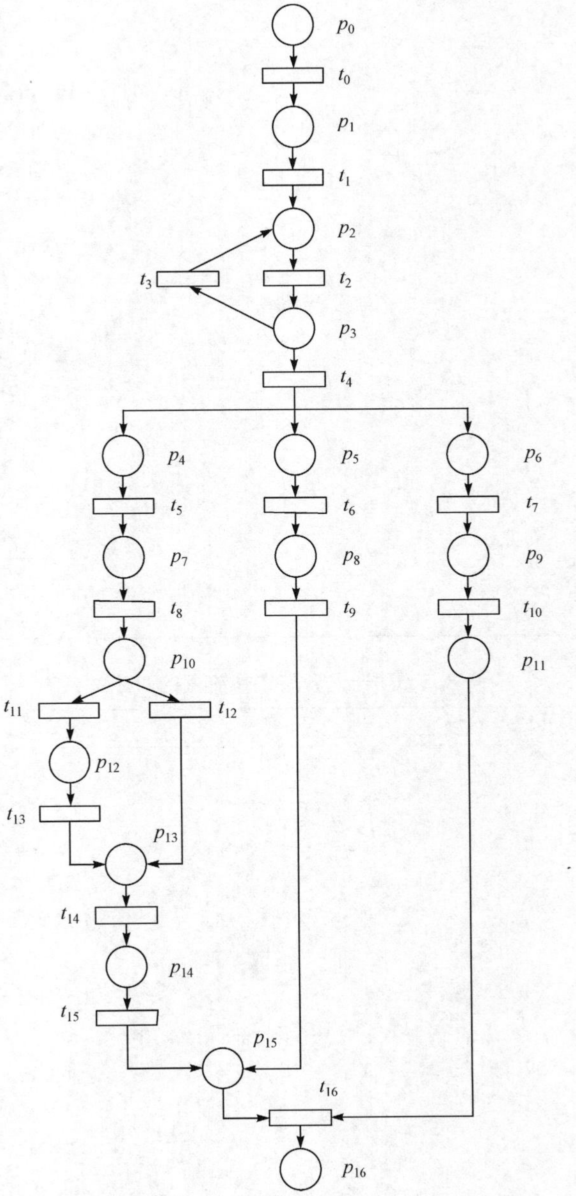

图 8.13　某工贸企业 Petri 网模型

某工贸企业工作流 Petri 网模型中库所元素所表示的含义如表 8.2 所示，变迁元素所表示的含义如表 8.3 所示。

表 8.2 库所元素与工作流程的对应关系

Petri 网模型中的库所	库所表示的工作流程
p_0	产品资料
p_1	客户报价
p_2	生成订单
p_3	审批结果
p_4	采购清单
p_5	可用库存原料
p_6	委外单
p_7	收料单
p_8	生产单
p_9	委外收料
p_{10}	验收清单
p_{11}	得到产品
p_{12}	退货单
p_{13}	库存明细
p_{14}	原料准备
p_{15}	产品入库
p_{16}	订单完成

表 8.3 变迁元素与工作流程的对应关系

Petri 网模型中的变迁	变迁表示的工作流程
t_0	需求分析
t_1	可行性分析
t_2	订单审批
t_3	订单作废
t_4	下达生产任务
t_5	采购原料
t_6	生产任务分析
t_7	委外送料
t_8	采购原料审核
t_9	工厂生产
t_{10}	委外进货
t_{11}	验收不合格
t_{12}	验收合格

续表

Petri 网模型中的变迁	变迁表示的工作流程
t_{13}	退料操作
t_{14}	领料操作
t_{15}	工厂生产
t_{16}	产品验收

8.7.3 系统的性能分析结果

实例建模后，按照实际需要对 Petri 网系统进行性能分析，结果如表 8.4 所示。

表 8.4 业务流程的主要性能指标　（单位:天）

任务	对应的业务流程	平均完成时间	实际处理时间	等待时间
t_0	需求分析	3	3	0
t_1	可行性分析	2	1	1
t_2	订单审批	5	2	3
t_3	订单作废	1	1	0
t_4	下达生产任务	2	2	0
t_5	采购原料	8	3	5
t_6	生产任务分析	3	2	1
t_7	委外送料	7	4	3
t_8	采购原料审核	5	1	4
t_9	工厂生产	10	7	3
t_{10}	委外进货	8	5	3
t_{11}	验收不合格	3	1	2
t_{12}	验收合格	3	1	2
t_{13}	退料操作	2	1	1
t_{14}	领料操作	3	2	1
t_{15}	工厂生产	10	7	3
t_{16}	产品验收	6	4	2
系统运行总时间		81	47	34

8.7.4 实例的求解过程

在 Microsoft Windows 10 操作系统下，先用 PIPE v4.3.0 对 Petri 网模型进行分析，再用 Java 编程仿真实现基于多核 PC 的工作流并行算法，并对应用实例的子网划分结果进行验证。

对 Petri 网模型分析求解得到输出矩阵和输入矩阵如下：

$$D^{-}[17][17]=\begin{bmatrix}
1&0&0&0&0&0&0&0&0&0&0&0&0&0&0&0&0\\
0&1&0&0&0&0&0&0&0&0&0&0&0&0&0&0&0\\
0&0&1&0&0&0&0&0&0&0&0&0&0&0&0&0&0\\
0&0&0&1&1&0&0&0&0&0&0&0&0&0&0&0&0\\
0&0&0&0&0&1&0&0&0&0&0&0&0&0&0&0&0\\
0&0&0&0&0&0&1&0&0&0&0&0&0&0&0&0&0\\
0&0&0&0&0&0&0&1&0&0&0&0&0&0&0&0&0\\
0&0&0&0&0&0&0&0&1&0&0&0&0&0&0&0&0\\
0&0&0&0&0&0&0&0&0&1&0&0&0&0&0&0&0\\
0&0&0&0&0&0&0&0&0&0&1&0&0&0&0&0&0\\
0&0&0&0&0&0&0&0&0&0&0&1&1&0&0&0&0\\
0&0&0&0&0&0&0&0&0&0&0&0&0&0&0&0&1\\
0&0&0&0&0&0&0&0&0&0&0&0&0&1&0&0&0\\
0&0&0&0&0&0&0&0&0&0&0&0&0&0&1&0&0\\
0&0&0&0&0&0&0&0&0&0&0&0&0&0&0&1&0\\
0&0&0&0&0&0&0&0&0&1&0&0&0&0&0&0&1\\
0&0&0&0&0&0&0&0&0&0&0&0&0&0&0&0&0
\end{bmatrix}$$

$$D^{+}[17][17]=\begin{bmatrix}
0&0&0&0&0&0&0&0&0&0&0&0&0&0&0&0&0\\
1&0&0&0&0&0&0&0&0&0&0&0&0&0&0&0&0\\
1&0&0&1&0&0&0&0&0&0&0&0&0&0&0&0&0\\
0&0&1&0&0&0&0&0&0&0&0&0&0&0&0&0&0\\
0&0&0&0&1&0&0&0&0&0&0&0&0&0&0&0&0\\
0&0&0&0&1&0&0&0&0&0&0&0&0&0&0&0&0\\
0&0&0&0&0&1&0&0&0&0&0&0&0&0&0&0&0\\
0&0&0&0&0&0&1&0&0&0&0&0&0&0&0&0&0\\
0&0&0&0&0&0&0&1&0&0&0&0&0&0&0&0&0\\
0&0&0&0&0&0&0&0&1&0&0&0&0&0&0&0&0\\
0&0&0&0&0&0&0&0&0&1&0&0&0&0&0&0&0\\
0&0&0&0&0&0&0&0&0&0&1&0&0&0&0&0&0\\
0&0&0&0&0&0&0&0&0&0&1&0&0&0&0&0&0\\
0&0&0&0&0&0&0&0&0&0&0&0&1&1&0&0&0\\
0&0&0&0&0&0&0&0&0&0&0&0&0&1&0&0&0\\
0&0&0&0&0&0&0&0&0&1&0&0&0&0&1&0&0\\
0&0&0&0&0&0&0&0&0&0&0&0&0&0&0&1&0
\end{bmatrix}$$

根据关联矩阵公式，求得 Petri 网系统的关联矩阵为

$$D[17][17]=\begin{bmatrix}
-1 & 1 & 0 & 0 & 0 & 0 & 0 & 0 & 0 & 0 & 0 & 0 & 0 & 0 & 0 & 0 & 0\\
0 & -1 & 1 & 0 & 0 & 0 & 0 & 0 & 0 & 0 & 0 & 0 & 0 & 0 & 0 & 0 & 0\\
0 & 0 & -1 & 1 & 0 & 0 & 0 & 0 & 0 & 0 & 0 & 0 & 0 & 0 & 0 & 0 & 0\\
0 & 0 & 1 & -1 & 0 & 0 & 0 & 0 & 0 & 0 & 0 & 0 & 0 & 0 & 0 & 0 & 0\\
0 & 0 & 0 & -1 & 1 & 1 & 1 & 0 & 0 & 0 & 0 & 0 & 0 & 0 & 0 & 0 & 0\\
0 & 0 & 0 & 0 & -1 & 0 & 0 & 1 & 0 & 0 & 0 & 0 & 0 & 0 & 0 & 0 & 0\\
0 & 0 & 0 & 0 & 0 & -1 & 0 & 0 & 1 & 0 & 0 & 0 & 0 & 0 & 0 & 0 & 0\\
0 & 0 & 0 & 0 & 0 & 0 & -1 & 0 & 0 & 1 & 0 & 0 & 0 & 0 & 0 & 0 & 0\\
0 & 0 & 0 & 0 & 0 & 0 & 0 & -1 & 0 & 0 & 1 & 0 & 0 & 0 & 0 & 0 & 0\\
0 & 0 & 0 & 0 & 0 & 0 & 0 & 0 & -1 & 0 & 0 & 0 & 0 & 0 & 0 & 0 & 0\\
0 & 0 & 0 & 0 & 0 & 0 & 0 & 0 & 0 & -1 & 0 & 1 & 0 & 0 & 0 & 0 & 0\\
0 & 0 & 0 & 0 & 0 & 0 & 0 & 0 & 0 & 0 & -1 & 0 & 1 & 0 & 0 & 0 & 0\\
0 & 0 & 0 & 0 & 0 & 0 & 0 & 0 & 0 & 0 & -1 & 0 & 0 & 1 & 0 & 0 & 0\\
0 & 0 & 0 & 0 & 0 & 0 & 0 & 0 & 0 & 0 & 0 & 0 & -1 & 1 & 0 & 0 & 0\\
0 & 0 & 0 & 0 & 0 & 0 & 0 & 0 & 0 & 0 & 0 & 0 & 0 & -1 & 1 & 0 & 0\\
0 & 0 & 0 & 0 & 0 & 0 & 0 & 0 & 0 & 0 & 0 & 0 & 0 & 0 & -1 & 1 & 0\\
0 & 0 & 0 & 0 & 0 & 0 & 0 & 0 & 0 & 0 & 0 & 0 & 0 & 0 & 0 & -1 & 1
\end{bmatrix}$$

初始标识 $M_0=\{1,0,0,0,0,0,0,0,0,0,0,0,0,0,0,0,0\}$。

按照理论分析求解,可以求出库所不变量分别为

$$X_1^{\mathrm{T}}=[2\ \ 2\ \ 2\ \ 2\ \ 1\ \ 1\ \ 0\ \ 1\ \ 1\ \ 0\ \ 1\ \ 0\ \ 1\ \ 1\ \ 1\ \ 1\ \ 1]$$

$$X_2^{\mathrm{T}}=[1\ \ 1\ \ 1\ \ 1\ \ 0\ \ 0\ \ 1\ \ 0\ \ 0\ \ 1\ \ 0\ \ 1\ \ 0\ \ 0\ \ 0\ \ 0\ \ 0]$$

X_1、X_2 是支集$\{X_1,X_2\}$满足并行划分的一般条件。根据所求的支集可知,原系统可划分为两个并行子网。

并行子网 1 所包含的库所和变迁有 p_0、t_0、p_1、t_1、p_2、t_2、p_3、t_3、p_4、t_4、p_5、t_5、p_7、t_6、p_8、t_8、p_{10}、t_9、p_{12}、t_{11}、t_{12}、p_{13}、t_{13}、p_{14}、t_{14}、p_{15}、t_{16}、p_{16}。子网结构如图 8.14 所示。

并行子网 2 包含的库所和变迁为 p_0、t_0、p_1、t_1、p_2、t_2、p_3、t_3、t_4、p_6、t_7、p_9、t_{10}、p_{11}。子网结构如图 8.15 所示。

子网划分后,可知子网 1 存在共享库所 p_{15},且共享库所的输出为 1,满足定理 6.2 的扩展条件。将共享库所 p_{15} 复制一份,子网 1 变成如图 8.16 所示的模型。

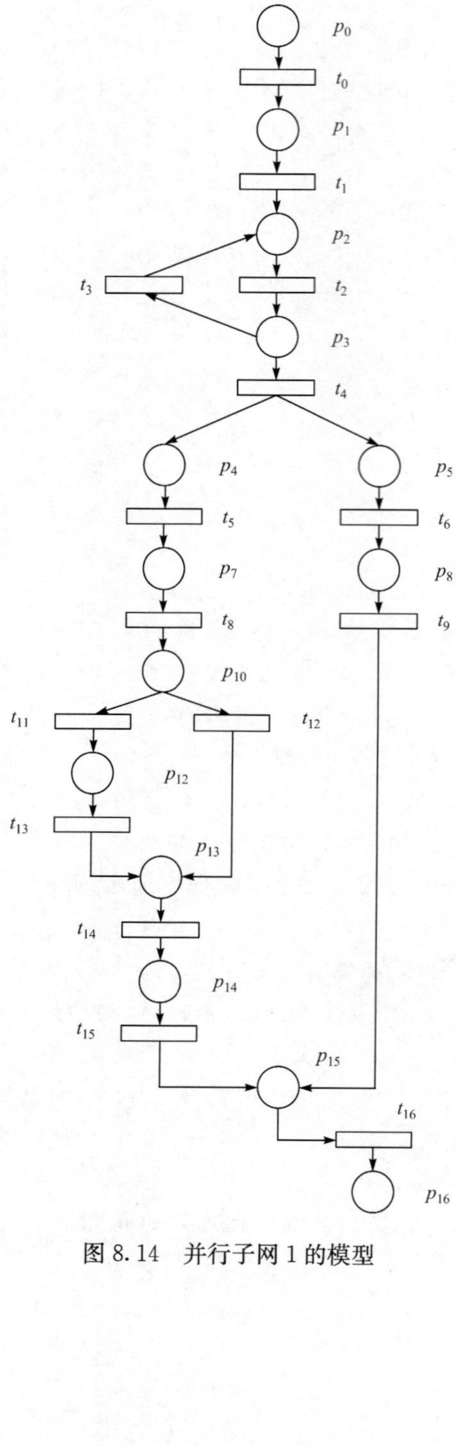

图 8.14　并行子网 1 的模型

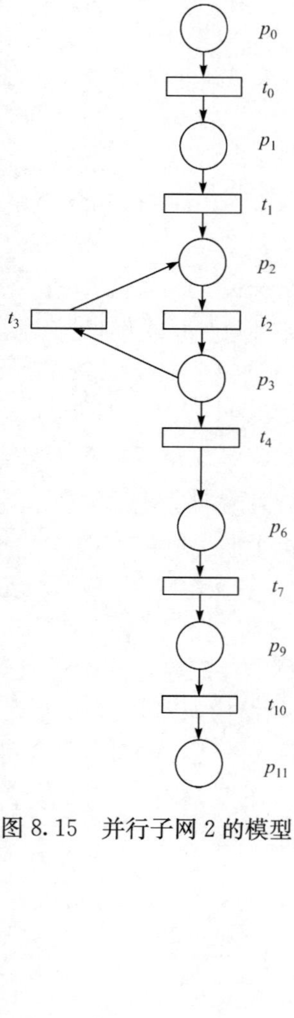

图 8.15　并行子网 2 的模型

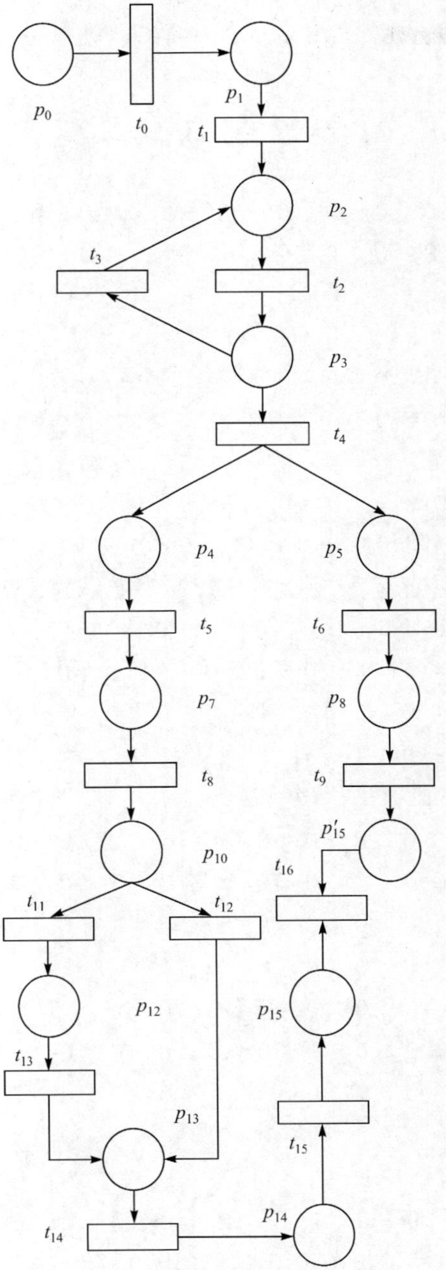

图 8.16　复制共享库所后的子网 1 模型

对子网 1 进行子网划分，得到如下基于 P-不变量的关联矩阵为

$$D[14][15]=\begin{bmatrix}
-1&0&0&0&0&0&0&0&0&0&0&0&0&0&0\\
1&-1&0&0&0&0&0&0&0&0&0&0&0&0&0\\
0&1&-1&1&0&0&0&0&0&0&0&0&0&0&0\\
0&0&1&-1&0&0&0&0&0&0&0&0&0&0&0\\
0&0&0&0&-1&0&0&0&0&0&0&0&0&0&0\\
0&0&0&0&0&-1&-1&0&0&0&0&0&0&0&0\\
0&0&0&0&0&1&0&-1&0&0&0&0&0&0&0\\
0&0&0&0&0&0&1&1&-1&0&0&0&0&0&0\\
0&0&0&0&1&0&0&0&1&-1&0&0&0&0&0\\
0&0&0&0&0&0&0&0&0&0&-1&0&0&0&0\\
0&0&0&0&0&0&0&0&0&1&-1&0&0&0&-1\\
0&0&0&0&1&0&0&0&0&1&0&0&-1&0&0\\
0&0&0&0&0&0&0&0&0&0&0&0&1&-1&0\\
0&0&0&0&0&0&0&0&0&0&0&0&0&1&-1
\end{bmatrix}$$

将关联矩阵进行转置运算，得到基于库所不变量的关联矩阵为

$$D[15][14]=\begin{bmatrix}
-1&1&0&0&0&0&0&0&0&0&0&0&0&0\\
0&-1&0&0&0&0&0&0&0&0&0&0&0&0\\
0&0&-1&0&0&0&0&0&0&0&0&0&0&0\\
0&0&1&-1&0&0&0&0&0&0&0&0&0&0\\
0&0&0&0&-1&0&0&0&1&0&0&1&0&0\\
0&0&0&0&0&-1&1&0&0&0&0&0&0&0\\
0&0&0&0&0&-1&0&1&0&0&0&0&0&0\\
0&0&0&0&0&0&-1&1&0&0&0&0&0&0\\
0&0&0&0&0&0&0&-1&1&0&0&0&0&0\\
0&0&0&0&0&0&0&0&-1&0&0&1&0&0\\
0&0&0&0&0&0&0&0&0&-1&1&0&0&0\\
0&0&0&0&0&0&0&0&0&0&-1&0&0&0\\
0&0&0&0&0&0&0&0&0&0&0&-1&1&0\\
0&0&0&0&0&0&0&0&0&0&0&0&-1&1\\
0&0&0&0&0&0&0&0&0&0&-1&0&0&-1
\end{bmatrix}$$

初始标识 $M_0=\{1,0,0,0,0,0,0,0,0,0,0,0,0,0,0\}$。

求解齐次线性方程组，得到两个子网 $\{p_4,p_7,p_{10},p_{12},p_{13},p_{14},p_{15}\}$、$\{p_5,p_8,p'_{15}\}$，图 8.16 可化为两个并行进程，如图 8.17 所示。

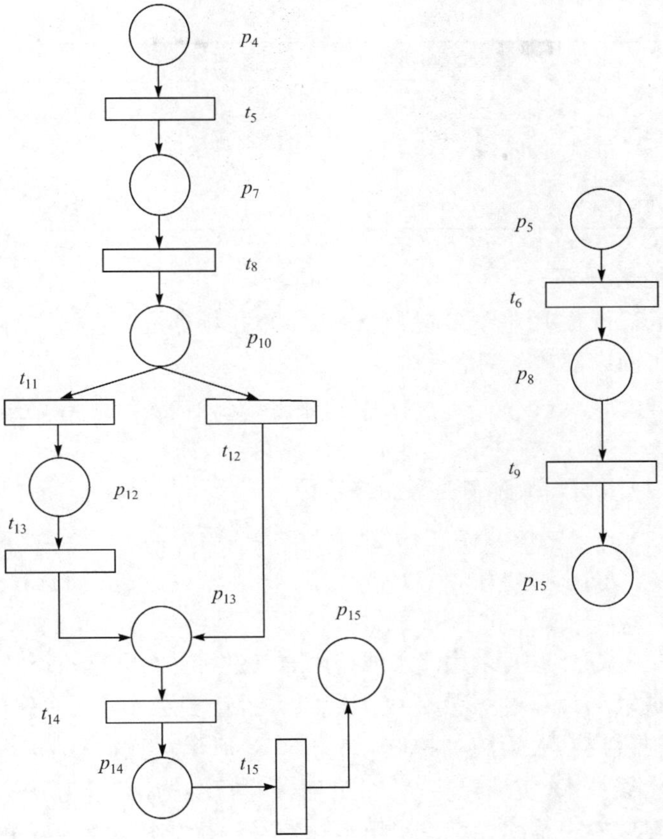

图 8.17　并行子网 1 的划分结果

8.7.5　基于多核 PC 的工作流并行算法的实验结果与分析

1) 算法的实验结果

经过工作流 Petri 网子网划分算法处理后,工贸企业 Petri 网可划分为如图 8.16 和图 8.17 所示的 3 个子网,它们可并行执行。虽然单个任务的执行时间没有改变,但是并行的三部分同时执行,大大减少了等待时间和整个系统的运行时间,基于多核 PC 的工作流并行算法运行结果如表 8.5 所示。

表 8.5　算法计算的主要性能指标　　(单位:天)

任务	平均完成时间	实际处理时间	等待时间
$t_0 \sim t_4$	13	9	4
$t_5, t_8, t_{11} \sim t_{15}$	34	16	18
t_6, t_9	13	9	4
t_7, t_{10}	15	9	6

续表

任务	平均完成时间	实际处理时间	等待时间
t_{16}	6	4	2
原系统所用时间	81	47	34
多核 PC 工作流子网划分算法所用时间	53	29	24

2）实验结果分析

在多核环境下，运用基于多核 PC 的工作流并行算法对系统进行分割后，得到 3 个子网，各子网内部和子网之间的关系如下：

(1) $\{p_0, t_0, p_1, t_1\}$、$\{p_5, t_6, p_8, t_9\}$、$\{p_6, t_7, p_9, t_{10}, p_{11}\}$3 个部分分别构成了顺序结构；

(2) $\{p_2, t_2, p_3, t_3\}$构成了一个循环结构；

(3) $\{p_{10}, t_{11}, t_{12}, p_{12}, t_{13}, p_{13}\}$构成了一个选择结构；

(4) $\{p_4, t_5, p_7, t_8, p_{10}, t_{11}, t_{12}, p_{12}, t_{13}, p_{13}, t_{14}, p_{14}, t_{15}, p_{15}\}$、$\{p_5, t_6, p_8, t_9, p'_{15}\}$、$\{p_6, t_7, p_9, t_{10}, p_{11}\}$构成了 3 个并行子网。

针对第一种顺序结构，采用流水线技术对其进行并行处理；针对第二种循环结构，把每一层循环的计算过程看成一个进程，并且让多层计算同时执行，实现并行；针对第三种选择结构，人为施加控制，如图 8.18 所示，将选择结构等价为顺序结构，再采用流水线技术，实现并行；针对第四种并行结构，直接为其构建如图 8.11 所示的并行模型，实现空间并行。采用工作流并行优化算法对原来的系统模型进行优化，优化后的 Petri 网模型如图 8.19 所示。

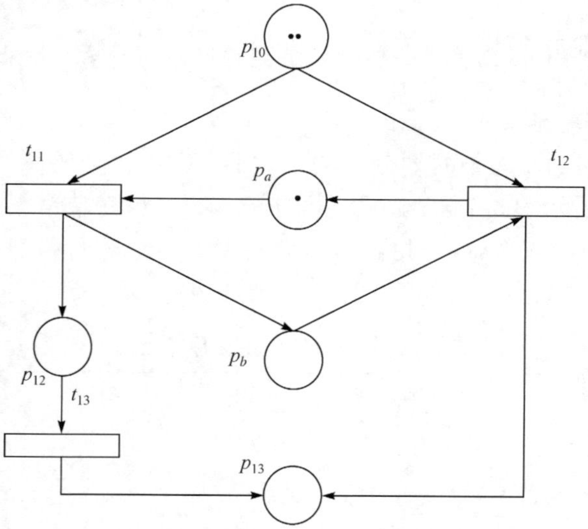

图 8.18　施加控制后的选择结构模型

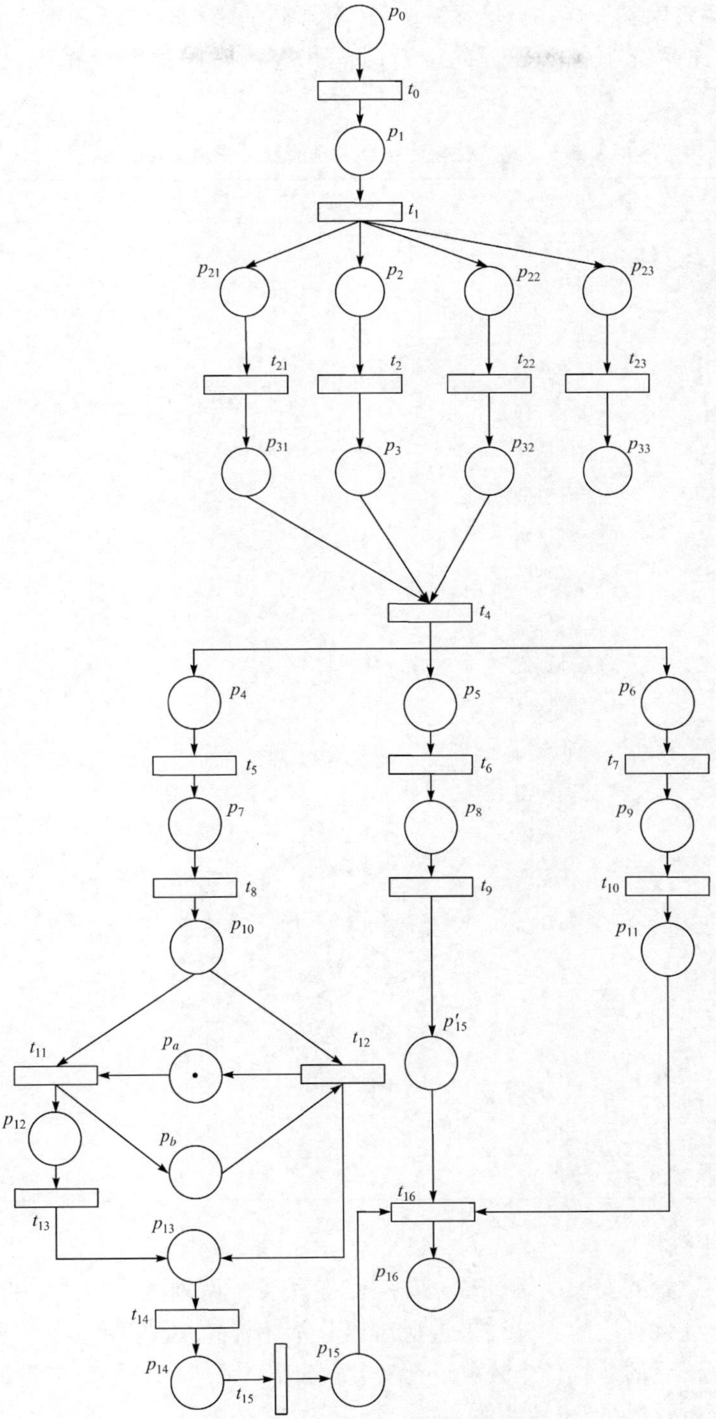

图 8.19　并行优化后的 Petri 网模型

对实例采用工作流并行优化算法，针对不同的结构采用相应的工作流并行模型优化后，原系统中各个任务的运行时间和等待时间都明显减少，性能分析如表 8.6 所示。

表 8.6　并行优化后各个业务流程的主要性能指标　　(单位:天)

任务	对应的业务流程	平均完成时间	实际处理时间	等待时间
t_0	需求分析	3	3	0
t_1	可行性分析	2	1	1
t_2	订单审批	1	1	0
t_3	订单作废	1	1	0
t_4	下达生产任务	2	2	0
t_5	采购原料	3	2	1
t_6	生产任务分析	3	2	1
t_7	委外送料	4	4	0
t_8	采购原料审核	1	1	0
t_9	工厂生产	7	6	1
t_{10}	委外进货	6	5	1
t_{11}	验收不合格	2	1	1
t_{12}	验收合格	2	1	1
t_{13}	退料操作	1	1	0
t_{14}	领料操作	1	1	0
t_{15}	工厂生产	7	6	1
t_{16}	产品验收	6	4	2
$t_0 \sim t_4$		9	8	1
$t_5, t_8, t_{11} \sim t_{15}$		17	13	4
t_6, t_9		10	8	2
t_7, t_{10}		10	9	1
t_{16}		6	4	2
工作流并行优化算法所用时间		32	25	7

3）对比分析

下面把原始的实验结果、依据多核 PC 工作流子网划分算法的实验结果、运用工作流并行优化算法的实验结果进行对比分析。首先，对原始系统和采用工作流并行优化算法后的系统各个任务进行对比，如表 8.7 所示。再对三者所用总时间进行对比分析，结果如表 8.8 所示。

表 8.7　优化前后的主要性能指标　（单位：天）

任务	未采用算法的系统				采用工作流并行优化算法的系统			
	对应的业务流程	平均完成时间	实际处理时间	等待时间	平均完成时间	实际处理时间	等待时间	减少百分比/%
t_0	需求分析	3	3	0	3	3	0	0
t_1	可行性分析	2	1	1	2	1	1	0
t_2	订单审批	5	2	3	1	1	0	80
t_3	订单作废	1	1	0	1	1	0	0
t_4	下达生产任务	2	2	0	2	2	0	0
t_5	采购原料	8	3	5	3	2	1	62.5
t_6	生产任务分析	3	2	1	3	2	1	0
t_7	委外送料	7	4	3	4	4	0	42.9
t_8	采购原料审核	5	1	4	1	1	0	80
t_9	工厂生产	10	7	3	7	6	1	30
t_{10}	委外进货	8	5	3	6	5	1	25
t_{11}	验收不合格	3	1	2	2	1	1	33.3
t_{12}	验收合格	3	1	2	2	1	1	33.3
t_{13}	退料操作	2	1	1	1	1	0	50
t_{14}	领料操作	3	2	1	1	1	0	66.7
t_{15}	工厂生产	10	7	3	7	6	1	30
t_{16}	产品验收	6	4	2	6	4	2	0

表 8.8　各种优化方法所用时间表　（单位：天）

系统优化方法	平均完成时间	实际处理时间	等待时间
原始系统	81	47	34
多核 PC 工作流子网划分算法	53	29	24
采用工作流并行优化算法	32	25	7

由上述实验结果可知，原始系统的整个业务过程耗时最长；采用多核 PC 工作流子网划分算法后，找到可以并行执行的子任务。虽然单个任务的耗时不变，但可并行执行任务，大大缩短了运行时间；而在多核环境下，采用工作流并行优化算法处理后，不仅把运行时间较长的任务通过多线程优化，而且根据不同结构的工作流，采用不同的并行模型对其并行处理，既减少了单个任务的运行时间，也有效地减少了部分任务之间的等待。实验证明了该算法的有效性和高效性。

参 考 文 献

[1] Aalst W M P. The application of Petri nets to workflow management[J]. The Journal of Circuits Systems and Computers,1998,8(1):21—66.

[2] Barros A P,Hofstede A H M,Proper H A. Essential principles for workflow modelling effectiveness[C]//Proceedings of the Third Pacific Asia Conference on Information Systems, Brisbane,1997:137—147.

[3] Curtis B,Kellner M I,Over J. Processing modeling[J]. Communications of the ACM,1992, 35(9):75—90.

[4] Riddle W E. Fundamental process modelling concepts[C]//National Science Foundation Workshop on Workflow and Process Automation in Information Systems, State-of-the-Art and Future Directions, Athens,1996:215—223.

[5] Agostini A,DeMichelis G. A light workflow management system using simple process models[J]. International Journal of Collaborative Computing,2000,9:335—363.

[6] Agostini A,DeMichelis G. Improving flexibility of workflow management systems[J]. Business Process Management, Lecture Notes in Computer Science,2000,1806:218—234.

[7] Ellis C,Keddara K G. Dynamic change within workflow system[C]//Proceedings of International ACM Conference, Milpitas,1995:10—21.

[8] Reichert M,Dadam P. Supporting dynamic changes of workflow without losing control[J]. Journal of Intelligent Information Systems,1998,10:93—129.

[9] Ellis C,Keddara K. A workflow change is a workflow[J]. Business Process Management, Lecture Notes in Computer Science,2000,1806:516—534.

[10] Aalst W M P. Exterminating the dynamic change bug: A concrete approach to support workflow change[J]. Information System Frontiers,2001,3:297—317.

[11] 章萍. 基于 Petri 网的工作流建模及其在 J2EE 框架下的实现[D]. 南京:南京理工大学,2006.

[12] 廖伟志,李文敬,陆建波. 基于冲突检测的一阶混杂 Petri 网动态行为演变方法[J]. 计算机科学,2013,40(11):299—303,309.

[13] 武华北. 混合并行计算环境多级并行化编程模式的研究[D]. 天津:天津大学,2009.

[14] 吴胜宗,郝克刚. 一个基于 Petri 网的工作流模型及其优化[J]. 计算机应用与软件,2008,(4):165—166.

[15] 陈宇寒. 基于 Petri 网的工作流过程模型验证和性能评价方法的研究[D]. 南京:东南大学,2005.

[16] 孙萍. 基于 Petri 网的工作流建模及性质分析[D]. 青岛:山东科技大学,2004.

[17] 万和平. 工作流 Petri 网模型建模与分析评价方法研究[D]. 武汉:华中科技大学,2005.

[18] 刘磊,余汾芬,李仁旺. 基于 Petri 网工作流模型的时间关键路径优化方法[J]. 控制工程,2015,(5):986—991.

[19] 李建强,范玉顺. 基于 Petri 网的工作流模型性能分析方法[J]. 计算机应用,2001,21(6):

4—6.
[20] 张乐伟. 基于赋时分层着色 Petri 网的工作流建模与性能评价[D]. 北京：中国石油大学，2009.
[21] 李玉贤. 基于高级 Petri 网的工作流系统建模与性能评价[D]. 长沙：中南大学，2011.
[22] 林闯，李雅娟，单志广. 基于随机 Petri 网的系统性能评价[J]. 清华大学学报(自然科学版)，2003，4：475—479.
[23] 张昭理. 基于 Petri 网的安全策略分析与验证方法研究[D]. 武汉：华中科技大学，2007.
[24] 夏世芬，毛大会，徐扬. 一种算子模糊逻辑系统及其 Petri 网推理算法[J]. 模糊系统与数学，2008，1：7—14.
[25] 史超. 模糊控制系统的 Petri 网建模及稳定性研究[D]. 西安：西安电子科技大学，2010.
[26] 沈美. 基于扩展的高级 Petri 网建模及分析技术的研究[D]. 青岛：中国海洋大学，2006.
[27] 董雪. 基于高级 Petri 网的办公自动化工作流模型研究与应用[D]. 郑州：解放军信息工程大学，2006.
[28] 陶晓峰. 基于高级扩展 Petri 网的控制系统设计[D]. 西安：西安电子科技大学，2002.
[29] 姜思杰，王孔茂，张付亮. 基于扩展高级全局决策 Petri 网的 FMS 优化模型[J]. 计算机集成制造系统，2004，1：110—115.
[30] 陈帆. 基于扩展 Petri 网的云工作流建模研究[D]. 合肥：安徽大学，2015.
[31] 曲扬. 基于 Petri 网的工作流建模和分析方法研究[D]. 北京：清华大学，2004.
[32] 刘兆铭. 基于 Petri 网的工作流管理系统[D]. 北京：清华大学，2009.
[33] 傅作为，乐晓波，王慧英. 加权的时间 Petri 网工作流模型研究[J]. 计算机工程与应用，2014，50(15)：55—58.
[34] 龚凌玲，钟勇. 基于着色 Petri 网的工作流模型研究[J]. 计算机应用，2008，28(b6)：291—294.
[35] 范玉顺. 工作流管理技术基础——实现企业业务过程重组、过程管理与过程自动化的核心技术[M]. 北京：清华大学出版社，2001.
[36] 王欢. 基于 Petri 网的文件并行传输问题的建模与分析[D]. 成都：西华大学，2002.
[37] 王珊珊. 有色 Petri 网的行为研究[D]. 南京：南京航空航天大学，2008.
[38] 王亭亭. 基于 OpenMP 和 MPI 的并行算法研究[D]. 长春：吉林大学，2011.
[39] 冯云，周淑秋. MPI＋OpenMP 混合并行编程模型应用研究[J]. 计算机系统应用，2006，(2)：33—35.
[40] 杨文，李文敬，李双. 基于 GEP 的流数据分类压缩并行算法研究[J]. 广西师范大学学报(自然科学版)，2013，31(3)：87—93.
[41] Mohamed H，Maillet S M. Distributed media indexing based on MPI and MapReduce [J]. Multimedia Tools and Applications，2014，69(2)：513—537
[42] 崔英志，唐鑫，李为. 基于 Petri 网模型的异步并发性[J]. 重庆工学院学报(自然科学版)，2006，23(10)：119—122.
[43] Aalst W M P. Workflow Management-models，Methods and Systems[M]. Cambridge：MIT Press，2002.

[44] 陈粤,孟晓风,边泽强. 基于 Petri 网的并行自动测试系统资源分配模型与仿真[J]. 系统仿真学报,2008,20(12):3277—3280.

[45] 周江波,凌鸿,胥正川. 基于 Petri 网的工作流优化分析[J]. 中国管理科学,2005,13(3):50—54.

[46] 崔焕庆,吴哲辉. 并行程序 Petri 网模型的结构性质[J]. 计算机研究与发展,2007,12:2130—2135.

[47] 崔焕庆,吴哲辉. MPI 程序的 Petri 网模型及其动态性质[J]. 系统仿真学报,2006,9:2455—2460.

第 9 章　基于 Petri 网的变数交通网络建模及其最短路径加权 *S*-图算法

本章的主要内容包括:变数交通网络最短路径问题研究背景,基于 Petri 网静态交通网络建模及其最短路径算法,算法的实例验证;基于 Petri 网变数交通网络建模及其最短路径算法,算法的实例验证。

最短路径问题在计算机网络路由算法、机器人探路、GPS 导航、人工智能、游戏设计等方面应用广泛,其旨在寻找图中两节点之间的最短路径。随着技术研究的不断深入,人们在这些方面的应用更加深入,动态实时地寻求最优解已成为一个新的研究热点。本章介绍最短路径的概念、最短路径问题的国内外研究现状,静态交通网络建模及其最短路径算法,变数交通网络建模及其最短路径算法,阐述最短路径及其应用。

9.1　变数交通及最短路径研究现状

9.1.1　研究意义

最短路径问题在交通网络中扮演着重要角色,是交通网络实施的根本保障,畅通、高效的交通不但可以提高路径选择效率,还能通过其高效实时优势有效降低交通、物流、旅游成本,减少碳排放污染,从而提高交通网络的运行效率和人们的出行效率。

其研究的目的在于:完善现有静态寻优方面和动态寻优方面存在的不足;结合实时信息,动态寻优,权衡路径最优的理想路径与实际路径;能够更好地应用于 GPS 导航,路由器寻优,提供更实时、更精准的最优路径,最大限度地为人们带来便利。

随着科技的不断进步和社会的不断发展,人们的物质文化生活也不断提高,随之而来的是人们的物质文化生活需求也不断增多。在人们享受社会进步和科学进步带来的成果的同时,也出现了一些值得关注的负面问题,如人口基数大、资源拥有量少、交通拥挤、环境污染严重、消耗开销增加、事故发生率上升等,在交通网络中的影响尤其显著,表现为“路越修越窄,路越修越差”,道路堵塞,时间开销加大,直接造成交通拥挤,交通混乱甚至瘫痪,浪费大量的人力、物力、财力。

如果人们能够实时掌握路况信息,了解道路状况,清楚交通规划,知道什么时候该走,什么时候该停,什么时候从哪走,怎么走开销最少,如何避开交通堵塞,那么人们的出行将变得异常轻松,不会担心前面会不会堵车,会不会修路,更不会因为堵车、路坏等影响出行的不确定因素而浪费人力、物力、财力。但是,怎么才能解决上述问题呢?这就要求有实时的路况信息更新系统、实时的道路通行信息、实时的天气信息等组成的智能交通网络。智能交通网络系统提供实时、可靠、便捷、节能、高效的路况信息、道路信息、车辆信息,来确保人们的出行是高效的、便捷的、可行的。让人们开心出行,快乐到达,为人们提供多种可选择信息,最大限度地让人们自主选择出行路线。

综上所述,从静态交通网络和变数交通网络两个方面进行最短路径的研究,可以给出一种能够提供高效便捷、实时可靠的最短路径寻求方法,用于解决或最大限度地避免人们在出行时因堵车或不了解道路状况信息等造成的人力、物力、财力浪费,最大限度地服务于社会,使人们的出行轻松快乐、社会经济的运行成本得到降低,提高经济与社会效益。

9.1.2　国外研究现状

国外对最短路径寻优问题的研究比较早,成果也比较多,主要有 Dorigo[1] 于 1992 年提出的一种用来在图中寻找优化路径的概率型蚁群算法,用于人工智能方面的启发式搜索的 A^* 算法[2,3],其基本思想为:采用启发性函数对搜索过程中产生的子问题进行评估,并选择最佳子问题分支进行搜索。通常引入一个评估函数 $f(n)$,$f(n)=g(n)+h(n)$。其中,$g(n)$为到达当前节点的开销,$h(n)$为从当前节点到达目的节点的开销,评估函数必须满足 $h(n)\leqslant h^*(n)$,$h^*(n)$为从当前节点到目的节点的实际开销。

Bellman 最早提出通过遍历寻优求解的动态规划算法[4,5],并于 1953 年将动态规划赋予现代意义,该领域被 IEEE 纳入系统分析和工程中。动态优化的基本思想为:将待求解问题分成若干个子问题,通过先求解子问题进而求得原问题的解。通常可以按以下步骤设计动态规划算法并将其用于最优化求解:首先,分析优化性质,构建结构特征;其次,对优化方法进行递归定义;再次,由后至前渐进求取最优解;最后,分析优化信息构造优化解。前三步是动态规划算法的基本步骤。若只需要获取最优值信息,则到第三步即可。但是,若要求取最优解,则需要进行到第四步。

1959 年,Dijkstra[6] 提出了主要用于计算图论中的单源路径最短的 Dijkstra 算法,其思想为:假设两个节点集合 T 和 S,集合 S 用于放置已搜索的最短路径节点,集合 T 用于存放当前还未搜索到的最短路径节点。起初,集合 S 中仅含原点 v_0,然后不断从集合 T 中筛选与定点 v_0 距离最短的顶点 u 放入集合 S,集合 S 中每加入一个新的节点 u，都要修改节点 v_0 到集合 T 中剩余节点的最短路径值，始终使其所含节点到 v_0 的距离最短，直到集合 T 的顶点全部加入集合 S。

1975 年，美国密歇根大学 Holland[7] 教授首先提出模拟达尔文生物进化论的自然选择和遗传学机理的生物进化过程，并提出了通过模拟自然进化过程搜索最优解的遗传算法计算模型。1991 年，Whitey 提出了基于领域交叉的交叉算子。这个算子特别针对用序号表示基因的个体的交叉，并应用到了旅行商问题中，通过实验对其进行了验证。

9.1.3　国内研究现状

国内对此问题的研究起步比较晚，比国外滞后 30 多年，目前还在兴起阶段，但是随着该问题的重要性日益凸显，我国也开始把路径寻优应用到物流配置[8,9]、交通网络[10-12]、计算机网络路由、铁路换乘等方面，并且取得了显著成果。典型的有铁道部门提出的基于时间开销最少的零换乘设想，即火车站、汽车站、公交站等城内交通站点集于一点，减少换乘时间开销，但是其涉及城市规划、居民搬迁、居民安置、城市发展建设等一系列民生经济问题，实现困难，执行复杂，落实不易。

GIS 的地理信息结构配置优化、GPS 和北斗导航系统也都只是动态地给出应该怎么走，并没有指出给出的路能不能走，所以并没有真正意义上的实现实时路况通报，而真正意义上的实时路况通报不但要求动态地依据行程提供路径信息，还要确保所提供的路径信息是可靠的、可行的、高效的、便捷的。

无论是哪一种算法，出发点都基于静态交通网络，即忽略一切道路的老化（自然、人为）、外界因素（天气、不可抗力、其他非人为）、人为因素（人口数量、车辆数量等、其他因素等），但现实生活中的交通网络却不是这样，它是动态的、充满变数的，因此想达到现实情况下的最优解，上述算法已无法满足。典型的动态路径算法有 D^* 算法[13,14]，D^* 算法是由卡内基梅隆大学机器人研究中心的 Stentz 在 1994 年和 1995 年的两篇文章中提出的，主要用于机器人探路，是火星探测器采用的寻路算法。相对于静态路径，动态路径不具备数值不变性，寻找的解未必就是最短的，其只是一个近似最优值，根据不同的需求会有不同的结果，因而建模比较复杂，计算量也比较大，这也是动态路径算法研究发展缓慢的主要原因。

9.1.4　最短路径问题及其应用

最短路径问题是图论研究中的一个经典算法问题，旨在寻找图（由节点和路径组成）中两节点之间的最短路径。从算法具体的实现形式来分，最短路径问题包括已知起点的最短路径问题、已知终点的最短路径问题、已知起点和终点的最短路径问题、全局最短路径问题(如 TSP[1] 问题)。从算法实现要求来分,最短路径问题包括静态路径搜索、动态路径搜索。静态路径搜索算法是计算外界环境不变时的最短路径。动态路径搜索算法是计算不能预测的且外界环境不断变化情况下的最短路径。

最短路径算法在 GPS 的交通路线导航、综合交通体系和智能交通系统、路径分析领域以及解决路径搜索方面具有广泛的应用。但是,随着新技术研究的不断深入,人们对现实状况需求的不断提高,问题的复杂性以及对事件要求的实时化,静态寻优已经不能满足人们的需求,而动态路由和动态交通导航表现尤为突出。现在的道路是充满变数和未知的,需要做的是从公交线路设置、GPS 导航、北斗卫星导航、智能交通管理、智能物流等方面尽可能多地、实时地给用户或旅客等提供快捷、最短、成本低的方案。为此,研究动态路径最短问题及其在交通网络中的应用显得尤为重要。

9.2 静态交通网络建模及其最短路径算法

针对智能交通系统中交通网络的分析和最短路径问题,文献[15]给出了基于 Petri 网的加权 S-图最短路径算法,并给出其改进的算法。本节首先分析文献[15]给出的算法;其次给出改进的加权 S-图最短路径算法;最后对改进算法和文献[15]提出的算法进行性能评测。

9.2.1 引言

最短路径是图论中的一个重要问题,其宗旨是在给定的图中寻找一条从起始点到目标点之间的最短路径,具有重要的实用价值。它在 GPS 的交通路线导航、北斗卫星导航、综合交通体系和智能交通系统、路径分析以及解决路径搜索方面有着广泛应用。实现最短路径规划的较典型算法有蚁群算法[16]、A^* 算法[17]、动态规划[5]、Dijkstra 算法[6]和遗传算法[18,19]等。动态规划是一种通过把原问题分成若干子问题并求解进而得到原问题解的算法,但其算法的有无后效性取决于是否存在回路。Dijkstra 算法是一种搜索速度很慢,用于求解某个节点到其余各节点的单源最短路径的算法,遗传算法、A^* 算法、蚁群算法则都属于目前还不太成熟的启发式搜索算法,且容易出现早熟现象,速度也比较慢[20]。

在解决道路交通网络最短路径问题时,若城市道路高度密集,速度慢则成为它们共同的特点,庞大的计算量使其实时性变得软弱无力。为此,根据 Petri 网 S-图的特点,文献[15]提出一种基于加权 S-图的最短路径算法,用以解决综合交通体系和智能交通系统中求解最短路径的问题,在文献[15]的基础上给出改进的加权

S-图最短路径算法。

9.2.2　S-图的定义

Petri 网是用于描述分布式系统的一种模型，它既能描述系统的结构，又能模拟系统的运行，与 Petri 网相关的概念和术语已经在第 2 章给出，下面根据交通网络建模及其最短路径算法的需要，给出 S-图的定义。

定义 9.1　S-图是一个 $\forall t \in T, |{}^{\cdot}t| = |t^{\cdot}| = 1$ 的特殊 Petri 网，可以简化为一个有向图 $SG=(V,E)$，其 SG 的节点集 V 是 S-图的库所集，图 SG 的有向边集 E 包含 $e_k=(s_i,s_j)$ 当且仅当存在 t_k 使得 ${}^{\cdot}t_k=\{s_i\}, t_k^{\cdot}=\{s_j\}$。

对 S-图的变迁加权[即 $W(t_i), i=1,2,\cdots,n$]就可以得到加权 S-图，再赋予一定的使能规则，使其按照使能规则有序地发生，从而推动网系统状态的不断演化，可以方便而快速地求解图论中的最短路径问题。

9.2.3　静态交通网络的抽象与建模

根据加权 S-图的特性，在只考虑道路距离，不考虑影响交通网络中道路宽窄、地形、质量、优劣等因素的前提下，依据 Petri 网 S-图的基本理论和交通网络自身的特点，构建一个基于加权 S-图的交通网络模型。

1. 静态交通网络的抽象

在现实的交通网络中，相异路线上或多或少存在相叠的公交站点，若将某个公交站点视为一个网络节点，那么对网络结构进行分析时，就需要把相异线路上空间相近的相异公交站点抽象为一个节点，即把具有不同属性的边在对应的交通网络图上进行连通，进而得到可模拟的相异交通线路之间的拓扑结构网络图。

2. 构建模型说明

设某一城市交通网络共有 $n(n \geqslant 2)$ 个站点，站点之间存在 $m(m \geqslant 0)$ 条路径。网络中的所有站点组成的集合用库所集 S 来表示，则第 i 个站点表示为 $S_i(i=1,2,\cdots,n)$，站点 S_i 到 $S_j(i \neq j)$ 之间的路径用 t_i 表示，所有路径的集合用变迁 $T=\{t_i | (i=1,2,\cdots,n)\}$ 表示，网络中站点间的距离用 $W(t_i)$ 表示，即变迁上的权值(单位：km)，$M(s_i)$ 则为车辆当前所处的站点，$M(s_i)=0$ 或 $M(s_i)=1$，$M(s_i)=0$ 表示不是车辆当前位置，$M(s_i)=1$ 则表示是车辆当前位置，$M'(s_i)$ 表示为车辆欲选择的下一个站点。把 S_i 中的令牌数定为 1，即 $\forall s_i \in S, \mathrm{Max}(K(s_i))=1$，其中 K 为库所 S 的令牌(库所中的黑点)容量函数。

3. 交通网络加权 S-图理论模型

依据 9.2.3 节中交通网络系统到加权 S-图的映射关系，给出基于加权 S-图的交通网络模型的定义。

定义 9.2　六元组 $N=(S,T;F,K,W,M)$ 称为一个交通网络加权 S-图的网系统，其中：

(1) $W:T\to\{1,2,3,\cdots\}$ 称为权函数。

(2) $K:S\to 1$ 称为容量函数。$M:S\to\{0,1\}$ 是 N 的一个标识，满足条件 $\forall s\in S$：$M(s)\leqslant K(s)$。

(3) 对于变迁 $t\in T$，t 是使能的，记作 $M[t>$ 的条件为

$$\forall s\in {}^{\cdot}t:M(s)\geqslant 1$$

$$\forall s\in t^{\cdot}-{}^{\cdot}t:M(s)=0$$

$$\forall s\in t^{\cdot}\cap {}^{\cdot}t:M(s)\leqslant K(s)$$

(4) 若从 M 发生 t 得到的新标识为 M'，则 $\forall s\in S$，有

$$M'(s)=\begin{cases}M(s)-1, & s\in {}^{\cdot}t-t^{\cdot}\\ M(s)+1, & s\in t^{\cdot}-{}^{\cdot}t\\ M(s), & \text{其他}\end{cases}$$

记作 $M[t>M$。

定义 9.2 给出了交通网络加权 S-图的网系统的必要参数 $W:T\to\{1,2,3,\cdots\}$，表示站点间的距离，$K:S\to 1$ 表示库所包含的最大令牌数，$M:S\to\{0,1\}$ 表示地理位置标识和系统运行状态的标识变化规则。由此构建的交通网络加权 S-图模型能够有效地求解并实时反映两点间的最短路径。

4. 交通网络加权 S-图模型示例

用上述加权 S-图描述交通网络的模型理论，给出一个由 8 个城市节点(s_0，s_1，…，s_7)及 25 条道路(t_0，t_2，…，t_{24})互连而成的交通网络，各站点间的道路距离以 $W(t_i)$ 给出，例如，站点 s_0 到 s_2 为 $W(t_{22})=40$，站点 s_0 到 s_5 为 $W(t_8)=45$，站点 s_0 到 s_1 为 $W(t_0)=50$，依此类推下去。交通网络加权 S-图模型示例如图 9.1 所示。

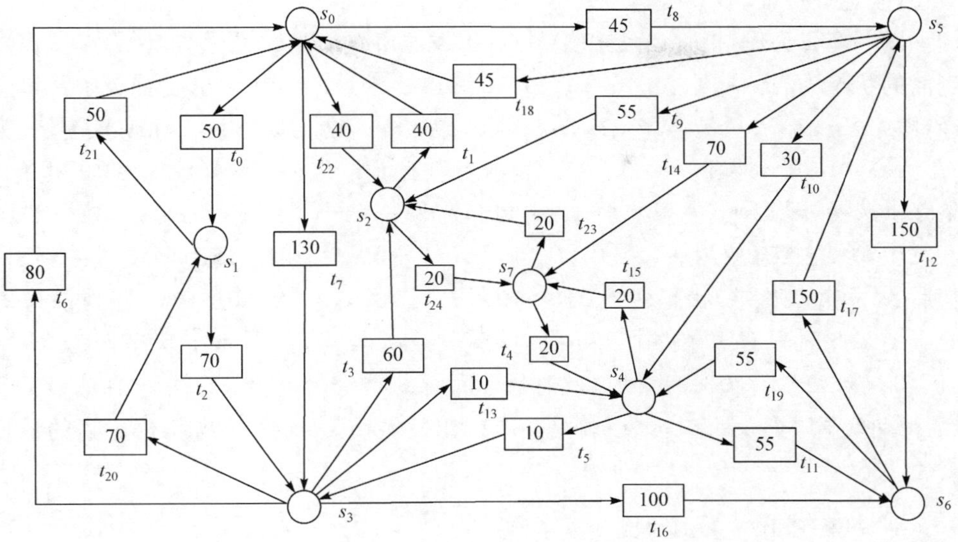

图 9.1　交通网络加权 S-图简图

9.2.4　基于加权 S-图的最短路径算法

加权 S-图求解最短路径的基本原理为:根据上述给出的理论模型,对参数[即 $M(s_i)$ 和 $W(t_i)$ 初始化,$i=1,2,\cdots,n$]给予其预使能(任意的变迁 $t\in T$ 真正使能前先预使能,若变迁引发的最终变迁序列在与其当前并发的所有变迁引发的变迁序列相比权值和最小,则该变迁真正使能),使其按照使能规则有序地发生,从而推动网络系统状态的不断演化,运行到预期的目标节点停止,输出从初始节点运行到目标节点的变迁序列 σ,从而得到所要求的最短路径。

定理 9.1　设 $N=(S,T;F,K,W,M)$ 为一个交通网络加权 S-图的网系统,s_i, $s_j\in S(i\neq j)$,变迁序列 $\sigma\in T$ 为 s_i 和 s_j 之间的变迁序列,$\exists\sigma_i\in\sigma$ 使得 $W(\sigma)$ 值最小,当且仅当 $\forall t\in\sigma_i$ 且 $W(t)$ 值最小,即

$$W(\sigma_i)=\sum_{i=1}^{n}\mathrm{Min}(w(t_i))$$

证明　设 $\sigma_1\in\sigma$ 使得 $W(\sigma)$ 值最小,$t_1,t_k\in s^{\cdot}\wedge t_1\in\sigma_1,t_1\neq t_k$,若 $W(t_k)<W(t_1)$,那么

$$W(\sigma_1)=W(t_1)+\sum_{i=2}^{n}w(t_i)>W(t_k)+\sum_{i=2}^{n}w(t_i),\quad t_i\in\sigma_1$$

这与题设 $\sigma_1\in\sigma$ 使得 $W(\sigma)$ 值最小矛盾;反之,若 $\forall t\in\sigma_i$ 且 $W(t)$ 值最小,则必然有

$$W(\sigma_i)=\sum_{i=1}^{n}\mathrm{Min}(w(t_i))$$

最小,故定理可证。

以图 9.1 为例,把 s_6 当做初始节点(出发城市),s_0 当做目标节点(终点城市),当前的状态为 $M_0=[0\quad 0\quad 0\quad 0\quad 0\quad 0\quad 0\quad 1]^T$。此时从 s_6 出发有 2 条路供选择,即 $s_6\to s_4$,$s_6\to s_5$,比较 t_{17}、t_{19} 的权值选择 $s_6\to s_4$,即 t_{19} 发生,则系统状态变为 $M_1=[0\quad 0\quad 0\quad 0\quad 1\quad 0\quad 0\quad 0]^T$,表示当前处于 s_4 位置。同样,在 s_4 位置也有 2 条路供选择,即 $s_4\to s_3\to s_2$,$s_4\to s_7\to s_2$,比较 $W(t_3)+W(t_5)$ 和 $W(t_{23})+W(t_{15})$ 则 t_{15} 发生,系统状态变为 $M_2=[0\quad 0\quad 0\quad 0\quad 0\quad 0\quad 0\quad 1]^T$,即当前位置处于 s_7。随后 t_{23} 发生,则系统状态变为 $M_3=[0\quad 0\quad 1\quad 0\quad 0\quad 0\quad 0\quad 0]^T$,即当前位置处于 s_2。此时只有 1 条路径可选择,即 $s_2\to s_0$,t_1 发生,此时系统状态变为 $M_4=[1\quad 0\quad 0\quad 0\quad 0\quad 0\quad 0\quad 0]^T$,此时目标库所 s_0 的令牌值为 1,表示已到达目标节点,得到变迁序列 $\sigma=t_{19}t_{25}t_{23}t_1$ 就是要求的出发城市 s_6 到终点城市 s_0 之间的最短路径。

1. 加权 S-图最短路径算法及实现

简单的交通网络图容易计算,但复杂的交通网络人工计算难以实现,为此提出下面的加权 S-图最短路径算法用于精确、快速寻求复杂交通网络中的最短路径。

算法 9.1 加权 S-图最短路径算法

输入:初始节点 s_i,目标节点 s_j,$i\neq j,i,j=1,2,\cdots,n$。

输出:节点 s_i 到节点 s_j 之间的最短路径序列 σ。

Begin

第一步:在 Petri 网模拟器中输入要模拟的交通路线结构图,转化为相应的加权标识 S-图模型。

第二步:初始化变迁 $\forall t\in T$ 的权函数 $W(t_i),i=1,2,\cdots,n$。

第三步:选择初始节点和目标节点并初始化库所 $\forall s\in S$ 的标识函数 M_0,即 $M(s_i)=[M(s_1)\quad M(s_2)\quad\cdots\quad M(s_n)]^T,i=1,2,\cdots,n$,这里取 $M_0=[1\quad 0\quad\cdots\quad 0]^T$。

第四步:变迁按照预定的使能规则有序发生,形成最终的变迁序列,即最短路径,其使能规则如下。

变迁 $t\in T$ 是使能的当且仅当

$$\forall s\in {}^{\cdot}t:M(s)>0\ 且\ W(t)=\mathrm{Min}(W(({}^{\cdot}t)^{\cdot}))\wedge \mathrm{Min}(W(\sigma(({}^{\cdot}t)^{\cdot})))$$

记为 $M[t>$,其中 $\sigma(({}^{\cdot}t)^{\cdot})$ 为当前库所 s 到目标库 s 之间的所有变迁发生序列中变迁 t 所处的变迁序列。

第五步:若目标库所的令牌数为 1,则输出变迁序列 σ;否则重复第四步,直到输出变迁序列 σ。

End

该算法的关键在于第四步中的变迁使能规则中 $W(t)$ 的判断，算法对变迁的发生规则采用预处理机制，即当变迁 $t\in T$ 满足 $\forall s\in {}^{\cdot}t: M(s)>0$ 时，进行预发生，产生多个包含变迁 t 的变迁序列 σ，选择 $\text{Min}(W(\sigma))$ 中的变迁 t 发生，最终得到的初始节点到目标节点间的变迁序列 σ 就是要求的最短路径。下面以图 9.1 为例验证算法的可行性，求解 s_6 到 s_0 的最短路径过程如图 9.2～图 9.6 所示。

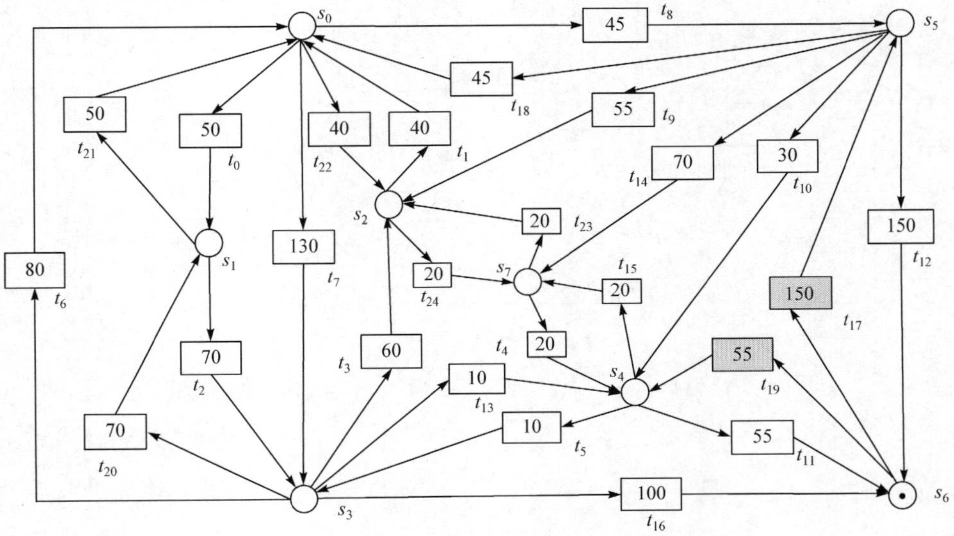

图 9.2　$M_0=[0\quad 0\quad 0\quad 0\quad 0\quad 0\quad 0\quad 1]^{\mathrm{T}}$ 时路径搜索状态

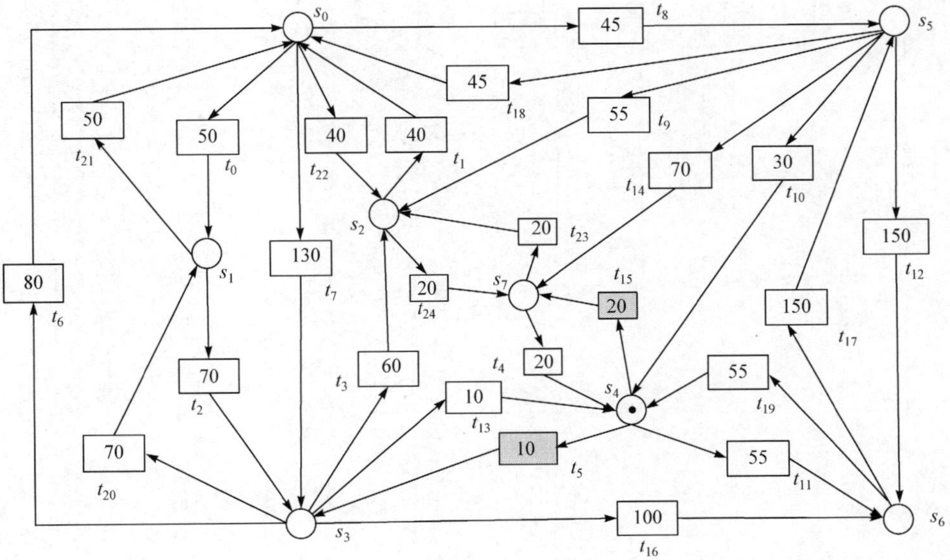

图 9.3　$M_1=[0\quad 0\quad 0\quad 0\quad 1\quad 0\quad 0\quad 0]^{\mathrm{T}}$ 时路径搜索状态

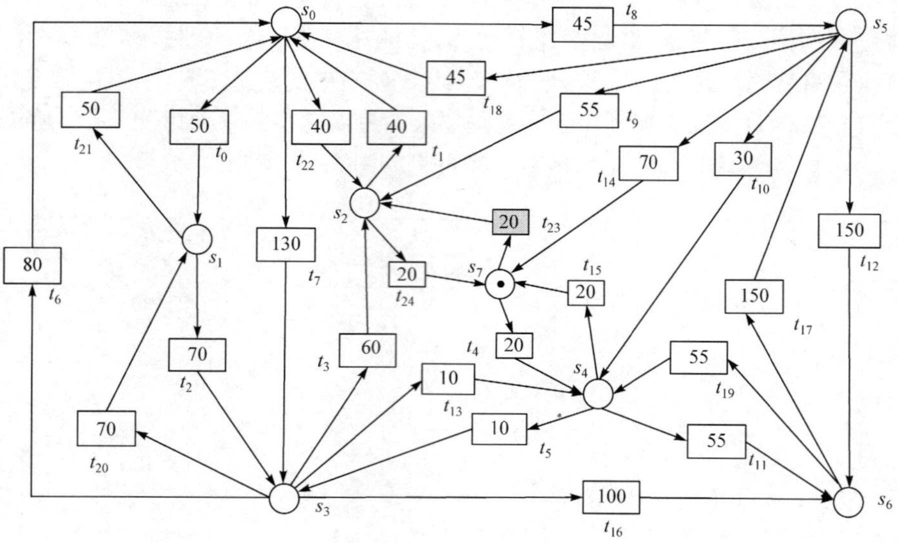

图 9.4　$M_2=[0\ \ 0\ \ 0\ \ 0\ \ 0\ \ 0\ \ 0\ \ 1]^T$ 时路径搜索状态

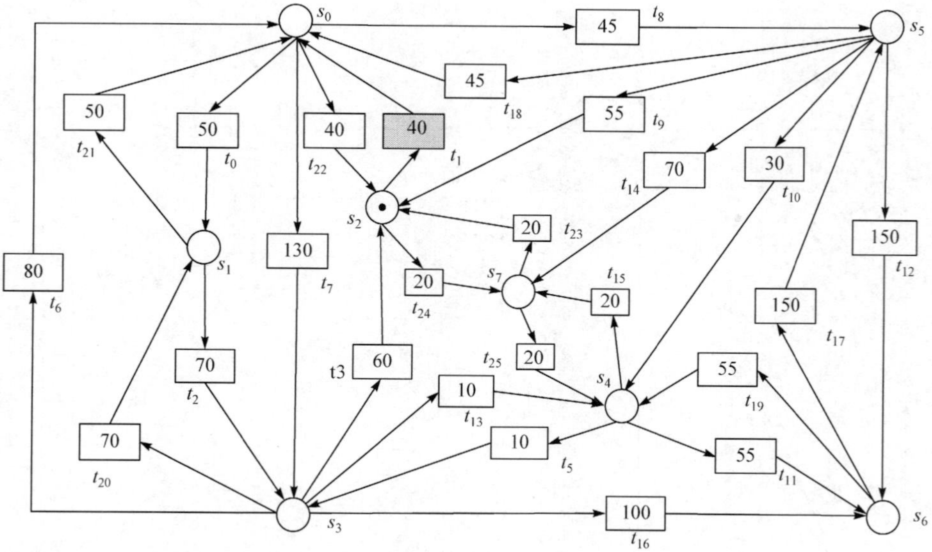

图 9.5　$M_3=[0\ \ 0\ \ 1\ \ 0\ \ 0\ \ 0\ \ 0\ \ 0]^T$ 时路径搜索状态

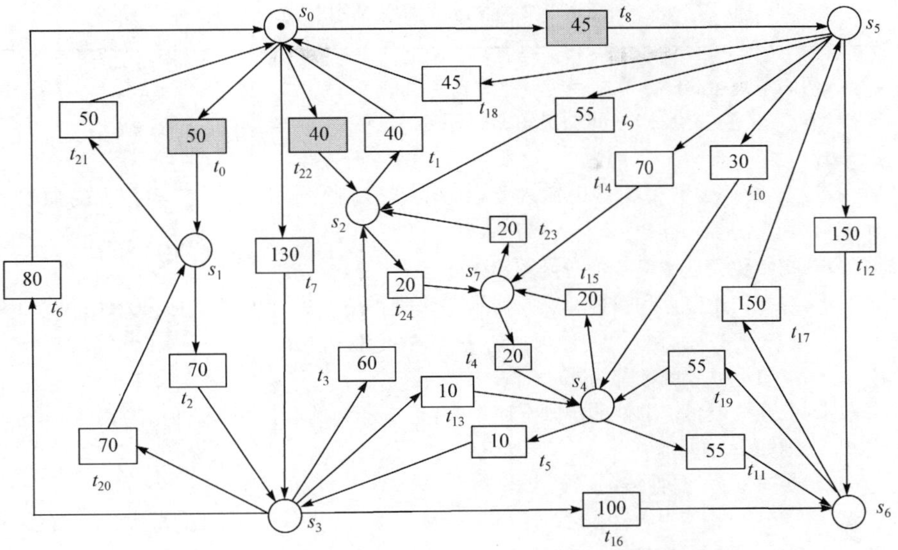

图 9.6　$M_4=[1\ \ 0\ \ 0\ \ 0\ \ 0\ \ 0\ \ 0\ \ 0]^T$ 时路径搜索状态

2. 实验与结果分析

为了更好地说明加权 S-图算法的优越性，通过对 Dijkstra、A*、加权 S-图算法进行实验，得到南宁火车站到广西大学的最短路径的各项性能指标如表 9.1 所示[15]。本实验的硬件环境为 CPU 是 PIV 1.4GMZ、内存是 1GB 的计算机。软件环境为 Microsoft Windows XP，Visual C++6.0。

表 9.1　性能分析表

算法	节点数	搜索节点数	运行时间/s
Dijkstra 算法	4152	1610	2
A* 算法	4152	1035	1
加权 S-图算法	4152	216	0.05

加权 S-图算法中变迁的使能是即时发生的，每个变迁引发的计算步都是 $O(1)$级的，若有 N 个节点，则从初始节点到目标节点的时间复杂度最好可达 $O(n)$级。由表 9.1 可以得出求解相同两节点间的最短路径，加权 S-图算法搜索的节点数最少，耗时也最小，是求解交通网络最短路径的一种有效的方法。

9.2.5　改进的加权 S-图算法

文献[15]中最短路径算法实际上是一种单向搜索算法，完全可以尝试进行双向相向搜索，只需要修改定义 9.2 中条件(2)$K:S\to 1$ 为 $K:S\to 2$，即 K 的最大值为 2，同时修改算法的第三步与第五步，得到的改进算法如下。

算法 9.2　改进的加权 *S*-图算法

输入：初始节点 s_i，目标节点 s_j，$i\neq j$，$i,j=1,2,\cdots,n$。

输出：节点 s_i 到节点 s_j 之间的最短路径序列 σ。

Begin

第一步：在 Petri 网模拟器中输入要模拟的交通路线结构图，转化为相应的加权 S-图模型。

第二步：初始化变迁 $\forall t\in T$ 的权函数 $W(t_i)$，$i=1,2,\cdots,n$。

第三步：选择初始节点和目标节点并初始化库所 $\forall s\in S$ 的标识函数 M_0，即 $M(s_i)=[M(s_1)\quad M(s_2)\quad\cdots\quad M(s_n)]^T$，$i=1,2,\cdots,n$，这里取 $M_0=[1\quad 0\quad\cdots\quad 1]^T$（初始节点与目标节点的令牌数都为 1）。

第四步：变迁按照预定的使能规则有序发生，形成最终的变迁序列，即最短路径，其使能规则如下。

变迁 $t\in T$ 是使能的当且仅当

$$\forall s\in {}^{\cdot}t: M(s)>0 \text{ 且 } W(t)=\mathrm{Min}(W(({}^{\cdot}t)^{\cdot}))\wedge \mathrm{Min}(W(\sigma(({}^{\cdot}t)^{\cdot})))$$

记为 $M[t>$，其中 $\sigma(({}^{\cdot}t)^{\cdot})$ 为当前库所到目标库所之间的所有变迁发生序列中变迁 t 所处的变迁序列。

第五步：若 S 为奇数个，$\exists s\in S$ 且 $M(s)=2$，则输出变迁序列 σ，否则重复第四步直到输出变迁序列 σ。若 S 为偶数个，$\exists s_i, s_j\in S$，$\exists t_k\in T$ 且 ${}^{\cdot}t_k=s_i$，$t_k^{\cdot}=s_j$ 或 ${}^{\cdot}t_k=s_j$，$t_k^{\cdot}=s_i$，$i,j,k\in\{1,2,\cdots,n\}$ 且 $i\neq j$，则输出变迁序列 σ，否则重复第四步直到输出变迁序列 σ。

End

根据此改进算法求解 s_6 到 s_0 的最短路径过程如图 9.7～图 9.9 所示。

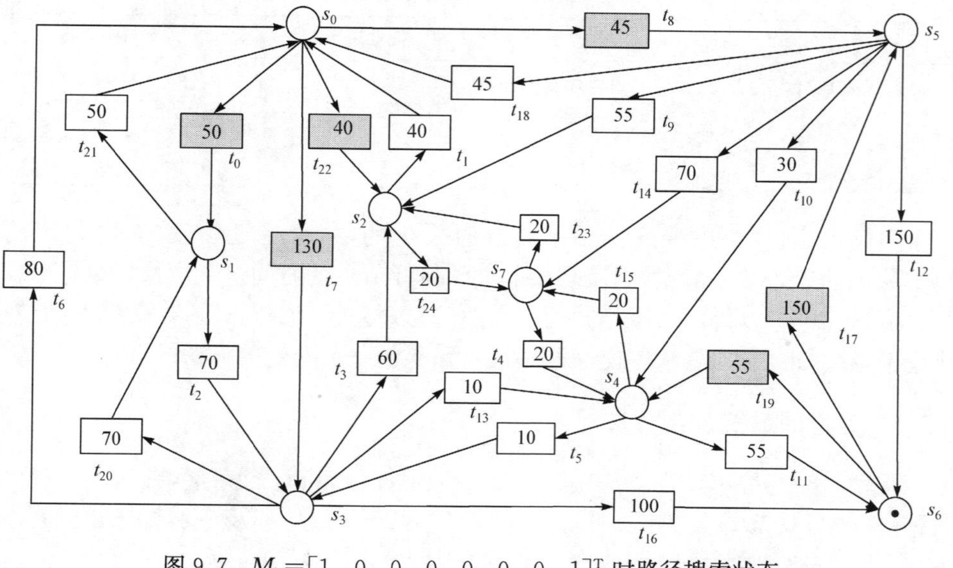

图 9.7　$M_0=[1\quad 0\quad 0\quad 0\quad 0\quad 0\quad 0\quad 1]^T$ 时路径搜索状态

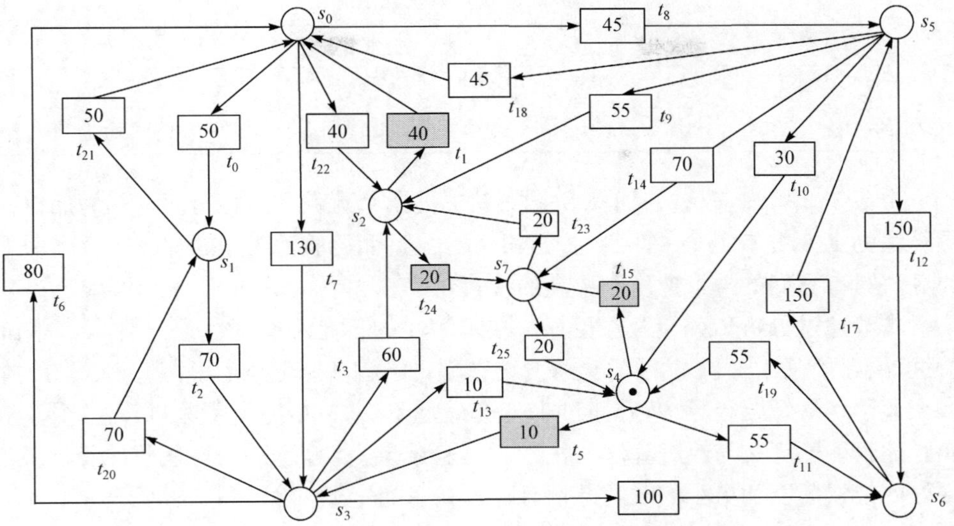

图 9.8　$M_1=[0\ \ 0\ \ 1\ \ 0\ \ 1\ \ 0\ \ 0\ \ 0]^{\mathrm{T}}$ 时路径搜索状态

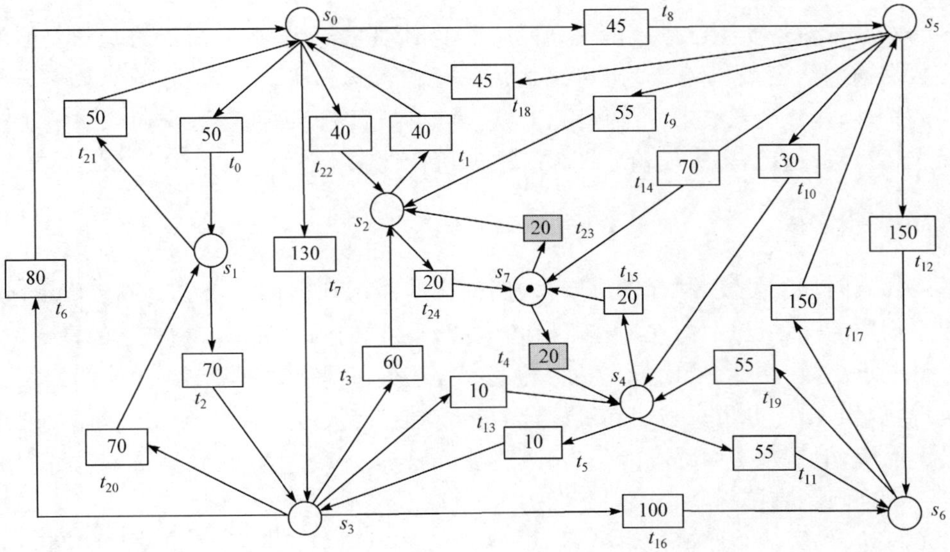

图 9.9　$M_2=[0\ \ 0\ \ 0\ \ 0\ \ 0\ \ 0\ \ 0\ \ 2]^{\mathrm{T}}$ 时路径搜索状态

为了验证改进算法比原算法优越，与原算法以相同的实验环境和相同的实验数据为基础比较如表 9.2 所示。

表 9.2 原算法与改进算法比较

算法	节点数	搜索节点数	运行时间/s
加权 S-图算法	4152	216	0.05
改进的加权 S-图算法	4152	113	0.03

由表 9.2 可知，改进的加权 S-图算法的搜索节点数和运行时间都约为加权 S-图算法的 1/2，也就是效率约为原算法的 2 倍，进而可验证改进的加权 S-图算法比原算法具有更好的搜索速度和更高的搜索效率。

本节通过分析传统最短路径算法在求解时的不足和交通网络与加权 S-图的特性，构建了基于加权 S-图的交通网络模型，并在此基础上给出了基于 S-图的静态交通网络最短路径算法，并通过实验进行验证，进一步提出了改进算法，并通过实验比较了原算法与改进算法的优劣。实验结果表明，改进的算法较原算法具有更好的搜索速度和更小的时间开销。

9.3 变数交通网络建模及其最短路径算法

本节针对现实生活中智能交通网络的实时动态特性，在第 2 章的基础上给出变数交通网络模型和变数交通网络最短路径的求解算法。首先，分析变数交通网络的特性，构建变数交通网络模型；其次，给出基于该模型的变数交通网络最短路径求解算法；最后，通过实验验证该算法的可行性和优越性。

9.3.1 引言

随着时代的发展，科技的进步，人们的物质需求和精神需求也越来越广泛，仅限于物质的满足已成为过去，在享受物质带来喜悦的同时又追求精神上的享受，凡事都要求高效、便捷、低代价、高回报。然而，现实中复杂的环境制约着人们追求的实现，例如，出门办事选最短和最好走的路、花最少钱、最少时间、办最高效的事、获最大回报，但是现实中路况的优劣、道路是否拥挤、环境是否合适、经济是否可支撑等一系列问题直接制约着人们目标的达成性。

显然，传统的一些最短路径算法已无法实现变数交通网络最短路径问题的求解，因为传统的是在静态已知条件下机械性的求解，忽略其他可能制约结果的外在因素，如路况、客流量、车流量、天气、站牌设置是否合理等，也就是说，其是在假设道路路况完好，客流量、车流量较少，天气适宜下求解的，但是现实与此相反，现实情况是路况比较复杂、车流量人流量较大、道路比较拥挤。如何设计出针对变数交通网络最短路径求解的有效方法成为现在研究的新课题，如何设计出高效、实时、便捷的求解算法更是国内外学者现阶段研究的热点，目前有效成果主要有铁路公

交零换乘、GPS动态导航等。但是，成本高、代价大、专属性制约着其在其他领域的应用与普及。另外，铁路公交零换乘只是把站点集中于一点，实现出此站又进彼站，现实的城市建设已成定局，实现这个零换乘要进行大规模的城市改建、居民搬迁、城市规规等一系列民生工程，建设起来规模大、执行起来复杂、实施起来不易。GPS动态导航也只是实时地提供当前节点到目标节点的行车路径，其原理也是在忽略路况因素下提供实时信息，也就是说只是告诉你怎么走，并没有告诉这样走的后果，也没有告诉你能不能走。

基于变数交通网络的最短路径算法的研究就是致力于为人们提供不仅知道怎么走，还能知道能不能走的高效便捷、实时可靠的路况信息，进而实现真正意义上的实时路况信息提供。

9.3.2　变数交通网络的抽象与建模

根据实际智能交通网络结构现状和加权S-图的特性，并在9.2节研究的基础上加入道路宽窄、地形、质量、优劣等可能影响路径选择的外在因素，构建一个基于加权S-图的变数交通网络模型。

1. 变数交通网络的抽象

变数交通网络是指考虑一切可能影响交通、道路、出行的不确定因素，并依此提供高效、便捷、可靠、实时的路况信息的交通网络。

要对变数交通网络进行最短路径分析，首先要把实际交通网络中的站点路线等网络实体进行抽象，将其抽象为网络图论理论，进而对其进行最短路径的分析。要做到这一点必须按照一定的区域划分、站点分割规则对实际交通网络站点线路进行区域压缩，形成节点和连接节点的边。每个节点都对应相应的属性，如地名、标志性建筑物名、地标名、地形(交叉口、拐点、桥、河)等。每条边也对应其相应的路况属性，如单行道、双行道、阻碍系数、出行人数、限行车辆、出行时限(如6:00～8:00限行或放行)、路距离权值等属性。

依据上述对实际智能交通网络结构的抽象理论和加权S-图的特性，并在9.2节研究的基础上加入道路宽窄、地形、质量、优劣等可能影响路径选择的外在因素，构建一个基于加权S-图的变数交通网络模型。

2. 变数交通网络模型

依据9.3.1节给出的交通网络系统到加权S-图的映射关系，下面给出基于加权S-图的变数交通网络模型的定义。

定义9.3　八元组$N=(S,T;F,K,W,\theta,\Phi,M)$称为一个变数交通网络加权$S$-图的网系统，其中：

(1) $W:T\to\{1,2,3,\cdots\}$称为权函数；

(2) $\frac{1}{\theta}:T\to[1,\infty](\theta\in[0,1])$称为权值系数；

(3) $\Phi:W(t)\times\frac{1}{\theta}\to\{1,2,3,\cdots\}$称为道路的权值；

(4) $K:S\to 2$ 称为容量函数，$M:S\to\{0,1,2\}$是 N 的一个标识，满足条件$\forall s\in S:M(s)\leqslant K(s)$；

(5) 对于变迁 $t\in T$，t 是使能的，记作 $M[t>$的条件为

$$\forall s\in {}^{\cdot}t:M(s)\geqslant 1$$
$$\forall s\in t^{\cdot}-{}^{\cdot}t:M(s)=0$$
$$\forall s\in t^{\cdot}\cap{}^{\cdot}t:M(s)\leqslant K(s)$$

(6) 若从 M 发生 t 得到的新标识为 M'，则$\forall s\in S$，有

$$M'(s)=\begin{cases}M(s)-1, & s\in{}^{\cdot}t-t^{\cdot}\\ M(s)+1, & s\in t^{\cdot}-{}^{\cdot}t\\ M(s), & s\in t^{\cdot}\cap{}^{\cdot}t\\ 0, & \text{其他}\end{cases}$$

记作 $M[t>M'$。

定义 9.3 给出了变数交通网络加权 S-图的网系统的必要参数。其中，$W:T\to\{1,2,3,\cdots\}$表示站点间的距离。$\frac{1}{\theta}:T\to[1,\infty](\theta\in[0,1])$表示路况系数，$\theta$ 值越小、越接近于 0，$\frac{1}{\theta}$值就越大、越接近∞，表明该路的权值 $\Phi(t)$越大、越不可行；相反，θ 值越大、越接近于 1，$\frac{1}{\theta}$的值就越小、越接近 1，表明该路的权值 $\Phi(t)$越接近物理距离。$K:S\to 2$ 表示库所包含的最大令牌数；$M:S\to\{0,1,2\}$表示地理位置标识和系统运行状态的标识变化规则。由此构建的交通网络加权 S-图模型能够有效地求解并实时反映两点间的最短路径。

3. 建模实例

用上述带有动态权值系数的加权 S-图描述的变数交通网络的模型理论，给出一个由 8 个城市节点($s_0,s_1,\cdots,s_7$)及 25 条道路($t_0,t_2,\cdots,t_{24}$)互连而成的变数交通网络简图，各站点间的动态相对道路距离 $\Phi(t_i)$用$(W(t_i),\theta(t_i))$表示，其中$\Phi(t_i)=W(t_i)\frac{1}{\theta(t_i)}$。例如，站点 s_0 到 s_2 为 $W(t_{22})=40$，$\theta(t_{22})=1$，则$\Phi(t_{22})=40$；站点 s_0 到 s_5 为 $W(t_8)=45$，$\theta(t_8)=0.8$，则 $\Phi(t_8)=56.3$(56.25 的四舍五入)；站点

s_0 到 s_1 为 $W(t_0)=50$，$\theta(t_0)=1$，则 $\Phi(t_0)=50$；依此类推下去。基于加权 S-图的变数交通网络模型如图 9.10 所示。

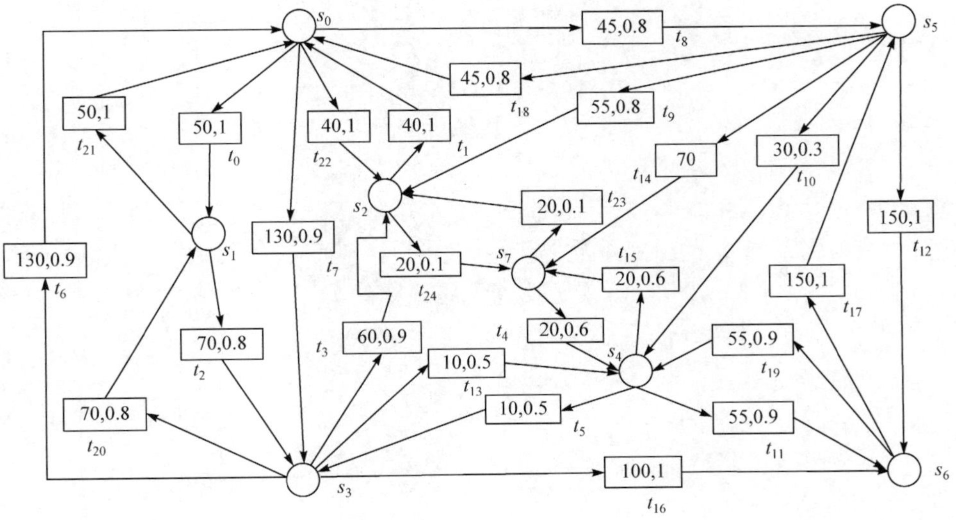

图 9.10　变数交通网络加权 S-图简图

9.3.3　基于 Petri 网的变数交通网络最短路径算法

基于 Petri 网的变数交通网络最短路径算法的基本原理为：依上述理论模型，初始化参数（即 $M(s_i)$、$W(t_i)$ 和 $\theta(t_i)$，$i=1,2,\cdots,n$），使其逐个预使能（任意的变迁 $t\in T$ 真正使能前先预使能，若变迁引发的最终变迁序列在与其当前并发的所有变迁引发的变迁序列相比道路权值之和最小，即 $\Phi(\sigma)$ 值最小，σ 为包含变迁 t 的变迁序列，则该变迁真正使能），然后按照其使能规则有序地发生，从而推动网络系统状态的不断演化，演化运行到预期的目标节点终止，输出从初始节点运行到目标节点的变迁序列 σ，进而得到所求的最佳最短路径。

1. 变数交通网络最短路径形式化

现实生活中每座城市里的交通道路是十分复杂的，且每条道路的路况又是多变的，简单的人工算术已无法满足要求，这对人们应对复杂庞大的交通网络的精确计算提出了新要求，所以要采取一种借助计算机的高效计算方法，也就是把建立的语义模型形式化成计算机可识别的形式化模型。变数交通网络的形式化过程如下。

定义 9.4　八元组 $N=(S,T;F,K,W,\theta,\Phi,M)$ 称为一个变数交通网络加权 S-图的网系统，则 P/T 网 N 的带权结构可以用 D^{Φ}、D^{θ}、D^{w} 三个 M 行 M 列矩阵表

示，其中 $D^{\theta}=[d_{ij}^{\theta}]$，$D^{w}=[d_{ij}^{w}]$，$d_{ij}^{\Phi}=d_{ij}^{\theta}\cdot d_{ij}^{w}$。

$$d_{ij}^{\theta}=\begin{cases}\dfrac{1}{\theta(t_k)}, & s_i,s_j\in S\text{且}\ s_i^{\cdot}=t_k={}^{\cdot}s_j\\ 0, & \text{其他}\end{cases}$$

$$d_{ij}^{w}=\begin{cases}W(t_k), & (s_i,s_j)\text{且}\ s_i^{\cdot}=t_k={}^{\cdot}s_j\\ 0, & \text{其他}\end{cases}$$

$$i\in\{1,2,\cdots,n\},j\in\{1,2,\cdots,m\},k\in\{1,2,\cdots,m\},i\neq j$$

则称 D^{Φ} 为 P/T 网系统 N 关于 S 的一个邻接矩阵，D^{w} 为网系统 N 的权函数邻接矩阵，D^{θ} 为网系统 N 的道路系数邻接矩阵。

由定义 9.4 可知，图 9.10 变数交通网络简图的 D^{θ}、D^{w}、D^{Φ} 分别为

$$D^{\theta}=\begin{bmatrix}
1 & 1 & 1 & \frac{10}{9} & \infty & \frac{10}{8} & \infty & \infty\\
1 & 1 & \infty & \frac{10}{8} & \infty & \infty & \infty & \infty\\
1 & \infty & 1 & \infty & \infty & \infty & \infty & 10\\
\frac{10}{9} & \frac{10}{8} & \frac{10}{9} & 1 & 2 & \infty & 1 & \infty\\
\infty & \infty & \infty & 2 & 1 & \infty & \frac{10}{9} & \frac{10}{6}\\
\frac{10}{8} & \infty & \frac{10}{8} & \infty & \frac{10}{3} & 1 & 1 & \infty\\
\infty & \infty & \infty & \infty & \frac{10}{9} & 1 & 1 & \infty\\
\infty & \infty & 10 & \infty & \frac{10}{6} & \infty & \infty & 1
\end{bmatrix}$$

$$D^{w}=\begin{bmatrix}
0 & 50 & 40 & 130 & \infty & 45 & \infty & \infty\\
50 & 0 & \infty & 70 & \infty & \infty & \infty & \infty\\
40 & \infty & 0 & \infty & \infty & \infty & \infty & 20\\
130 & 70 & 60 & 0 & 10 & \infty & 100 & \infty\\
\infty & \infty & \infty & 10 & 0 & \infty & 55 & 20\\
45 & \infty & 55 & \infty & 30 & 0 & 150 & \infty\\
\infty & \infty & \infty & \infty & 55 & 150 & 0 & \infty\\
\infty & \infty & 20 & \infty & 20 & \infty & \infty & 0
\end{bmatrix}$$

$$
D^{\Phi}=\begin{bmatrix}
0 & 50 & 40 & 144.4 & \infty & 56.3 & \infty & \infty \\
50 & 0 & \infty & 87.5 & \infty & \infty & \infty & \infty \\
40 & \infty & 0 & \infty & \infty & \infty & \infty & 200 \\
144.4 & 87.5 & 66.7 & 0 & 20 & \infty & 100 & \infty \\
\infty & \infty & \infty & 20 & 0 & \infty & 61.1 & 33.3 \\
56.3 & \infty & 68.8 & \infty & 100 & 0 & 150 & \infty \\
\infty & \infty & \infty & \infty & 61.1 & 150 & 0 & \infty \\
\infty & \infty & 200 & \infty & 33.3 & \infty & \infty & 0
\end{bmatrix}
$$

式中，∞表示两节点 s_i 与 s_j 之间道路不可达或不可直达。

2. 变数交通网络最短路径算法设计

依据上述形式化方法，提出下面的基于 Petri 网的变数交通网络最短路径算法，用于精确、快速寻求复杂变数交通网络中的最短路径。

算法 9.3　变数交通网络最短路径算法

输入：初始节点 s_i，目标节点 s_j，$i\neq j$, $i,j=1,2,\cdots,n$。

输出：节点 s_i 到节点 s_j 之间的最短路径序列 σ。

Begin

第一步：在 Petri 网模拟器中输入要模拟的交通路线结构图，转化为相应的 Petri 网变数交通网络模型。

第二步：初始化矩阵 D^{θ}、D^{W}、D^{Φ}，即变迁 $\forall t\in T$ 的权函数 $W(t_i)$ 和 $\frac{1}{\theta(t_i)}$，$i=1,2,\cdots,n$。

第三步：选择初始节点和目标节点并初始化库所。$\forall s\in S$ 的标识函数 M_0，即 $M(s_i)=[M(s_1)\ \ M(s_2)\ \ \cdots\ \ M(s_n)]^T$，$i=1,2,\cdots,n$，这里取 $M_0=[1\ \ 0\ \ \cdots\ \ 0]$。

第四步：变迁按照预定的使能规则有序发生，形成最终的变迁序列，即最短路径，其使能规则如下：

(1) 变迁 $t\in T$ 是使能的，当且仅当

$$\forall s\in {}^{\bullet}t: M(s)>0 \text{ 且 } \Phi(t)=\mathrm{Min}(d_{i1}^{\Phi}\cdots d_{im}^{\Phi})\wedge \mathrm{Min}(\Phi(\sigma(d_{ij}^{\Phi})))$$

记为 $M[t>$，式中 $\sigma(d_{im}^{\Phi})$ 为当前库所到目标库所之间的所有选的 d_{ij}^{Φ} 序列。

(2) 转化相应的 d_{ij}^{Φ} 到 t_i，即

$$d_{ij}^{\Phi}\rightarrow t_i$$

(3) 动态更新 D^{Φ} 数据，若有更新，则返回第四步的(1)，若无更新，则转至第五步。

第五步：若目标库所的令牌数为 1，则输出变迁序列 $\sigma(t_i)$；否则重复第四步，直到输出变迁序列 $\sigma(t_i)$。

End

第四步的变迁使能规则中的 $\Phi(t)$ 判断是该算法的关键，算法对变迁的发生规则采用预处理机制，即当变迁 $t \in T$ 且满足 $\forall s \in {}^{\cdot}t : M(s) > 0$ 时，进行预发生，产生多个包含变迁 t 的变迁序列 σ，选择 $\mathrm{Min}(\Phi(\sigma))$ 中的变迁 t 发生，最终得到的初始节点到目标节点间的变迁序列 σ 就是要求的最短路径。以图 9.10 为例验证算法的可行性，求解 s_6 到 s_0 的最短路径过程如图 9.11～图 9.15 所示。

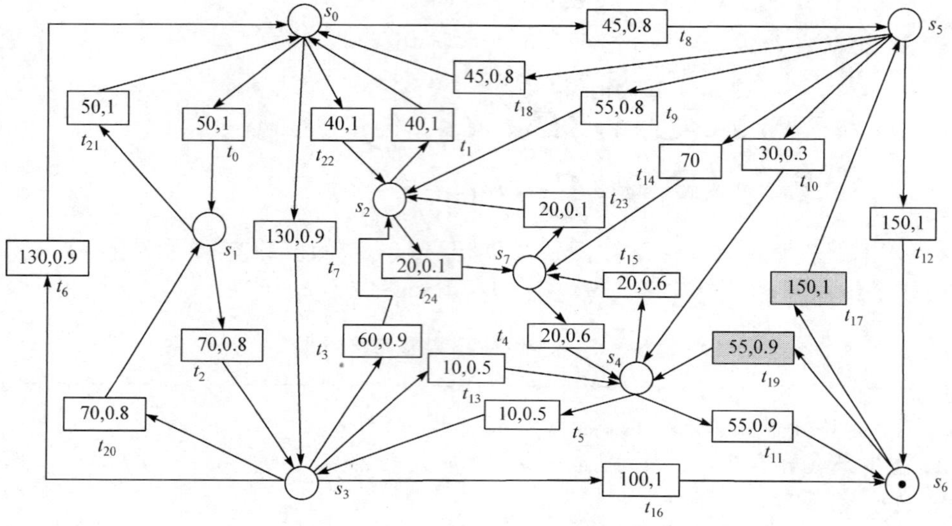

图 9.11　$M_0 = [0\ \ 0\ \ 0\ \ 0\ \ 0\ \ 0\ \ 0\ \ 1]^{\mathrm{T}}$ 时的运行状态

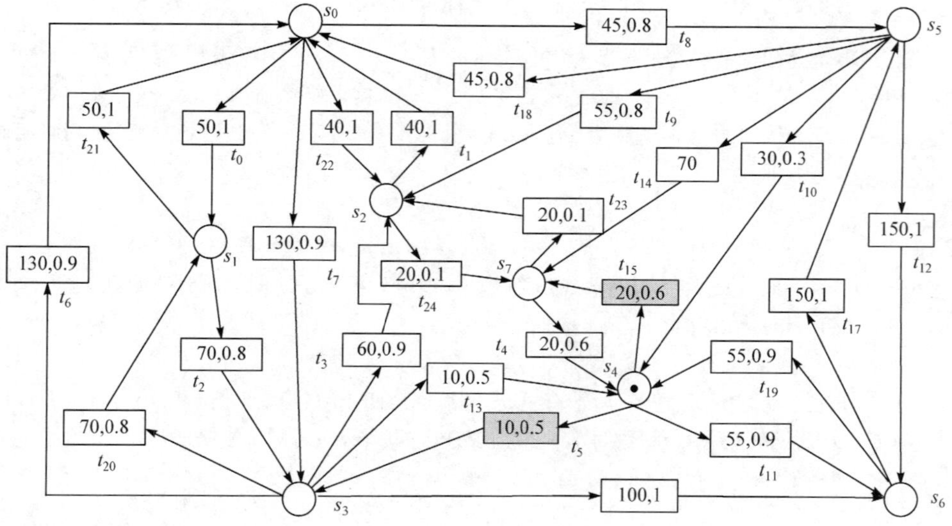

图 9.12　$M_1 = [0\ \ 0\ \ 0\ \ 0\ \ 1\ \ 0\ \ 0\ \ 0]^{\mathrm{T}}$ 时的运行状态

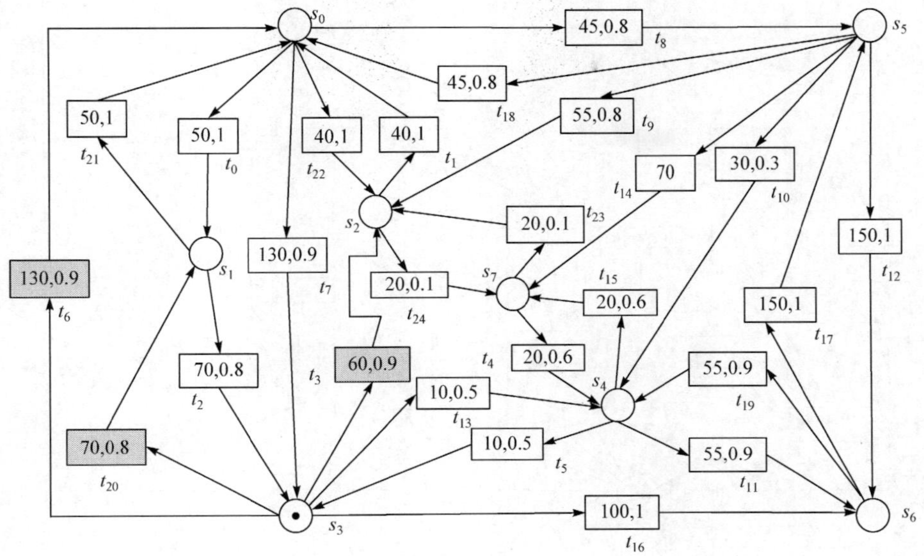

图 9.13　$M_2=[0\quad 0\quad 0\quad 1\quad 0\quad 0\quad 0\quad 0]^{\mathrm{T}}$ 时的运行状态

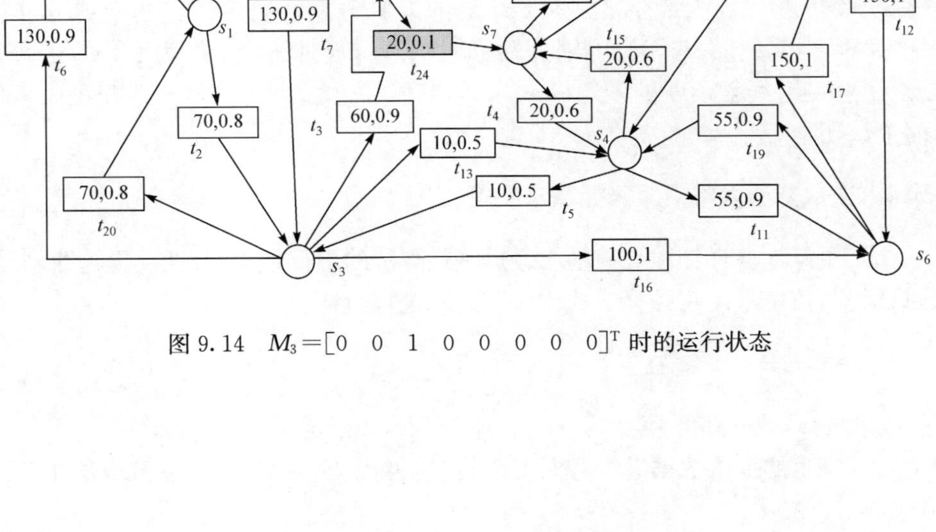

图 9.14　$M_3=[0\quad 0\quad 1\quad 0\quad 0\quad 0\quad 0\quad 0]^{\mathrm{T}}$ 时的运行状态

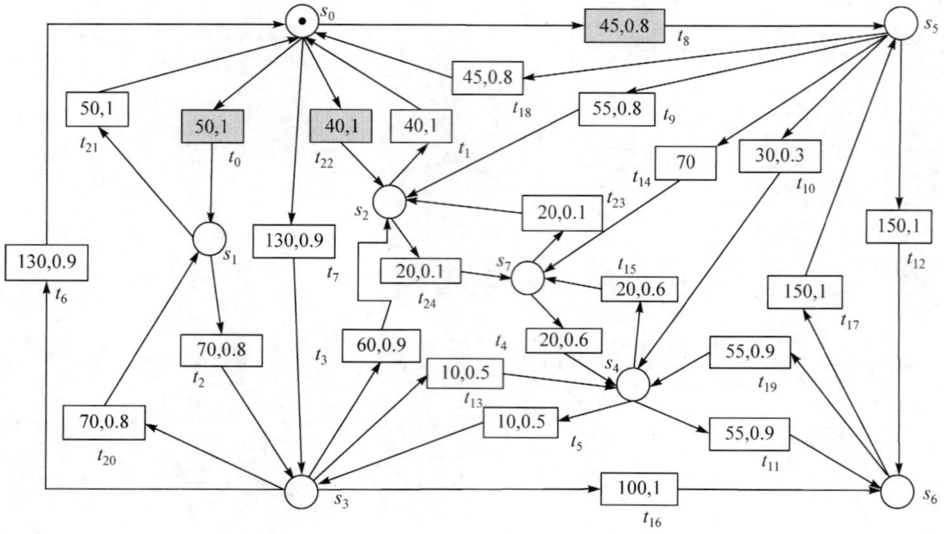

图 9.15 $M_4=[1\quad 0\quad 0\quad 0\quad 0\quad 0\quad 0\quad 0]^{\mathrm{T}}$ 时的运行状态

3. 算法分析

由图 9.11～图 9.15 可知，变数交通网络最短路径算法是可行的，算法对变迁的发生规则采用预处理机制和动态更新道路系数机制，即当变迁 $t\in T$ 且满足 $\forall s\in {}^{\cdot}t$：$M(s)>0$ 时，进行预发生，产生多个包含变迁 t 的变迁序列 σ，更新 D^{Φ} 中的数据并选择 $\mathrm{Min}(\Phi(\sigma))$ 中的变迁 t 发生。

由算法的第四步可知，$\Phi(t)$ 值的正确取舍及其取舍速度直接影响整个算法的空间开销和时间开销，对矩阵 D^{Φ} 中每行 $\mathrm{Min}(d_{ij}^{\Phi})$ 的判断是 $O(n)$ 级的，对整个 D^{Φ} 中数据判断是 $O(n^2)$ 级的，但是 Petri 网的即时触发性决定了其每个操作步是 $O(1)$ 级的，也就是说，若 D^{Φ} 中数据每行线性有序，则时间复杂度为 $O(n)$，若每行数据无序，则时间复杂度最坏为 $O(n^2)$，其空间复杂度为 $O(m^2)$（m 为模型中库所 S 的个数）。

9.3.4 变数交通网络最短路径算法实现

为了更好地验证变数交通网络最短路径算法的可行性、高效性及优越性，下面通过几组与传统最短路径算法的比较实验来进行验证。

1. 实验结果

实验 1：同城异地路径

对南宁市的地图数据进行对偶网络转换，得到 4152 个节点，在奔腾四 1.4GB

CPU、1GB 内存的计算机上仿真计算南宁火车站到广西大学的最短路径，各算法的性能如表 9.3 所示。

表 9.3　性能分析表

算法	节点数	搜索节点数	运行时间/s
Dijkstra 算法	4152	2800	2.7
A^* 算法	4152	2084	1.9
基于 Petri 网的算法	4152	572	0.15

实验 2：异城异地路径

实验 1 表明，变数交通网络最短路径算法在同城异地间寻求路径比传统算法优越。实验 2 将证明，变数交通网络算法在异城异地间寻求最短路径也优越于其他算法，各算法性能如表 9.4 所示。

表 9.4　节点搜索表

初始节点	目标节点	Dijkstra 算法	A^* 算法	基于 Petri 网的算法
南宁	北京	19986	10024	1236
南宁	重庆	9249	5861	537
南宁	郑州	14837	7483	749

2. 实验分析

由实验 1 和实验 2 可知，基于 Petri 网的变数交通网络最短路径算法较传统的最短路径算法有一定的优越性。

单从实验 1 来说，若把路况信息系数都记为 1 或忽略（也就是说 θ 的值都为 1）且不考虑动态更新路况系数，则本实验就退化为 9.3 节中算法的实验。由此可知，变数交通网络的最短路径求解比静态交通网络最短路径的求解复杂而烦琐。无论时间开销还是空间开销，变数环境都要大于静态环境，这也就意味着变数环境下求解的路径更贴近生活，贴近现实。

9.3.5　静态与动态实验的比较分析

在动态环境下求解与在静态环境下求解相比，开销有所增加，因为其考虑了多种可能制约路况道路信息的内在因素。下面给出在静态环境和动态环境两种情况下南宁火车站到广西师范学院长岗校区最短路径搜索节点比较图和时间开销比较，如图 9.16 和图 9.17 所示。

由图 9.16 和图 9.17 可知，搜索相同的路径，在动态情况下，无论搜索节点数还是搜索时间，开销都要比静态环境下大，原因在于静态求解是在忽略一切可能影

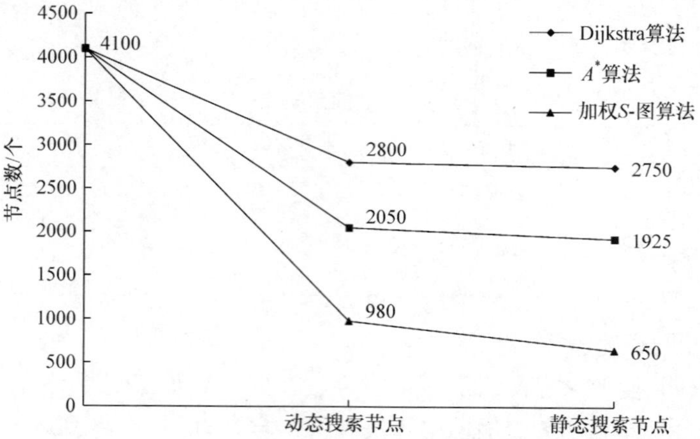

图 9.16　静态搜索节点与动态搜索节点比较

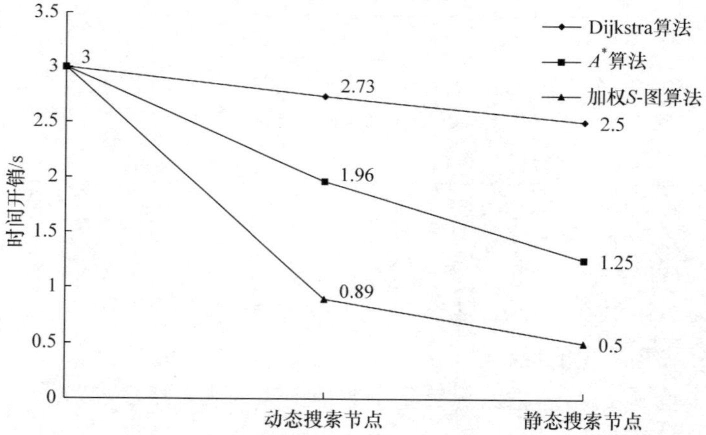

图 9.17　静态时间开销与动态时间开销比较图

响路况的不确定因素的前提下,假设路况是理想的状态下求解的。而动态求解则是在考虑了可能影响路况的所有不定因素情况下进行求解的,这样即使是求取相同的路径,动态结果与静态结果也可能是不同的。

考虑到最短路径在交通网络中的重要性,针对其在交通网络中的求解问题,提出了静态环境和动态环境下的最短路径求解方法,并且给出在静态环境下的优化算法,提高了在静态环境和动态环境下求解最短路径的效率。

参 考 文 献

[1] Dorigo M. Optimization, learning and natural algorithms[D]. Di Milano: Politecnico Di Milano Italy, 1992.

[2] Kolavali S R, Bhatnagar S. Ant colony optimization algorithms for shortest path problems [J]. Lecture Notes in Computer Science, 2008, 5425: 37—44.

[3] 李志建，郑新奇，王淑晴. 改进 $A*$ 算法及其在 GIS 路径搜索中的应用[J]. 系统仿真学报，2009, 21(10): 3116—3119.

[4] Bellman R. Dynamic Programming[M]. Princeton: Princeton University Press, 2003.

[5] Lee K Y, Lee J W, Houshangi N. A stereo matching algorithm based on top-view transformation and dynamic programming for road-vehicle detection[J]. International Journal of Control Automation and Systems, 2009, 7(2): 221—231.

[6] Dijkstra E W. A note on two problems in connexion with graphs[J]. Numerische Mathematik, 1959, 1(1): 269—271.

[7] Holland J H. Adaptation in Natural and Artificial System[M]. Cambridge: MIT Press, 1975.

[8] 农静，王磊，尹慧琳. 铁路车流径路优化的遗传算法设计[J]. 同济大学学报，2010, 38(1): 76—80.

[9] 王涛，李伟生. 最短路径子图[J]. 北方交通大学学报，2004, 28(2): 46—49.

[10] 李大卫，王梦光. 带有前序关系的旅行商问题的禁忌搜索算法[J]. 东北大学学报，1997, (6): 653—656.

[11] 王新红，崔玉泉. 城市道路定向问题及其算法[J]. 山东大学学报(理学版)，2004, 39(1): 21—28.

[12] 徐凤生. 最短路径的求解算法[J]. 计算机应用，2004, 24(5): 88—89.

[13] Stentz A. The focussed D^* algorithm for realtime replanning[C]//Proceedings of the International Joint Conference on Artificial Intelligence, Pennsylvania, 1995, 124(4): 1652—1659.

[14] Stentz A. Optimal and efficient path planning for partially-known environments[C]//Proceedings IEEE International Conference on Robotics and Automation, Monterey, 1997, 4: 3310—3317.

[15] 李书举，李文敬，王汝凉. 基于加权标识 S-图的最短路径研究[J]. 计算机工程，2011, 31(15): 46—48.

[16] Li W J, Du W H, Tang W F. Parallel algorithm of multiobjective optimization harmony search based on cloud computing[J]. Journal of Algorithms & Computational Technology, 2017, 11(3): 301—313.

[17] 张礼华，廖闻剑，彭艳兵. 求解物流路径优化的改进遗传算法研究[J]. 电子设计工程，2016, (10): 13—16, 20.

[18] 李飞，侯惠芳. 基于 GA 的多约束条件 QoS 组播路由算法[J]. 计算机工程，2009, 35(16): 198—200.

[19] 罗庆，周军. 基于混合遗传算法的物流配送路径优化分析[J]. 中央民族大学学报(自然科学版)，2016, (3): 50—56.

[20] 廖伟志，李文敬，王汝凉. ICPN 的时间自动机构造方法[J]. 计算机工程，2011, 37(6): 15—18.

第 10 章　Petri 网并行算法的应用

本章主要内容包括：满秩 Petri 网可达性判定算法、Petri 网共享合成及其在并行系统中的应用；并行计算在最优化问题、基因表达式编程（gene expression programing，GEP）、数据分类与数据压缩中的应用。

10.1　满秩 Petri 网可达性判定算法

Petri 网是分布式系统的建模和分析工具，它在分布式并行处理系统、混杂系统、柔性制造系统等领域都得到了广泛应用。Petri 网既有直观的图形表示，也可以用离散数学、代数、图论等数学理论对它的性质进行分析。在 Petri 网建模、标识可达图的绘制、可覆盖树的构造等都可以用计算机进行设计或自动生成，虽然一般的 Petri 网还没有通用的可达性判定条件或算法，但是对于某些子类的 Petri 网，如满秩 Petri 网、活的标识 T-图等都具有可达标识。对于复杂的 Petri 网系统，研究其可达性问题时，因库所与变迁数目大，手工求解将变得复杂而困难。由满秩 Petri 网可达性判定算法求解满秩 Petri 网的可达标识，将有效提高对该子类 Petri 网模型动态和结构性质的分析和研究。

10.1.1　满秩 Petri 网

定义 10.1　设 $N=\{P,T;F,M\}$ 为 Petri 网，$|T|=n$。若对 $\forall M\in R(M_0)$，状态方程

$$M=M_0+D^{\mathrm{T}}X \tag{10.1}$$

都有唯一的一个解向量 X，则称 N 为一个唯一可达向量网系统，X 称为标识 M 的解向量。

定义 10.2　设 $N=\{P,T;F,M\}$ 为 Petri 网。若其关联矩阵为行满秩矩阵，则称 N 为一个行满秩 Petri 网，简称满秩 Petri 网。

推论 10.1　$N=\{P,T;F\}$ 网是唯一可达向量当且仅当 N 的关联矩阵 D 是一个行满秩矩阵。

证明　见文献[1]。

推论 10.2　如果 $N=\{P,T;F,M\}$ 为一个行满秩 Petri 网，那么对于任意 $m(m=|P|)$ 维向量 M，方程(10.1)有唯一解，其中，D 为 N 的关联矩阵。

证明　因为 N 为行满秩 Petri 网，其关联矩阵 D 是一个行满秩矩阵，即 $R(D)=$

$|T|$,所以方程(10.1)有唯一的解。证毕。

由推论 10.2 可得,可以通过求解方程(10.1)来判定网模型的可达性。在求解方程时,如果得到一个 m 维非负整数解向量 M,那么只需要检查该解向量是否存在相应的序列变迁使能,就可判定其可达性;如果得到的不是一个 m 维非负整数解向量 M,那么 M 就不是满秩 Petri 网的可达标识[1-5]。

通过该方法,可以快速地求解出 Petri 网的初始可达标识集,下面给出求解的算法。

10.1.2　满秩 Petri 网可达性判定算法设计

1. 算法设计

假设满秩 Petri 网模型有 m 个库所和 n 个变迁,则 $|P|=m$,$|T|=n$,关联矩阵 D 是一个 n 行 m 列矩阵,D^T 是 D 的转置矩阵,其状态方程(10.1)中,M 和 M_0 都是 m 维非负整数列向量。

根据满秩广义逆矩阵理论,满秩的关联矩阵 D 必有一个 m 行 n 列右逆矩阵 C,使得 $DC=I_{n\times n}$($I_{n\times n}$表示单位矩阵)。由于 C 是 D 的右逆矩阵,则 C^T 是 D^T 的左逆矩阵。对状态方程(10.1)进行如下处理:

(1) $C^T D^T X=C^T(M-M_0)$;

(2) $I^T X=C^T(M-M_0)$;

(3) $X=C^T(M-M_0)$。

则状态方程的唯一解 X 可以由(3)求出。但是,还要求出 D 的右逆矩阵 C,方程才能求解。

由于 D 是行满秩矩阵,因此 DD^T 是一个满秩的 n 阶矩阵。由

$$I_{n\times n}=(DD^T)(DD^T)^{-1}$$

可知

$$(DD^T)(DD^T)^{-1}=DD^T(DD^T)^{-1}$$

则关联矩阵 D 的右逆矩阵为

$$C=D^T(DD^T)^{-1}$$

从上述分析过程可以看出,一个复杂的满秩 Petri 网通过人工来计算是相当困难的,尤其是计算右逆矩阵

$$C=D^T(DD^T)^{-1}$$

满秩 Petri 网可达性判定算法的实现过程如下。

算法 10.1　满秩 Petri 网可达性判定算法

输入:D^+、D^- 和初始标识 M_0。

输出：初始标识集 R(M_0)及系列变迁使能。

Begin

第一步：由 $D=D^+-D^-$ 求状态方程的关联矩阵 D。

第二步：判断关联矩阵 D 是否满秩，若是，则转第三步；否则，算法结束。

第三步：求关联矩阵 D 的转置矩阵 D^T，并求两个矩阵相乘 DD^T。

第四步：求矩阵 DD^T 的逆矩阵 $(DD^T)^{-1}$。

第五步：求关联矩阵 D 的转置矩阵 D^T 与矩阵 $(DD^T)^{-1}$ 的乘积，得到右逆矩阵

$$C=D^T(DD^T)^{-1}$$

第六步：求出 n 维向量 X。

第七步：判断 X 是否是状态方程的解，若 X 不是非负整数向量，则 M 不是 M_0 的可达向量；若 X 是非负整数向量，则验证该向量是否满足状态方程，若不满足方程，则 M 不是从 M_0 可达，若满足方程，则检查变迁序列使能。

第八步：输出初始标识集。

End

2. 算法实现

上述算法的实现需要解决如下问题：

(1) 输入的初始数据包括 n 行 m 列的输出矩阵 D^+、输入矩阵 D^- 和初始标识集。由定义 3.18 可知，输出矩阵的元素值由集合 $T\times P$ 的弧来决定，有弧存在的，元素值为 1，否则为 0；同理，输入矩阵元素值由集合 $T\times P$ 的弧决定。为此，定义两个整型的二维数组 $D_1[n][m]$、$D_2[n][m]$，一个整型的一维数组 $M_0[m]$用来存放输入的初始数据；在 VC++ 中，采用动态方式创建数组，以适应不同的初始值。

(2) 定义一个 n 行 m 列的整型二维数组 $D[n][m]$，用于存放关联矩阵的元素，并由输出矩阵 $D_1[n][m]$与输入矩阵 $D_2[n][m]$对应的元素相减求得。

(3) 求出关联矩阵 D 的秩，并判断其秩是否为满秩 n。求矩阵的秩参见文献[6]给出的算法。该算法已经给出了求解一般矩阵的具体实现过程。

(4) 定义 m 行 n 列的整型二维数组 $D_3[m][n]$，用来存放关联矩阵的转置矩阵的元素；定义一个临时的整型 n 阶方阵 $D_4[n][n]$，用来存储 DD^T 矩阵。

(5) 求解整型 n 阶方阵 $D_4[n][n]$的逆矩阵，采用文献[7]的方法将 D_4 分解为下三角矩阵 L 与上三角矩阵 U 的乘积，即 $D_4=LU$，但考虑到矩阵 D_4 的元素存在负数的情况，所以矩阵 L 和矩阵 U 的选取与文献[7]不同，具体为

$$L=\begin{bmatrix} l_{11} & & & & \\ l_{21} & l_{22} & & 0 & \\ l_{31} & l_{32} & l_{33} & & \\ \vdots & \vdots & \vdots & \ddots & \\ l_{n1} & l_{n2} & l_{n3} & \cdots & l_{nn} \end{bmatrix},\quad U=\begin{bmatrix} 1 & u_{12} & u_{13} & \cdots & u_{1n} \\ 0 & 1 & u_{23} & \cdots & u_{2n} \\ 0 & 0 & 1 & \cdots & u_{3n} \\ \vdots & \vdots & \vdots & & \vdots \\ 0 & 0 & 0 & \cdots & 1 \end{bmatrix}$$

式中,L 和 U 分别为下三角矩阵和上三角矩阵。利用上、下三角矩阵的求逆结果求得原矩阵的逆矩阵。矩阵求逆分三步进行:第一步,求约化系数,即根据原矩阵元素与上、下三角矩阵相乘得到的矩阵元素相等的原理,分别求出上三角矩阵 U 和下三角矩阵 L 的元素与原来矩阵元素之间的关系表达式;第二步,求上、下三角矩阵的逆矩阵。上、下三角矩阵的逆矩阵也是上、下三角矩阵,且由

$$LL^{-1}=I,\quad UU^{-1}=I$$

求出 L^{-1} 和 U^{-1} 元素与原矩阵系数之间的关系表达式,通过该表达式求出 L 的逆矩阵与 U 的逆矩阵的元素;第三步,求原矩阵的逆矩阵

$$D_4^{-1}=(LU)^{-1}=U^{-1}L^{-1}$$

(6) 求关联矩阵 $D_4[n][n]$ 的右逆矩阵 C,定义一个 $n\times n$ 的实型二维数组 $C[n][n]$,由

$$C=D^{\mathrm{T}}\,(DD^{\mathrm{T}})^{-1}$$

计算求出。

(7) 由公式

$$X=C^{\mathrm{T}}(M-M_0)$$

求出 n 维向量 X。

10.1.3　VC＋＋验算

根据上述设计的算法和实现所需要解决的矩阵求秩和矩阵求逆的问题后,在VC＋＋6.0 环境下编程实现,并对以下的 Petri 网模型进行验算。

例 10.1　设满秩 Petri 网模型[1]如图 10.1 所示,$|T|=4$,$|P|=5$,输出矩阵为

$D_1[4][5]=\{\{1,0,0,0,0\},\{0,1,1,0,0\},\{1,0,0,0,0\},\{0,0,0,1,1\}\}$

输入矩阵为

$D_2[4][5]=\{\{0,1,0,0,0\},\{1,0,0,0,0\},\{0,0,0,1,0\},\{0,1,1,0,0\}\}$

求出的关联矩阵 D 为

$$D=\begin{bmatrix} 1 & -1 & 0 & 0 & 0 \\ -1 & 1 & 1 & 0 & 0 \\ 1 & 0 & -1 & -1 & 0 \\ 0 & -1 & -1 & 1 & 1 \end{bmatrix}$$

关联矩阵的秩 $r=4$。

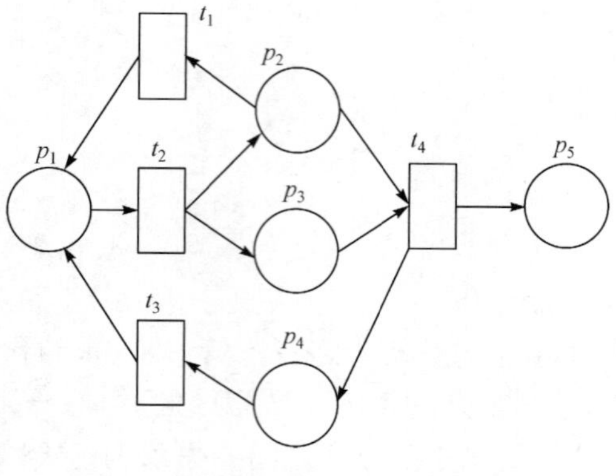

图 10.1　满秩 Petri 网模型

假设初始标识为 $M_0=[1\quad 0\quad 0\quad 0\quad 0]^T$,需要考察的可达标识分别是 $M_1=[1\quad 1\quad 0\quad 0\quad 0]^T$、$M_2=[1\quad 0\quad 1\quad 0\quad 0]^T$、$M_3=[1\quad 0\quad 0\quad 1\quad 0]^T$、$M_4=[1\quad 0\quad 0\quad 0\quad 1]^T$。分别输出的解向量以及可达标识如下：

{−0.33,−0.33,−0.33,0}不是可达标识；

{1,1,0,0 }是可达标识；

{−0.33,−0.67,−0.67,0 }不是可达标识；

{1,2,1,1}是可达标识。

从输出的结果可以看出,M_1 和 M_4 是 M_0 可达的,M_1 和 M_3 是 M_0 不可达的。

例 10.2　如果对图 10.1 的满秩 Petri 网模型做一些修改后得到如图 10.2 所示的 Petri 网模型,那么该网模型是一个不满秩 Petri 网,算法运行结果也给出了验证。

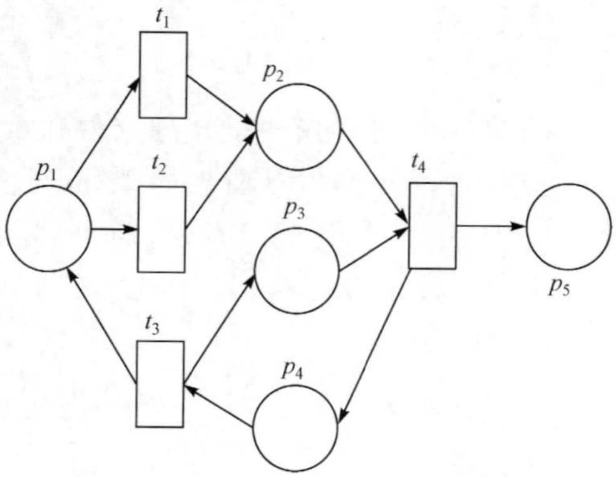

图 10.2　不满秩 Petri 网模型

输入的初始数据如下。

输出矩阵为

$D_1[4][5]=\{\{0,1,0,0,0\},\{0,1,0,0,0\},\{1,0,1,0,0\},\{0,0,0,1,1\}\}$

输入矩阵为

$D_2[4][5]=\{\{1,0,0,0,0\},\{1,0,0,0,0\},\{0,0,0,1,0\},\{0,1,1,0,0\}\}$

求出的关联矩阵为

$$D=\begin{bmatrix}-1 & 1 & 0 & 0 & 0\\ -1 & 1 & 0 & 0 & 0\\ 1 & 0 & 1 & -1 & 0\\ 1 & -1 & -1 & 1 & 1\end{bmatrix}$$

关联矩阵的秩 $r=3$。

由于该模型是一个不满秩 Petri 网模型，因此算法结束，没有对其可达性作进一步的判定。

10.1.4　讨论

通过对算法的设计、实现和实例的验算，证明算法快速地解决了满秩 Petri 网的可达性求解问题，尽管给出的验算实例模型较小，但对于复杂的网模型也是适用的。以下给出算法解决的问题和能够实现的功能，并对算法的功能拓展进行讨论。

(1) 算法要求输入的初始数据——输出矩阵与输入矩阵的元素，可以方便地从 Petri 网模型中的 $T\times P$ 弧集和 $P\times T$ 弧集得到。

(2) 算法解决了矩阵求秩和求逆等繁杂的人工计算过程，可以快速地求解关联矩阵、关联矩阵的秩及其逆矩阵。

(3) 能够快速判断 Petri 网模型是否是满秩 Petri 网。

(4) 通过输入不同的标识 M，算法能够快速地判断出该标识是否是可达标识。如果得到的解 X 的元素中存在小于 0 或非整数的现象，那么输入的标识为不可达标识；如果解向量 X 的所有元素值为非负整数，那么验证其是否满足状态方程，若满足，则该标识可能为可达标识，否则，该标识是不可达标识。

(5) 由算法得到的解向量 X 可知，从初始标识 M_0 可达到该标识 M，每个变迁在可达变迁序列

$$\sigma=t_{i_1}t_{i_2}t_{i_3}\cdots t_{i_n}$$

中出现的次数

$$\#\left(\frac{t_i}{\sigma}\right)=X(i),\quad i=i_1,i_2,\cdots,i_n$$

从而能够快速地判断该标识 M 的可达性。

(6) 对于有界的满秩 Petri 网，通过该算法方便求解初始标识集 $R(M_0)$ 中的标识元素。

(7) 对于一般的 Petri 网还没有可达性判定的算法和理论保证，但可以通过对该算法的改进，将一般的 Petri 网拓展为满秩平凡拓展 Petri 网。通过对满秩平凡拓展 Petri 网进行可达性的判定，为一般 Petri 网的可达性判定提供一种快速有效

的验证方法。

Petri 网理论是建模过程中经常用到的一种重要理论,Petri 网系统标识可达性的判定问题是进行 Petri 网研究的基本问题之一。本节通过对满秩 Petri 网可达性算法进行研究和实现,为该类网系统求解可达标识提供了一种快速有效的方法。由于求解一般 Petri 网模型的可达性判定问题还没有一个通用的算法[1],因此对这个问题的研究具有重要意义。

10.2 Petri 网共享合成及其在并行系统中的应用

为了使 Petri 网技术能够应用于消息传递接口(message passing interface, MPI)并行程序的正确性和性能的验证,本节提出 Petri 网共享合成运算构建 MPI 并行程序 Petri 网的算法。对分布式并行处理系统 MPI 并行程序的结构与消息传递过程进行分析,给出并行程序基本语句与传递函数的 Petri 网,将 Petri 网共享合成运算从两个 Petri 网的共享合成运算推广到并行程序的多个 Petri 网的共享合成运算,给出推广定理和证明。提出共享合成构建 MPI 并行程序 Petri 网的算法,并在消息传递并行系统中给出构建 MPI 并行程序 Petri 网的应用实例。实验结果表明,共享合成运算是构建 MPI 并行程序 Petri 网模型的一种有效方法。

目前,分布式并行处理系统主要是基于并行虚拟机(parallel virtual machine, PVM)和 MPI 的两大处理系统,并行程序的开发基本处于一种比较原始的状态,它的正确性主要通过具体的并行处理系统运行、调试来验证。但是,并行计算的目的是解决大型的工程和科学计算问题,需要开发的并行程序一般都是一些大型的程序,而且并行程序的多进程或多线程的并发性之间存在很大的随机性,给程序的调试和验证带来了巨大困难。经验性的验证方法不能满足大型并行程序的要求。为了减少程序开发时间,在程序的各个设计阶段,都对程序的正确性和性能进行分析。因此,构建并行程序 Petri 网模型以便对程序的正确性和性能进行验证,具有十分重要的意义。

在国内外的研究中,Murata 和 Barkaoui 使用 Petri 网的不变量和时序 Petri 网对 Ada 并行程序进行了验证;张兆庆和蒋昌俊利用 Petri 网的死锁、陷阱等结构性质对并行程序进行了验证,但他们所使用的并行程序 Petri 网模型的构建仅停留在理论阶段;丁志军等给出了将 PVM 程序自动转换为 Petri 网模型,并利用 Petri 网可达树/图对 PVM 程序进行了验证。基于 MPI 并行程序 Petri 网模型在并行程序验证中的重要作用,运用 Petri 网共享合成运算来构建 MPI 并行程序 Petri 网模型,为 MPI 并行程序的验证提供了一种有效的方法。

10.2.1 Petri 网共享合成运算的概念

Petri 网是用于描述分布式系统的一种模型,它既能描述系统的结构,又能模拟系统的运行[1]，其相关的基本概念见第 3 章。

定义 10.3[1]　设两个 Petri 网 $N_i=(P_i,T_i;F_i,M_{0i})(i=1,2)$，$N=\{P,T;F,M_0\}$，使得：

(1) $P=P_1\cup P_2$，$P_1\cap P_2\neq\varnothing$；

(2) $T=T_1\cup T_2$，$T_1\cap T_2=\varnothing$；

(3) $F=F_1\cup F_2$；

(4) $M_0(p)=\begin{cases}\max\{M_{01}(p),M_{02}(p)\}, & p\in P_1\cap P_2\\ M_{0i}(p), & p\in P_i-(P_1\cap P_2),i=1,2\end{cases}$

则称 N 是 N_1 与 N_2 的共享合成网，记作 $N=N_1O_PN_2$。

定理 10.1[1]　设网 N 是 N_1 和 N_2 的共享合成网，即 $N=N_1O_PN_2$，若 N_1 和 N_2 是有界网，则 N 也是有界网；若 N_1 和 N_2 是安全的，则 N 也是安全的。

证明　(1) 由于 N_1 和 N_2 有界，因此 $\forall p_1\in P_1,p_2\in P_2$，有

$$B(N_1)=\max\{B(p_1)\mid p_1\in P_1\},\quad B(N_2)=\max\{B(p_2)\mid p_2\in P_2\}$$

则

$$\forall p\in P=P_1\cup P_2,\quad B(N)=\max\{B(N_1),B(N_2)\}$$

故 N 有界。

(2) 若 N_1 和 N_2 是安全的，则

$$B(N_1)=1,\quad B(N_2)=1,\quad B(N)=\max\{B(N_1)=1,B(N_2)\}=1$$

所以 N 是安全的。证毕。

定理 10.2[1]　若 N_1 和 N_2 都是活网，网 N 是 N_1 和 N_2 的共享合成运算，即 $N=N_1O_PN_2$，则 N 也是活网。

证明　因为 N_1 是活网，则 $\forall t_1\in T_1$，$\forall M_1\in R(M_{01})$，都存在 $M_1'\in R(M_1)$，使得

$$M_1'[t_1>$$

同理，$\forall t_2\in T_2$，$\forall M_2\in R(M_{02})$，都存在 $M_2'\in R(M_2)$，使得

$$M_2'[t_2>$$

初始标识的合成为

$$M_0(p)=\begin{cases}\max\{M_{01}(p),M_{02}(p)\}, & p\in P_1\cap P_2\\ M_{0i}(p), & p\in P_i-(P_1\cap P_2),i=1,2\end{cases}$$

而 $T=T_1\cup T_2$ 且 $T_1\cap T_2=\varnothing$，取 $t\in\{t_1,t_2\}\subseteq T=T_1\cup T_2$，则

$$\forall M(p)=\begin{cases}M_i(p),p\in P_i-(P_1\cap P_2)\\ \max\{M_1(p),M_2(p)\},p\in P_1\cap P_2\end{cases},\quad M(p)\in R(M_0)$$

进而有

$$M'(p)=\begin{cases}M_i'(p),p\in P_i-(P_1\cap P_2)\\ \max\{M_1'(p),M_2'(p)\},p\in P_1\cap P_2\end{cases},\quad M'(p)\in R(M)$$

使得

$$M'[t>$$

所以 N 是活网。证毕。

Petri 网共享合成运算生成的合成网，除了具有有界、活性的性质外，还具有协调、守恒等不变的性质[1-8]。两个 Petri 网共享合成运算也可以推广到有限多个网的共享合成。

10.2.2　共享合成运算的推广

根据 Petri 网有界和安全的定义，证明了两个 Petri 网共享合成运算生成的合成 Petri 网仍然具有有界和活性的性质。此外，合成的 Petri 网也具有协调、守恒等性质[1]。但是，在分析并行程序结构及运行控制过程时发现，并行程序运行时，将出现多个进程同时并行执行，而每一个进程又执行相同的基本语句和不同的信息传递函数。因此，绝大部分并行程序 Petri 网的合成，由多个进程的 Petri 网构成，而每一个进程的 Petri 网又由多个 C 语言语句和 MPI 函数的 Petri 网组成。为此，本节根据并行程序结构及其执行控制的特点，分两个步骤将两个 Petri 网共享合成运算推广到有限(大于 2) 多个网的共享合成，使共享合成运算能应用于并行系统[8]，第一步是每一个进程内共享合成运算的推广，第二步是并行程序中进程间的共享合成运算。

1. 进程内共享合成运算的推广

1) 基本语句与 MPI 函数 Petri 网

基本语句与 MPI 函数 Petri 网对于每个进程主要考虑控制流的改变，不考虑数据流的变化过程。进程中的一条顺序执行语句，用一个变迁来表示；条件与循环语句用相应的 Petri 网模型表示。对于 MPI 函数的通信，信息的发送、接收、广播、发散、聚集等操作，用不同的函数 Petri 网模型来表示[9]。

对于进程内和进程间所包含的 C 或 C++ 条件语句、MPI 函数，给出三种基本结构和 MPI 函数的网模型，如图 10.3 所示。

除了以上给出的语句和 MPI 函数以外，还可以构建其他形式的条件语句、循环语句，以及 MPI 其他函数的网模型。

定义 10.4　MPI 并行程序基本语句与 MPI 函数 Petri 网 $N=(P,T;F)$，若存在 $t\in T$，使 $M[t>M'$，则称 M' 是从 M 直接可达的。

定理 10.3　并行程序中的 C 语言基本语句或 MPI 函数构成的网是一个 Petri 网。

证明　由定义 3.1 可知，C 语言语句或 MPI 函数构成一个网，又由定义 3.4 得 M_0 是网的初始标识，$M\in R(M_0)$，对于变迁 $t\in T$，$\forall p\in {}^{\cdot}t$，都有

$$M(p)\geqslant 1$$

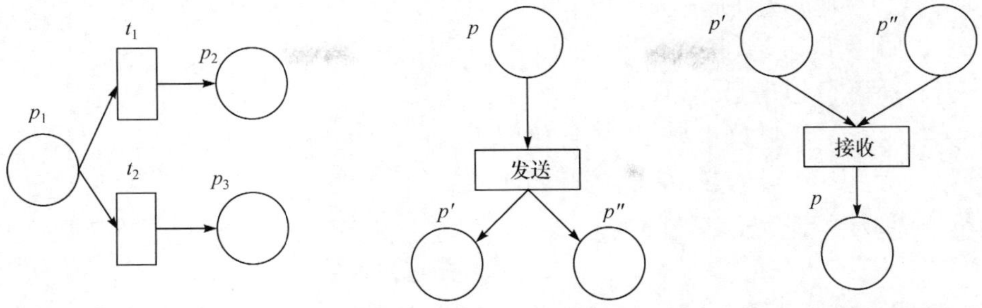

(a) 条件语句　(b) 发送消息函数　(c) 接收消息函数

图 10.3　三种基本网模型

则 C 语言基本语句或 MPI 函数是一个 Petri 网。证毕。

例 10.3　说明图 10.3 中条件语句网模型与发送消息函数网模型都是 Petri 网模型。

(1) 假设条件语句网模型 $N_f=\{P_f,T_f;F_f\}$，根据程序的执行规则和执行状态，每个并行进程内是顺序执行的。当将要执行条件语句时，库所 p_1 有且仅有一个令牌，并且只有变迁 t_1 或 t_2 发生，根据定义 3.4 可知，对于 $t\in T_f=\{t_1,t_2\}$，取 $M_0=\{1,0,0\}$，$\forall p\in {}^{\cdot}t$：$M_0(p)\geqslant 1$，则 $M_0[t>$。把 M_0 称为该网模型的初始标识。并且从 M_0 发生得到新的标识 $M_1=\{0,1,0\}$ 或 $M_1=\{0,0,1\}$。

由定义 3.4 可得，条件语句网模型 $N_f=\{P_f,T_f;F_f,M_0\}$ 是 Petri 网。

同样，存在初始标识 $M_0=\{1,0,0\}$，使得从 M_0 发生得到新的标识

$$M_1=\{0,1,0\} \text{或} M_1=\{0,0,1\}$$

所以，MPI 接收消息函数网模型也是 Petri 网。

(2) 同理，对于接收消息函数网模型，存在初始标识 $M_0=\{1,0,0\}$，使得从 M_0 发生得到新的标识

$$M_1=\{0,1,0\} \text{或} M_1=\{0,0,1\}$$

所以，MPI 接收消息函数网模型也是 Petri 网。

2) 共享合成运算推广定理

由定理 10.3 可知，并行程序的 C 语言基本语句或 MPI 函数也是一个 Petri 网，由定义 10.3 可以得出以下相应的并行程序中一个进程内两个 Petri 网共享合成运算的定义。

定义 10.5　若一个进程内包含两个 C 语言语句或 MPI 函数的 Petri 网 $N_i=(P_i,T_i;F_i,M_0)(i=1,2)$，$N=(P,T;F,M_0)$，满足定义 10.3 的条件，则称 N 是 N_1 与 N_2 的共享合成 Petri 网。

定理 10.4　假设 $N_i=(P_i,T_i;F_i,M_0)(i=1,2)$ 是进程内的 C 语句或 MPI 函数的 Petri 网，若 $N=(P,T;F,M_0)$ 满足如下条件：

(1) $P=P_1\cup P_2\cup\cdots\cup P_n, P_i\cap P_{i+1}\neq\varnothing(i=1,2,\cdots,n)$；

(2) $T=T_1\cup T_2\cup\cdots\cup T_n, T_1\cap T_2\cap\cdots\cap T_n=\varnothing$；

(3) $F=F_1\cup F_2\cup\cdots\cup F_n$；

(4) $M_0(p)=\begin{cases}1, & p\in P_i \text{ 的开始库所}\\ 0, & p\notin P_i \text{ 的开始库所}\end{cases}$；

则将 N 称为共享合成 Petri 网，记作

$$N=N_iO_PN_{i+1},\quad i=1,2,\cdots,n$$

证明　(1) 假设网 N 是由两个 Petri 网共享合成的，则 N 是 Petri 网。

(2) 假设网 N 由 n(大于 2)个 Petri 网 N_i 组成。已知有 $n-1$ 个 Petri 网共享合成网是 Petri 网，记为 Petri 网 N_∞(P_∞、T_∞分别该网的库所集和变迁集)。由定理的条件

$$P_i\cap P_{i+1}\neq\varnothing,\quad i=n-1$$

可得

$$P_\infty\cap P_n\neq\varnothing,\quad T_\infty\cap T_n=\varnothing$$

根据定义 10.3 和定义 10.4 可知，N_∞ 和第 n 个 Petri 网共享合成的网就是 Petri 网。证毕。

2. 进程间的共享合成运算

前面证明了并行程序进程内的多个 C 语句或 MPI 函数的 Petri 网通过共享合成的网是一个 Petri 网，而并行程序是由多个进程组成的[10,11]，那么由多个进程组成的 Petri 网共享合成的网是否是 Petri 网，需要从两个方面进行研究。首先是对 MPI 并行程序网结构进行分析，然后进程间共享合成 Petri 网，即 MPI 并行程序网也是 Petri 网。

1) MPI 并行程序网结构

在并行程序运行过程中，各进程的运行是顺序执行的，执行过程是相对独立的。但进程之间也存在数据传输和通信，它们是通过 MPI 函数实现的。因此，MPI 并行程序网结构是由多个进程的 Petri 网构成的，而每一个进程 Petri 网是多个 C 语言语句和 MPI 函数 Petri 网共享合成的，进程 Petri 网之间有些没有共享库所，有些有一个共享库所，有些有多个共享库所。

以下以单程序多数据模型的编程模式对进程间共享合成运算进行讨论。

2) 进程间共享合成 Petri 网

定理 10.5　由两个进程 Petri 网 $N_{pi}(i=1,2)$ 共享合成的 MPI 并行程序网 N_{p2}是一个 Petri 网。

证明　并行程序的单程序多数据编程模式一般都是采用主从模式进程调度，则主进程与从进程之间至少存在一个通信，即进程 Petri 网之间至少存在一个共

享库所，Petri 网 $N_{pi}(i=1,2)$满足定义 10.5 的条件，则由两个 Petri 网 $N_{pi}(i=1,2)$共享合成的 MPI 并行程序网 N_{p2}是一个 Petri 网。证毕。

定理 10.6　由 n 个进程 Petri 网 $N_{pi}(i=1,2,\cdots,n)$共享合成的 MPI 并行程序网 N_p 是一个 Petri 网。

证明　(1) 假如网 N_p 是由两个 Petri 网 $N_{pi}(i=1,2)$共享合成的，由定理 10.5 可知，N_p 是 Petri 网。

(2) 假设网 N_p 由 n(大于 2)个进程 Petri 网组成，已知有 $n-1$ 个进程 Petri 网共享合成网是 Petri 网，记为 Petri 网 N_∞(P_∞、T_∞ 分别为该网的库所集和变迁集)。由于

$$P_\infty \cap P_n \neq \varnothing, \quad T_\infty \cap T_n = \varnothing$$

因此根据定义 10.3 可得，N_∞ 和第 n 个进程 Petri 网共享合成的网 N_p 是 Petri 网。证毕。

由定理 10.4 和定理 10.6 可以得出如下推论。

推论 10.3　由 C 语言语句和 MPI 函数 Petri 网共享合成的 MPI 并行程序网是一个 Petri 网。

10.2.3　共享合成运算构建 MPI 并行程序 Petri 网模型算法

1. 构建 MPI 并行程序 Petri 网模型的原理

分布式并行处理系统 MPI 并行程序以子进程为单位进行数据处理和消息传递，每个子进程内部的运行以顺序的方式执行，过程包括数据/消息的发送/接收。因此，给 MPI 并行程序 Petri 网建模，以子进程为单位，然后由它的所有子进程的网模型通过共享库所合并而成。

每个子进程网模型由基本语句和 MPI 函数 Petri 网共享合成。每个子进程的运行是由不同的处理器并行执行的，子进程的执行过程按程序的基本 C 语句和 MPI 函数顺序执行，在执行 MPI 函数时，还要在不同的子进程之间进行消息传递。根据 Petri 网共享合成运算及其性质、基本语句和 MPI 函数 Petri 网的性质可以得出：子进程网模型由基本语句 Petri 网模型和 MPI 函数网模型两两通过共享库所合成，进程网模型之间通过对应的 MPI 函数共享库所合成。经过各子进程的顺序共享合成和进程之间的共享合成，就建成了 MPI 并行程序的 Petri 网模型。

2. 构建 MPI 并行程序 Petri 网模型的算法

根据前面给出的共享合成推广定理 10.4、定理 10.6 和推论 10.3，可以得出由共享合成运算构建的 MPI 并行程序 Petri 网模型的算法。为了使并行程序能够被多次执行，给 MPI 并行程序的网模型添加如下库所和变迁[12,13]。

(1) 用 P_{Begin} 和 t_{Begin} 表示并行程序的启动状态和开始执行，而使用 t_{End} 和 P_{End} 表示并行程序的运行结束和结束状态。

(2) 并行程序可以被执行多次，故在状态 P_{End}、P_{Begin} 之间引入循环变迁 t_{Loop}，并加入有向弧(P_{End}，t_{Loop})和(t_{Loop}，P_{Begin})。

构建 MPI 并行程序 Petri 网模型的算法如下。

算法 10.2　构建 MPI 并行程序 Petri 网模型的算法

输入：MPI 并行程序。

输出：MPI 并行程序 Petri 网模型。

Begin

第一步：在 MPI 程序的编译过程中，通过测试函数 MPI_Get_rank(MPI_COMM_WORLD, &rank)和 MPI_Get_size(MPI_COMM_WORLD, &size)，确定进程的个数，给每个进程子网模型命名，并对每一个进程按其串行语句和 MPI 函数顺序分解。

第二步：根据分解结果，若是 C 或 C++ 语言语句，则在语句基本网和 MPI 函数基本网模型库中搜索相应的基本语句模型图；同样，若是通信函数，则搜索出相应 MPI 函数模型图。

第三步：根据 Petri 网共享合成运算方法，在进程内按照顺序将基本语句网模型、MPI 函数网模型中相同的库所进行合成；对各进程之间 MPI 函数网模型相同的库所进行合并。

第四步：每一个进程的网模型构建后，就形成了并行程序的 Petri 网模型。

第五步：针对并行网模型，将库所和变迁统一命名编号。加入程序开始变迁 t_{Begin}、程序结束变迁 t_{End}、进程开始、进程结束、程序循环以及相关弧(P_{End}，t_{Loop})和(t_{Loop}，P_{Begin})。

End

10.2.4　应用实例

MPI 并行程序是分布式并行处理系统的具体应用，下面以“比较与交换”并行程序为例，运用共享合成运算构建其 Petri 网模型。

(1)“比较与交换”并行程序的部分代码如下。

```
进程 1:
scanf("input:%d",&a);
MPI_Send(&a,p2);
MPI_Recv(&a,p2);
printf("output:%d",a);
…
进程 2:
…
```

```
MPI_Recv(&a,p1);
if(a>b){
   MPI_Send(&b,p1);
b=a;} else
   MPI_Send(&a,p1);
…
```

(2) 进程 1 包含的基本网模型如图 10.4 所示。

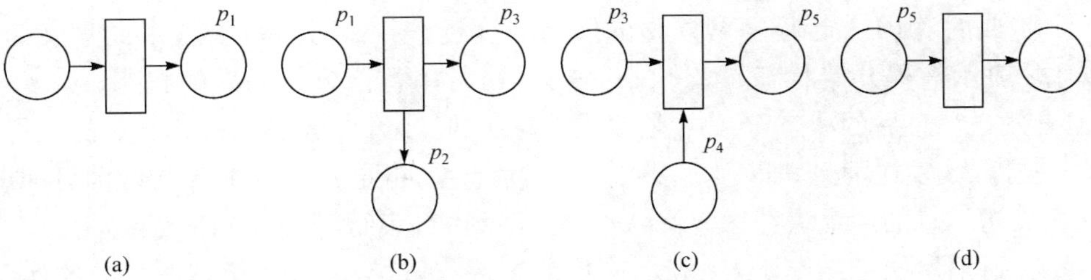

图 10.4　进程 1 的 4 个基本网模型

(3) 进程 2 包含的基本网模型如图 10.5 所示。

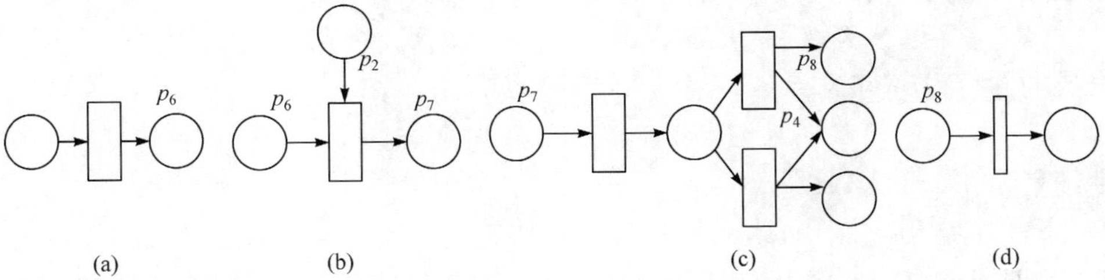

图 10.5　进程 2 的 4 个基本网模型

(4) 共享合成后的并行程序 Petri 网模型如图 10.6 所示。

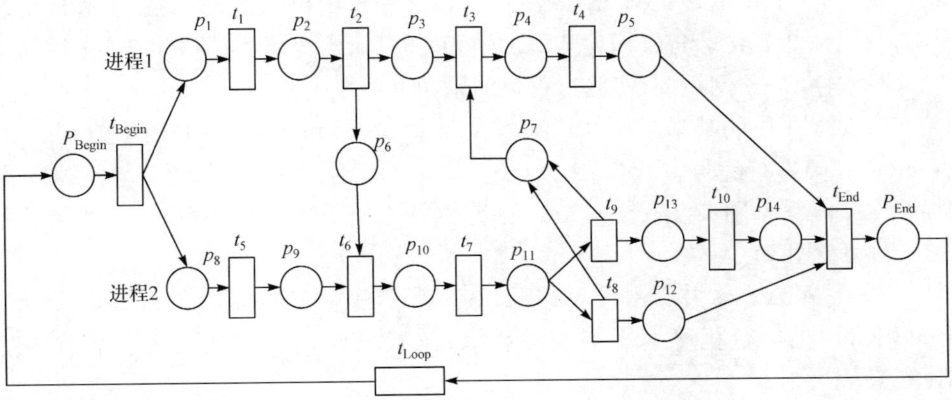

图 10.6　比较与交换 MPI 并行程序 Petri 网模型

对于图 10.6 的 MPI 并行程序 Petri 网模型，假设进程 1 的子网为 $N_1=\{P_1, T_1; F_1\}$，进程 2 的子网为 $N_2=\{P_2, T_2; F_2\}$。进程子网 $N_1=\{P_1, T_1; F_1\}$是由图 10.5 中的(a)与(b)、(b)与(c)、(c)与(d)三个基本语句以及 MPI 函数 Petri 网共享库所合成构建的；同样，进程子网 $N_2=\{P_2, T_2; F_2\}$是由图 10.7(a)与(b)、(b)与(c)、(c)与(d)三个基本语句以及 MPI 函数 Petri 网共享库所合成构建的；进程子网 N_1 与 N_2 之间又是通过图 10.4(b)、(c)分别与图 10.5(b)、(c)共享库所合成，最后生成 MPI 并行程序的网模型。

生成的 MPI 并行程序网模型的库所和变迁统一编号及其所代表的意义为：p_1、p_8 表示进程开始状态，p_2、p_5、p_9、p_{14}是执行串行部分语句后的状态，p_3、p_{12}、p_{13}是发送消息后的状态，p_4、p_{10}是接收消息后的状态，p_{11}是两个数比较后的状态，p_6 是进程 1 发送消息和进程 2 接收消息的消息缓冲区，p_7 是进程 1 接收消息和进程 2 发送消息的消息缓冲区；t_1、t_4、t_5、t_{10}表示执行串行部分语句的操作，t_2、t_8、t_9 表示执行消息发送操作，t_3、t_6 表示执行消息接收操作，t_7 表示执行两个数的比较计算。此时，N_1 和 N_2 的库所集分别为

$$P_1=\{p_1, p_2, p_3, p_4, p_5, p_6, p_7\}, \quad P_2=\{p_5, p_6, p_7, p_8, p_9, p_{10}, p_{11}, p_{12}, p_{13}\}$$

变迁集分别为

$$T_1=\{t_1, t_2, t_3, t_4\}, \quad T_2=\{t_5, t_6, t_7, t_8, t_9, t_{10}\}$$

合成的并行程序网 $N=\{P, T; F\}$的库所集为

$$P=P_1\cup P_2, \quad P_1\cap P_2\neq\varnothing$$

变迁集为

$$T=T_1\cup T_2$$

根据上述 Petri 网的定理及合成运算、并行程序 Petri 网模型的构建原理，图 10.8 所构建的 MPI 并行程序的网模型是一个 Petri 网模型。

实验结果与分析：在 CPU 为奔腾四、内存为 1GB、Windows XP 操作系统、MPICH2-1.0.8-win-ia32、Microsoft Visual C++6.0 和 Access 2003 实验运行环境中，利用 3.2 节共享合成构建 MPI 并行程序 Petri 网模型算法生成“比较与交换”并行程序 Petri 网模型，实验过程及结果如下：

(1) 对 C++的基本语句(如 if 语句、for 语句等)和常用的 MPI 函数(Send()、Receive()等)进行编号、命名，用 Office Visio 2007 系统制作基本语句和 MPI 函数的 Petri 网模型图；在 Access 2003 中建立一个 C++基本语句和 MPI 函数的 Petri 网模型图库。

(2) 在 Windows 并行平台 MPICH2 环境下，建立 Microsoft Visual C++6.0 与 MPICH2 的并行程序编程与编译环境，对“比较与交换”MPI 并行程序进行编译[14,15]。

(3) 编译时通过词法分析、语法分析、语义检查生成进程个数、指令和 MPI 函

数标记文件。

(4) 根据 3.2 节的构建 MPI 并行程序的 Petri 网模型算法，读取标记文件中存在的进程个数、语句和函数标记，按照标记的组成顺序从基本 Petri 网模型图库取出相应的网模型，共享合成 MPI 并行程序的 Petri 网模型。合成生成的 Petri 网模型如图 10.7 所示。

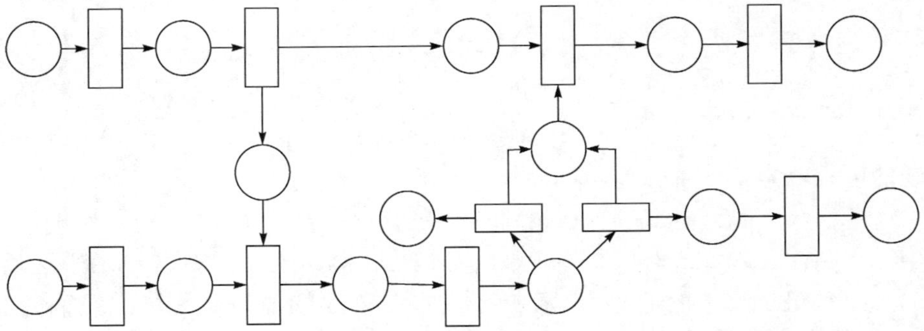

图 10.7 共享合成生成的 MPI 并行程序 Petri 网模型

由图 10.7 可以看出，Petri 网共享合成算法能够自动生成共享合成构建 MPI 并行程序 Petri 网模型，共享合成构建 MPI 并行程序 Petri 网的算法是可行的。但生成的模型缺少库所和变迁的命名标注，这主要是考虑到不同的并行程序所生成的网模型是不同的，库所与变迁的命名顺序也不相同，可由用户直接安排和命名。

根据对 Petri 网共享合成运算及其动态不变性的分析，本书提出 MPI 并行程序 Petri 网模型的构建原理及其算法。根据 MPI 并行程序以子进程为单位，每个进程子网由基本语句和 MPI 函数 Petri 网模型通过共享库所合成，各子进程子网之间通过 MPI 函数 Petri 网模型的共享库所合成，给出构建 MPI 并行程序 Petri 网模型的一种有效方法。而 MPI 并行程序 Petri 网模型的构建，是并行程序正确性验证的基础，下一步将对并行程序 Petri 网可达图及验证算法做进一步的研究。

10.3 无约束最优化问题的 BFGS 并行算法设计与分析

最优化问题的应用遍布于工农业生产、工程技术、交通运输、生产管理、经济计划、国防、金融等方面。很多实际问题都可以抽象转化成最优化问题，对于最优化问题的求解，人们构造了很多非常经典的算法，并且对于较小规模的问题，这些算法大部分都有串行实现。但是在求解非线性最优化方法在天气、气候可预报性研究以及敏感性分析，石油、地质勘测等大规模问题时，目前的串行算法所需的运算时间已经超出了人们的忍受限度，对于实际问题的求解已无意义。为此，本节在拟牛顿-弗莱彻-戈德法布-香农(BFGS)串行算法的基础上，提出 BFGS 并行算法并实现。

10.3.1　无约束最优化问题的定义及 BFGS 算法

1. 约束最优化问题的基本概念

设函数 $f, g_i, h_j: \mathrm{R}^n \to \mathrm{R}, i=1,\cdots,m_1, j=m_{1+1},\cdots,m_{1+p}$ 连续可微,约束最优化问题

$$\min f(x)$$
$$\text{s. t. } g_i(x) \geqslant 0, \quad i \in I=\{1,\cdots,m_1\} \tag{10.2}$$
$$h_j(x)=0, \quad j \in E=\{m_{1+1},\cdots,m_{1+p}\} \tag{10.3}$$

问题的可行域为

$$D=\{x \in \mathrm{R}^n \mid g_i(x) \geqslant 0, i \in I, h_j(x)=0, j \in E\}$$

式中,$x=(x_1, x_2, \cdots, x_n) \in \mathrm{R}^n$ 是 n 维向量;$f, g_i(x), h_j(x) (i=1,\cdots,m)$ 为 x 的函数;s. t. 为 subject to 的缩写,表示 x 受约束条件式(10.2)和式(10.3)的限制;$f(x)$ 目标函数;式(10.2)称为不等式约束;式(10.3)称为等式约束。

若

$$m_{1+p}=0$$

则约束最优化问题退变为无约束最优化问题[16]。

无约束最优化问题的算法有下降法、最速下降法、牛顿法、拟牛顿法、共轭梯度法等。其中,通过 BFGS 修正公式来求解无约束非线性最优化问题的算法称为 BFGS 算法。它具有如下三个特点[17-20]:

(1) 选取某个近似矩阵 B_k 取代 $\Delta^2 f(x)$,$\Delta^2 f(x)$ 表示 f 在 x_k 点处的 Hessian 矩阵,使相应的算法产生的方向是牛顿方向的近似,以保证算法具有较快的收敛速度,并且算法在一定条件下具有超线性收敛速度;

(2) 针对所有的 k,矩阵 B_k 对称正定,从而使算法产生的方向是函数 f 在 x_k 处的下降方向;

(3) 矩阵 B_k 容易计算。

2. BFGS 算法[19]

串行的 BFGS 算法步骤如下。

第一步:取初始点 $x^{(0)} \in \mathrm{R}^n$,初始对称正定矩阵 $B_k \in \mathrm{R}^{n \times n}$,精度 $\varepsilon > 0$,令 $k=0$。

第二步:若 $\| \Delta f(x)^{(k)} \| \leqslant \varepsilon$,则算法终止,问题的解为 $x^{(k)}$;否则,转第三步。

第三步:解线性方程组

$$B_k d + \nabla f(x^{(k)})=0 \tag{10.4}$$

得到解 $d^{(k)}$。

第四步:由线性搜索确定步长 α_k。

第五步：令 $k=k+1$，计算 $x^{(k+1)}=x^{(k)}+\alpha_k d^{(k)}$。若 $\|\Delta f(x)^{(k+1)}\|\leqslant\varepsilon$，则得解 $x^{(k+1)}$；否则，由 BFGS 修正公式确定 B_{k+1}，转第三步。其中，$\Delta f(x)^{(k)}$ 表示函数 f 在 x_k 点处的梯度向量。

3. BFGS 算法的收敛性分析

假设 f 二次连续可微，由多元函数 Taylor 展开式得如下近似式：

$$\nabla f(x^{(k)})\approx\nabla f(x^{(k+1)})-\nabla^2 f(x^{(k+1)})(x^{(k+1)}-x^{(k)})$$

因此，使 B_k 近似于 $\nabla^2 f(x^{(k)})$ 的一种合理的取法是用 B_{k+1} 取代 $\nabla^2 f(x^{(k+1)})$，使 B_{k+1} 满足方程

$$B_{k+1}s^{(k)}=y^{(k)} \tag{10.5}$$

式中，$s^{(k)}=x^{(k+1)}-x^{(k)}$，$y^{(k)}=\nabla f(x^{(k+1)})-\nabla f(x^{(k)})$。

定理 10.7　设函数 $f:\mathrm{R}^n\to\mathrm{R}$ 二次连续可微，考察迭代过程 $x^{(k+1)}=x^{(k)}+d^{(k)}$，$k=0,1,2,\cdots$；其中 $d^{(k)}$ 是线性方程组(10.4)的解。解 $\{x^{(k)}\}$ 收敛于 x^*，且 $\nabla f(x^*)=0$，$\nabla^2 f(x^*)$ 正定，则 $\{x^*\}$ 超线性收敛当且仅当

$$\lim_{k\to\infty}\frac{\|(B_k-f(x^*))d^{(k)}\|}{\|d^{(k)}\|}=0$$

证明见文献[4]。

以下通过对 B_k 进行低秩修正产生 B_{k+1}，即令

$$B_{k+1}=B_k+\Delta_k,\quad \Delta_k\ \text{是秩为 1 或 2 的矩阵} \tag{10.6}$$

若在式(10.6)中取 Δ_k 的秩为 2 的对称矩阵，则

$$\Delta_k=a_k u^{(k)}u^{(k)\mathrm{T}}+b_k v^{(k)}v^{(k)\mathrm{T}}$$

式中，a_k、b_k 和 $u^{(k)}$、$v^{(k)}$ 分别为待定实数和待定向量。由拟牛顿方程(10.4)求得

$$B_k s^{(k)}+a_k(u^{(k)\mathrm{T}}s^{(k)})u^{(k)}+b_k(u^{(k)\mathrm{T}}s^{(k)})v^{(k)}=y^{(k)}$$

解之得

$$\Delta_k=-\frac{B_k s^{(k)}s^{(k)\mathrm{T}}B_k}{s^{(k)\mathrm{T}}B_k s^{(k)}}+\frac{y^{(k)}y^{(k)\mathrm{T}}}{y^{(k)\mathrm{T}}s^{(k)}}$$

因此，得到 BFGS 修正公式为

$$B_{k+1}=\begin{cases}B_k-\dfrac{B_k s^{(k)}s^{(k)\mathrm{T}}B_k}{s^{(k)\mathrm{T}}B_k s^{(k)}}+\dfrac{y^{(k)}y^{(k)\mathrm{T}}}{y^{(k)\mathrm{T}}s^{(k)}}\\ B_k\end{cases} \tag{10.7}$$

推论 10.4　设 B_k 对称正定，B_{k+1} 由式(10.7)确定，则当且仅当

$$y^{(k)\mathrm{T}}s^{(k)}>0$$

时 B_{k+1} 对称正定。

由推论 10.4 可知，若初始矩阵 B_0 对称正定，对于任意的 k，$y^{(k)\mathrm{T}}s^{(k)}>0$，则 B_{k+1} 必对称正定。但要保证 $y^{(k)\mathrm{T}}s^{(k)}>0$，只能采用精确线性搜索或 Wolfe-Powell

型线性搜索。若采用 Armijo 型线性搜索,则不能保证 $y^{(k)\mathrm{T}}s^{(k)}>0$,当 $y^{(k)\mathrm{T}}s^{(k)}\leqslant 0$ 时,取 $B_{k+1}=B_k$。

4. Wolfe-Powell 型线性搜索

给定常数 σ_1、σ_2 满足 $0<\sigma_1<1/2,\sigma_1<\sigma_2<1$。取步长 $\alpha_k>0$,使得

$$\begin{cases} f(x^{(k)}+\alpha_k d^{(k)})\leqslant f(x^{(k)})+\sigma_1\sigma_2\,\nabla f(x^{(k)})^{\mathrm{T}}d^{(k)} \\ \nabla f(x^{(k)}+\alpha_k d^{(k)})^{\mathrm{T}}\geqslant\sigma_2\,\nabla f(x^{(k)})^{\mathrm{T}}d^{(k)} \end{cases} \tag{10.8}$$

是 Wolfe-Powell 型搜索步长的条件公式[19]。

Armijo 型线性搜索是式(10.8)的第一个不等式,其试探步长公式为 $\alpha_k=\rho\alpha_k$。若初始步长 $\alpha_k=1,\rho\in(0,1)$值较大,则相邻两次试探步改变相对较小,要经过较多的搜索才能得到所求步长 α_k;反之,相邻两次试探步长改变相对较大,经过相对较小的试探步就能得到 α_k,但获得的步长可能很小。为克服此缺陷,Wolfe-Powell 型线性搜索扩充式(10.8)的第二个不等式,目的是限制过小的步长。Wolfe-Powell 型非线性搜索的试探过程如下:

(1) 若 $\alpha_k=1$ 满足式(10.8),则步长 $\alpha_k=1$;否则,求解集合$\{b\rho^i,i=0,\pm1,\pm2,\cdots\}$使式(10.8)第一个不等式成立的最大者。

(2) 若 α_k 满足式(10.8)中第二个不等式,则终止计算,求得步长 $\alpha_k=b\rho^i$;否则,求解集合

$$\{\alpha_k^{(k)}+\rho_1^i(b_k-\alpha_k^{(k)})\},\quad i=1,2,3,\cdots$$

使式(10.8)第一个不等式成立的最大者;否则重复(2)。

10.3.2 BFGS 算法并行处理

1. BFGS 算法的并行策略

设初始矩阵 B_0 为单位矩阵,则 B_0 对称正定,由 BFGS 修正公式迭代生成的 B_{k+1}矩阵也对称正定。由 BFGS 串行算法可知,该算法的主要任务有三个:①解线性方程组(10.4),求出函数 f 在 x_k 处下降方向的解向量;②由 x_k 点及其下降方向确定搜索步长 α_k;③求出新的点 x_{k+1},若满足 $\|\Delta f(x)^{(k+1)}\|\leqslant\varepsilon$,则得解为 x_{k+1},否则计算 BFGS 修正公式,求矩阵 B_{k+1}。

对 BFGS 算法进行并行处理,假设并行平台有 p 个节点,采用主从式的调度及编程。采用行卷帘格式并行 Cholesky 分解算法来求解下降方向 $d^{(k)}$,每个处理机负责 n/p 个分量的计算,计算结果传回主节点;Wolfe-Powell 型线性搜索算法采用同步并行方式求解步长 α_k;从节点首先判断试探的步长是否满足条件,将满足条件的步长传回主节点,主节点从中求出最大步长,若本次最大步长满足式(10.8)的第二个公式,则求得步长;否则,继续循环求解。BFGS 修正公式的并行

处理，通过行格式的并行矩阵与向量相乘、向量与向量相乘、向量与矩阵相乘、矩阵与矩阵相乘来实现。

2. 并行 Cholesky 分解

利用线性方程组(10.4)求解下降方向的向量，根据其系数矩阵是对称正定的特点，采用并行 Cholesky 分解法来求解。

定理 10.8　如果 B 为 n 阶对称正定矩阵，且 B 的所有顺序主子式均不为零，那么 B 可唯一分解为

$$B=LUL^{\mathrm{T}} \tag{10.9}$$

式中

$$L=\begin{bmatrix} 1 & & & & \\ l_{21} & 1 & & 0 & \\ l_{31} & l_{32} & 1 & & \\ \vdots & \vdots & \vdots & \ddots & \\ l_{n1} & l_{n2} & l_{n3} & \cdots & 1 \end{bmatrix},\quad U=\begin{bmatrix} u_1 & & & & \\ & u_2 & & 0 & \\ & & u_3 & & \\ & 0 & & \ddots & \\ & & & & u_n \end{bmatrix}$$

L 为单位下三角矩阵；U 为对角矩阵。矩阵 L、U 的元素 l_{ij}、u_i 分别由下列公式求得：

$$l_{ii}=1,\quad l_{ij}=\left(b_{ij}-\sum_{k=1}^{j-1} l_{ik}u_k l_{jk}\right),\quad i=1,\cdots,n;j=1,\cdots,i-1 \tag{10.10}$$

$$u_i=b_{ii}-\sum_{k=1}^{i-1} l_{ik}l_{ik}u_k,\quad i=1,2,\cdots,n \tag{10.11}$$

将求解线性方程组(10.4)转化为求解方程组 $L_y=-\nabla f(x^{(k)})$ 和 $ULd=y$ 的解。

求解 $L_y=-\nabla f(x^{(k)})$ 的计算公式为

$$\begin{cases} y_1=-\nabla f(x_1^{(k)}) \\ y_i=-\nabla f(x_i^{(k)})-\sum_{k=1}^{i-1} l_{ik}y_k,\quad i=1,2,\cdots,n \end{cases} \tag{10.12}$$

$ULd=y$ 的计算公式为

$$\begin{cases} d_n=\dfrac{y_n}{u_n} \\ d_i=\dfrac{y_i}{u_i}-\sum_{k=i+1}^{n} l_{ki}d_k,\quad i=n-1,n-2,\cdots,2,1 \end{cases} \tag{10.13}$$

求解 L 下三角矩阵与 U 对角矩阵的元素 l_{ij} 和 u_i 时，用行卷帘方式进行。myid 号节点处理 n 模 p 所得余数为 myid($0\leqslant \text{myid}\leqslant p-1$)的行，在求出元素 l_{ij} 和 u_i

之后，将其传给 myid+1 号节点；为 myid+1 号节点求下一行 l_{ij} 和 u_i 元素做准备。此时，p 个节点的平均计算时间为

$$t=\frac{n(n-1)}{2p}+\frac{n}{p}$$

求出 L 与 U 矩阵元素后，分别根据式(10.12)和式(10.13)解方程组 $L_y=-\nabla f(x^{(k)})$ 和 $ULd=y$。采用行卷帘并行方式求解，式(10.12)从 0 号节点开始求 y_1 的值，然后传送给 1 号节点，1 号节点求出 y_2 的值，…，p 个节点依次进行，myid($0\leqslant$myid$\leqslant p-1$)号节点求出 $y_{\text{myid}+1}$ 的值，并将其传送给 myid+1 号节点。式(10.13)按倒序方式求解向量元素，myid($0\leqslant$myid$\leqslant p-1$)号节点依次求 $d_i(i=n,n-1,\cdots,2,1)$ 元素的值，并将其传送给 myid+1 号节点。每个节点计算结束后，将所计算的向量元素传回主节点，则求得函数 f 在 x_k 处的下降方向向量 $d^{(k)}$。求解两个方程组每个节点的计算时间为 $2n/p$。

3. Wolfe-Powell 型线性搜索的同步并行

Wolfe-Powell 型线性搜索算法求解步长的基本思想是：在已知某一点处的向量及其下降方向向量后，假设步长 $\alpha_k=1$，若满足式(10.8)，则步长为 1；否则，从节点分别将满足式(10.8)第一个不等式的步长 $b\rho_{\text{myid}}(b>0,\rho\in(0,1))$ 传回主节点，由主节点求出最大者，若最大者满足式(10.8)第二个不等式，则求得步长，否则每个从节点将 $\{\alpha_k^{(k)}+\rho_1^i(b_k-\alpha_k^{(k)}),i=1,2,3,\cdots\}$ 满足式(10.8)的第一个不等式的步长传回主节点，主节点再判断其是否满足第二个不等式，并行求解过程中主节点有一个等待每一个从节点传回中间结果的过程，即同步过程。

4. BFGS 修正公式的并行步骤

命题 10.1(a) 若在 BFGS 算法中采用精确线性搜索或 Wolfe-Powell 型线性搜索，则不等式 $y^{(k)\mathrm{T}}s^{(k)}>0$。

证明 对于精确线性搜索有

$$\nabla f(x^{(k+1)})^{\mathrm{T}}d^{(k)}=0 \tag{10.14}$$

因此

$$y^{(k)\mathrm{T}}s^{(k)}>0$$

对于 Wolfe-Powell 型线性搜索，由式(10.8)第二个不等式得

$$y^{(k)\mathrm{T}}s^{(k)}=\alpha_k(\nabla f(x^{(k+1)})-\nabla f(x^{(k)}))^{\mathrm{T}}d^{(k)}>0 \tag{10.15}$$

证毕。

BFGS 修正公式的作用是求解下一个对称正定矩阵，由于 Wolfe-Powell 型线性搜索保证 $y^{(k)\mathrm{T}}s^{(k)}>0$，因此采用式(10.7)第一个表达式求解矩阵 B_{k+1}。

求解 BFGS 修正公式(10.7)的过程[5]分为三个部分：第一部分是 B_k；第二部分为$\frac{B_k s^{(k)} s^{(k)\mathrm{T}} B_k}{s^{(k)\mathrm{T}} B_k s^{(k)}}$；第三部分是$\frac{y^{(k)} y^{(k)\mathrm{T}}}{y^{(k)\mathrm{T}} s^{(k)}}$。

第二部分中，对于分子，每个节点所进行的计算是：将 n 阶方阵 B_k 按$\sqrt{p}\times\sqrt{p}$二维网格划分为$\frac{n}{\sqrt{p}}$行、$\frac{n}{\sqrt{p}}$列，与$\frac{n}{\sqrt{p}}n$ 维向量 $s^{(k)}$ 相乘，每个处理机负责$\frac{n}{\sqrt{p}}$行与向量 $s^{(k)}$ 的乘积，得到临时$\frac{n}{\sqrt{p}}$维向量 $L_{\mathrm{myid}}^{(k)}$。将 $L_{\mathrm{myid}}^{(k)}$ 与 $s^{(k)}$ 的转置向量 $s^{(k)\mathrm{T}}$ 相乘，得到另一个临时$\frac{n}{\sqrt{p}}\times\frac{n}{\sqrt{p}}$阶方阵 $G_{\mathrm{myid}}^{(k)}$。

每个节点进行两个$\frac{n}{\sqrt{p}}\times\frac{n}{\sqrt{p}}$阶方阵相乘，得到一个新的$\frac{n}{\sqrt{p}}\times\frac{n}{\sqrt{p}}$阶方阵 $G_{1\mathrm{myid}}^{(k)}$。将其传回主节点，组合成 n 阶方阵；对于分母，每个节点负责 n 维转置向量 $s^{(k)\mathrm{T}}$ 与 n 阶矩阵 B_k 的$\frac{n}{\sqrt{p}}$列相乘，得到一个临时$\frac{n}{\sqrt{p}}$维向量 $L_{1\mathrm{myid}}^{(k)}$。将 $s^{(k)}$ 向量划分成$\frac{n}{\sqrt{p}}$个元素与$\frac{n}{\sqrt{p}}$维临时向量相乘并相加，得到一个数值 q_{myid}，每个从节点将其传回主节点。主节点将它们相加后，分母得到一个数值 q，并将$\frac{1}{q}$乘以分子的 n 阶方阵，第二部分计算完成。

第三部分中，分别将 $y^{(k)}$ 和 $y^{(k)\mathrm{T}}$ 划分为$\frac{n}{\sqrt{p}}$个元素，每个节点将$\frac{n}{\sqrt{p}}$个元素与$\frac{n}{\sqrt{p}}$个元素的转置向量相乘后，得到一个$\frac{n}{\sqrt{p}}\times\frac{n}{\sqrt{p}}$阶矩阵 $G_{2\mathrm{myid}}^{(k)}$，然后将其传回主节点，组成一个 n 阶方阵；分母做同样的划分，$\frac{n}{\sqrt{p}}$个转置的向量元素与$\frac{n}{\sqrt{p}}$向量元素相乘并相加，得到一个数 w_{myid}，并将其传回主节点；主节点把它们相加后，分母得到一个数值 w，将 $1/w$ 乘以分子的 n 阶方阵，第三部分求解完成。

最后将三个部分的 n 阶方阵分别划分成$\frac{n}{\sqrt{p}}$行，每个节点计算$\frac{n}{\sqrt{p}}$行对应元素的减和加，得到的结果传回主节点，组成下一步要求解的 n 阶方阵 B_{k+1}。

综上所述，BFGS 并行算法主要由并行解线性方程组、并行同步求解步长和并行解 BFGS 修正公式三部分组成，其并行算法如下。

第一步：令 p 是并行处理机的个数，精度 $\varepsilon>0$，令 $k=0$，取初始点 $x^{(0)}\in \mathrm{R}^n$，在主节点计算范数 $\|\Delta f(x)^{(0)}\|$ 的值。若 $\|\Delta f(x)^{(0)}\|\leqslant\varepsilon$，则算法终止，得问题的解 $x^{(0)}$；否则，令初始对称正定矩阵 $B_0\in \mathrm{R}^{n\times n}$ 为单位矩阵。

第二步：采用行卷帘格式的并行 Cholesky 分解算法求解线性方程组，求出下降方向的向量 $d^{(k)}$。

第三步：通过同步并行的 Wolfe-Powell 型非精确线性搜索确定步长 α_k。

第四步：令 $k=k+1$，在每个节点并行计算 n/p 个元素 $x^{(k+1)}=x^{(k)}+\alpha_k d^{(k)}$ 后传回主节点。主节点计算范数 $\|\Delta f(x)^{(k+1)}\|$ 的值。若 $\|\Delta f(x)^{(k+1)}\|\leqslant\varepsilon$，则解为 $x^{(k+1)}$；否则，并行计算 BFGS 修正公式求出 B_{k+1}，转第二步。

5. 算法分析

由于通信复杂度的分析依赖于计算机的系统结构，因此这里仅考虑计算时间。不妨设 B 是 n 阶正定方阵，p 是处理机（节点）个数，则每个处理机的任务是 n/p 行。考虑到 B 为对称正定矩阵，如果按块划分，那么处理机的任务会不均衡。为此，采用行卷帘方式来划分任务，处理机的负载较为均衡。

计算时间复杂度主要由如下三部分组成：

(1) 计算线性方程组的时间。串行算法的计算时间为

$$T_1=\frac{(n+1)(2n+1)}{6}$$

并行算法的计算时间为

$$T_{p1}=\frac{n(2n+1)}{2p}$$

(2) 计算步长的时间。串行算法的计算时间为

$$T_2=2n(4n-1)$$

并行算法的计算时间为

$$T_{p2}=\frac{(4n-1)}{p}$$

(3) 求解 BFGS 修正公式的时间。串行算法的计算时间为

$$T_3=2n(n^2+4n-1)$$

并行算法的计算时间为

$$T_{p3}\approx\frac{2n^3}{p}$$

该算法总的串行计算时间为

$$T_s\approx 2n^3+16n-3n$$

总的并行计算时间为

$$T_p=\frac{2n^3+n^2+5n}{p}$$

则该算法的并行加速比是

$$S_p=\frac{p(2n^3+16n^2-3n)}{2n^3+n^2+5n}\rightarrow p,\quad n\rightarrow\infty$$

由上式可以得出，在不考虑通信开销的情况下，当函数 f 的变量(n)足够大时，BFGS 并行算法具有线性的加速比。

10.3.3　数值实验

实验的硬件环境：4 台 CPU 为 2.5GHz、内存为 256MB 的 PC 机组成的机群。软件环境：Linux 8.0、MPI、C 语言。参数 n 为函数变量维数的规模，p 为节点的个数。测试结果如表 10.1 和表 10.2 所示。

问题 1

$$f(x)=\sum_{i=1}^{\frac{n}{2}}[100(x_{2i}-x_{2i-1}^2)^2+(1-x_{2i-1})^2]$$

问题 2

$$f(x)=(\sum_{i=1}^{n}ix_i^2)^2$$

表 10.1　问题 1 的运算时间　(单位：s)

n	$p=1$	$p=2$	$p=4$
400	13.274649	8.347211	6.239653
1000	25.342072	16.554893	13.407536
2000	58.948101	43.459147	29.534102

表 10.2　问题 2 的运算时间　(单位：s)

n	$p=1$	$p=2$	$p=4$
400	47.315709	33.813523	23.144065
1000	65.428127	47.213906	31.125713
2000	86.423901	66.037254	45.041233

由实验结果可得，随着并行节点数的增加，算法的运算时间逐渐减少，达到线性加速比。运行结果与理论分析有一定的误差，原因是理论分析没有考虑通信时间。

本节通过对并行 Cholesky 解线性方程组、并行同步求解搜索步长和并行解 BFGS 修正公式的综合设计,构建了无约束最优化问题的 BFGS 并行算法,该算法提高了大规模无约束最优化问题的求解速度,具有线性的加速比。

10.4 无约束最优化问题的 BFGS 松弛异步并行算法

10.4.1 无序松弛异步迭代

1. *异步迭代并行方法*

在迭代并行处理中,如果取消障栅(同步),让完成计算的节点不必等待其他进程的本次迭代结果,而是使用它们的前一次迭代所得到的值,甚至是前几次迭代所得到的值继续向前执行,且每一个参与运算的进程都按照同样的方式运行,直至结束,那么就能克服同步并行算法中速度快的节点处于空闲等待、系统处于负载不均衡的状态,提高系统的运算效率。

定义 10.6 在迭代并行处理中,多个进程不等待其他进程的本次迭代结果,直接使用前一次或前几次的迭代值继续向前进行迭代运算的方法,称为异步迭代并行算法[21,22]。

2. *松弛迭代及无序松弛收敛条件*

考虑到异步迭代并行算法的收敛性,进程使用前几次的迭代值必须满足无序松弛收敛条件。松弛迭代方法、公式和收敛条件如下。

定义 10.7 设有方程组

$$Ax=b \tag{10.16}$$

式中,$A\in \mathrm{R}^{n\times n}$为非奇异矩阵,且设 $a_{ii}\neq 0(i=1,2,\cdots,n)$,$A$ 分解为

$$A=D-L-U \tag{10.17}$$

下列公式表示 x 的迭代公式:

$$\begin{cases} x_i^{(k+1)} = \dfrac{\omega}{a_{ii}}\left(b_i - \sum\limits_{j=1}^{i-1} a_{ij}x_j^{k+1} - \sum\limits_{j=i+1}^{n} a_{ij}x_j^{(k)}\right) \\ x^{(k)} = \begin{bmatrix} x_1^{(k)} & x_2^{(k)} & \cdots & x_n^{(k)} \end{bmatrix}^{\mathrm{T}}, \quad k=0,1,\cdots;i=1,2,\cdots,n \end{cases} \tag{10.18}$$

当其松弛因子 $\omega<1$ 时,称为低松弛法,当 $\omega>1$ 时称为超松弛法。

定理 10.9 解线性方程组(10.3)的松弛迭代法收敛的充要条件是

$$\rho(L_\omega)<1 \tag{10.19}$$

式中

$$L_\omega=(D-\omega L)^{-1}[(1-\omega)D+\omega U] \tag{10.20}$$

称矩阵 L_ω 为松弛迭代矩阵。$\rho(L_\omega)<1$ 表示迭代矩阵的谱半径小于 1。定理的证明见文献[33]。

定理 10.10　假设解线性方程组(10.7)的松弛迭代法收敛,则 $0<\omega<2$。

定理 10.8 说明了使用松弛迭代法解线性方程组时,松弛因子的取值必须在(0,2)范围内才能收敛。但是,矩阵 A 是对称正定矩阵,当 $0<\omega<2$ 时,松弛迭代法一定收敛。

推论 10.5　若方程组(10.7)的矩阵 A 是对称正定,且 $0<\omega<2$,则解线性方程组(10.7)的松弛迭代方法收敛。

定理 10.11　存在一个固定正整数 s,使得在求第 $k\in\{k|k\geqslant s$ 且 $k\leqslant n$,n 表示最大的迭代次数$\}$次迭代时,进程不能使用第 $k-s$ 次前迭代中形成的任何值。

证明　假设 s 是一个固定的正整数,进程可以使用前 $k-s$ 次迭代中形成的任何值。

由式(10.7)和式(10.8)可以推出如下迭代公式:

$$x^{(k)}=L_\omega x^{(k)}$$

式中,L_ω 见式(10.20);$f=\omega(D-\omega L)^{-1}b$。

根据题意有

$$x^{(k+1)}=L_\omega x^{(k-s)}+f$$

则

$$L_\omega(x^{(k)}-x^{(k-s)})=0$$

由此得 $s=0$,与 s 是正整数矛盾。证毕。

定义 10.8　满足定理 10.11 收敛条件的松弛迭代方法称为无松弛异步迭代并行算法。

10.4.2　无约束最优化问题松弛异步并行算法

1. 并行设计策略

在 PC 群环境中,设有 p 个处理器,线性方程的矩阵 $A\in \mathrm{R}^{n\times n}$,$a_{ii}\neq 0(i=1,2,\cdots,n)$为 n 阶方阵,根据上述定义和定理,无序松弛异步迭代并行算法的设计策略如下:

(1) 数据划分。每个处理器平均负责处理解向量的 n/p 个分量(假设 n 能够被 p 整除),如 p_0 处理器负责计算 x_0 到 $x_{\frac{n}{p}-1}$,p_1 负责计算 $x_{\frac{n}{p}}$ 到 $x_{\frac{2n}{p}-1}$,依此类推。

(2) 每个进程(处理器)计算每一个解分量时,只要还不满足迭代终止条件

$$|x_i^{(k+1)}-x_i^{(k)}|<\varepsilon$$

就继续计算下一个解分量或下一个迭代值，不必等待其他进程的本次迭代值，直接使用本进程或其他进程解分量的第 $j\in\{j|j\geqslant i-s$，且 $j<i\}$ 次迭代中形成的任何一个值。

(3) 每次迭代求解出来的解分量，在存储时需要设置一个时间戳，代表第几次迭代所产生的值，将解向量用二维数组来保存。

2. 并行算法设计

BFGS 无序松弛异步迭代并行算法如下。

算法 10.3　BFGS 无序松弛异步迭代并行算法

输入：初始解向量 $x^{(0)}$ 和给定求解的精度值 ε。

输出：最优解 $x^{(k+1)}$。

Begin

第一步：主进程 p_0 接收初始解向量 $x^{(0)}\in R^n$ 和精度值 ε> 0，令k=0，并计算范数 $\|\Delta f(x)^{(0)}\|$，若

$$\|\Delta f(x)^{(0)}\|\leqslant\varepsilon$$

则算法终止，得问题的解 $x^{(0)}$；否则，令初始对称正定矩阵 $B_0\in R^{n\times n}$ 为单位矩阵，并将初始值 B_0、$x^{(0)}$、ε 发送给所有的从进程 p_i（i= 1,2,…,p）。

第二步：各进程接收来自主进程的数据，用行卷帘格式并行求解线性方程组

$$B_k d+\nabla f(x^{(k)})=0$$

系数矩阵 B 的元素。

第三步：对式(10.8)的两个方程组分别用无序松弛异步迭代并行算法求出下降方向的向量 $d^{(k)}$。

(1) for(k=1;i<最大迭代次数;k++)

(2) for(i=low;i⩽high;i++)//low、high 分别表示从进程负责的所有分量最小和最大下标的值//

{

按照式(10.17)计算第 i 个向量分量 $x_i^{(k+1)}$ 第 k+1 次迭代的值，并向所有进程广播；

判断 $x_i^{(k+1)}$ 是否满足终止条件

$$\max_{1\leqslant i\leqslant n}|x_i^{(k+1)}-x_i^{(k)}|<\varepsilon$$

若条件满足，则该分量作结束标识，下次迭代时不再运算；否则，保存该次迭代的值。

}

第四步：用无序松弛异步迭代并行 Wolfe-Powell 型非精确线性搜索确定步长 α_k。

{

(1) 若 $\alpha_k=1$ 满足式(10.8),则步长 $\alpha_k=1$;否则,求解集合 $\{b\rho^i, i=0,\pm1,\pm2,\cdots\}$ 使得式(10.8)中第一个不等式成立的最大者。

(2) 若 α_k 满足式(10.8)中第二个不等式,则终止计算,求得步长

$$\alpha_k = b\rho^i$$

否则,求解集合 $\{\alpha^{(k)}+\rho_1^i(b_k-\alpha^{(k)}), i=0,1,2,\cdots\}$ 使得式(10.8)中第一个不等式成立的最大者;重复(2)。

}

第五步:令 k+1,在每个节点无序松弛异步迭代并行计算 n/p 个元素 $x^{(k+1)}=x^{(k)}+\alpha_k d^{(k)}$ 后送回主节点。主节点计算范数 $\|\Delta f(x)^{(0)}\|$ 的值,若

$$\|\Delta f(x)^{(0)}\|\leqslant\varepsilon$$

则算法终止,得问题的解 $x^{(0)}$;否则,无序松弛异步迭代并行计算 BFGS 修正公式求出 B_{k+1},转第二步。

End

3. 算法分析

这里主要从计算复杂度来进行分析。不妨设 B 是 n 阶方阵,p 是处理机(节点)个数,则每个处理机的计算任务是 n/p 行,考虑到 B 是 n 阶对称正定矩阵,采用行卷帘划分方式来划分处理机任务,处理机的负载较为均衡。在解线性方程(10.7)和采用 Wolfe-Powell 型非精确线性搜索步长时,运行无序松弛异步迭代并行计算。此时,整个并行算法计算时间复杂度主要由下列三部分组成。

(1) 计算线性方程组的步。松弛异步串行算法计算步为

$$T_1=\frac{(n+1)(2n+1)}{6}$$

松弛异步并行算法计算步为

$$T_{p1}\approx\frac{2n^2}{p}$$

(2) 计算步长的计算步。松弛异步串行算法计算步为

$$T_2=2n(4n-1)$$

松弛异步并行算法计算步为

$$T_{p2}=\frac{2n+1}{p}$$

(3) 求解 BFGS 修正公式的步。松弛异步串行算法计算步为

$$T_3=2n(n^2+4n-1)$$

松弛异步并行算法计算步为

$$T_{p3} \approx \frac{n^3}{p}$$

松弛异步串行算法总的计算步为

$$T_s \approx 2n^3 + 16n - 3n$$

松弛异步并行总的计算步为

$$T_p = \frac{2n^3 + n^2 + 2n}{p}$$

因此，该算法的并行加速比是

$$S_p = \frac{p(2n^3 + 16n^2 - 3n)}{2n^3 + n^2 + 2n} \to p, \quad n \to \infty$$

由上述分析，在不考虑通信开销的情况下，当函数 f 的元变量(n)足够大时，BFGS 并行算法具有线性的加速比。

10.4.3　实验结果与分析

实验的硬件环境：4 台 CPU 为 2.5GHz、内存为 256MB 的 PC 机组成的机群。软件环境：Linux 8.0、MPI、C 语言。参数 n 是函数变量维数的规模，p 为节点的个数。测试结果如表 10.3 和表 10.4 所示。

表 10.3　问题 1 的运算时间　　(单位：s)

n	$p=1$	$p=2$	$p=4$
400	13.274649	7.583247	5.026943
1000	25.342072	14.83796	10.403583
2000	58.948101	39.72302	25.65307

表 10.4　问题 2 的运算时间　　(单位：s)

n	$p=1$	$p=2$	$p=4$
400	47.315709	31.553472	19.53784
1000	65.428127	41.902478	27.25473
2000	86.423901	60.127315	38.94573

问题 1 的测试函数为

$$f(x) = \sum_{i=1}^{\frac{n}{2}} [100(x_{2i} - x_{2i-1}^2)^2 + (1 - x_{2i-1})^2]$$

问题 2 的测试函数为

$$f(x)=\left(\sum_{i=1}^{n} ix_i^2\right)^2$$

由验算结果可得，随着并行机节点数的增加，算法的运算时间逐渐减少，但是还达不到线性加速比。运行结果与理论分析具有一定的误差，主要原因是理论分析没有考虑通信时间，而实际的机群并行环境下，数据的传输是需要时间的。但这没有影响算法的可行性和有效性。

在无约束最优化问题的 BFGS 算法的基础上，使用无序松弛异步迭代方法，求解无约束最优化问题的 BFGS 算法线性方程组和搜索步长，构建无约束最优化问题的 BFGS 无序松弛异步迭代并行算法。该算法提高了大规模无约束最优化问题的求解速度，求解过程系统负载均衡。

10.5　基于 GEP 的多数据流分类并行算法

本节首先对数据流进行概述；然后介绍 GEP 的基本理论；最后提出一种基于 GEP 对多数据流的分类并行算法，并通过 UCI 数据集仿真实验，检验其有效性。

在通信领域中，使用的信息数字编码序列传输构成大量的数据串，一般认为数据流最早出现在此领域，而在网络传输、股票分析、地质勘探以及气象等领域中也有大量的数据流，数据流与传统数据的区别如下：

(1) 传统数据库中的数据以静态形式存储在磁盘或外部存储介质中，而数据流是随时间而动态变化的；

(2) 传统数据在存储介质中可无限次访问，而数据流按照一定序列顺序到达，一般只读取一次，因此实时性要求较高；

(3) 传统数据库中存取的数据可实施深度挖掘分析工作，如统计、计算使用频率等，而数据流中的数据由于有序到达，所以通常只能得到部分数据，对存储要求及处理要求进一步提高。

由上可知，数据流是由动态的、连续的、有序且快速流动的数据元素组成的近似无限的一组数据。假设有数据流 $S=(s_{i1},s_{i2},\cdots,s_{in})(1\leqslant i\leqslant n)$，在初始时刻，用向量 α 表示的数据流为 0 向量；在时间 t 时刻有 $\alpha(t)\leqslant\alpha_1(t),\cdots,\alpha_i(t),\cdots,\alpha_n(t)$；当时间更新到达 ct 时刻时，则有 $\alpha_i(t)=\alpha_i(t-1)+\mathrm{ct}$，此时的查询产生于 $\alpha(t)$。

10.5.1　按时序划分的模型

为了有效提取数据流，通常将到达的数据流建立提取模型，在提取时需要考虑的问题是哪部分数据流应包含在计算范围之内，常见的数据流模型有三种[23]：滑动窗口模型、界标模型、快照模型。

(1) 滑动窗口模型：N-δ 滑动窗口模型是指在对多维数据流聚类处理过程中，滑动窗口大小 N 随定义参数 δ 不同可以改变，即在时间间隔 Δt 内，在内存中对应每个时标值上处理数据的数目可以改变，使其更为灵活。

(2) 界标模型：也称 n-of-N 模型，用于计算最近的 n 个($0<n\leqslant N$)数据，这种模型建立在滑动窗口模型的基础之上，比滑动窗口模型更为灵活，其中 $n\leqslant N$ 是可以随查询要求变化的。而在滑动窗口模型中，$n=N$ 是固定不变的。它处理从一个初始时刻至设定的时刻段内的数据项，在界标模型中计算的数据是所有包含的数据，对其操作只允许对数据实施插入操作，常用于创建数据流概要数据结构。

(3) 快照模型：是数据流最早和普遍使用的模型。它适合于数据流速较均匀地到达，模型的效率与限定的时间戳、数据量大小变化的频率息息相关，快速的变化容易导致快照模型效率迅速下降。

10.5.2　按数据属性划分的模型

按照数据流中数据本身属性特点，可将常见模型分为以下三种[23]。

(1) 时间序列模型：数据按照其属性作为信号传入，实际上就是按照时间的顺序到达。数据流 S 中的数据项 s_{in} 为独立的信息，当 i 项在 t 时刻的更新为(t,ct)，此时对 α 的更新操作为 $\alpha_t(t)=\text{ct}$，且对于 $i.=.t$，$\alpha_i.(t)=\alpha_i.(t.1)$。这种模型适用于时序数据，如某特定 IP 的传出数据或股票的定期更新数据等，也用于对某属性值进行聚类、分类等。

(2) 收款机模型：也可以理解为一种递增模型，在这种模型中，$\text{ct}\geqslant 0$，表示对于所有的 i 和 t，$\alpha_i(t)$ 总是不小于零，而且是递增的。数据流频繁模式挖掘算法常用这种模型，也类似于收款机，由此得名收款机模型。其只允许插入数据项，可用于计算各个 IP 的网络传输量、手机用户通话时长的监控等。

(3) 十字转门模型：同一属性的数据相加，数据为正或负。这种模型的功能就像酒店门口的十字转门，可以用来计算有多少人到达和离开，从而得出酒店中的人数。因此，十字转门是一种通用模型，但也较难处理，在数据流频繁模式挖掘算法中插入与删除也应用这种模型。

10.5.3　GEP 概述

GEP[24] 使用简单的编码来解决复杂的问题，其一是因为融合了 GA 的染色体表达方式以及基因编程(gene programming,GP)的非线性解析树方法；其二是用 GEP 表达的染色体在进化遗传中不会产生死基因现象，大大提高了进化效率。基因表达式编程的主要部分有编码结构、遗传操作、适应度函数求解。下面对各部分进行简要介绍。

1. 编码结构

构成 GEP 的基本单位是染色体(chromosome),而染色体由携带遗传信息的基因(gene)构成,基因由头(head)和尾(tail)两部分组成,头部包含变量集(varible set)中的变量和终点集(terminal set)中的函数,而尾部只包含变量。头部和尾部的长度具有以下关系:

$$\text{tail}=\text{head}\cdot(n-1)+1$$

式中,n 为基因含有的函数集合中所有函数的最大操作数。令变量集$=\{a,b\}$,函数集$=\{+,-,Q\}$,基因头部长度为 5,n 为 2,则尾部长度为 6,基因总长度为 11,即

0	1	2	3	4	5	6	7	8	9	0
$-$	Q	a	$+$	a	b	b	a	b	b	a

对应的表达式树如图 10.8 所示。

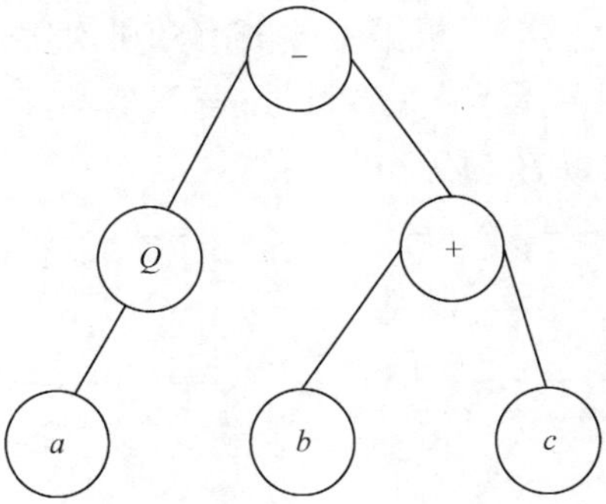

图 10.8　K-表达树

而染色体通常由一个或多个基因相连而成,如下所示,头部长度为 4,尾部长度为 5,总长度则为 9。

基因 1

0	1	2	3	4	5	6	7	8
$+$	$-$	a	b	a	a	b	a	b

基因 2

0	1	2	3	4	5	6	7	8
$*$	b	$+$	$+$	b	b	a	a	b

基因 3

0　1　2　3　4　5　6　7　8
/　b　−　−　b　a　b　b　a

由以上 3 个基因构成一个染色体：

0 1 2 3 4 5 6 7 8 0 1 2 3 4 5 6 7 8 0 1 2 3 4 5 6 7 8
+ − a b a a b a b * b + + b b a a b / b − − b a b b a

在 GEP 的基因中，有一些非编码区的功能是使得 GEP 无论进行哪一种遗传操作都不作任何限制，都能生成正确的程序。但非编码区并不是垃圾区，虽然在当前个体中不表现出来，但可能在其后代表现出来，所以这也是 GEP 比 GP 快的重要原因之一。

2. 遗传操作

(1) 选择算子：采用轮盘赌选择策略，个体适应度越高，则被复制到下一代的概率越大；同时选择精英保留策略，备份当前高适应度的染色体，避免在交叉或变异中破坏。

(2) 变异：在单个染色体上，根据变异概率随机对某位产生新的编码，若变异的位置为基因头部，则可选择所有集合符号；若不是，则只可使用终结集合符号。

如图 10.9 中第 5 位(加粗显示)的变化。

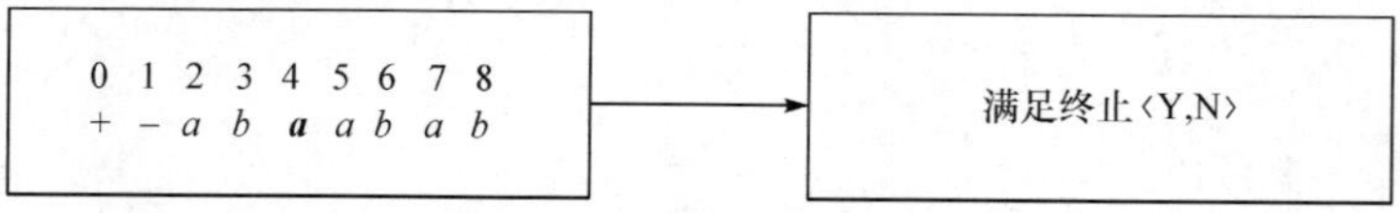

图 10.9　变异操作

(3) 倒串：在染色体的基因头部将编码串对调一下，如图 10.10 所示。

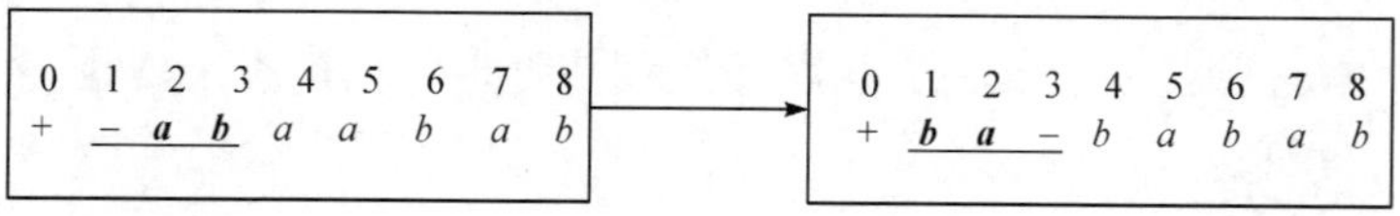

图 10.10　倒串操作

(4) 插串：插串操作是 GEP 所特有的，它在基因中选择任意字串，在除了第一个位置的地方插入，并将其他符号向后顺延，编码超过头部长度的截掉。如图 10.11 所示，6、7 位字串插入头部的第 1 个位置，头部的 3 位字符被截取。

基因重组、单点重组、两点重组和基因变换等操作在此不详细描述，具体过程可参考文献[25]。

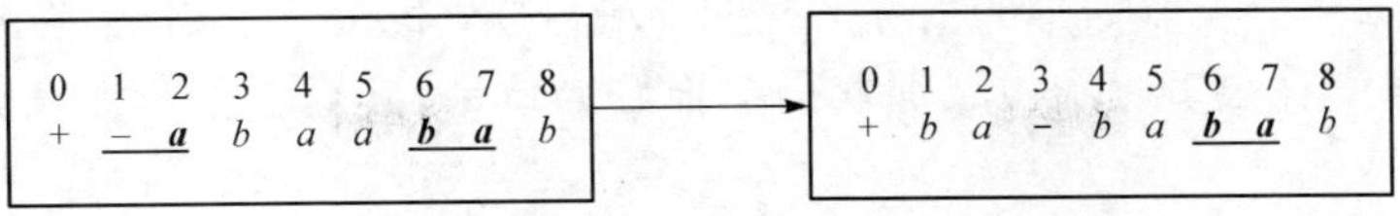

图 10.11 插串操作

3. 适应度函数求解

适应度用于评价染色体的适应环境能力，首先需要对个体编码符号串解码，然后计算对应个体的目标函数值，最后将目标函数值以最优问题按照一定规则转换成个体的适应度函数。常用的适应度函数[24]如下。

(1) 负相关系数法：

$$\text{Fitness}=R^2=1-\frac{\text{SSE}}{\text{SST}} \tag{10.21}$$

$$\text{SSE}=\sum_{j=1}^{m}(y_j-\hat{y}_j)^2 \tag{10.22}$$

$$\text{SST}=\sum_{j=1}^{n}(y_j-\bar{y})^2 \tag{10.23}$$

式中，$\hat{y}_j$ 表示 y_j 的估计值；$\bar{y}$ 表示 y 的平均值；SSE 称为残差平方和；SST 称为总离差平方和。

(2) 相对超链接诱导主题搜索：在进化模型中，偏好对样本的相对误差值小于指定值数量越多越好，为解决这个问题，设计以下适应度函数：

$$f(i,j)=\begin{cases}1, & E_{i,j}\leqslant p\\ 0, & E_{i,j}>p\end{cases} \tag{10.24}$$

式中，$f(i,j)$表示根据第 i 个个体所对应的表达式计算第 j 个样本的适应度值；p 为指定值；$E_{i,j}$为样本 j 由个体 i 所得到的相对误差，计算公式见式(10.25)：

$$E_{i,j}=\left|\frac{P_{i,j}-T_j}{T_j}\times 100\right| \tag{10.25}$$

式中，T_j 表示训练数据的第 j 组。

(3) 绝对超链接诱导主题搜索：在此函数模型中，主体部分同式(10.24)，相对误差部分变为式(10.26)：

$$E_{i,j}=|P_{i,j}-T_j| \tag{10.26}$$

其他适应度函数还有均方差、均方根差、绝对均方根差、相对方差、相对均方根差、R-square 等。针对各种不同类型问题的求解，可选择不同适应度函数或多种函数配合。

10.5.4 GEP 的算法流程

GEP 是一种通用的自适应式随机搜索算法，能够在缺乏先验知识、不了解事物内部机制、只有实验数据的情况下挖掘出较为准确的公式，以其较强的普适性和较高的精确度在很多应用领域都取得了很好的效果，其算法基本流程如图 10.12 所示。

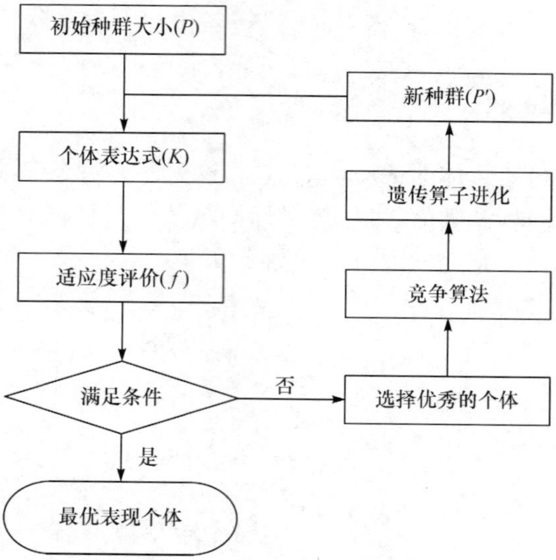

图 10.12 GEP 算法基本流程图

算法步骤描述如下。

第一步：初始化群体 P，并对染色体进行解码，由个体表达式 K 实现。

第二步：对每个个体适应度 f 进行评估。判断是否满足结束条件，结束条件包含达到最大进化代数 Max(iteration)或达到预设精度，若满足则结束，否则继续第三步。

第三步：选择最优个体 $f(\max)$，利用个体选择算法按照一定策略给予保留与淘汰。

第四步：对保留的个体实施遗传算子操作算法，包括前面所述的多种遗传算子，并形成新一代种群 P'。

第五步：转到第二步，将新种群进化寻优。

10.5.5 一种 MSA-GEP 分类并行算法的实现

上面对数据流与 GEP 分别进行了简要概述，下面提出一种通过基因表达式编程表示数据，并使用一定的改造技术，在多核处理器中并行执行验证的算法，主要对多数据流分类的精确度以及耗时进行分析。

在文献[26]中融合 K-最近邻(KNN)分类与 GEP 技术，采用特征自动聚类策略与抽取，提出 GEP 的最近邻距离分类算法——GEP-KNN 算法，利用相似关系与相似矩阵，减少了用于分类的数量，构造新特征使得分类特征维数减少；文献[25]中通过对初始种群优化、增加新的遗传算子以及采用演化策略等一系列操作，提出了一种新的基于GEP的分类规则挖掘算法——IM-GEP算法，其挖掘规则精度比传统挖掘算法效果较优，在噪声数据处理上有待进一步提高；目前，在云计算与物联网的应用研究中，提出对物联网海量数据进行处理的云计算模型[27]，它作为现代科学技术的前沿热点，既有许多为人类带来科技革命的潜在力，也有处在萌芽与成长初期的不成熟性，但其结构框架已经成为行业人员公认的发展趋势，也为本书的研究提供了行之有效的理论与方法。然而，这些分类和处理算法，在多数据流分类的准确率和分类速度上仍存在不足。传统分类算法C4.5不能进行增量学习，需要多次对样本集进行扫描和排序，从而导致算法低效[28]。CART算法采用交叉验证(cross validation)的剪枝方法，容易造成过度拟合；递归计算Gini指数时也受内存大小限制[29]，不适合大规模数据流的分类。

因此，本节使用属性集合作为GEP个体中基因的来源，利用粒度空间知识，求得极小粒度空间来衡量分类的集中程度或层次程度，按照一定规则划分后，将极小空间的属性值加以合并，在分类过程中尽量减少对每一个数据都计算或处理，减少访问CPU的次数，在多核多线程的并行控制下，提高了处理速度，有效地提高了多数据流的分类效果。优化其算法效率后，与传统分类方法进行比较，分析其性能的优缺点。

10.5.6　GEP的分类原理

GEP表示的数据流基因由头部和尾部组成，头部包含函数集和终点集(属性集)，而尾部来自属性集。设某一基因的头部长度为h，操作数为n，则尾部长度$t=h(n-1)+1$。

例10.4　从数据库中读取记录，判别某肿瘤细胞是恶性(用0表示)或良性(用1表示)。

基因编码：设有函数集$F=\{+,-,\times,/,\ln\}$，数据流的属性集由所包含的若干个属性组成，如$T=\{a_1,a_2,a_3,a_4,a_5\}$分别表示肿块厚度、细胞尺寸、细胞形状、正常核仁、无刺激染色质。若$h=7$，则$t=8$，所以基因长度为15，假设其形式如下：

0	1	2	3	4	5	6	7	8	9	0	1	2	3	4
$\times$	$+$	$-$	$/$	ln	$+$	a_1	a_3	a_4	a_4	a_5	a_4	a_1	a_2	a_3

染色体编码：若一条染色体由3个基因组成，则可表示为

$+$	$+$	$-$	ln	$\times$	$-$	a_4	a_2	a_3	a_5	a_1	a_4	a_2	a_5	a_2
$-$	$\times$	$+$	$/$	ln	$+$	a_3	a_5	a_5	a_1	a_2	a_1	a_3	a_1	a_4
$\times$	$/$	ln	$\times$	$+$	$-$	a_1	a_4	a_3	a_2	a_2	a_4	a_2	a_3	a_5

适应度值求解：将分类结果用0(恶性)和1(良性)表示，首先，根据样本训练结

果设置 0/1 舍入阈值 R_t，对个体（染色体）组成的表达式解码，将所得的实数型数转换成 0 或 1；然后，判断个体适应度值击中的次数 fin：

$$\text{if } m>C \text{ then fin}=m \text{ else fin}=0 \tag{10.27}$$

其中，m 为达到适应度样本的个数，C 为多样本类的适应度样本个数。通过的样本数越多，正确度越高。

遗传操作：对个体的进化操作中，有选择、变异、倒串、插串、根插串、基因重组、单点重组、两点重组和基因变换等，详解可参见文献[24]。

多分类问题是将模型转换成多次二分类问题：

$$\begin{gathered} C_1 \text{ versus NOT } C_1 \\ C_2 \text{ versus NOT } C_2 \\ \vdots \\ C_n \text{ versus NOT } C_n \end{gathered}$$

10.5.7 引入粒度分析的属性合并

对于快速流入的数据流，若全部进行处理，将给模型带来很大的压力，并对设备提出了更高的要求。因此，本节引入粒度空间计算知识，对同类型的数据流可以适当地进行处理，以减少对实时性的高要求，但又需要充分考虑分类的结果是否满足需求。本节首先对属性特点进行分析，并加以改进，提出基于粒度空间合并相似属性的分析框架，并通过仿真数据检验模型。

粒度计算作为信息处理的一种计算范式，是人工智能领域的重要工具，它可以用于降低计算复杂度，由于 GEP 求得的表达式具有一定的高阶计算，因此使用粒度计算可使非多项式难题得到有效解决[30]。

若将数据流实施分类比作一个知识系统，那么具有以下定义。

定义 10.9 设有知识系统 $\langle K,A\rangle$，K 表示论域，A 为论域所包含的属性集合。

定义 10.10 用四元组 (K,F,D,T) 描述粒度计算模型[31]，知识函数 $F:K\to D$ 表示论域上元素的属性，D 表示一般集合或维数空间；T 表示论域结构及各元素之间的关系。

定义 10.11 设在论域 K 上有子集 B，使用知识函数 F_z 构造一个等价关系 $R=\{\langle z',\dot{z}\rangle \mid F_z(z')=F_z(\dot{z}),z',\dot{z}\in K\}$，对子集 B 划分的等价关系粒度空间(granular space)记作 GFB；当 $B=A$ 时，粒度关系表示为基本元。

定义 10.12 若 $\text{GS\_Set}=\{G_1,G_2,\cdots,G_k\}$ 包含一个知识系统的所有粒度空间，对于任意的 $G\in\text{GS\_Set}$，不存在 $G'\in\text{GS\_Set}$，并满足 $G\subset G'$，称 GS_Set 为极小粒度集。

假设将一组待分类的数据当做一个问题论域 K，所有属性可以单独作为一个粒度空间，不考虑目标概念的外延。当前数据集合作为训练样本，将其所包含知识逐步近似为粒度空间；然后通过引入新论域知识，依照训练得到的模型进行粒度计算，过程如图 10.13 所示。

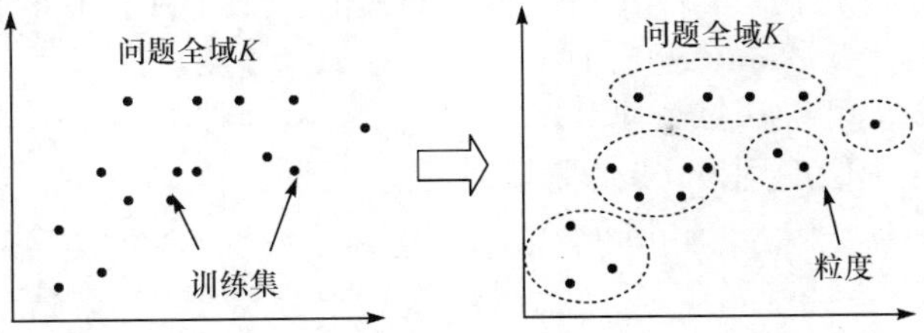

图 10.13　粒度计算空间划分

图 10.13 描述了由给定训练集数据建立目标概念，在实现时从样本数据集中通过粒度的搜索，由全粒度空间的粒度计算转化为在一定范围形成近似粒度的目标概念的计算。粒度越大，分支越少，即越具有较简单的规则或判别形式，越具有较强的可理解性，这种模式越容易导致精度低，也越容易造成以偏概全的表示形式。但粒度太小又会使规则的划分复杂化，实际操作时需要限定误差范围，允许近似粒度表示计算结果。在此基础上，若加入新的属性集合 D，构成新的知识系统 $\langle K,A\cup D\rangle$，$\langle K,D\rangle$ 中概念是目标概念，那么知识发现的任务是从 $\langle K,A\rangle$ 中寻找概念之间的关联，若给定一定的粒度计算范围（或规则），则 $\langle K,D\rangle$ 的粒度计算依照前面 $\langle K,A\rangle$ 的发现模型进行，并最终得到近似粒度空间模型，如图 10.14 所示。

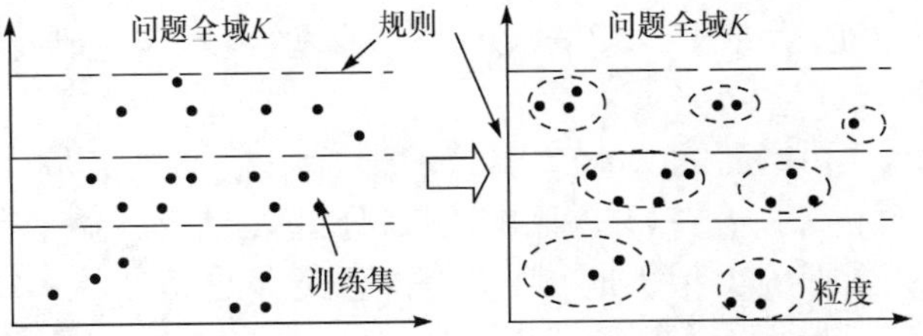

图 10.14　目标规则的近似粒度形成

接下来的工作是对相似属性进行合并操作，设某一属性 A 将属性样本集合 se 划分为 i 个子集 $\{\mathrm{se}_1,\mathrm{se}_2,\cdots,\mathrm{se}_i\}$，其属性 A 的取值有 $\{x_1,x_2,\cdots,x_i\}$，且 A_j 是含有符合 se 划分的 x_j 样本，求解 A 子集的熵：

$$E(A)=\sum_{j=1}^{i}\frac{\mathrm{se}_{1j}+\mathrm{se}_{2j}+\cdots+\mathrm{se}_{mj}}{\mathrm{se}}I(\mathrm{se}_{1j},\mathrm{se}_{1j},\cdots,\mathrm{se}_{mj}) \tag{10.28}$$

式中，m 为具有的类别样本数据集数量；x_i 为类 $c_k(k=1,2,\cdots,m)$ 的样本数；$I(\mathrm{se}_{1j},\mathrm{se}_{1j},\cdots,\mathrm{se}_{mj})=\sum_{k}^{m}p_{kj}\log_2 p_{kj}$ 为期望信息，$p_{kj}=\mathrm{se}_{kj}/|\mathrm{se}_j|$ 是 se_j 样本属于类 c_k 的概率。令

$$w_j = \frac{se_{1j} + se_{2j} + \cdots + se_{mj}}{se}$$

部分作为下一步第 j 个子集合并相似属性的权值。属性 A 的信息增益为

$$\mathrm{Gain}(A) = I(se_1, se_2, \cdots, se_m) - E(A) \tag{10.29}$$

通过上述步骤可得到每个属性的信息增益，属性权值用 $w_{\mathrm{att\_}k}$ 表示，两个属性值 A_i、B_j 之间的相似度用 $\mathrm{Simliar}(A_i, B_j)$ 表示，则

$$\mathrm{Similar}(A_i, B_j) = w_1 \cdot \mathrm{Similar}(A_{i\_\mathrm{name}}, B_{j\_\mathrm{name}}) + w_2 \cdot \mathrm{Similar}(A_{i\_\mathrm{type}}, B_{j\_\mathrm{type}}) \tag{10.30}$$

式中，$\mathrm{Similar}(A_{i\_\mathrm{name}}, B_{j\_\mathrm{name}})$ 与 $\mathrm{Similar}(A_{i\_\mathrm{type}}, B_{j\_\mathrm{type}})$ 分别表示 A、B 属性的概念相似度、类型相似度，具体可参见文献[32]。计算属性 A、B 的相似度为

$$\mathrm{Similar}(A, B) = \frac{\sum_{k=1}^{m} w_{\mathrm{att\_}k} \mathrm{Smiliar}(A_i, B_j)}{\sum_{k=1}^{m} w_{\mathrm{att\_}k}} \tag{10.31}$$

10.5.8　MSA-GEP 串行算法

通过对数据流属性进行粒度分析，以极小粒度集 GS_Set 为参考依据，对数据属性实施合并操作，基于 GEP 的相似属性合并[33] (merger similar attribute-GEP, MSA-GEP)算法步骤描述如下。

第一步：CPU 获取待分类的数据源。

第二步：构建知识系统〈K,A〉，按照水平(或垂直)划分规则，利用知识函数 F_z 求解极小粒度空间 GS_Set。

第三步：对属性相似度 Similar(attribute)进行计算，分析各属性之间相似程度，将相似度接近的属性加以合并，在不影响决策(分类)的前提下，减少对属性的操作。

第四步：根据数据的类型不同，判断是否已经存在相应的 GEP 分类器，若存在，则继续执行第五步；否则，转第三步。

第五步：建立新的分类器，反馈至总分类器集合。

第六步：对当前数据流数据采用 GEP 方式构造，解码后通过分类器实施进化操作。

第七步：使用 GEP 分类器实施数据流的分类，并返回分类结果。

串行算法的时间复杂度主要受粒度空间计算与 GEP 个体进化的影响，粒度空间计算时间复杂度为 $O(n)$，多条数据流整体计算，最坏的复杂度为 $O(n^3)$；GEP 算法中需要计算个体适应度值，种群计算复杂度为 $O(k \times n)$，在最坏的情况下，进化 m 代，故其最坏复杂度为 $O(m \times n \times k)$。

10.5.9　GEP 的并行结构选取

由 GEP 的算法流程可知，在算法实现遗传进化过程中，有多个步骤可使用并

行结构来实现操作，下面是 GEP 的几种并行结构：

(1) 全局型(主从式)。以单一的种群为目标，个体的选择和遗传均以整个种群来考虑；而每个个体适应度值的评价分布到不同处理器上进行。通常个体适应度值的计算是最费时的部分，它和并行 GA 与串行 GA 差不多，其特点是易于实现，易提高运算速度。

(2) 独立型(粗粒度型)。它将整个种群划分为多个子群，并分配到各个对应的处理器。各处理器上子群独立演化，偶尔交换个体，以满足加快终止条件的要求，这种现象称为迁移。对于迁移策略，设第 k 个进程所拥有的种群质量 $q(k)$ 的评估表达式为

$$q(k)=\frac{\frac{1}{n}\sum_{i=1}^{n}F_{k,i}}{\frac{1}{n}m\sum_{i=1}^{m}\sum_{j=1}^{n}F_{i,j}} \tag{10.32}$$

即 k 个种群的质量等于它所有个体的均值与进程组内所有个体的平均值之比。若某个进程的质量低于阈值 q_s 或者进程的当前最优解连续若干代都得不到改进，则说明种群出现早熟现象[33]，该进程需要从其他进程中引入新的基因信息。与串行 GA 相比，粗粒度并行 GA 个体的操作限制在子种群内，原理简单且易于实现。

(3) 分散型(细粒度型)。只有一个种群，种群中的每个个体都被分配一个处理器。个体的适应度由各自的处理器完成，而遗传操作仅在与之相邻的一个处理器间相互传递的个体中进行。

在实现并行计算时，任务的划分与求解问题的规模及处理器个数密切相关，因为数据流是以单层在处理器上分解，许多问题可以划分成多个计算任务在具有多个处理器的并行系统中并行计算，但是当所划分的各并行任务之间存在制约关系时，在并行处理机上如何调度这些计算任务就成为一个十分复杂的问题。并行任务的动态调度是指在任务的执行期间调度任务，所以动态的计算任务调度策略可以减缓静态方式下由计算任务执行时间可变性造成的处理机性能下降。

因此，为提高种群进化效率并防止群体出现局部收敛过快、陷入早熟的现象，本算法以粗粒度型并行结构为主、细粒度型并行结构为辅，当子种群最优时进行交换，以达到性能与速度的平衡。

10.5.10　MSA-GEP 并行算法

综合所述，使用粒度空间计算、相似度计算，实施属性合并机制，在多核多线程平台下，利用 Fork-Join 模型，提出并行 MSA-GEP 分类算法，其处理器对数据流的分类过程如图 10.15 所示。

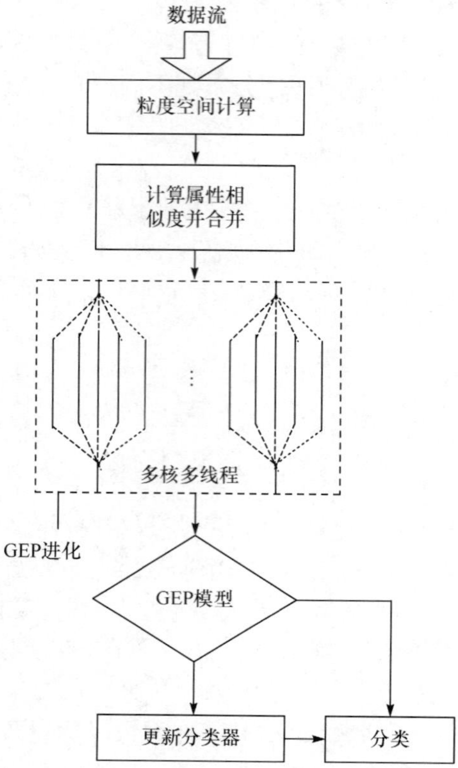

图 10.15　MSA-GEP 分类过程

其实现步骤描述如下。

第一步：多核 PC 的 CPU 获取待分类的数据源。

第二步：各 CPU 对接收的数据源构建知识系统〈K,A〉，按照水平（或垂直）划分规则，利用知识函数 F_z 分别对接收的数据流求解极小粒度空间 GS_Set。

第三步：计算属性的增益信息、相似度 Similar(attribute)，分析各属性之间的相似程度，将相似度接近的属性加以合并，在不影响决策（分类）的前提下，减少对属性的操作。

第四步：根据数据不同类型，由各处理器分解任务至各个线程，实施粗粒度型 GEP 进化，处理器之间独立进行子种群的演化，偶尔进行细粒度型的个体评估交换。同串行算法类似，对数据源判断是否已经存在相应的 GEP 分类器，若存在，则转第六步；若不存在，在执行第五步更新操作。

第五步：建立新的分类器，反馈至总分类器集合。

第六步：对当前数据流采用 GEP 编码方式构造，各处理器的 GEP 解码后通过分类器实施进化操作。

第七步：使用 GEP 分类器实施数据流的分类，并返回分类结果。

其算法描述过程如下：

```
void main()
{
    Calculate Min(Granular Space_A);//属性粒度空间计算
    Calculate Similar(Attribute);//计算属性相似度
    Merger_Similar(A);//合并相似属性
    Fork-Join_pro(i=0;i<thread_nums;i++)
    {
        GepInitialize(gep,size);//初始化种群及参数设置
        setFunctionSet(String setFun);//函数设置
        Calculate fitness();//适应度值计算
        GepMutationOperator();//各遗传操作
        {
            Mutation();/*变异*/
            Onepointcrossver();/*单点重组*/
            Rootinsert();/*根插串*/
            …
        }
     getbestChromosome();//得到最优个体
     }
}
```

对数据流属性粒度进行并行计算，其时间复杂度理论上为 $O(\log_2 n)$，计算多条类型相同的数据流时，逻辑上的并行时间复杂度最优可达 $O(1)$，所以综合上述内容，粒度计算部分的时间复杂度为 $O(\log_2 n)$；串行 MSA-GEP 以及并行 MSA-GEP 算法理论上最坏的情况与 GEP 相同，个体选择进化由分类器提出方案，记忆优秀分类方案，所以一般时间复杂度为 $O(m\times n\times \log_2 k)$。

10.5.11　实验结果与分析

1. 实验结果

实验的硬件环境：CPU 为 Intel 酷睿 2 四核 Q6600 处理器，内存为 1GB。软件环境：Microsoft Windows XP，Visual Studio 2005（OpenMP）[37]。GEP 的实验数据参数如表 10.5 所示。

表 10.5　GEP 算法参数表

参数	取值	参数	取值
进化代数	1000	单点重组概率	0.3
头部长度	7	基因重组概率	0.1
集合符	{+,-,×,/,ln}	RIS 插串概率	0.1
变异概率	0.044	两点重组概率	0.3
倒串概率	0.1	基因变换概率	0.1

实验数据引用美国加利福尼亚大学机器学习知识库(UCI)中的分类数据集，每类算法运行 10 次取平均值。

实验一：准确度实验。传统算法在单核模式下仿真实验，并行算法分别在双核与四核处理器模式下仿真实验，其结果如表 10.6 所示。

表 10.6　准确度及粒度数结果

数据集	样本数	C4.5	CART	GEP	MSA-GEP	粒度数
Breast	8100	93.8%	92.5%	97.2%	99.8%	8
Iris	2090	88.5%	88.1%	96.5%	99.2%	5
Bupa	4200	89.6%	90.8%	96.0%	100%	9
Lymph	1900	79.8%	89.5%	95.1%	100%	6
Diabetes	7900	80.0%	79.4%	94.7%	99.8%	6

由于串行算法的准确度与并行算法非常接近，因此未列举出来，用 MSA-GEP 表示。从表 10.6 中可以看出，MSA-GEP 算法的分类结果要优于传统算法，对数据集 Lymph 的分类正确率比 C4.5 提高约 20%。由于传统分类算法 C4.5 扫描与排序样本过程开销较大，因此不利于多数据流处理；CART 算法在对数据流的分类时依赖于内存中存储的数据多少，分类能力受限。MSA-GEP 算法计算出各数据集的粒度数，有助于分析相似属性近似粒度，也能得到全部正确的分类，有效提高了分类的准确度。

实验二：运行时间实验。实验环境同实验一，其用时对比如图 10.16 所示。

2. 结果分析

由图 10.16 可知，传统算法 C4.5、CART 的运行时间最长，GEP 算法与串行 MSA-GEP 算法对 Breast 数据集的分类时间都接近 3s；当 Lymph 数据集较少时，各算法的时间都比较接近 2s；串行 MSA-GEP 算法比 C4.5 降低 40%～60%，比 CART 降低 30%～60%；并行 MSA-GEP 算法对 UCI 数据集的分类保持在 1.8s 以下，较串行 MSA-GEP 算法有 15%～30%的提高。

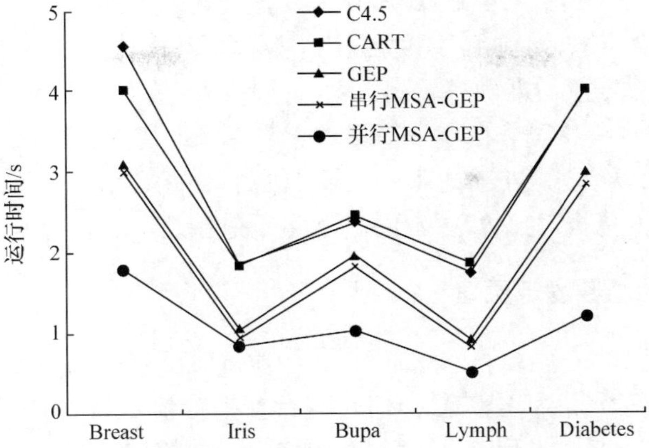

图 10.16　算法运行时间对比图

另外，并行 MSA-GEP 算法在运行时间上体现出复杂度的降低，传统分类算法 C4.5 与 CART 的时间的复杂度为 $O(dmn^2)$ [34]，其中 d 为常数，可以表示为 $O(mn^2)$，所以并行结构在分解任务上的时间复杂度是有效的。

10.6　基于 GEP 的多数据流压缩并行算法

10.5 节主要分析了 GEP 对数据流的分类过程，对提出的基于 GEP 的数据流分类并行算法与传统算法进行了对比分析。本节主要研究多数据流的压缩，针对数据流海量的特性，需要大量的存储空间才能满足业务与应用需求。因此，利用 GEP 的函数挖掘与一种滑动机制的控制，提出基于 GEP 的多数据流压缩并行算法。

信息论之父香农指出，任何信息都存在冗余，其提出了计算信息熵的表达式，为数据压缩算法提供了理论基础。1948 年，香农提出了香农编码，揭示了变长编码的基本规律；1952 年，霍夫曼提出了霍夫曼编码，其编码效率、运算速度都具有高性能，易于实现，因此至今都有广泛应用；后来基于字典技术以及沿用信息熵规律而诞生的 LZ 系列算法、压缩工具软件迅猛增长，为压缩标准提供了参考[35]。现代压缩技术主要用于图像压缩、音频压缩、视频压缩等以多媒体为对象的应用中，其压缩技术得到了前所未有的发展，直到现在，压缩技术仍是人们研究的重点。

文献[36]中分析了小波理论，提出了基于小波变换的数据压缩方法，对流数据实施预处理、行列处理以及压缩编码，将流数据分解为不同空间方向与不同分辨率的子矩阵，然后将其转换为低频矩阵，取得压缩效果；文献[37]分析了 Haar 小波变换，将其应用于数据流压缩，采用多尺度能量分解模型、多尺度重构算法，提出了基于数据流耦合特征与小波能量分解的压缩方法，较传统小波压缩方法性能提高

2～4 倍。文献[38]提出了运用 GEP 的函数发现来对数据进行压缩的方法，利用 GEP 的无须先验知识、无须预存模型提出 DEF-GEP 算法，其比传统小波变换方法有效数倍，重构数据流后准确率较高。但上述模型与方法还是基于串行结构，并行的研究还较少。因此，本节在作者提出的 PFR-GEP 基础上，分析 GEP 的函数发现模型并对其加以改进，结合阈值滑动窗口机制，在并行结构上实现对多数据流的压缩，并通过实验分析对比算法的压缩比、运行效率。

10.6.1　GEP 的函数发现原理

当有数据流 $S=(s_{i1},s_{i2},\cdots,s_{in})(1\leqslant i\leqslant n)$时，对已有的数据元素 $x_1,x_2,\cdots,x_m$ $(m=1,2,\cdots,n$，其中 n 为正整数，$m\leqslant n)$进行模拟推演，求得的函数或表达式用 $f(x_{mn})$来表示，称为函数发现[39]，在 GEP 中称为函数挖掘，它的一般步骤如下：

(1) 针对一组给定的数据，通过建立函数的模型，使用变量以及数学符号，估计未知数据的趋势；

(2) 通过一定的迭代次数，以及表达式的计算，增加或减少变量、符号的使用，得到最接近目标值的数学表达式；

(3) 使用检验模型及数据对函数挖掘模型实施评估与检验，论证其性能；

(4) 用于预测、挖掘潜在函数。

下面通过实例说明 GEP 对一元函数的挖掘，由函数 $f(a)=2a^2+3a-1$ 计算得到表 10.7 中的数据。

表 10.7　函数挖掘数据

a	$f(a)$
3.121	27.84428
6.3283	98.07966
−3.968	18.58605
2.582	20.07945
13.055	379.0311
−8.504	118.124
−12.338	266.4385

第一步：函数集取{+，−，×，/}，终结符集取{a}。

第二步：设定基因头部长度为 7，则基因长度为 15，一个染色体包含 3 个基因，则染色体长度为 45，子树使用“+”连接。

第三步：选择适应度函数 $f_i=\sum_{j=1}^{n}(R-|P_{i,j}-T_j|)$，其中 R 是设定范围(本

例取 $R=100$,保留两位有效小数),$P_{i,j}$是个体 i 在样本 j 上的拟合值,T_j 是样本 j 的真实值。

第四步:遗传算子进化概率设置同表 10.5 参数。

最终通过演化计算,挖掘原函数的表达式 $f(a)$,具体过程参见文献[24]。

10.6.2　引入两种协调机制

随着数据流上新数据的到来,滑动窗口不断更新,滑动窗口处理数据技术在网络中应用广泛,对数据流有较好的控制,在数据流到达的时间内如何快速利用窗口机制对数据流操作是一个必不可少的过程。本节首先使用阈值滑动窗口机制提取数据;然后采用指数直方图技术校验数据结构,以使其满足 GEP 压缩条件。

1. 阈值滑动窗口机制

基于滑动窗口的连续查询处理算法已有一些研究成果,如杨文等[40,41]提出了滑动窗口连接的实现算法,以及数据流上多路滑动窗口连接的处理方法等。张燕平等[42]在聚集操作方面将滑动窗口作为基本窗口,在有限内存内可以使用窗口聚类计算得到。滑动窗口简单表示如图 10.17 所示,它的原理是数组的循环操作,按照一定步长和顺序移动与迭代所含元素的数据集。设平面中 x 轴为初始线,y 轴为阈值,如图 10.17 所示,令 $y=0$ 为基线,以 1 为单位,采用倍增法(doubling),即初始区间为 $-1<y<1$,下一区间为 $1<y<2$(或 $-2<y<-1$);再下一区间为 $2<y<4$(或 $-4<y<-2$),依此类推。那么,根据阈值区间将数据分为 8 段(根据阈值区间而变化)。

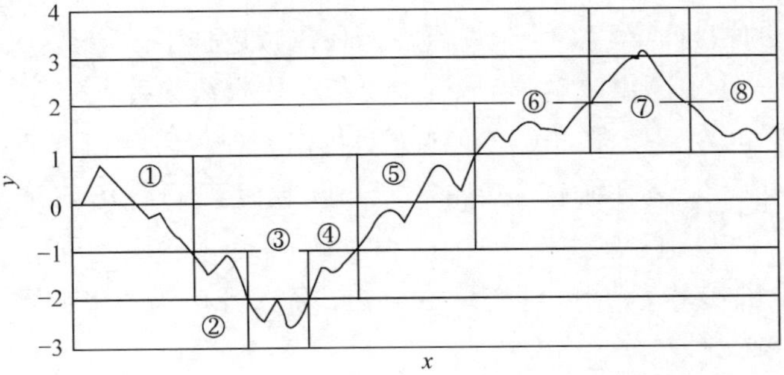

图 10.17　阈值滑动机制

实验效果表明,其模型对于噪声数据的处理具有局限性,波动较大的数据易产生过多的数据段,加重模型分析负担,因此需要加以改进。在此,利用直方图技术对数据流实施简单聚类操作。

2. 指数直方图技术

为解决滑动分段问题，本节利用指数直方图技术进行聚类提取，加快分段机制对数据流的提取。指数直方图[43]是一种生成概要数据结构的技术，在滑动窗口模型中也有广泛应用，它将到达的数据元素依模型进行划分，虽然尚未达到成熟的技术，但在应用中具有提高划分效率的作用，适用于本模型。

假设滑动窗口中一组 d 维数据流元组$\{S_{i1},S_{i2},\cdots,S_{in}\}$的到达时序由$\{T_{i1},T_{i2},\cdots,T_{in}\}$表示，依阈值聚类特征(YCF)得到数据元组

$$(\mathrm{CF}^2,\mathrm{CF}^1,t,\hat{t})$$

式中，CF^2表示各元组的平方和 $\sum_{j=1}^{n}(\vec{S}_{ij})^2$；$\mathrm{CF}^1$ 表示各元组之和 $\sum_{j=1}^{n}(S_{ij})$；t 表示阈值聚类特征中当前最近的时序；$\hat{t}$ 表示即将滑过元组到达时的时间均值。

当 $j<k(j,k=1,2,\cdots,n)$ 时，将数据元组以 $T_{ij}<T_{ik}$ 为界分成簇的形式，用 $F_1,F_2,\cdots,$表示，并满足以下条件[43]：

(1) $i<j$ 时，簇 F_i 的元组比 F_j 的元组先到达；

(2) $\mathrm{YCF}(F_i)$的 t 项表示当前时序；

(3) $\mathrm{YCF}(F_i)$中 $\hat{t}$ 项被定义为即将离开时序模型的元组

$$\hat{t}=\frac{\sqrt{(T_1-T)^2+\cdots+(T_i-T)^2}}{i}$$

在硬件实现中对循环进行一定的限制，条件如下：

(1) 循环计数仅在循环执行过程中改变；

(2) 循环的增量 $\Delta\varepsilon$ 和循环边界值在循环执行过程中固定；

(3) 窗口大小由阈值决定，与窗口位置和迭代次数无关[44]。

由上述可知，在阈值滑动窗口机制下对数据流处理后，由于对连续数据进行了细化分段，这样可以提高函数发现的精度，函数发现问题可归结为一个最优化问题[45]。

设 x 为 m 维变量，y 为一维变量，$A=(X,Y)_{(m+1)\times n}$为关于变量 x,y 的一组观测数据，其观测样本数为 n。其中

$$A=(x_{ij})_{m\times n},\quad Y=(y_i)_{1\times n},\quad i=1,2,\cdots,m;j=1,2,\cdots,n$$

设 S 为定义在 R^m 上的函数集合，则函数发现问题就是求

$$f(x)=\min_{F\in S}\left\{\sum_{i=1}^{n}\mid F(x_i)-y_i\mid\right\}$$

那么，对于一段相近的数据段，用函数发现挖掘出其替代函数后，实现从数据到函数的转换。

10.6.3　串行 FR-GEP 算法

将上述介绍的两种机制引入 GEP 对流数据进行压缩，根据 GEP 的函数发现原理，提出函数替代(function replace)的压缩算法，下面是基于 GEP 的函数替代压缩算法 FR-GEP 的描述。

算法 10.4　基于 GEP 的函数替代压缩算法 FR-GEP

```
输入:数据流 S。
输出:数据流段 Sn 对应的函数表达式 f(xnp)。
Begin
第一步:数据流 S 读入 CPU。
第二步:数据流 S 流入阈值滑动窗口,映射至各自区间。
第三步:使用指数直方图技术概要生成 p 段数据流。
第四步:for(k=1;k<n;k++)/*将 n 个数据流依次送入*/
        {
            for(s=1;s<p;s++)/*将 p 段数据流送至压缩模型*/
            {
                读入数据流段 Snp,由单处理器一次处理。
                基于基因表达式编程的函数发现,计算得到 f(xnp)。
            }
        }
第五步:for(k=1;k<n;k++)
            对替换后的完整数据流段函数进行输出。
End
```

由上述串行算法的描述可知，算法的复杂度主要集中在阈值滑动窗口机制、对数据流段的压缩操作部分，其中阈值滑动窗口机制的时间复杂度为 $O(n/2)$，空间复杂度为 $O(n)$；而 GEP 部分操作外面的嵌套 for 循环复杂度为 $O(np)$，函数替代部分为 $O(m\times n\times \log_2 k)$，空间复杂度为 $O(np)$。

10.6.4　并行 FR-GEP 算法

在上述串行算法的基础上，本节提出并行 FR-GEP 算法，记多条数据流为 S_n，单条数据流记为 $S_1, S_2, \cdots, S_n$，依次进入主处理器；主处理器运用优化的阈值滑动窗口机制将数据流 S_n 分成若干段 X_{np}，在并行平台下分配到各个从处理器实现函数发现，并返回 X_{np} 对应的函数表达式 $f(X_{np})$，完成压缩存储。基于 GEP 的并行函数替代(parallel function replace-GEP, PFR-GEP)算法框架如图 10.18 所示。

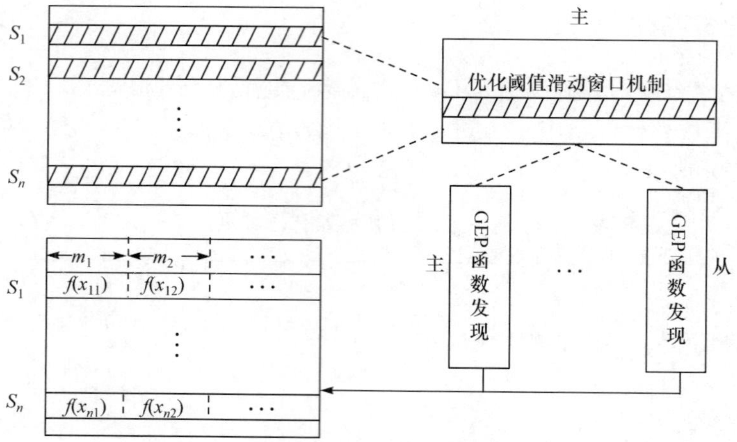

图 10.18　并行函数替代算法模型

在给定的并行环境下，加速比取决于：

(1) 任务是否均衡；

(2) 各处理器之间的同步和通信时间；

(3) 任务处理速度。

设有 p 个处理机，在某一时间步内，有 k 段需要计算，那么在第 i 个处理机上分配的段集为 $R_i=\{k\mid(k \bmod p)=i\}(i=0,\cdots,p-1)$，一般求解加速比为

$$S_p=\frac{T_1}{T_p}=\frac{T_1}{t_{\text{calc}}+t_{\text{comm}}+t_d} \tag{10.33}$$

式中，T_1 表示串行的运行时间；T_p 表示 p 台处理机的运行时间；t_{calc}表示在一个时间步最慢节点机的计算时间；t_{comm}表示处理机之间通信和同步所需时间；t_d表示主处理器和从处理器接收结果数据所需的时间。该算法的主要优点是每一时间步求解发现函数没有处理机之间的通信和同步开销，只有分配到处理器及返回结果所需的时间。其不足是在每一时间步需要计算的段长度不一定相同，容易使处理器的负载不均衡，从而降低加速比，当数据段为 1 时退化为串行方式，此时式(10.33)可变为

$$S_p=\frac{T_1}{T_p}=\frac{\sum\limits_{j=1}^{k}t_j}{\max\limits_{i=0,\cdots,p-1}\left(\sum\limits_{j\in \mathrm{R},j=1,\cdots,k}t_j\right)}+t_d \tag{10.34}$$

式中，t_j 为当前运行的数据流中第 j 段的计算时间，结合阈值滑动窗口技术，使加速比迅速提高。并行 PFR-GEP 算法主要解决速度、精确度、重现准确度等问题，其过程描述如下。

```
输入:数据流 S。
输出:数据流段 Sn 对应的函数表达式 f(xnp)。
Begin
第一步:数据流 S 读入 CPU。
第二步:数据流 S 流入阈值滑动窗口机制,映射至各自区间。
第三步:使用指数直方图技术概要生成 p 段数据流。
第四步:for(k=1;k<n;k++)/*对 n 个数据流依次送入*/
        {
            for(s=1;s<p;s++)/*对 p 段数据流送至各处理器计算*/
            {
                第五步:读入数据流段 Snp,由主处理器分配到各从处理器。
                第六步:基于基因表达式编程的函数发现,计算得到 f(xnp)。
            }
            第七步:for(k=1;k<n;k++)
            第八步:对替换后的完整数据流段函数进行输出。
            }
End
```

并行算法的复杂度同样也由两个重要部分决定:对数据流的处理机制,并行与串行部分相同;但并行部分由各处理器对数据流段并发执行,理论上时间复杂度降低与处理器所处理的流数据段数的数量成反比。按此推理,理论上加速比的提升是由处理器的倍数决定的。

10.6.5 实验结果与分析

实验的硬件环境:4 台 CPU 为 2.5GHz、内存为 256MB 的 PC 机组成的机群。软件环境:Linux 8.0、MPI、C 语言。

实验一:精确度实验

实验参数:

(1) 选用 2010 年下半年神马股份等股票,共 30 条数据流。

(2) 最大代数 2000,基因头部长 7,进化代数 200,其他概率参数如表 10.8 所示。

表 10.8　参数概率设置

遗传算子	概率	遗传算子	概率
变异	0.044	倒串	0.1
IS 插串	0.1	RIS 插串	0.1
单点重组	0.3	两点重组	0.3
基因重组	0.1	基因变换	0.1

(3) GEP 进化时的适应度函数使用复相关系数法

$$\text{Fitness} = R^2 = 1 - \frac{\text{SSE}}{\text{SST}},\quad \text{SSE} = \sum_{j=1}^{m}(y_j - \hat{y}_j)^2,\quad \text{SST} = \sum_{j=1}^{n}(y_j - \bar{y})^2$$

式中，$\hat{y}_j$ 表示 y_j 的估计值；$\bar{y}$ 表示 y 的平均值；SSE 称为残差平方和；SST 称为总离差平方和。

(4) 函数模型中的函数集如下。

① 函数集合：{+，−，×，/，ln，sqrt，cos，sin，exp}。

② 终止符集合：$\{x_{n-9+1},\cdots,x\}$。这里仅列举了神马股份 2010 年 11 月部分数据实验结果，如表 10.9 所示。

表 10.9　神马股份原数据及精度比较

日期	原数据	GEP	PFR-GEP	提高精度/%
2010-11-26	11.44	11.70409	11.42362	2.1653
2010-11-25	11.77	11.37351	11.28450	0.7562
2010-11-24	11.34	10.97840	11.12072	1.2550
2010-11-23	11.07	11.30745	11.29443	0.1176
2010-11-22	11.39	10.89459	11.14327	2.1833
2010-11-19	11.26	10.97018	11.67450	1.1073
2010-11-18	11.18	11.32099	11.30454	0.1471
2010-11-17	11.10	11.15188	11.34298	1.7216
2010-11-16	11.67	12.40221	11.77923	5.3383
2010-11-15	12.74	12.24180	11.82398	3.2796
2010-11-12	12.31	12.46679	12.22672	0.5972
2010-11-11	12.60	12.40221	12.47696	0.5933
2010-11-10	12.80	11.95254	12.14052	1.4686

表 10.9 结果表明，优化的 PFR-GEP 算法提高了压缩数据的精确度，更加接近原数据，相比 GEP 在精度上误差更小，优化后的算法在数据接近程度上有靠近趋势，且不受数据流之间是否存在强耦合关系影响，具有普遍性。

实验二：压缩比实验

实验参数：

(1) 选取约 1GB(1048576KB)大小的股票数据；

(2) 小波变换与基于小波和耦合特征的数据源实验平台是其中的一台 PC，其他同实验一，实验结果如图 10.19 所示。

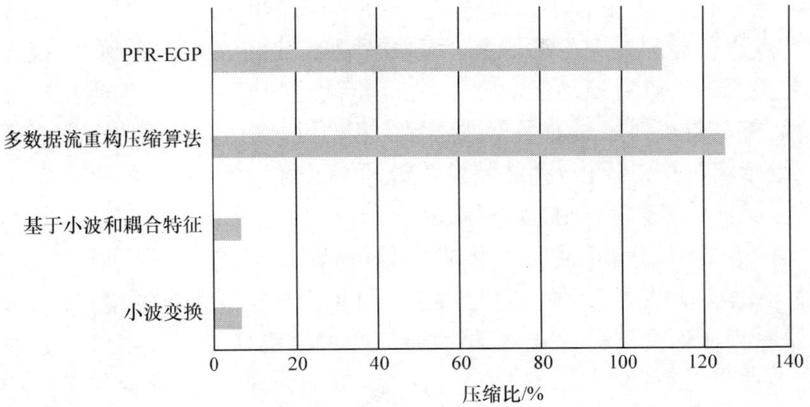

图 10.19　小波变换、基于小波和耦合特征、多数据流重构压缩算法及 PFR-GEP 的压缩比

结果分析：优化的 PFR-GEP 算法压缩后约为 9500KB。采用基于直方图聚类分析的阈值分段机制后，优化 PFR-GEP 算法的压缩比比小波变换(约 916800KB)高 100～135 倍；比基于小波和耦合特征(约 349700KB)高 35～65 倍；多数据流重构压缩算法(约 8500KB)，压缩比例接近 $1/N$，N 表示数据流条数；同样，优化的 PFR-GEP 算法压缩比为 k/N(其中 k 为数据流段数)，故压缩比仍然较接近，优化后的滑动窗口机制使得函数构造更加灵活和准确，在压缩比上有一定的提升。

加速比分析：将算法分别以串行、并行执行时，取实验二所使用的 1GB 大小的数据，运行 10 次取平均值，得串行算法平均耗时为 45.8784s，并行 RF-GEP 算法平均耗时为 28.61971s，加速比 $S_p = T_{串}/T_{并} = 1.6030$，由此可以得出，并行模型在股票数据的压缩上有一定的提升，复杂度也有所降低。

10.7　基于 MSA-GEP 与 PFR-GEP 的多数据流分类压缩

大数据处理技术是信息革命中重要的分水岭，随着物联网技术与云计算技术的广泛应用，传感器数据、视频监控图像资料、射频识别内容等都将产生大量数据，其中对数据分类的方法以决策树、数据库管理系统为基础，在目前的静态存储数据库基础上已经有较成熟的技术与经验，将海量数据按一定的规则得出所属的系列或种类。分类可以解决对目标分析与求解的问题，但数据量大小并未减少，尤其是在硬件容量的需求方面，因此将数据分类与压缩技术进行融合，在满足分类要求的基础上，降低对物理存储空间的要求具有一定的研究价值，对推动高性能、低能耗的社会发展具有重要意义。

分类压缩在通信领域、电子商务领域、证券行业等也具有研究意义与应用价值，实施分类与压缩的融合不仅仅是单分类或单压缩的操作，而是将分类数据按照其属性特点进行分解并做后续压缩，实现成本与效益的最优化。例如，视频监控图像中主要关注的是具有流动性的物体，在一定的时间段内，目标对象呈现出区域性与定向性，按其目标对象具有像素或位置的相似性，图像数量将占据相当部分的空间，因此继续实施压缩操作，存储图像关键区域或像素等特征，解决高需求的存储问题，是分类压缩技术融合的优势体现。

在实际生活中，分类压缩技术给数据分析提供了新途径，例如：

(1) 根据移动电话产生的消费数据单，可将用户按照每日通信费用、每月通信费用以及一年通信费用进行分类，移动通信费用消费高的个人用户一般为商务用户，固定地点产生高费用的一般为商业交流多的区域商户，月平均消费较为均衡且费用不高的可归为普通消费者群体(如学生)。对用户分类后，可按分析要求提取某类用户的通信数据，当数据量非常大时，则需要进行压缩。

(2) 网络上流经的各类数据，如文本、数字、音频、视频等异构信息也是数据流中的主要形态。在进行网络流量分析时，可根据其构成类别将其分类，再将大批量的数据加以压缩保存，也是目前网上信息的一种处理方式。

(3) 对于股民所关注的某个或多个企业的走势，一般看 K 线图就能得到大体的趋势信息，但想要深入研究其内在趋势与影响，需要更详细的数据。因此，对股票信息进行分类后将数据压缩是一种分析数据的有效方法。

10.7.1　基于 GEP 的分类压缩过程设计

1. 相关知识

多数据流：令 t 表示一个时间戳，S_t 表示 t 时刻到达的数据元素，由无限集合 $\{\cdots,S_{t-1},S_t,S_{t+1},\cdots\}$ 组成数据流序列；若 S 由单数据流集合 $\{S_0,S_1,\cdots,S_k,\cdots\}$ 组成，其中 $S_k=\{s_{k1},s_{k2},\cdots,s_{kn},\cdots\}(k,n\in \mathrm{N})$，则称 S 为一个多数据流。

记录集：记录集[46](record set)的应用源于 ADO(active data objects)组件中所提供的一种绑定数据对象，能够提高数据的访问效率。一般地，将数据库用作动态网页的内容源时，首先需要建立一个用于供数据检索或处理的临时对象——记录集，它是连接存储物理数据的数据库与页面响应的应用程序服务器之间的桥梁。记录集相当于临时在应用程序服务器的内存中开辟一段空间提供给用户检索，当不再需要时则清除数据，释放内存空间。

记录集本身是从指定数据库中检索到的数据的集合。它可以包括完整的数据库表,也可以包括表的行和列的子集。这些行和列用于对记录集中定义的数据库查询进行检索。数据库查询是用结构化查询语言(structured query language,SQL)编写的。SQL 是一种简单的、可用来在数据库中检索、添加和删除数据的语言。在 Microsoft ASP. NET 中将记录集称为数据集。若用于 Dreamweaver 的记录集之前,必须先创建数据库链接,并在数据库中输入数据(如果数据库中还没有数据)。

记录集转存:记录集转存[46](record set storage)则是利用其能够迅速提高访问效率而将大量数据字段以记录集形式进行转存。在对数据流的处理中,首先,在取得分类结果的同时必然会有大批量的数据记录,因此使用 ADO 记录集绑定技术,不仅可以省去每次将 ADO 返回的 VARIANT 数据类型转变为 C/C++数据类型带来的麻烦,而且可以大大提高编码的效率。其次,为了区分不同类型数据,构造记录集的属性集也必然是动态更新的,为了满足及时处理数据的后续压缩工作,则将所得到的分类结果转存成为各类记录集形式的集合。

2. 分类压缩过程描述

前面章节中给出了多数据流的分类算法 MAS-GEP 与多数据流的压缩算法 PFR-GEP,这也为进一步展开 GEP 对数据流分类压缩的研究提供了参考方法,图 10.20 是数据流分类压缩的处理流程图,其实现过程主要分为四步。

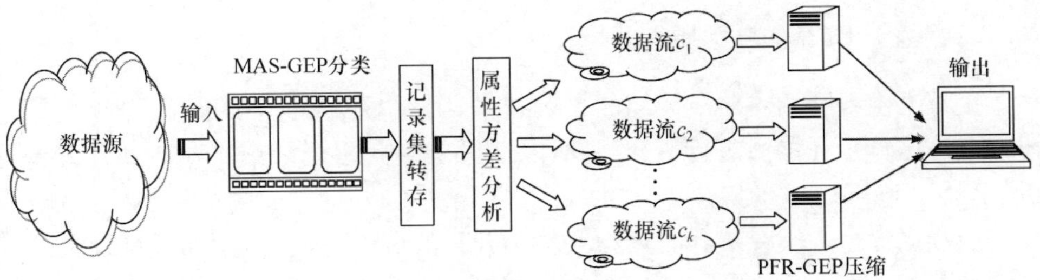

图 10.20　数据流分类压缩的处理流程图

第一步:接收外界产生的大量数据,假设为数据源,那么数据源中将包含各类不同结构的数据流,将其送入 GEP 分类器,利用 MSA-GEP 方法以及并行结构模型将其按类型进行分类,送至下一个处理器,同时其模型可反馈分类性能和效率,以便于对模型进行调整。

第二步:分类器处理的各数据流动态送入记录集转存模型,如图 10.21 所示,其中记录集 1～n 表示由 GEP 分类器所得到的各类型数据流或新到的数据集,aa、bb、cc 表示数据属性。通过记录集的分解后,数据形式得到了统一,但噪声数据或属性水平对下一步的影响较大,因此对记录集的属性进行方差处理。

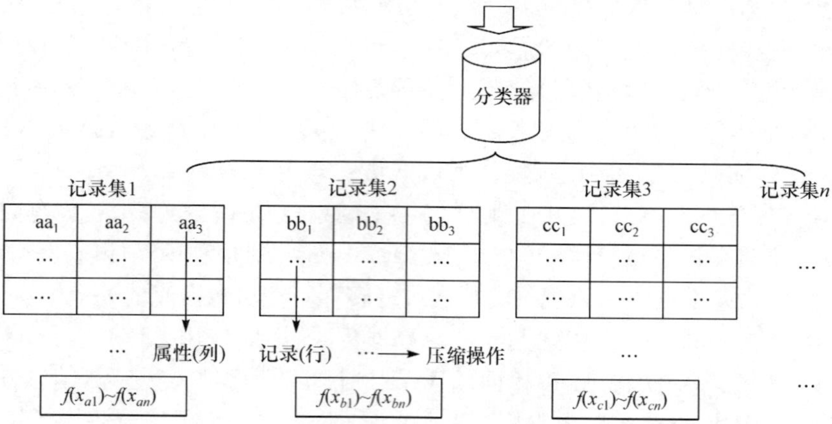

图 10.21　记录集转存图

第三步:针对记录集属性的影响水平,在本节中采用了数学理论中用来分析偏离程度的方差分析方法,对偏离较大的属性根据其重要性程度采取适当的取舍。

第四步:记录集中的数据流经过分析后将形成新的数据流,用数据流 c_{1-k}($k=1,2,\cdots$)表示,这样的数据流具有高度的类型相似性以及偏离程度极小性,正和满足 PFR-GEP 算法所处理的数据特点。因此,最后使用 PFR-GEP 算法对数据流进行压缩处理并输出,至此,数据流的分类压缩主要工作完成。

10.7.2　基于 GEP 的分类压缩并行算法实现

接下来主要介绍本节所使用的关键技术,因为 GEP 的基本原理、分类规则及压缩方法已分别在前面进行了介绍,所以这里重点介绍记录集转存与属性方差分析过程。

当数据流进入转存步骤时,已经过了 GEP 的分类器处理,而通过前面的叙述可知,GEP 的分类特点既是继承遗传算法的分类特征,也具备自身的分类优势,类似的地方在于经由决策树形状转换计算得到阈值,进行判断后划分类型,使得个体评价分类质量的目标函数 f 值取得最大,从而得到分类进化个体,再经过与设定阈值进行比对,得到分类记录,转入对应存储位置。

1. *数据动态转存*

为将上述分析后的分类记录及时地送入压缩模型,作为下一步待压缩数据,可从内存空间中分配部分动态存储空间来实现。在 C++平台下,首先需要接收数据,其创建的数据表信息必须与到达的属性一致,数据在接收时由回调函数完成,但在回调函数中只能使用系统函数 SentMessage(),因此,在接收时使用 SentMessage()函数,再使用自定义函数 Operation_data()完成对数据的存储,使用一个全局变量 Boolean flag(默认值 False)对是否有数据的接收,然后判断是否启用自定义函数;并使用 AddNew()、Update()、Query()、Delete()等函数进行管理,程序概要如下:

```
main()
{
    S_data->AddNew();//添加新记录
    S_data->SetFiled(&S_data->S_column);//设置字段
    …
    S_data->Update();//更新数据
    S_data->Query();//查询数据
    S_data->Delete();//删除数据
}
```

将分类处理后的数据流动态转入记录集之后,被转入的记录集已是不同类型的记录集合,同类型的数据集合虽然具有一定的相似性,但是为了更加适应后续的压缩操作,需要对此时记录集里影响整体水平的属性进行分析和调整。

2. 记录集属性方差分析

方差[47]作为数学领域一个重要概念,对现代科学更是起到了强大的推动作用,它能反映变量取值的聚散程度,即在平均值的水平线上下波动的幅度。因为在接下来的数据流压缩中,GEP 模型对于越接近直线的阈值划分越能体现其优势,所以在此引入方差分布检查,以检验属性对分类结果的影响程度。设属性为 a_1,a_2,…,a_n,在设定的不同条件下用 Level(m)表示,在同条件下用例取 r 次,结果用 y_{i1},y_{i2},…,y_{ir} 表示,其中 $i=1,2,\cdots,m$。同一条件的数据平均值用 $\bar{y}_i$ 表示,总体平均值用 $\bar{y}$ 表示,详细信息见表 10.10。

表 10.10　属性用例表

属性水平	用例	和	平均值
Level(1)	$y_{11},y_{12},\cdots,y_{1r}$	H_1	$\bar{y}_1$
Level(2)	$y_{21},y_{22},\cdots,y_{2r}$	H_2	$\bar{y}_2$
⋮	⋮	⋮	⋮
Level(m)	$y_{m1},y_{m2},\cdots,y_{mr}$	H_m	$\bar{y}_m$

总离差平方和(S_T)是由属性水平差异引起的误差 S_A(组间离差平方和)与随机的误差 S_E(组内离差平方和)共同决定的,针对共 mr 个数据之间的差异,S_T、S_A、S_E 分别为

$$S_T = \sum_{j=1}^{m}\sum_{i=1}^{r} (\bar{y}_{ij} - \bar{y})^2 \tag{10.35}$$

$$S_A = \sum_{j=1}^{m}\sum_{i=1}^{r} (\overline{y}_j - \overline{y})^2 \tag{10.36}$$

$$S_E = \sum_{j=1}^{m}\sum_{i=1}^{r} (\overline{y}_{ij} - \overline{y}_j)^2 \tag{10.37}$$

由以上公式容易得知

$$S_T = S_A + S_E \tag{10.38}$$

为了更好地了解 S_A 与 S_E 所带来的误差，需要分析一个重要的参数——自由度，假设 S_T、S_A、S_E 的自由度用 f_T、f_A、f_E 表示，由式(10.38)可知自由度关系满足

$$f_T = f_A + f_E \tag{10.39}$$

式中，$f_T = mr-1$；$f_A = m-1$；$f_E = m(r-1)$。

证明 由于

$$\begin{aligned} S_E &= \sum_{j=1}^{m}\sum_{i=1}^{r} (\overline{y}_{ij} - \overline{y}_j)^2 \\ &= \sum_{i=1}^{r} (\overline{y}_{i1} - \overline{y}_1)^2 + \sum_{i=1}^{r} (\overline{y}_{i2} - \overline{y}_2)^2 + \cdots + \sum_{i=1}^{r} (\overline{y}_{im} - \overline{y}_m)^2 \end{aligned}$$

又由于

$$\sum_{j=1}^{n} (X_j - \overline{X})^2 = S^2(n-1), \quad \frac{S^2(n-1)}{\sigma^2} \sim \chi^2(n-1)$$

因此

$$\frac{S_E}{\sigma^2} \sim \chi^2(mr-m) = \chi^2 m(r-1)$$

即 S_E 的自由度为 $m(r-1)$。

因为

$$\begin{aligned} S_A &= \sum_{j=1}^{m}\sum_{i=1}^{r} (\overline{y}_j - \overline{y}_j)^2 = (\sqrt{mr}(\overline{y}_1 - \overline{y}))^2 + (\sqrt{mr}(\overline{y}_2 - \overline{y}))^2 \\ &\quad + \cdots + (\sqrt{mr}(\overline{y}_j - \overline{y}))^2 \\ &= mr[(\overline{y}_1 - \overline{y})^2 + (\overline{y}_2 - \overline{y})^2 + \cdots + (\overline{y}_j - \overline{y})] \end{aligned}$$

所以

$$\frac{S_A}{\sigma^2} \sim \chi^2(m-1)$$

即 S_E 的自由度为 $m-1$。

同理可证 S_T 的自由度为 $mr-1$。证毕。

将属性的离差平方和与对应的自由度相除称为 S 均方，记作

$$V_A = \frac{S_A}{f_A}, \quad V_E = \frac{S_E}{f_E}$$

当组间离差平方和 S_A 与组内离差平方和 S_E 差别不大时，认为对属性水平 Level(m)影响不大；若 V_A 相对 V_E 大很多，则认为对属性水平 Level(m)的影响较大。其显著程度可用分布

$$F=\frac{V_A}{V_E}$$

表示。当 $F>F_{1-\alpha}(f_A,f_E)$时，说明属性水平 Level(m)在 α 上是显著的，$F_{1-\alpha}(f_A,f_E)$是自由度 f_A,f_E 关于分位数 $1-\alpha$ 的 F 分布，一般地 $\alpha\sim[0.05,0.1]$。方差分析表见表 10.11，进而分析属性对属性水平的影响程度。

表 10.11　方差分析表

差异变量	离差平方和	自由度	均方	F
属性 A	S_A	$m-1$	$V_A=\frac{S_A}{f_A}$	$F=\frac{V_A}{V_E}$
误差 E	S_E	$m(r-1)$	$V_E=\frac{S_E}{f_E}$	
总计 T	S_T	$mr-1$		

3. 实例分析

为检验属性对类别适应的程度，使数据流在进入压缩步骤之前，得到阈值滑动窗口划分的层次，使用方差分析属性对类别的影响。以文献[48]中的数据为依据进行分析，数据参数如表 10.12 所示。

表 10.12　属性水平分析结果

窗口单元	数据Ⅰ类	数据Ⅱ类	误差	最大误差
1	0.10	0.12	0.02	
2	0.11	0.12	0.01	
3	0.12	0.11	0.01	0.12
4	0.12	0.12	0	
5	0.17	0.18	0.01	
6	0.18	0.19	0.01	
7	0.16	0.18	0.02	
8	0.19	0.22	0.03	
9	0.10	0.13	0.03	

(1) 数据Ⅰ类的和与数据Ⅱ类的和分别为

$$T_1=1.25,\quad T_2=1.37$$

数据总和为

$$T=T_1+T_2=2.62$$

(2) 两类数据平方和为

$$\sum\sum y_{i,j}^2 = 0.4054$$

各类条件下的数据平方和为

$$\sum\sum T_i^{\ 2} = 3.4394$$

(3) 由表 10.12 中数据可知

$m=2, r=9$

$$S_T = \sum_{j=1}^{m}\sum_{i=1}^{r}(\bar{y}_{ij}-\bar{y})^2 = 0.024, \quad f_T = mr-1 = 17$$

$$S_A = \sum_{j=1}^{m}\sum_{i=1}^{r}(\bar{y}_j-\bar{y})^2 = 0.0008, \quad f_A = m-1 = 1$$

$$S_E = \sum_{j=1}^{m}\sum_{i=1}^{r}(\bar{y}_{ij}-\bar{y}_j)^2 = 0.0232, \quad f_E = m(r-1) = 16$$

分析结果如表 10.13 所示。

表 10.13 分析结果

差异变量	离差平方和	自由度	均方	F
属性 A	$S_A=0.0008$	$f_A=1$	$V_A=0.0008$	$F=0.552$
误差 E	$S_E=0.0232$	$f_E=16$	$V_E=0.00145$	
总计 T	$S_T=0.024$	$f_T=17$		

由上述分析可知,单类数据的误差控制在 0～1 范围内,类之间最大误差为 0.12,因此这为阈值滑动窗口的阈值提供了分析条件;当分位数 $\alpha=0.05$ 时,$F_{1-\alpha}=F_{0.95}(1,16)=4.49>F=0.552$,说明各类数据本身无类别影响,对当前 Level(m)的影响不大,属于不显著层次;通过判断 F 与 $F_{1-\alpha}$的差距范围,可以观察到属性在当前集合中的差异程度。

10.7.3 RSS-GEP 串行算法的步骤

将 MSA-GEP 算法与 PFR-GEP 算法加以融合,并结合记录集转存技术将数据流分别存储,采用离散数学中的方差分析检验属性的水平分布情况,提出基于记录集转存的 GEP 对数据流分类压缩串行(record set storage GEP,RSS-GEP)算法,其步骤描述如下。

第一步:按 MSA-GEP 算法的串行分类模型处理分类压缩数据源。

第二步:采用动态存储的调度方法,专门从内存中划分部分空间,利用 Operation_data()函数存储分类后的批量数据。

第三步:各记录组成临时数据表,使用 AddNew()、Update()、Query()、Delete()

等函数进行数据和状态管理。

第四步：取某个记录集中的属性集合为$\{a_1,a_2,\cdots,a_n\}$，在设定的水平条件 Level(m)中，通过抽取 r 次值进行分析。

第五步：分别计算总离差平方和 S_T、组间离差平方和 S_A、组内离差平方和 S_E。

第六步：根据属性水平分析结果，检验属性偏离程度，形成新的数据流。

第七步：采用 FR-GEP 算法的压缩模型，对各数据流实施压缩操作。

第八步：返回数据流的分类压缩结果。

串行算法的时间复杂度由基于 GEP 的分类串行算法与基于 GEP 的压缩串行算法时间复杂度共同决定，其最坏情况能达到 $O(n^3)$；GEP 算法中种群计算复杂度为 $O(k\times n)$，在最坏情况下，进化 m 代，其最坏复杂度为 $O(m\times n\times k)$；由此可知，串行算法在多条数据流不进行分流时，其复杂度很高，因此考虑实施分流操作，降低其复杂度。

10.7.4　RSS-GEP 分类压缩并行算法

经过上述步骤的处理，将分类的数据流继续送入 GEP 压缩模型实施压缩，使用基于 GEP 的多数据流分类、压缩并行算法实现平台，即 MPI＋OpenMP 混合编程模式，提出 RSS-GEP 分类压缩并行算法，利用多核与机群的特点，搭建模型平台，其平台与实现过程描述如下。

MPI 部分：配置 4 台同构 PC 群，将 mpich2-1.0.8 安装或复制到各机器上并配置相同账户 mpi，密码 admin，配置一些必要参数，将代码文件复制到具有足够空间的相同的目录及文件夹下。

OpenMP 部分：在 VS2005 环境下，在 Win32 Console Application 项目中配置“属性页”对话框，在“C/C＋＋”中“语言”项下设置“OpenMP 支持”为“是/(openmp)”，这样即可扩充执行。

在基于任意两个进程进行数据交换的模式下[48]，完成 GEP 进化时种群与个体之间的消息传递，MPI 实现的主要形式如下：

```
# include "mpi.h"
# include <stdio.h>
# include <stdlib.h>
void Record_Set_Storage_GEP(void);
int main(int argc,char * argv[])
{
    int i,namelen,num;
    char processor_name[MPI_MAX_PROCESSOR_NAME];
    MPI_Init(&argc,&argv);
    MPI_Comm_rank(MPI_COMM_WORLD,&i);/ * 得到当前进程标识 * /
```

```
    MPI_Comm_size(MPI_COMM_WORLD,&num);/*得到总的进程数*/
    if(num <2) /*总进程数小于 2 则出错*/
    {
        fprintf(stderr,"system requires at least 2 processes" );
        MPI_Abort(MPI_COMM_WORLD,1);
    }
    MPI_Get_processor_name(processor_name,&namelen);
    fprintf(stderr,"Process % d is alive on % s\n",i,processor_name);
    MPI_Barrier(MPI_COMM_WORLD);/*同步*/
    Record_Set_Storage_GEP( ) ;/*调用记录集转存 GEP*/
    MPI_Finalize();
}
void Record_Set_Storage_GEP( void )
{
    int nproc,i;
    int type= 1,data_size= 10;/*本例中使用的是为 10 个长度的整型数据*/
    int buffer[2],node;
    MPI_Status status;
    MPI_Comm_rank(MPI_COMM_WORLD,&i);
    MPI_Comm_size(MPI_COMM_WORLD,&nproc);
    Attribute_Anova( );/*属性方差分析*/
    Restorage_data( );/*数据动态转存*/
    for(node= 0;node< nproc;node+ + )/*循环对每一个进程进行问候*/
    {
        GEP_Evolution();/*GEP 一系列进化操作*/
        if(node ! = i)/*除自身的通信进程*/
        {
            buffer[0]= i;/*将自身标识放入消息中*/
            buffer[1]= node;/*将被问候的进程标识也放入消息中*/
            MPI_Send(buffer,data_size,MPI_INT,node,type,MPI_
                COMM_WORLD);/*发送数据*/
            MPI_Recv(buffer,data_size,MPI_INT,node,type,MPI_COMM_WORLD,
                &status);/*接收数据*/
            if((buffer[0] ! = node) || (buffer[1] ! = i) ) /*检查发送数据是否
                正确*/
            {
                (void) fprintf(stderr,"Data:% d! = % d or % d! = % d\n",
                    buffer[0],node,buffer[1],i);
```

```
                printf("Mismatch on Data process ids;node= % d\n",node);
            }
        }
    }
}
```

上述过程描述的虽然只是两个进程之间相互传递种群进化参数，但是由各节点各自独立执行的时间复杂度有效降低；并通过 OpenMP 的多核加速处理，理论上的加速比的数量级是串行算法的同构 PC 数量与线程数量的乘积，由加速比的一般公式

$$S_p=\frac{T_1}{T_p}=\frac{T_1}{t_{\text{calc}}+t_{\text{comm}}+t_d}$$

可知，计算时间 t_{calc}、通信时间 t_{comm} 与接收等待时间 t_d 是影响加速比的重要因素，应减少上述因素的耗时，有效提高算法加速比。

10.7.5　实验结果与分析

1. 实验环境与结果

硬件环境：处理器为 Intel 酷睿 2 四核 Q6600，内存为 1GB。

软件环境：操作系统为 Microsoft Windows XP Professional(5.1,2600)，MPI 为 mpich2-1.0.8、VS2005 扩充版，支持 OpenMP，GEP 参数设置同表 10.5。

实验数据来源包含两部分：一是取 10.7.2 节中用于分类的部分 UCI 数据集并扩充；二是取三种不同客户类型(企业型、个人商务型、在校学生型)的通信账单。其数据容量及记录集转存粒度如表 10.14 所示。

表 10.14　数据容量与记录集转存粒度表

数据集	容量	记录集转存粒度	数据集	容量	记录集转存粒度
Breast	98MB	10	企业型	1.3GB	5
Iris	76MB	5	个人商务型	800MB	4
Lymph	80MB	7	在校学生型	390MB	3

UCI 数据集与通信数据集的容量与耗时结果如图 10.22 和图 10.23 所示。

UCI 数据集与通信数据集的压缩比结果如图 10.24 和图 10.25 所示。

加速比实验采用通信数据集进行对比分析，其各项参数如表 10.15 所示。

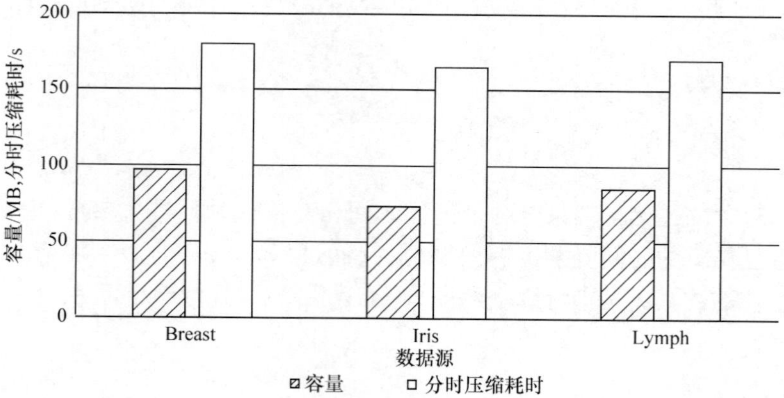

图 10.22　UCI 数据耗时分析

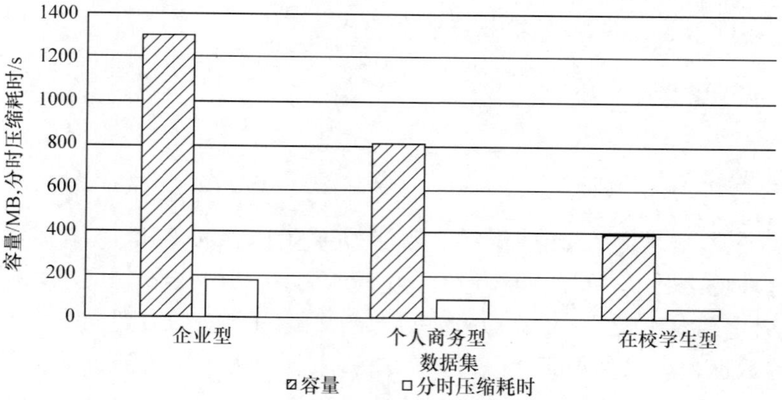

图 10.23　通信数据耗时分析

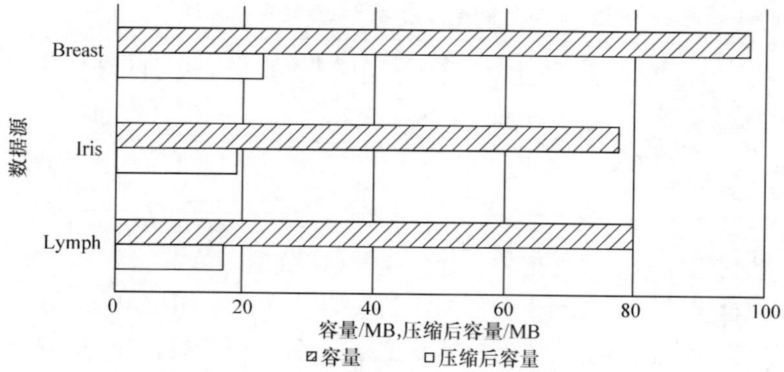

图 10.24　UCI 数据压缩比分析

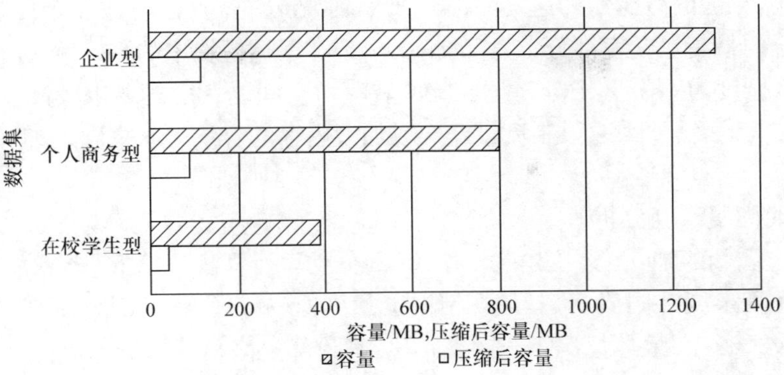

图 10.25　通信数据压缩比分析

表 10.15　各数据集加速比分析

数据集	串行 RSS-GEP 算法运行时间/s	并行 RSS-GEP 算法运行时间/s	记录集转存粒度	加速比
企业型	198.507	141.217	5	1.406
个人商务型	137.076	77.320	4	1.773
在校学生型	63.550	34.759	3	1.828

2. 结果分析

1) 分类压缩时间分析

由图 10.22 和图 10.23 可知,UCI 数据集是基于分类实例的,因此在其分类压缩过程中产生的记录集转存粒度也偏大,即对应的记录集偏多,因此耗时为 150～200s;而通信数据的记录集转存粒度较小,对于 GEP 分类压缩模型来说减少了大量工作,因此减轻了后期的压缩工作量,耗时也保持在 150s 以下,在校学生型数据运算耗时在 35s 左右。

2) 压缩比分析

由图 10.24 和图 10.25 可知,UCI 数据源的压缩比接近 1/5,通信数据的压缩比接近 1/10,UCI 数据源的压缩比比通信数据的压缩比要小;对于分类特点强的数据,GEP 模型也更容易实施分类,数据近似程度对进化分析的影响几乎成正比,因此通信数据的属性特点及归类具有较明显的统一性,压缩比也较理想。

3) 加速比分析

数据集选取来自表 10.14 的通信部分。由表 10.15 显示结果可以看出,各个加速效果都有所提高,尤其是在校学生型的加速比提高 80%;另外,记录集转存粒度的大小对加速比的影响是间接的,记录集转存粒度越小,说明模型对粒度内的处理越适应，粒度的减少使加速比的提升效率越高。并行算法时间复杂度是分类与压缩部分的最高复杂度部分，最坏的情况出现在串行模块中的 $O(n^3)$，并行模块中的最坏复杂度为 $O(m\times n\times k)$；记录集的转存对空间复杂度的要求较高，当存储的数据量较大时，需要采取限制流量操作或加大内存的容量大小来满足，但代价也随之增加。

4）时间复杂度分析

串行算法的时间复杂度由基于 GEP 的分类串行算法与基于 GEP 的压缩串行算法时间复杂度共同决定，其最坏情况能达到 $O(n^3)$；GEP 算法中种群计算复杂度为 $O(k\times n)$，在最坏情况下，进化 m 代，其最坏复杂度为$O(m\times n\times k)$。由此可知，串行算法在多条数据流不进行分流时，其复杂度很高，因此考虑实施分流操作，降低其复杂度。

由上述实验可知，融合了多数据流的分类并行算法 MSA-GEP 和多数据流压缩并行算法 PFR-GEP 的分类压缩并行算法，在 MPI＋OpenMP 混合编程模式下，容易产生以下问题：OpenMP 并行的区域使用的线程对于 MPI 是共用的通信符与线程号，因此 MPI 的初始化需要独立在并行区域之外，并且在使用接收数据时要确保传递成功，在发送完成前不能对数据进行修改。而这种混合模式也具有一定的优势：OpenMP 对线程的充分利用，使得开销比单纯的 MPI 实现要小，解放了 MPI 受限于进程的约束[49]；减少了节点之间消息传递次数，减少了数据延迟，提高了网络带宽的利用率。

参考文献

[1] Tang Z Y, Li W J, Wang X. Parallelism analysis and algorithm design of Petri net[C]//The 13th International Symposium on Distributed Computing and Applications to Business, Engineering and Science, Wuhan, 2014: 144—148.

[2] 胡娟，刘力惠，范植华，等. Petri 网可达性的综合判定法[J]. 软件学报，2007，15(7)：950—955.

[3] 夏传良. 一种 Petri 网合成方法及其在系统建模中的应用[J]. 系统仿真学报，2006，18(2)：271—278.

[4] 钟珊. 基于有色网的行动推理的描述与分析[D]. 苏州：苏州大学，2008.

[5] 李志武，王安荣，贾建援. Petri 网不变式和状态方程的求解[J]. 西安电子科技大学学报(自然科学版)，2003，30(2)：259—263.

[6] 蒋影. 一个解非线性方程组的高阶迭代法及其局部收敛定理[J]. 南京师大学报(自然科学版)，1989，12(2)：7—10.

[7] 黑志坚. 一种矩阵求逆方法[J]. 哈尔滨工业大学学报，2004，36(10)：1352—1353.

[8] 夏传良，鞠彦兵，李盛恩. Petri 网共享 P 型子网合成及其在系统设计中的应用[J]. 系统仿真学报，2007，19(2)：355—356.

[9] 丁志军,蒋昌俊. 基于网语言的 Ada 程序局部性质的分析和验证[J]. 软件学报,2002,13(12):2305—2317.

[10] 李文敬,王汝凉,廖伟志. 基于 P-不变量的 Petri 网并行化方法的研究[J]. 计算机工程与设计,2009,30(16):3758—3770.

[11] 曾庆田. 一种基于同步合成构造 Petri 网进程表达式的方法[J]. 计算机学报,2008,31(3):381—390.

[12] 曾小伟,陈吉红,向华. 计算 Petri 网 S 不变量和 T 不变量算法[J]. 华中科技大学学报,2001,29(11):1—3.

[13] 林闯,杨宏坤,单志广. Petri 网在生物信息学中的应用[J]. 计算机学报,2007,30(11):1889—1900.

[14] 陈琨,韩燕波. 基于 Petri 网的 Web 服务组合时间验证分析[J]. 计算机工程与设计,2007,28(20):4938—4941.

[15] 罗楠,严隽薇,刘敏. 一种基于有色 Petri 网的语义 Web 服务组合验证机制[J]. 计算机集成制造系统,2007,13(11):2203—2210.

[16] Dai Y H. Convergence properties of the BFGS algorithm[J]. Society for Industrial and Applied Mathematics Journal on Optimization,2002,13(3):693—701.

[17] Li D H,Fukushima M. A modified BFGS method and its global convergence in nonconvex minimization[J]. Journal of Computational and Applied Mathematics,2001,129:15—35.

[18] 李董辉,Fukushima M. On the global convergence of BFGS method for nonconvex unconstrained optimization problems[J]. Society for Industrial and Applied Mathematics Journal on Optimization,2001,11:1054 —1064.

[19] 李董辉,童小娇,万中. 数值最优化[M]. 北京:科学出版社,2005:167—175.

[20] 李开士,张云泉,李玉成. FM-index 分块并行算法及其实现[J]. 计算机工程,2008,34(8):53—55.

[21] 张志华,赵仕波. 解线性方程组的一种并行迭代法及其收敛性[J]. 成都理工学院学报,1998,5(1):37—41.

[22] 李庆扬,王能超,易大义. 数值分析[M]. 5 版. 北京:清华大学出版社,2008:175—250.

[23] 姜玥,唐常杰,吴江,等. 基于基因表达式编程抽取特征的分类算法[J]. 计算机工程与应用,2007,43(26):28—33.

[24] 彭锦国,蔡之华,康立山. 一种基于 GEP 的分类规则挖掘算法[J]. 计算机工程,2007,33(9):90—91.

[25] 元昌安,彭昱忠,覃晓,等. 基因表达式编程算法原理与应用[M]. 北京:科学出版社,2010.

[26] Domingos P,Hulten G. Mining High-speed Data Streams[M]. Boston:ACM Press,2000:71—80.

[27] 王涛. 数据流挖掘分类方法关键技术研究[D]. 长沙:国防科学技术大学,2007.

[28] Li Y,Shiu S C K,Pal S K,et al. Learning similarity measure of nominal features in CBR classifiers[J]. Lecture Notes in Computer Science,2005,3776:780—785.

[29] 夏克文,刘明霄,张志伟,等. 基于属性相似度的属性约简算法[J]. 河北工业大学学报,

2005,34(4):20—23.

[30] Witten I H,Frank E. Data Mining:Practical Machine Learning Tools and Techniques[M]. 2nd ed. San Francisco:Elsevier Company,2005.

[31] Waterhouse S R. Classification and regression using mixtures of experts[D]. Cambridge: Cambridge University. 1997.

[32] 何萍,徐晓华,陈崚. 潜在属性空间树分类器[J]. 软件学报,2009,20(7):1735—1745.

[33] Guha S,Gunopulos D,Koudas N. Correlating synchronous and asynchronous data streams [C]//Proceedings of the 9th ACM SIGKDD International Conference on Knowledge Discovery and Data Mining,New York,2003:529—534.

[34] 陈国良,吴俊敏,章锋,等. 并行计算机体系结构[M]. 北京:高等教育出版社,2002.

[35] 孙玉芬,卢炎生. 流数据挖掘综述[J]. 计算机科学,2007,34(1):1—5.

[36] 王鹏. 数据流上的分类算法的研究[D]. 上海:复旦大学,2007.

[37] 李文敬,刘之家,廖伟志. 基因表达式编程在分形图像压缩编码中的应用[J]. 微电子学与计算机,2011,28(8):67—73.

[38] 李文敬,钟智,元昌安. 基于 GEP 的分形图像压缩并行算法[J]. 计算机工程,2012,38(7): 201—202.

[39] 丁超,元昌安,李桂来,等. 基于 GEP 的多数据流的压缩算法[J]. 计算机研究与发展,2008, 45(s):191—195.

[40] 杨文,李文敬,罗锦坤. 基于基因表达式编程的多数据流压缩并行算法[J]. 微电子学与计算机,2011,28(8):94—101.

[41] 杨文,李文敬,李双,等. 基于基因表达式编程的多数据流分类并行算法[J]. 华中科技大学学报(自然科学版),2012,40(12):116—119.

[42] 张燕平,张铃,吴涛. 不同粒度世界的描述法-商空间法[J]. 计算机学报,2004,27(3): 328—333.

[43] Yao Y Y. On modeling data mining with granular computing[C]//The 25th Annual International Computer Software and Applications Conference,Chicago,2001,(10):638—643.

[44] 刘建伟,傅游. 基于 B/S 模式的 MPI 并行程序提交系统的设计[J]. 信息技术与信息化, 2012,1:64—67.

[45] 朱敏,万剑怡,王明文. 基于 MR 的并行决策树分类算法的设计与实现[J]. 广西师范大学学报(自然科学版),2011,29(1):82—86.

[46] 邹海,向南. MFC 中实现 ADO 对多种数据类型动态记录集的绑定[J]. 计算机应用,2002, 22(3):91—92.

[47] 陈平雁. 定量数据重复测量的方差分析[J]. 中华创伤骨科杂志,2003,5(1):67—70.

[48] 陈少卿,陈青丽. 单因子方差分析在数据分析中的应用[J]. 中国石油和化工标准与质量, 2006,7:27—30.

[49] Piermarini V,Laganà A,Gabriel G,et al. Allan,parallelism and granularity in time dependent approaches to reactive scattering calculations[C]//The International Conference on Parallel and Distributed Processing Techniques and Applications,Las Vegas,2000:354—361.

附录 A　基于多核 PC 的 Petri 网并行算法的自动物料处理仿真系统部分代码

```
# include<stdio.h>
# include<omp.h>
# include<conio.h>
# include<dos.h>
# include<stdlib.h>
# include<string.h>
# include<math.h>
# include<time.h>
# include<graphics.h>
# define M 100
# define N 100
struct place_net {   /*定义库所集合的结构体*/
    char p[M];
    int token;
    bool fla;
};
struct trasm_net {   /*定义变迁集合的结构体*/
    char t[N];
    int toke;
};
struct hx_net {   /*定义弧线集合的结构体*/
    char f[N];
    int weight;
};
struct color_net {   /*定义库所的 K 类颜色用结构体*/
    int color1[N];
    float color2[N];
    double color3 [N];
    char color4[N];
    int flag;
};
struct  p_invar{   /*定义 P-不变量支集元素的结构体*/
```

```
    int p_in[M];
    int tag;
    int ben;
};
struct jpg_data {                /*定义 Petri 模型图像的结构体*/
    int red;
    int green;
    int blue;
    double reserved;
};
/* 主控程序*/
void main()
{
    color_net ** gmax_in ;  /*定义高级网输入矩阵指针*/
    color_net ** gmax_out;  /*定义高级网输出矩阵指针*/
    color_net ** gmax;  /*定义高级网关联矩阵指针*/
    color_net * gm ;  /*定义高级网标识向量*/
    int ** max_in ;  /*定义 P/T 网输入矩阵指针*/
    int ** max_out;  /*定义 P/T 网输出矩阵指针*/
    int ** max;  /*定义 P/T 网关联矩阵指针*/
    place_net * place;  /*定义 P/T 网库所包括令牌值的指针*/
    trasm_net * t;  /*定义 P/T 网库所包括变迁集合的指针*/
    int * m ;  /*定义 P/T 网标识向量*
    int n=1;
    int num;
    time_t start,finish;
    petri_pretreatment();  /*定义预处理函数*/
    petri_transform(int ** a,int ** b,int ** c,int m,int n);  /*定义转换函数*/
    petri_corr_matrix(int ** a,int m,int n);  /*定义求关联矩阵函数*/
    petri_corr_ rank(int ** a,int ** b,int m,int n);  /*定义求秩函数*/
    petri_invariant(int ** a,int * b,int m,int n);  /*定义求 P-不变量函数*/
    petri_support_set(int ** a,int ** b,int m,int n);  /*定义求 P-不变量支集函数*/
    petri_parallel_alg(int ** a1, ** b1,int ** c1,int ** a2, ** b2,int ** c2,int
        m,int n);
    /*定义多线程 Petri 网并行算法函数*/
    petri_material_treatment(int ** a,int m,int n);  /*定义自动化物料处理仿真
        函数*/
```

```
    while(n){
        printf("\n ********************************************** ");
        printf("\n * 多核 PC 的 Petri 网并行算法的模拟自动物料处理系统 * ");
        printf("\n ********************************************** ");
        printf("\n1. Petri 网预处理                2. Petri 网转换");
        printf("\n3. Petri 网关联矩阵与秩          4. Petri 网功能划分");
        printf("\n5. 多线程 Petri 网并行算法       6. 自动化物料处理仿真");
        printf("\n7. 退出系统");
        printf("\n ********************************************** ");
        printf("\n 请选择(1~7)\n");
        scanf("% d",&num);
        …
    }
…
}
```

附录 B　基于多核机群三级并行模型的 Petri 网自动物料并行处理仿真系统部分代码

/＊主程序＊/

```
# include "MC_Petri.h"   /＊本系统的头文件＊/
# include <mpi.h>
# include <omp.h>
# include <stdio.h>
# include <conio.h>
# include <stdlib.h>
# include <string.h>
# include <math.h>
# include <time.h>
int main(int argc,char * argv[])
{
    mccolor_net ** gmcmax_in ;  /＊高级网输入矩阵数组＊/
    mccolor_net ** gmcmax_out;  /＊高级网输出矩阵数组＊/
    mccolor_net ** gmcmax;  /＊高级网关联矩阵数组＊/
    mccolor_net * gmcm ;  /＊定义高级网标识向量＊/
    int ** mcmax_in ;  /＊P/T 网输入矩阵数组＊/
    int ** mcmax_out;  /＊P/T 网输出矩阵数组＊/
    int ** mcmax;  /＊P/T 网关联矩阵数组＊/
    mcplace_net * mcplace;  /＊P/T 网库所令牌数组＊/
    mctrasm_net * mct;  /＊P/T 网变迁集合数组＊/
    int * mcm ;  /＊P/T 网标识数组＊/
    mcpetri_pretreat();  /＊预处理函数＊/
    mcpetri_trans(int ** a,int ** b,int ** c,int m,int n);  /＊转换函数＊/
    mcpetri_co_matr(int ** a,int m,int n);  /＊求关联矩阵函数＊/
    mcpetri_co_ rank(int ** a,int ** b,int m,int n);  /＊求秩函数＊/
    mcpetri_invar(int ** a,int * b,int m,int n);  /＊求 P- 不变量函数＊/
    mcpetri_su_set(int ** a,int ** b,int m,int n);  /＊求 P- 不变量支集函数＊/
    mcpetri_par_alg(int ** a1, ** b1,int ** c1,int ** a2, ** b2,int ** c2,int m,int n);
    /＊MPI 多进程并行算法函数＊/
    mcpetri_ma_treat(int ** a,int m,int n);  /＊自动化物料处理仿真函数＊/
```

```
int done=0,n,myid,numprocs,i;  /*声明进程编号与进程数变量*/
double mypi,pi,h,sum,x;
double startwtime=0.0,endwtime;  /*统计程序运行开始与结束变量*/
int namelen;
char processor_name[MPI_MAX_PROCESSOR_NAME];
MPI_Init(&argc,&argv);  /*初始化MPI函数库*/
MPI_Comm_size(MPI_COMM_WORLD,&numprocs);  /*统计进程数存入变量numprocs*/
MPI_Comm_rank(MPI_COMM_WORLD,&myid);  /*读取进程号存入变量myid*/
MPI_Get_processor_name(processor_name,&namelen);  /*获取进程名存入变量
    namelen*/
fprintf(stdout,"进程%d of %d on %s\n",myid,numprocs,processor_name);
if(myid==0)  /*主进程执行的程序部分*/
 {
while(n){
    printf("\n*********************************************");
    printf("\n*基于多核机群三级并行模型的Petri网自动物料并行处理仿真系统*");
    printf("\n*********************************************");
    printf("\n1. MPI+OpenMP+STM预处理    2. MPI+OpenMP+STM模型转换");
    printf("\n3. MPI+OpenMP+STM关联矩阵 4. MPI+OpenMP+STM功能划分");
    printf("\n5. MPI+OpenMP+STM并行算法 6. MPI+OpenMP+STM物料处理仿真");
    printf("\n7. 退出系统");
    printf("\n*********************************************");
    printf("\n请选择(1~7)\n");
    scanf("%d",&num);
    switch(num)
    {
        case 1:{ startwtime=clock();
            mcpetri_pretreat();
            endwtime=clock();
            printf("\n预处理需要的时间是%f:",endwtime - startwtime);
            break;
    }
        case 2:{ startwtime=clock();
            mcpetri_trans(gmcmax_in,gmcmax_out,gmcmax,MCM,MCN);
            endwtime=clock();
            printf("\n转换所需要的时间是%f:",endwtime - startwtime);
            break;
       }
        case 3:{ startwtime=clock();
```

```
        mcpetri_co_matrix(mcmax,MCM,MCN);
        endwtime=clock();
        printf("\n关联矩阵处理需要的时间是% f:",endwtime - startwtime);
        break;
}
  case 4:{ startwtime=clock();
        mcpetri_invar(mcmax,x,MCM,MCN);
        endwtime=clock();
        printf("\n求P不变量需要的时间是% f:",endwtime - startwtime);
        break;
}
  case 5:{ startwtime=clock();
        mcpetri_par_alg(gmcmax_in,gmcmax_out,gmcmax,mcmax_in,
        mcmax_out,mcmax,MCM,MCN);
        endwtime=clock();
  …
}
```